机械设计手册

第6版

单行本

机械零部件结构设计

主　编　闻邦椿

副主编　鄂中凯　张义民　陈良玉　孙志礼

　　　　宋锦春　柳洪义　巩亚东　宋桂秋

机 械 工 业 出 版 社

《机械设计手册》第6版 单行本共26分册，内容涵盖机械常规设计、机电一体化设计与机电控制、现代设计方法及其应用等内容，具有系统全面、信息量大、内容现代、突显创新、实用可靠、简明便查、便于携带和翻阅等特色。各分册分别为：《常用设计资料和数据》《机械制图与机械零部件精度设计》《机械零部件结构设计》《连接与紧固》《带传动和链传动 摩擦轮传动与螺旋传动》《齿轮传动》《减速器和变速器》《机构设计》《轴 弹簧》《滚动轴承》《联轴器、离合器与制动器》《起重运输机械零部件和操作件》《机架、箱体与导轨》《润滑 密封》《气压传动与控制》《机电一体化技术及设计》《机电系统控制》《机器人与机器人装备》《数控技术》《微机电系统及设计》《机械系统概念设计》《机械系统的振动设计及噪声控制》《疲劳强度设计 机械可靠性设计》《数字化设计》《工业设计与人机工程》《智能设计 仿生机械设计》。

本单行本为《机械零部件结构设计》，主要介绍了机械零部件结构设计概论、满足功能要求的结构设计、满足工作能力要求的结构设计、满足加工工艺的结构设计、满足材料要求的结构设计、零部件的装配和维修工艺性等内容。

本书供从事机械设计、制造、维修及有关工程技术人员作为工具书使用，也可供大专院校的有关专业师生使用和参考。

图书在版编目（CIP）数据

机械设计手册. 机械零部件结构设计/闻邦椿主编. —6版. —北京：机械工业出版社，2020.1（2025.1重印）

ISBN 978-7-111-64742-3

Ⅰ.①机… Ⅱ.①闻… Ⅲ.①机械设计-技术手册②机械元件-结构设计-技术手册 Ⅳ.①TH122-62②TH13-62

中国版本图书馆CIP数据核字（2020）第024588号

机械工业出版社（北京市百万庄大街22号 邮政编码100037）
策划编辑：曲彩云 责任编辑：曲彩云 高依楠
责任校对：徐 强 封面设计：马精明
责任印制：常天培
固安县铭成印刷有限公司印刷
2025年1月第6版第3次印刷
184mm×260mm · 14.75印张 · 363千字
标准书号：ISBN 978-7-111-64742-3
定价：48.00元

电话服务	网络服务
客服电话：010-88361066	机 工 官 网：www.cmpbook.com
010-88379833	机 工 官 博：weibo.com/cmp1952
010-68326294	金 书 网：www.golden-book.com
封底无防伪标均为盗版	机工教育服务网：www.cmpedu.com

出版说明

《机械设计手册》自出版以来，已经进行了5次修订，2018年第6版出版发行。截至2019年，《机械设计手册》累计发行39万套。作为国家级重点科技图书，《机械设计手册》深受广大读者的欢迎和好评，在全国具有很大的影响力。该书曾获得中国出版政府奖提名奖、中国机械工业科学技术奖一等奖、全国优秀科技图书奖二等奖、中国机械工业部科技进步奖二等奖，并多次获得全国优秀畅销书奖等奖项。《机械设计手册》已成为机械设计领域的品牌产品，是机械工程领域最具权威和影响力的大型工具书之一。

《机械设计手册》第6版共7卷55篇，是在前5版的基础上吸收并总结了国内外机械工程设计领域中的新标准、新材料、新工艺、新结构、新技术、新产品、新的设计理论与方法，并配合我国创新驱动战略的需求编写而成的。与前5版相比，第6版无论是从体系还是内容，都在传承的基础上进行了创新。重点充实了机电一体化系统设计、机电控制与信息技术、现代机械设计理论与方法等现代机械设计的最新内容，将常规设计方法与现代设计方法相融合，光、机、电设计融为一体，局部的零部件设计与系统化设计互相衔接，并努力将创新设计的理念贯穿其中。《机械设计手册》第6版体现了国内外机械设计发展的新水平，精心诠释了常规与现代机械设计的内涵、全面荟萃凝练了机械设计各专业技术的精华，它将引领现代机械设计创新潮流、成就新一代机械设计大师，为我国实现装备制造强国梦做出重大贡献。

《机械设计手册》第6版的主要特色是：体系新颖、系统全面、信息量大、内容现代、突显创新、实用可靠、简明便查。应该特别指出的是，第6版手册具有较高的科技含量和大量技术创新性的内容。手册中的许多内容都是编著者多年研究成果的科学总结。这些内容中有不少依托国家“863计划”“973计划”“985工程”“国家科技重大专项”“国家自然科学基金”重大、重点和面上项目资助项目。相关项目有不少成果曾获得国际、国家、部委、省市科技奖励、技术专利。这充分体现了手册内容的重大科学价值与创新性。如仿生机械设计、激光及其在机械工程中的应用、绿色设计与和谐设计、微机电系统及设计等前沿新技术；又如产品综合设计理论与方法是闻邦椿院士在国际上首先提出，并综合8部专著后首次编入手册，该方法已经在高铁、动车及离心压缩机等机械工程中成功应用，获得了巨大的社会效益和经济效益。

在《机械设计手册》历次修订的过程中，出版社和作者都广泛征求和听取各方面的意见，广大读者在对《机械设计手册》给予充分肯定的同时，也指出《机械设计手册》卷册厚重，不便携带，希望能出版篇幅较小、针对性强、便查便携的更加实用的单行本。为满足读者的需要，机械工业出版社于2007年首次推出了《机械设计手册》第4版单行本。该单行本出版后很快受到读者的欢迎和好评。《机械设计手册》第6版已经面市，为了使读者能按需要、有针对性地选用《机械设计手册》第6版中的相关内容并降低购书费用，机械工业出版社在总结《机械设计手册》前几版单行本经验的基础上推出了《机械设计手册》第6版单行本。

《机械设计手册》第6版单行本保持了《机械设计手册》第6版（7卷本）的优势和特色，依据机械设计的实际情况和机械设计专业的具体情况以及手册各篇内容的相关性，将原手册的7卷55篇进行精选、合并，重新整合为26个分册，分别为：《常用设计资料和数据》《机械制图与机械零部件精度设计》《机械零部件结构设计》《连接与紧固》《带传动和链传动　摩擦轮传动与螺旋传动》《齿轮传动》《减速器和变速器》《机构设计》《轴　弹簧》《滚动轴承》《联轴器、离合器与制动器》《起重运输机械零部件和操作件》《机架、箱体与导轨》《润滑　密封》《气压传动与控制》《机电一体化技术及设计》《机电系统控制》《机器人与机器人装备》《数控技术》《微机电系统及设计》《机械系统概念设计》《机械系统的振动设计及噪声控制》《疲劳强度设计　机械可靠性设计》《数字化设计》《工业设计与人机工程》《智能设计　仿生机械设计》。各分册内容针对性强、篇幅适中、查阅和携带方便，读者可根据需要灵活选用。

《机械设计手册》第6版单行本是为了助力我国制造业转型升级、经济发展从高增长迈向高质量，满足广大读者的需要而编辑出版的，它将与《机械设计手册》第6版（7卷本）一起，成为机械设计人员、工程技术人员得心应手的工具书，成为广大读者的良师益友。

由于工作量大、水平有限，难免有一些错误和不妥之处，殷切希望广大读者给予指正。

前　言

本版手册为新出版的第6版7卷本《机械设计手册》。由于科学技术的快速发展，需要我们对手册内容进行更新，增加新的科技内容，以满足广大读者的迫切需要。

《机械设计手册》自1991年面世发行以来，历经5次修订，截至2016年已累计发行38万套。作为国家级重点科技图书的《机械设计手册》，深受社会各界的重视和好评，在全国具有很大的影响力，该手册曾获得全国优秀科技图书奖二等奖（1995年）、中国机械工业部科技进步奖二等奖（1997年）、中国机械工业科学技术奖一等奖（2011年）、中国出版政府奖提名奖（2013年），并多次获得全国优秀畅销书奖等奖项。1994年，《机械设计手册》曾在我国台湾建宏出版社出版发行，并在海内外产生了广泛的影响。《机械设计手册》荣获的一系列国家和部级奖项表明，其具有很高的科学价值、实用价值和文化价值。《机械设计手册》已成为机械设计领域的一部大型品牌工具书，已成为机械工程领域权威的和影响力较大的大型工具书，长期以来，它为我国装备制造业的发展做出了巨大贡献。

第5版《机械设计手册》出版发行至今已有7年时间，这期间我国国民经济有了很大发展，国家制定了《国家创新驱动发展战略纲要》，其中把创新驱动发展作为了国家的优先战略。因此，《机械设计手册》第6版修订工作的指导思想除努力贯彻“科学性、先进性、创新性、实用性、可靠性”外，更加突出了“创新性”，以全力配合我国“创新驱动发展战略”的重大需求，为实现我国建设创新型国家和科技强国梦做出贡献。

在本版手册的修订过程中，广泛调研了厂矿企业、设计院、科研院所和高等院校等多方面的使用情况和意见。对机械设计的基础内容、经典内容和传统内容，从取材、产品及其零部件的设计方法与计算流程、设计实例等多方面进行了深入系统的整合，同时，还全面总结了当前国内外机械设计的新理论、新方法、新材料、新工艺、新结构、新产品和新技术，特别是在现代设计与创新设计理论与方法、机电一体化及机械系统控制技术等方面做了系统和全面的论述和凝练。相信本版手册会以崭新的面貌展现在广大读者面前，它将对提高我国机械产品的设计水平、推进新产品的研究与开发、老产品的改造，以及产品的引进、消化、吸收和再创新，进而促进我国由制造大国向制造强国跃升，发挥出巨大的作用。

本版手册分为7卷55篇：第1卷　机械设计基础资料；第2卷　机械零部件设计（连接、紧固与传动）；第3卷　机械零部件设计（轴系、支承与其他）；第4卷　流体传动与控制；第5卷　机电一体化与控制技术；第6卷　现代设计与创新设计（一）；第7卷　现代设计与创新设计（二）。

本版手册有以下七大特点：

一、构建新体系

构建了科学、先进、实用、适应现代机械设计创新潮流的《机械设计手册》新结构体系。该体系层次为：机械基础、常规设计、机电一体化设计与控制技术、现代设计与创新设计方法。该体系的特点是：常规设计方法与现代设计方法互相融合，光、机、电设计融为一体，局部的零部件设计与系统化设计互相衔接，并努力将创新设计的理念贯穿于常规设计与现代设计之中。

二、凸显创新性

习近平总书记在2014年6月和2016年5月召开的中国科学院、中国工程院两院院士大会上分别提出了我国科技发展的方向就是“创新、创新、再创新”，以及实现创新型国家和科技强国的三个阶段的目标和五项具体工作。为了配合我国创新驱动发展战略的重大需求，本版手册突出了机械创新设计内容的编写，主要有以下几个方面：

（1）新增第7卷，重点介绍了创新设计及与创新设计有关的内容。

该卷主要内容有：机械创新设计概论，创新设计方法论，顶层设计原理、方法与应用，创新原理、思维、方法与应用，绿色设计与和谐设计，智能设计，仿生机械设计，互联网上的合作设计，工业通信网络，面向机械工程领域的大数据、云计算与物联网技术，3D打印设计与制造技术，系统化设计理论与方法。

（2）在一些篇章编入了创新设计和多种典型机械创新设计的内容。

“第11篇　机构设计”篇新增加了“机构创新设计”一章，该章编入了机构创新设计的原理、方法及飞剪机剪切机构创新设计，大型空间折展机构创新设计等多个创新设计的案例。典型机械的创新设计有大型全断面掘进机（盾构机）仿真分析与数字化设计、机器人挖掘机的机电一体化创新设计、节能抽油机的创新设计、产品包装生产线的机构方案创新设计等。

（3）编入了一大批典型的创新机械产品。

“机械无级变速器”一章中编入了新型金属带式无级变速器，“并联机构的设计与应用”一章中编入了数十个新型的并联机床产品，“振动的利用”一章中新编入了激振器偏移式自同步振动筛、惯性共振式振动筛、振动压路机等十多个典型的创新机械产品。这些产品有的获得了国家或省部级奖励，有的是专利产品。

（4）编入了机械设计理论和设计方法论等方面的创新研究成果。

1）闻邦椿院士团队经过长期研究，在国际上首先创建了振动利用工程学科，提出了该类机械设计理论和方法。本版手册中编入了相关内容和实例。

2）根据多年的研究，提出了以非线性动力学理论为基础的深层次的动态设计理论与方法。本版手册首次编入了该方法并列举了若干应用范例。

3）首先提出了和谐设计的新概念和新内容，阐明了自然环境、社会环境（政治环境、经济环境、人文环境、国际环境、国内环境）、技术环境、资金环境、法律环境下的产品和谐设计的概念和内容的新体系，把既有的绿色设计篇拓展为绿色设计与和谐设计篇。

4）全面系统地阐述了产品系统化设计的理论和方法，提出了产品设计的总体目标、广义目标和技术目标的内涵，提出了应该用IQCTES六项设计要求来代替QCTES五项要求，详细阐明了设计的四个理想步骤，即“3I调研”“7D规划”“1+3+X实施”“5（A+C）检验”，明确提出了产品系统化设计的基本内容是主辅功能、三大性能和特殊性能要求的具体实现。

5）本版手册引入了闻邦椿院士经过长期实践总结出的独特的、科学的创新设计方法论体系和规则，用来指导产品设计，并提出了创新设计方法论的运用可向智能化方向发展，即采用专家系统来完成。

三、坚持科学性

手册的科学水平是评价手册编写质量的重要方面，因此，本版手册特别强调突出内容的科学性。

（1）本版手册努力贯彻科学发展观及科学方法论的指导思想和方法，并将其落实到手册内容的编写中，特别是在产品设计理论方法的和谐设计、深层次设计及系统化设计的编写中。

（2）本版手册中的许多内容是编著者多年研究成果的科学总结。这些内容中有不少是国家863、973计划项目，国家科技重大专项，国家自然科学基金重大、重点和面上项目资助项目的研究成果，有不少成果曾获得国际、国家、部委、省市科技奖励及技术专利，充分体现了本版手册内容的重大科学价值与创新性。

下面简要介绍本版手册编入的几方面的重要研究成果：

1）振动利用工程新学科是闻邦椿院士团队经过长期研究在国际上首先创建的。本版手册中编入了振动利用机械的设计理论、方法和范例。

2）产品系统化设计理论与方法的体系和内容是闻邦椿院士团队提出并加以完善的，编写者依据多年的研究成果和系列专著，经综合整理后首次编入本版手册。

3）仿生机械设计是一门新兴的综合性交叉学科，近年来得到了快速发展，它为机械设计的创新提供了新思路、新理论和新方法。吉林大学任露泉院士领导的工程仿生教育部重点实验室开展了大量的深入研究工作，取得了一系列创新成果且出版了专著，据此并结合国内外大量较新的文献资料，为本版手册构建了仿生机械设计的新体系，编写了“仿生机械设计”篇（第50篇）。

4）激光及其在机械工程中的应用篇是中国科学院长春光学精密机械与物理研究所王立军院士依据多年的研究成果，并参考国内外大量较新的文献资料编写而成的。

5）绿色制造工程是国家确立的五项重大工程之一，绿色设计是绿色制造工程的最重要环节，是一个新的学科。合肥工业大学刘志峰教授依据在绿色设计方面获多项国家和省部级奖励的研究成果，参考国内外大量较新的文献资料为本版手册首次构建了绿色设计新体系，编写了“绿色设计与和谐设计”篇（第48篇）。

6）微机电系统及设计是前沿的新技术。东南大学黄庆安教授领导的微电子机械系统教育部重点实验室多年来开展了大量研究工作，取得了一系列创新研究成果，本版手册的“微机电系统及设计”篇（第28篇）就是依据这些成果和国内外大量较新的文献资料编写而成的。

四、重视先进性

（1）本版手册对机械基础设计和常规设计的内容做了大规模全面修订，编入了大量新标准、新材料、新结构、新工艺、新产品、新技术、新设计理论和计算方法等。

1）编入和更新了产品设计中需要的大量国家标准，仅机械工程材料篇就更新了标准126个，如GB/T 699—2015《优质碳素结构钢》和GB/T 3077—2015《合金结构钢》等。

2）在新材料方面，充实并完善了铝及铝合金、钛及钛合金、镁及镁合金等内容。这些材料由于具有优良的力学性能、物理性能以及回收率高等优点，目前广泛应用于航空、航天、高铁、计算机、通信元件、电子产品、纺织和印刷等行业。增加了国内外粉末冶金材料的新品种，如美国、德国和日本等国家的各种粉末冶金材料。充实了国内外工程塑料及复合材料的新品种。

3）新编的“机械零部件结构设计”篇（第4篇），依据11个结构设计方面的基本要求，编写了相应的内容，并编入了结构设计的评估体系和减速器结构设计、滚动轴承部件结构设计的示例。

4）按照GB/T 3480.1～3—2013（报批稿）、GB/T 10062.1～3—2003及ISO 6336—2006等新标准，重新构建了更加完善的渐开线圆柱齿轮传动和锥齿轮传动的设计计算新体系；按照初步确定尺寸的简化计算、简化疲劳强度校核计算、一般疲劳强度校核计算，编排了三种设计计算方法，以满足不同场合、不同要求的齿轮设计。

5）在“第4卷　流体传动与控制”卷中，编入了一大批国内外知名品牌的新标准、新结构、新产品、新技术和新设计计算方法。在“液力传动”篇（第23篇）中新增加了液黏传动，它是一种新型的液力传动。

（2）“第5卷　机电一体化与控制技术”卷充实了智能控制及专家系统的内容，大篇幅增加了机器人与机器人装备的内容。

机器人是机电一体化特征最为显著的现代机械系统，机器人技术是智能制造的关键技术。由于智能制造的迅速发展，近年来机器人产业呈现出高速发展的态势。为此，本版手册大篇幅增加了“机器人与机器人装备”篇（第26篇）的内容。该篇从实用性的角度，编写了串联机器人、并联机器人、轮式机器人、机器人工装夹具及变位机；编入了机器人的驱动、控制、传感、视角和人工智能等共性技术；结合喷涂、搬运、电焊、冲压及压铸等工艺，介绍了机器人的典型应用实例；介绍了服务机器人技术的新进展。

(3）为了配合我国创新驱动战略的重大需求，本版手册扩大了创新设计的篇数，将原第6卷扩编为两卷，即新的“现代设计与创新设计（一)”（第6卷）和“现代设计与创新设计(二)”（第7卷)。前者保留了原第6卷的主要内容，后者编入了创新设计和与创新设计有关的内容及一些前沿的技术内容。

本版手册“现代设计与创新设计（一)”卷（第6卷）的重点内容和新增内容主要有：

1）在“现代设计理论与方法综述”篇（第32篇）中，简要介绍了机械制造技术发展总趋势、在国际上有影响的主要设计理论与方法、产品研究与开发的一般过程和关键技术、现代设计理论的发展和根据不同的设计目标对设计理论与方法的选用。闻邦椿院士在国内外首次按照系统工程原理，对产品的现代设计方法做了科学分类，克服了目前产品设计方法的论述缺乏系统性的不足。

2）新编了“数字化设计”篇（第40篇)。数字化设计是智能制造的重要手段，并呈现应用日益广泛、发展更加深刻的趋势。本篇编入了数字化技术及其相关技术、计算机图形学基础、产品的数字化建模、数字化仿真与分析、逆向工程与快速原型制造、协同设计、虚拟设计等内容，并编入了大型全断面掘进机（盾构机）的数字化仿真分析和数字化设计、摩托车逆向工程设计等多个实例。

3）新编了“试验优化设计”篇（第41篇)。试验是保证产品性能与质量的重要手段。本篇以新的视觉优化设计构建了试验设计的新体系、全新内容，主要包括正交试验、试验干扰控制、正交试验的结果分析、稳健试验设计、广义试验设计、回归设计、混料回归设计、试验优化分析及试验优化设计常用软件等。

4）将手册第5版的“造型设计与人机工程”篇改编为“工业设计与人机工程”篇（第42篇)，引入了工业设计的相关理论及新的理念，主要有品牌设计与产品识别系统（PIS）设计、通用设计、交互设计、系统设计、服务设计等，并编入了机器人的产品系统设计分析及自行车的人机系统设计等典型案例。

(4）“现代设计与创新设计（二)”卷（第7卷）主要编入了创新设计和与创新设计有关的内容及一些前沿技术内容，其重点内容和新编内容有：

1）新编了“机械创新设计概论”篇（第44篇)。该篇主要编入了创新是我国科技和经济发展的重要战略、创新设计的发展与现状、创新设计的指导思想与目标、创新设计的内容与方法、创新设计的未来发展战略、创新设计方法论的体系和规则等。

2）新编了“创新设计方法论”篇（第45篇)。该篇为创新设计提供了正确的指导思想和方法，主要编入了创新设计方法论的体系、规则，创新设计的目的、要求、内容、步骤、程序及科学方法，创新设计工作者或团队的四项潜能，创新设计客观因素的影响及动态因素的作用，用科学哲学思想来统领创新设计工作，创新设计方法论的应用，创新设计方法论应用的智能化及专家系统，创新设计的关键因素及制约的因素分析等内容。

3）创新设计是提高机械产品竞争力的重要手段和方法，大力发展创新设计对我国国民经济发展具有重要的战略意义。为此，编写了“创新原理、思维、方法与应用”篇（第47篇）。除编入了创新思维、原理和方法，创新设计的基本理论和创新的系统化设计方法外，还编入了29种创新思维方法、30种创新技术、40种发明创造原理，列举了大量的应用范例，为引领机械创新设计做出了示范。

4）绿色设计是实现低资源消耗、低环境污染、低碳经济的保护环境和资源合理利用的重要技术政策。本版手册中编入了“绿色设计与和谐设计”篇（第48篇）。该篇系统地论述了绿色设计的概念、理论、方法及其关键技术。编者结合多年的研究实践，并参考了大量的国内外文献及较新的研究成果，首次构建了系统实用的绿色设计的完整体系，包括绿色材料选择、拆卸回收产品设计、包装设计、节能设计、绿色设计体系与评估方法，并给出了系列典型范例，这些对推动工程绿色设计的普遍实施具有重要的指引和示范作用。

5）仿生机械设计是一门新兴的综合性交叉学科，本版手册新编入了“仿生机械设计”篇（第50篇），包括仿生机械设计的原理、方法、步骤，仿生机械设计的生物模本，仿生机械形态与结构设计，仿生机械运动学设计，仿生机构设计，并结合仿生行走、飞行、游走、运动及生机电仿生手臂，编入了多个仿生机械设计范例。

6）第55篇为“系统化设计理论与方法”篇。装备制造机械产品的大型化、复杂化、信息化程度越来越高，对设计方法的科学性、全面性、深刻性、系统性提出的要求也越来越高，为了满足我国制造强国的重大需要，亟待创建一种能统领产品设计全局的先进设计方法。该方法已经在我国许多重要机械产品（如动车、大型离心压缩机等）中成功应用，并获得重大的社会效益和经济效益。本版手册对该系统化设计方法做了系统论述并给出了大型综合应用实例，相信该系统化设计方法对我国大型、复杂、现代化机械产品的设计具有重要的指导和示范作用。

7）本版手册第7卷还编入了与创新设计有关的其他多篇现代化设计方法及前沿新技术，包括顶层设计原理、方法与应用，智能设计，互联网上的合作设计，工业通信网络，面向机械工程领域的大数据、云计算与物联网技术，3D打印设计与制造技术等。

五、突出实用性

为了方便产品设计者使用和参考，本版手册对每种机械零部件和产品均给出了具体应用，并给出了选用方法或设计方法、设计步骤及应用范例，有的给出了零部件的生产企业，以加强实际设计的指导和应用。本版手册的编排尽量采用表格化、框图化等形式来表达产品设计所需要的内容和资料，使其更加简明、便查；对各种标准采用摘编、数据合并、改排和格式统一等方法进行改编，使其更为规范和便于读者使用。

六、保证可靠性

编入本版手册的资料尽可能取自原始资料，重要的资料均注明来源，以保证其可靠性。所有数据、公式、图表力求准确可靠，方法、工艺、技术力求成熟。所有材料、零部件、产品和工艺标准均采用新公布的标准资料，并且在编入时做到认真核对以避免差错。所有计算公式、计算参数和计算方法都经过长期检验，各种算例、设计实例均来自工程实际，并经过认真的计算，以确保可靠。本版手册编入的各种通用的及标准化的产品均说明其特点及适用情况，并注明生产厂家，供设计人员全面了解情况后选用。

七、保证高质量和权威性

本版手册主编单位东北大学是国家211、985重点大学、“重大机械关键设计制造共性技术”985创新平台建设单位、2011国家钢铁共性技术协同创新中心建设单位，建有“机械设计及理论国家重点学科”和“机械工程一级学科”。由东北大学机械及相关学科的老教授、老专家和中青年学术精英组成了实力强大的大型工具书编写团队骨干，以及一批来自国家重点高校、研究院所、大型企业等30多个单位、近200位专家、学者组成了高水平编审团队。编审团队成员的大多数都是所在领域的著名资深专家，他们具有深广的理论基础、丰富的机械设计工作经历、丰富的工具书编纂经验和执着的敬业精神，从而确保了本版手册的高质量和权威性。

在本版手册编写中，为便于协调，提高质量，加快编写进度，编审人员以东北大学的教师为主，并组织邀请了清华大学、上海交通大学、西安交通大学、浙江大学、哈尔滨工业大学、吉林大学、天津大学、华中科技大学、北京科技大学、大连理工大学、东南大学、同济大学、重庆大学、北京化工大学、南京航空航天大学、上海师范大学、合肥工业大学、大连交通大学、长安大学、西安建筑科技大学、沈阳工业大学、沈阳航空航天大学、沈阳建筑大学、沈阳理工大学、沈阳化工大学、重庆理工大学、中国科学院长春光学精密机械与物理研究所、中国科学院沈阳自动化研究所等单位的专家、学者参加。

在本版手册出版之际，特向著名机械专家、本手册创始人、第1版及第2版的主编徐灏教授致以崇高的敬意，向历次版本副主编邱宣怀教授、蔡春源教授、严隽琪教授、林忠钦教授、余俊教授、汪恺总工程师、周士昌教授致以崇高的敬意，向参加本手册历次版本的编写单位和人员表示衷心感谢，向在本手册历次版本的编写、出版过程中给予大力支持的单位和社会各界朋友们表示衷心感谢，特别感谢机械科学研究总院、郑州机械研究所、徐州工程机械集团公司、北方重工集团沈阳重型机械集团有限责任公司和沈阳矿山机械集团有限责任公司、沈阳机床集团有限责任公司、沈阳鼓风机集团有限责任公司及辽宁省标准研究院等单位的大力支持。

由于编者水平有限，手册中难免有一些不尽如人意之处，殷切希望广大读者批评指正。

主编　闻邦椿

目 录

第4篇 机械零部件结构设计

第1章 概论

第2章 满足功能要求的结构设计

第3章 满足工作能力要求的结构设计

第5章　满足材料要求的结构设计

第6章 零部件的装配和维修工艺性

第 4 篇　机械零部件结构设计

主　编　王宛山　于天彪

编写人　王宛山　单瑞兰　崔虹雯

　　　　于天彪　孟祥志　王学智

审稿人　巩亚东

第 5 版
零件结构设计工艺性

主　编　王宛山
编写人　王宛山　单瑞兰　崔虹雯　于天彪
审稿人　鄂中凯　巩亚东

第1章　概　论

机械设计的过程可以分为调查决策阶段、研究设计阶段、结构设计阶段、试制阶段和生产销售阶段等。机械设计的过程是一个不断反复、不断完善的过程，以上各阶段的工作是密切联系、互相影响的。结构设计是机械设计的第三个阶段，结构设计工程师应该对前面各阶段考虑的主要问题和设计意图有较全面的了解。这样才能充分发挥结构设计师的智慧和创造性，把结构设计工作作为在前面创造性工作基础上的进一步创造的过程。

机械零部件结构设计包括选择零件的材料及其制造方法，确定零件形状、尺寸、公差、配合和技术条件等。结构设计应满足的要求包括功能及使用要求、加工及装配工艺性要求、人机学及环保要求、运输要求、维修及经济性要求等。本篇首先对机械零部件结构设计的内容、零部件结构设计的基本要求和评价方法等进行概述，然后在后续各章中着重对机械零部件在满足各功能要求和不同工艺过程中的结构设计、结构要素和注意事项予以说明。

1　机械零部件结构设计内容和实例

1.1　结构设计内容

(1) 明确结构设计要求

根据工作原理、设计方案，明确结构的主要要求和限制条件。主要有：与产品功能有关的载荷、速度和加速度，以及单位时间的物料通过量等参数；与费用有关的允许制造成本、工具费等；与制造有关的工厂生产条件、制造工艺条件等；与运输有关的运输方式、道路宽窄等；与使用有关的占地面积限制、使用地点条件等；与人机学有关的操纵、调整、控制、修理等要求，以及噪声、安全、外观、色彩等要求。

(2) 确定主要结构形式和尺寸

零部件的主要结构形式和尺寸，在实现产品功能中起主要作用，是主功能载体，如机床的主轴、内燃机的曲轴、减速器的齿轮直径等。

(3) 确定次要结构形式和尺寸

零部件的次要结构形式和尺寸相对主要结构形式和尺寸而言，是辅功能载体，如轴的支承、密封、润滑等。次要结构应尽可能采用标准件、通用件等。

(4) 进行各部分的细节设计

待主、辅功能载体确定后，应遵循结构设计的基本原则，进行详细设计。

(5) 评价和初定结构方案

利用评价方法从众多结构方案中筛选出满足功能要求、结构简单、成本低廉、便于加工、易于维护、外形美观的较优方案。主要评价方法有：技术-经济评价法、模糊评价法和评分法等。

(6) 完善和改进结构方案

对选择出的结构方案进行完善，消除评价中发现的缺陷和薄弱环节，仔细对照各种要求及限制条件，进行反复修改。

(7) 绘制总体结构方案图

绘制全部生产用图，准备技术文件。

1.2　结构设计实例

以直角阀门为例简要说明结构设计的内容和过程。

图4.1-1为直角阀门结构示意图。其设计内容及结构见表4.1-1。

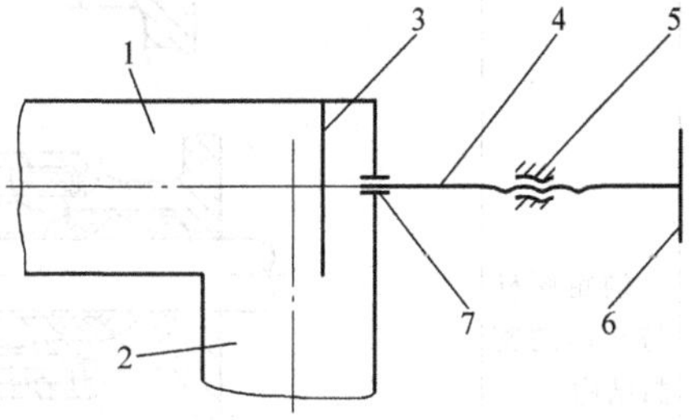

图4.1-1　直角阀门结构示意图
1—水平管　2—垂直管　3—阀瓣　4—螺旋阀杆
5—螺母　6—手轮　7—密封圈

表 4.1-1　直角阀门结构设计

序号	设计内容	结构实例	设计说明
1	确定直角阀门的主体结构和尺寸	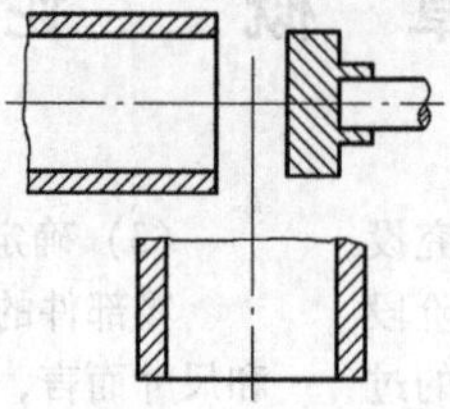	由通过阀体的流量、管内压强和其他有关条件确定水平管、垂直管的直径、壁厚，以及阀瓣的厚度和相对位置
2	确定阀瓣与阀杆的连接结构	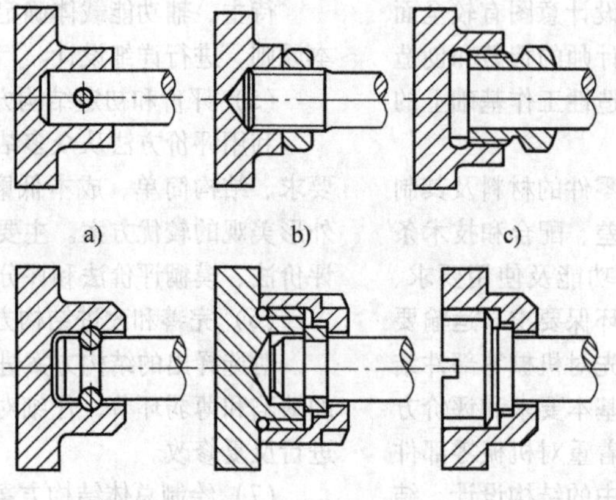 a)　b)　c)　d)　e)　f)	阀杆的尺寸因其受力复杂较难确定。阀门关闭时，属于细长杆失稳问题；半关闭状态要考虑流体的非对称冲击和涡流问题；阀门的驱动方式不同产生不同附加载荷问题等。简便起见可采用经验法确定 阀瓣与阀杆的连接方式，为装拆便利，易于维修，设计了三种可拆卸的刚性连接方式（图 a～图 c） 固定式的连接方式，难以保证良好的密封性能。因此，将连接方式设计成阀瓣与阀杆之间可相对转动方式，减少了阀瓣的磨损和抖动（图 d～图 f）
3	确定阀杆与阀体的密封结构	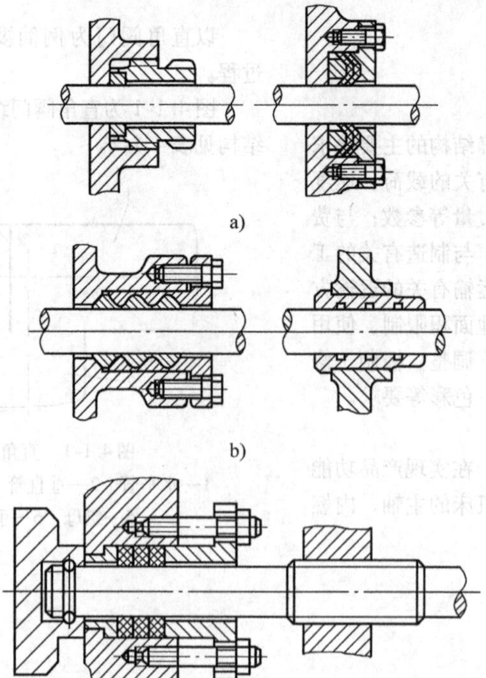 a)　b)　c)	阀杆与阀体的密封结构与阀杆的线速度密切相关，即由阀门的开启频率确定 接触式的密封结构适于低开启频率的阀门（图 a），非接触式的密封结构适于高开启频率的阀门（图 b） 最终采用的结构型式如图 c 所示

（续）

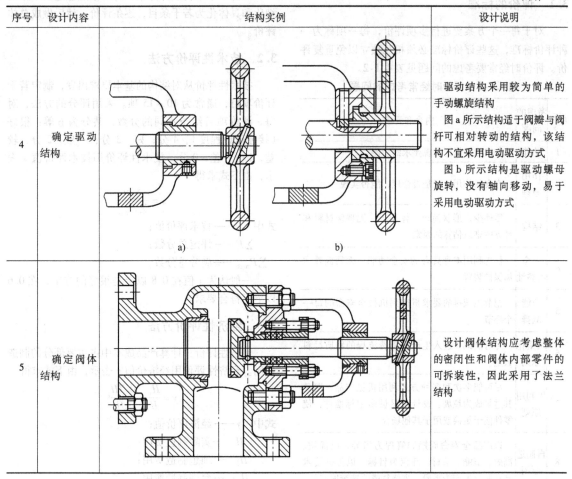

序号	设计内容	结构实例	设计说明
4	确定驱动结构	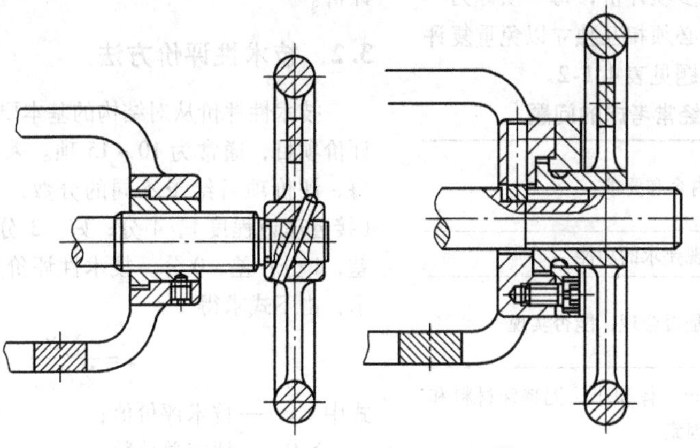 a)　b)	驱动结构采用较为简单的手动螺旋结构 图a所示结构适于阀瓣与阀杆可相对转动的结构，该结构不宜采用电动驱动方式 图b所示结构是驱动螺母旋转，没有轴向移动，易于采用电动驱动方式
5	确定阀体结构	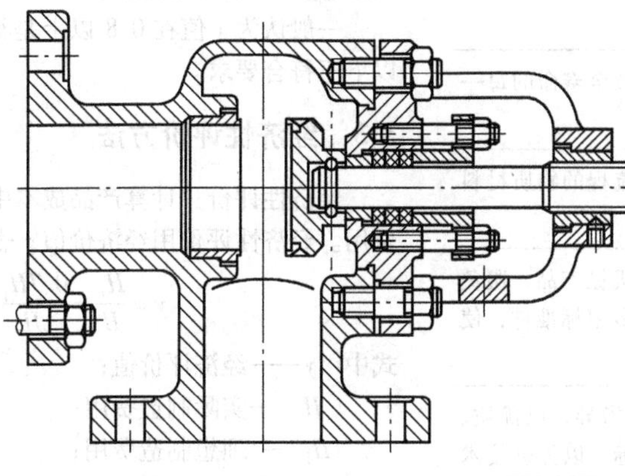	设计阀体结构应考虑整体的密闭性和阀体内部零件的可拆装性，因此采用了法兰结构

2　机械零部件结构设计基本要求

结构设计不但要使零部件的形状和尺寸满足原理方案的要求，它还必须解决与零部件结构有关的力学、工艺、材料、装配、使用、美观、成本、安全和环保等一系列的问题。只有深入了解诸问题对零部件结构的影响和限制，才能设计出合理的结构型式。

机械零件结构设计过程中，要充分考虑以下各方面的基本要求：

（1）功能要求

功能分为主功能和辅功能，先确定零部件主功能结构方案，再确定辅功能的结构方案。

（2）使用要求

零部件的结构受力合理，刚度足够，磨损小，耐腐蚀、有足够的寿命等。

（3）加工工艺性要求

便于加工，加工量少，加工成本低。

（4）装配工艺性要求

便于装配定位，易于装配操作。

（5）维修工艺性要求

易于维护和修理，维修工作量少。

（6）运输要求

结构便于吊装，利于普通交通工具运输。

（7）标准化要求

结构符合相关行业的标准化、系列化要求。

（8）人机学要求

结构美观，符合人的使用习惯，操作舒适安全。

（9）安全和环保要求

可回收再利用，符合人身健康和安全的要求，噪声和污染低于允许限值。

（10）经济性要求

降低各项成本。

3　机械零部件结构方案的评价

评价机械零部件结构的优劣，可从它的技术性和经济性两方面加以评价。

3.1　评价的标准

对于每一个方案要进行多项评价，每一项称为一种评价标准，这些评价标准必须相互独立以免重复评价。评价时经常要考虑的问题见表4.1-2。

表4.1-2　评价时经常考虑的问题

序号	考虑的问题	内容和要求
1	功能	方案能否保证实现要求的功能
2	作用原理	方案的作用原理是否合理，能否实现
3	结构	零件少，形状简单，体积小，无特殊材料和计算中难以估算的因素
4	安全可靠性	优先利用本身具有的安全功能，无须额外增加保护装置
5	节能减排	把节能减排的要求贯彻到机械全寿命的每一个环节
6	减量化原则	尽可能减少进入生产和消费流程的物质材料数量
7	再利用原则	尽可能多次和多种方式利用机械产品，避免其过早成为垃圾。设计中尽量多用标准件，使零件便于更换或用于其他场合
8	再制造原则	以产品全寿命周期和管理为指导，以优质、高效、节能、节材、环保为目标，以先进技术和产业化生产为手段，来修复或改造废旧产品
9	再循环原则	产品、零部件或其材料，尽可能多地返回使用
10	人机学	正确解决人机关系，造型美观
11	加工制造	加工量少，加工方法采用通用方法，不用昂贵复杂的刀具、工具和夹具，加工条件容易满足
12	检验	检验方便，工作量少，检验能保证产品质量
13	装配	方便、容易、快速，不需特殊工具
14	运输	可利用普通交通工具运输
15	使用	操作简单，安全，寿命长
16	维修	维修简单，工作量少，失效前有明显预兆
17	费用	购置、安装、运行及辅助费用低
18	时间进度	所设计的机器设备能按要求的时间制造完成
19	法律和规定	符合国家相关法律规定，无知识产权问题，符合国家标准和有关规定

评价一个结构设计方案，可以按照上述基本原则细化和具体化为若干条目，逐条评价，然后做成总体评价。

3.2　技术性评价方法

技术性评价从对结构的基本要求出发，制定若干评价项目，通常为10～15项。采用评分的方法，对每一评价项目给予不同的分数，共分为五等：很好（接近理想程度），4分；好，3分；一般，2分；较差，1分；差，0分。技术性评价用技术评价值x表示，由下式求得

$$x=\frac{\sum P}{\sum P_{\max}}$$

式中　x——技术评价值；

$\sum P$——评定总分数；

$\sum P_{\max}$——满分总分数。

一般认为x值在0.8以上是很好的方案，在0.6以下不符合要求。

3.3　经济性评价方法

经济性评价只计算产品成本中占主要部分的制造费用。经济性评价用经济价值y表示，由下式求得

$$y=\frac{H_{\mathrm{i}}}{H}=\frac{0.7H_{\mathrm{p}}}{H}$$

式中　y——经济评价值；

H——实际制造费用；

H_{i}——理想制造费用；

H_{p}——允许制造费用。

最终技术、经济的综合评价，用技术经济对比图表示，如图4.1-2所示。图中点S_i代表一种设计方案的技术评价值和经济评价值。S点是理想的设计方案，$x=1.0$，$y=1.0$。$\overline{OS}$线上各点是技术与经济价值相等的设计方案。显然，靠近$\overline{OS}$线的点，其设计方案较为理想。例如图4.1-2所示，方案S_2比S_1好，S_3比S_2好。

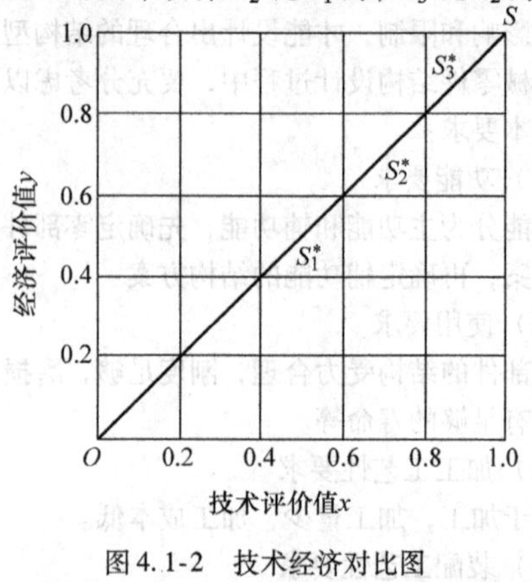

图4.1-2　技术经济对比图

3.4　评价举例

图4.1-3所示为带传动装置的两种方案。

设计要求：带轮转速750r/min，传动功率150kW，带轮直径为250mm和150mm；每月产量100台，允许制造费用为120元/台；希望传动带便于更换，工作时不需维护。

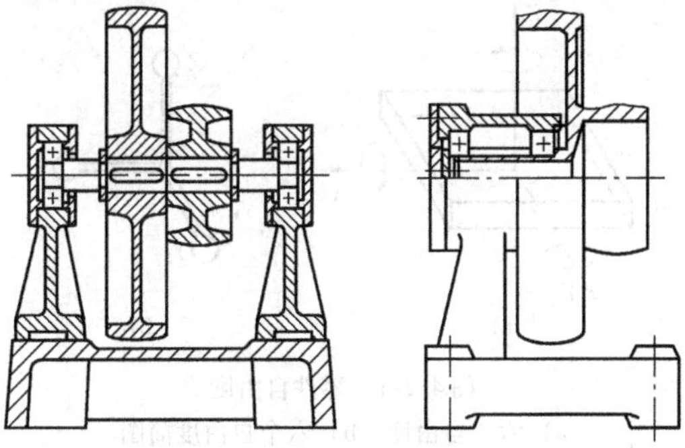

图4.1-3　带传动装置的两种方案
a）方案1　b）方案2

技术评价从五个方面分为12个项目进行评价，方案1和方案2评价对比的结果见表4.1-3。

表4.1-4为传动装置两种方案的经济评价对比结果。

表4.1-3　带传动装置的技术评价

技术性能	序号	评价项目	方案1	方案2	理想方案
零件个数	1	简单（构件数13:7）	2	3	4
	2	简单（小零件数24:11）	2	3	4
机械性能	3	轴承承载能力	4	3	4
	4	质量	2	3	4
几何性能	5	占用面积	2	3	4
	6	不变形的紧固面（底板）	2	3	4
	7	同心度（支架）	2	3	4
制造性能	8	切削量	3	4	4
	9	加工方便	2	3	4
	10	装配方便	2	3	4
使用性能	11	带的更换	2	4	4
	12	润滑加油方便	3	3	4
总分数			28	38	48
技术评价值　$x=\frac{\sum P}{\sum P_{max}}$			0.58	0.79	1.00

表4.1-4　传动装置的经济评价

项目	方案1	方案2
允许制造费用 H_p	120	120
理想制造费用 $H_i=0.7H_p$	84	84
实际制造费用 H	170	112
经济评价值 y	0.494	0.75

图4.1-4所示为两种方案的技术经济对比图，由图可以看出方案2的点更接近S点，所以其综合经济技术效果比较好。

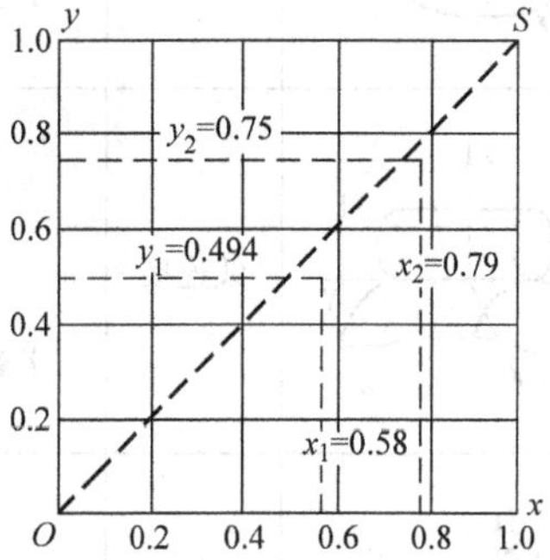

图4.1-4　两种传动方案技术经济对比图

第 2 章　满足功能要求的结构设计

实现机械零件功能的结构方案是多种多样的。自由度分析法和功能面分析法是机械零部件结构设计中常用的方法。

1　利用自由度分析法的结构设计

1.1　机械零件的自由度

一个机械零件在空间有六个自由度，即沿 X、Y、Z 三个轴的轴向移动和绕 X、Y、Z 三个轴的转动，如图 4.2-1 所示。这六个自由度可以用简图 4.2-1b 表示，三根空心坐标轴表示移动方向，未涂黑者表示可沿该方向移动，全部涂黑者表示沿该方向不能移动，一半涂黑者表示沿该方向可向一边移动，不能向另一边移动，坐标端部的圆圈空心或全黑代表有或无绕该轴的转动自由度。

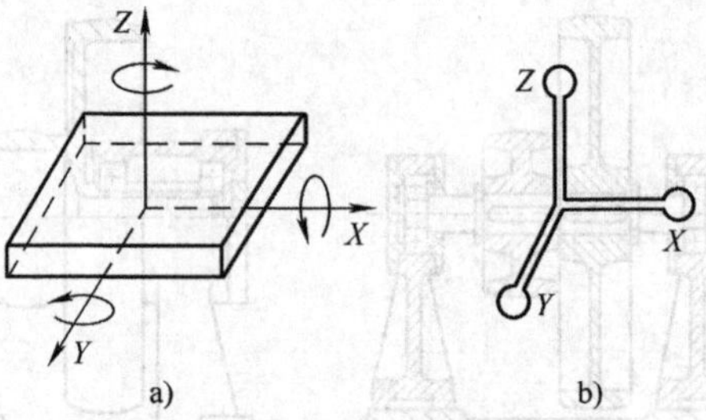

图 4.2-1　零件自由度

a）六个自由度　b）六个自由度简图

表 4.2-1 为常见零件的连接形式及其对自由度的约束。

表 4.2-1　常见零件的连接形式和自由度

序号	连接形式简图	连接情况	零件 1 自由度简图	简单说明
1	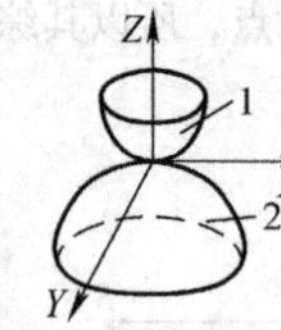	一点连接	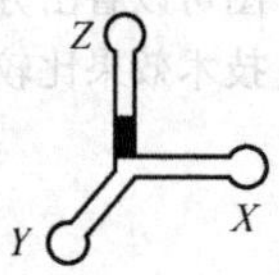	零件 1 与零件 2 在一点相切，零件 1 有：2 +0.5 个移动自由度，3 个转动自由度
2	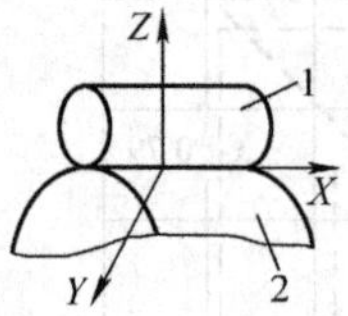	线连接	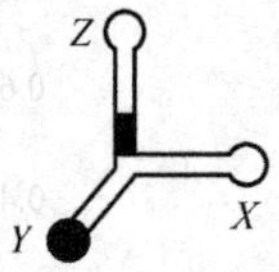	零件 1 与零件 2 沿一条直线接触，零件 1 有：2 +0.5 个移动自由度，2 个转动自由度
3	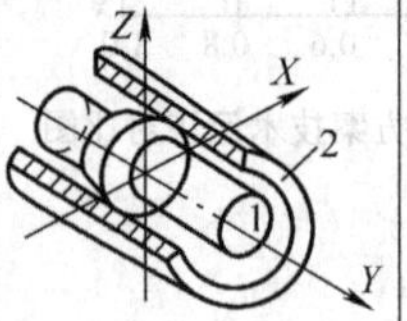	环形线连接	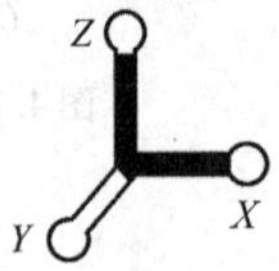	零件 1 有一个球形表面与零件 2 相切，构成环形线连接，零件 1 有：1 个移动自由度，3 个转动自由度
4	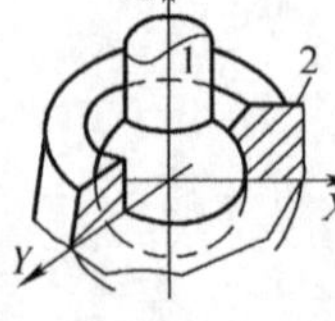	球窝连接	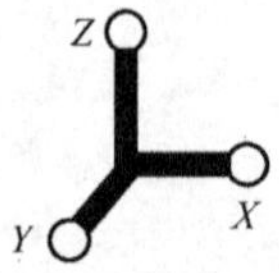	零件 1 与零件 2 有一个球形表面连接，零件 1 有：3 个转动自由度

（续）

序号	连接形式简图	连接情况	零件 1 自由度简图	简单说明
5	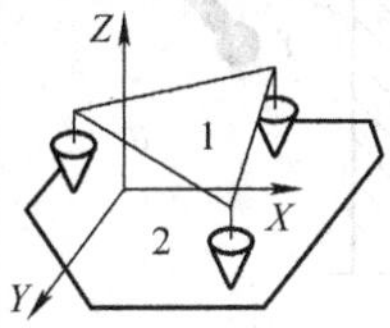	三点支承连接	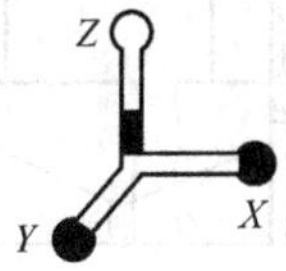	零件 1 与零件 2 有三个点接触，零件 1 有：2 +0.5 个移动自由度，1 个转动自由度
6	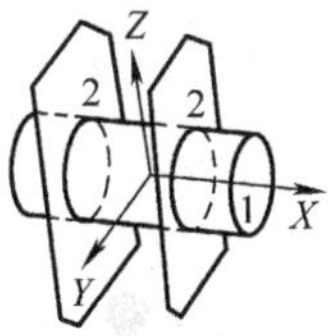	双面连接	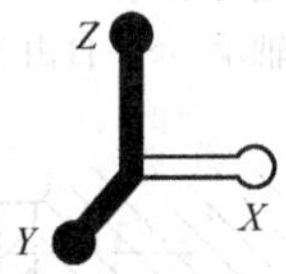	零件 1 与零件 2 有二个环形线相接触，零件 1 有：1 个移动自由度，1 个转动自由度

1.2　应用举例

1.2.1　联轴器结构设计

联轴器的主要功能是将两根轴连接起来。但连接的轴由于载荷、加工与安装精度、工作条件等因素的影响，会有轴向、径向和角度的偏移，无法保证完全对中。通常联轴器由左右两半组成，采用自由度分析法，联轴器两部分使用不同的基本连接形式，可获得所需要方向的自由度，就形成了不同补偿性能的联轴器。

图 4. 2-2 所示为一种凸缘联轴器，接触面 *A* 可视为三点支承连接，相当于表 4. 2-1 的结构 5，止口面 *B* 处的结构相当于表 4. 2-1 的结构 3。这两个结构结合在一起，两半联轴器相对运动只剩下沿联轴器轴的转动和移动两个自由度。移动自由度靠螺栓结构限制，转动自由度由螺栓预紧产生摩擦力限制，因此该种联轴器无法补偿两轴的各方向的偏差。它为一种刚性联轴器。

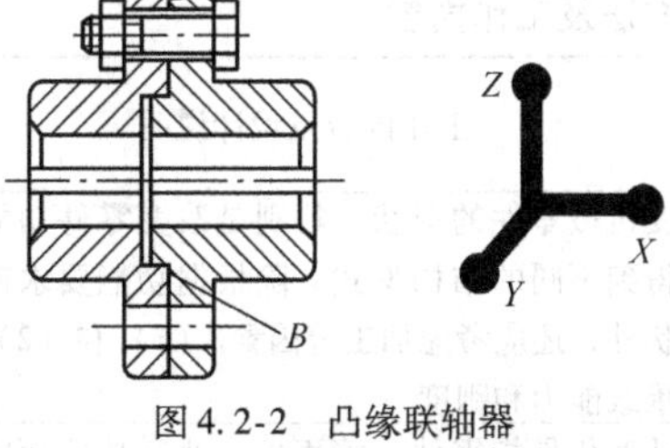

图 4. 2-2　凸缘联轴器

图 4. 2-3 所示为十字滑块联轴器。接触面 *A*、*B* 的连接可视为三点支承连接，相当于表 4. 2-1 的结构 5，这两个结构结合在一起，联轴器 1、3 部分间只剩下两个移动自由度，由此可见十字滑块联轴器可以补偿轴的径向偏差。

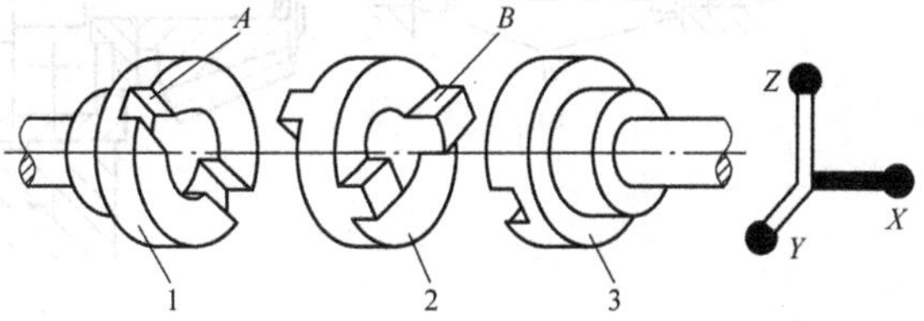

图 4. 2-3　十字滑块联轴器

1.2.2　轴承组合结构设计

对于转轴的支承结构，按轴的自由度分析，只保留轴沿其轴线方向转动的自由度，其他方向均要约束。

图 4. 2-4、图 4. 2-5 所示为几种轴承的组合结构。其中图 4. 2-4a 所示为滑动轴承的支承结构。轴上的两个轴承支承，形成支承面 *A*，相当于表 4. 2-1 的结构 6；轴上还有两个轴肩，形成支承面 *B*，相当于表 4. 2-1 的结构 1。以上结构组合，使轴只有一个绕转轴轴线转动的自由度，而沿转轴轴线的两个方向，轴都不能移动，如图 4. 2-4c 所示。图 4. 2-4b 所示为相同支承结构的滚动轴承组合图，同样由支承面 *A* 和 *B* 形成了一端固定一端游动的转轴的支承结构。

图 4. 2-5 所示为两端固定的轴承组合结构，与图 4. 2-4 所示结构的区别在于接触面 *B* 分别设置在两个轴承上。

以上两种轴承的组合结构，虽同样可以满足轴的支承要求，但由于结构上的差异，造成它们的温度补偿性能不同，第一种结构较好，而第二种需要辅助结构才能保证温度补偿性能。

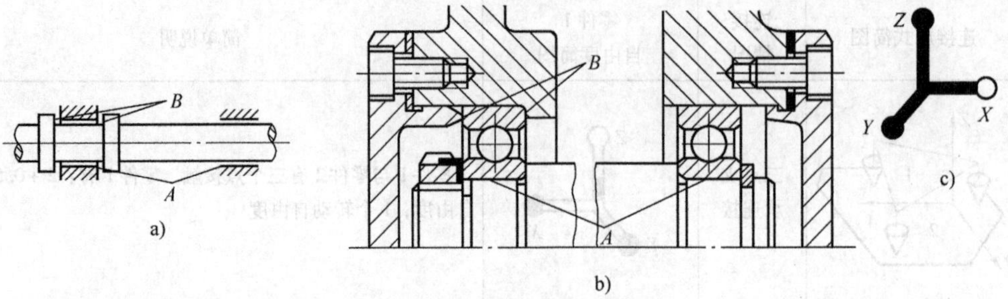

图 4.2-4　轴承组合结构一

a）滑动轴承　b）滚动轴承　c）自由度图

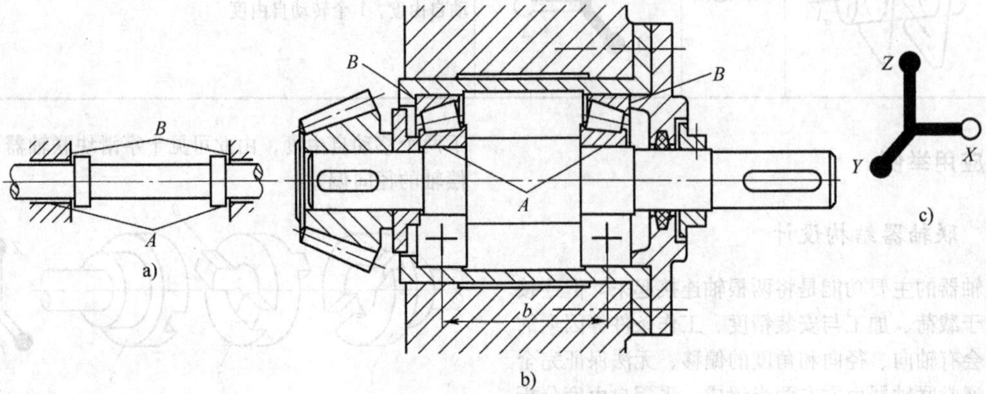

图 4.2-5　轴承组合结构二

a）滑动轴承　b）滚动轴承　c）自由度图

2　利用功能面的结构设计

2.1　功能面及其参数变化

功能面分析法是机械零部件结构设计中常用的另一种方法。机械零部件结构设计就是将原理设计方案具体化，即构造一个能够满足功能要求的三维实体零部件。构造零件三维实体，必须先根据原理方案规定各功能面，由功能面构造零件，零件再组成机器。

功能面是机械中相邻零件的作用表面，例如齿轮间的啮合面、轮毂与轴的配合表面、V 带传动的 V 带与轮槽的作用表面、轴承的内圈与轴的配合表面等。

功能面是构成零件的基本单元，可用形状、尺寸、数量、位置、排列顺序和连接等参数来描述。改变功能面的参数可获得多种零件结构和组合变化。表 4.2-2 列出了零部件结构设计时功能面及其参数变化的方法、工作内容，功能面参数变化的实例图和设计说明。

表 4.2-2　零部件功能面参数变化的方法及工作内容

序号	变化方法	举例与例图	工作内容及设计说明
1	形状变化	（1）直齿轮变成斜齿轮 （2）滚珠导轨改为滚柱导轨	改变机械零件的形状，特别是改变零件功能面的形状而得到不同的结构型式。除根据功能要求确定功能面形状外，还应考虑加工等因素。（1）和（2）可以提高其承载能力和刚度
2	尺寸变化	（1）改变 V 带截面型号 （2）改变套筒滚子链的型号	尺寸变化是指零件功能面的大小、功能面间的距离变化等。改变尺寸可以获得不同的结构变化，（1）是改变功能面尺寸，（2）是改变功能面尺寸和功能面间的距离

（续）

序号	变化方法	举例与例图	工作内容及设计说明
3	数量变化	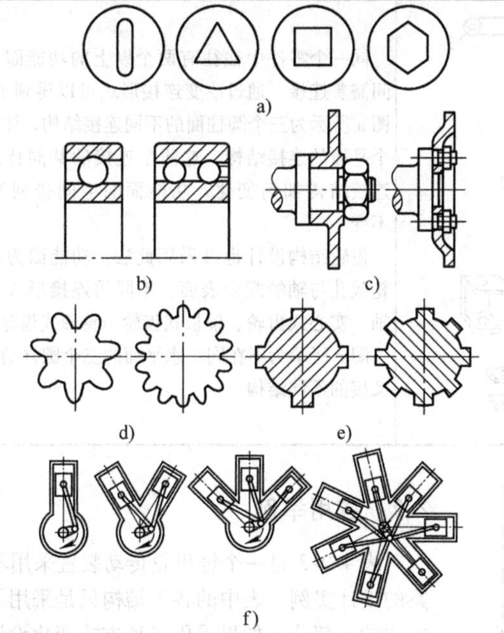	三维实体零件由表面包围而成，零件表面数量不同，形成不同的零件结构，由此改变零件的工作性能。如：增加齿轮齿数，可提高齿轮传动的平稳性；增加花键齿数，可提高花键承载能力。图a所示，通过改变螺钉头的作用面数量，得到多种螺钉头的结构，适用于不同工作场合的需要 改变零件的功能面，还可以通过增加或减少零件的个数来达到，如改变轴承中滚动体的个数（图b）、连接中螺栓的个数（图c）、齿轮的齿数（图d）、花键的齿数（图e）和内燃机中气缸的个数（图f）等
4	位置变化	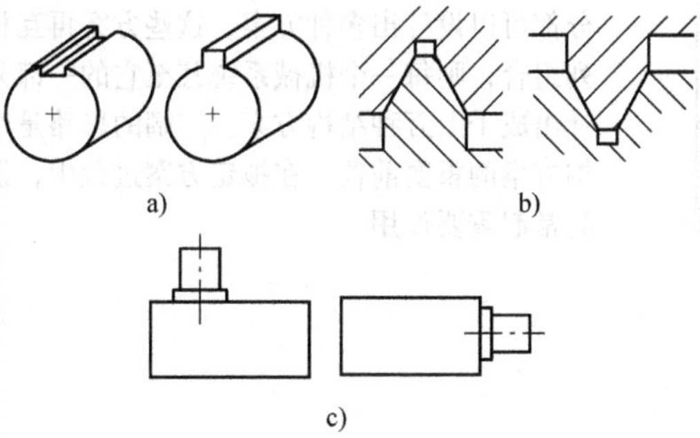	进行功能面的位置变化，首先可将零件想象成没有厚度的薄片，通过功能面反转的方法获得新的结构型式，如图a所示。图b利用功能面反转法将倒V型导轨结构改为正V型导轨结构，改善了导轨的润滑条件 改变零件在整个部件中的位置，也可以获得多种不同的功能面位置结构，如图c所示 图4.2-6所示为有中间齿轮的传动机构，中间轮处于不同的位置时，中间轴所受的横向力是不同的，通过位置调整可使中间轴受力更合理
5	排列顺序变化	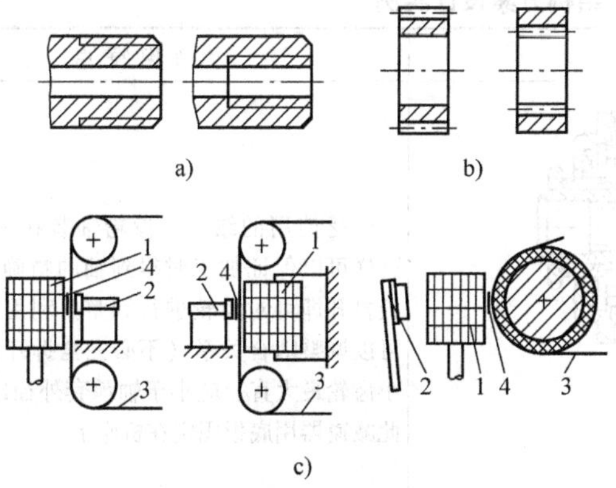1—压力锤　2—打印头 3—色带　4—纸	改变零件界面的包围顺序，可改变零件的结构型式。如图a将外螺纹变为内螺纹，图b将外齿轮变为内齿轮，就是将由外向里的功能面变为由里向外的功能面 同样改变零件在部件中的顺序，也可以起到功能面重组的目的。如图c所示，打字机由4个主要零件组成，改变4个主要零件的排列顺序，可得到多种打字机的结构方案

（续）

序号	变化方法	举例与例图	工作内容及设计说明
6	连接变化	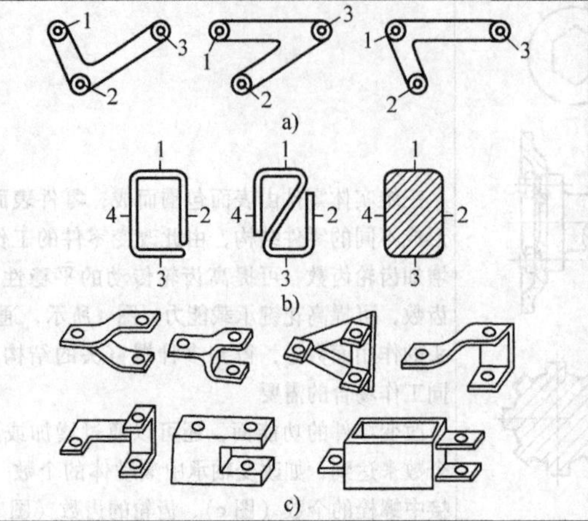	同一个零件中往往有两个以上的功能面，功能面之间需要连接，通过改变连接形式可以得到不同的结构。图 a 所示为三个圆柱面的不同连接结构，图 b 所示为四个平面的连接结构，这两个连接的共同特点是：不论连接结构如何变化，功能面的空间排列和位置始终不变 齿轮结构设计也可采用此法，功能面为齿廓表面和轮毂孔与轴的配合表面，不同的连接形式可获得齿轮轴、实心式齿轮、辐板式齿轮和轮辐式齿轮等结构 图 c 所示为不在同一水平面的三个圆柱功能面组成的叉接的不同结构

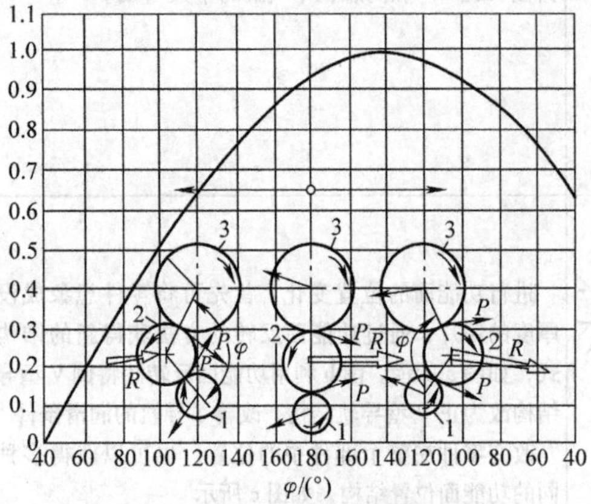

图 4.2-6　改变中间齿轮的位置对于其轴承受力的影响

注：图中 $R=2P\sin\ (\varphi/2\pm\alpha)$，当中间齿轮在 $\varphi=180°$ 线之左 α 前取加号，之右取减号

2.2　应用举例

表 4.2-3 是一个锥齿轮传动装置采用不同结构方案的设计实例。表中的各种结构只是采用了前述变化方式的一部分，如果采用各种方式变化设计结构，则得到的方案数目将会很大。再考虑到机械系统的各部分都可以设计出多种方案，这些方案再互相搭配、排列组合，则每一个机械系统甚至它的一部分都可以设计出成千上万种结构方案。广阔的思路是产生最佳结构方案的重要前提。在拟定方案过程中，设计者的经验常起重要作用。

表 4.2-3　结构方案设计实例

序号	结构图	结构特点
1	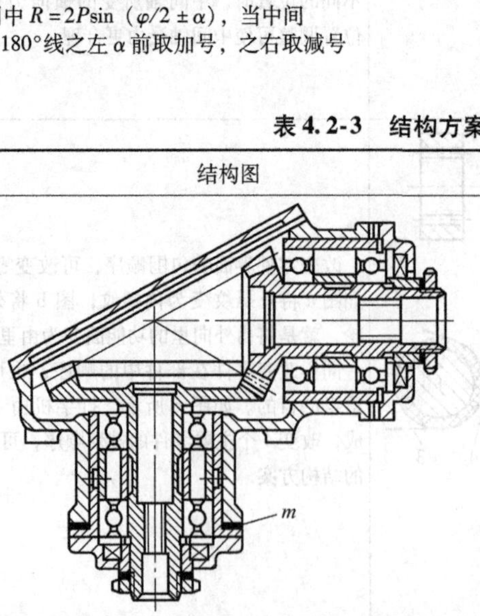	广泛使用的结构。齿轮轴装在一个箱体内，这样可以保证加工时得到轴的精确位置。将盖板打开即可对齿轮进行调整。利用调整垫片 m 可以调整啮合关系（不必完全拆开传动装置）。小齿轮最大直径应小于轴承套外径以便于拆装。此减速器用底板固定在机座上

（续）

序号	结构图	结 构 特 点
2	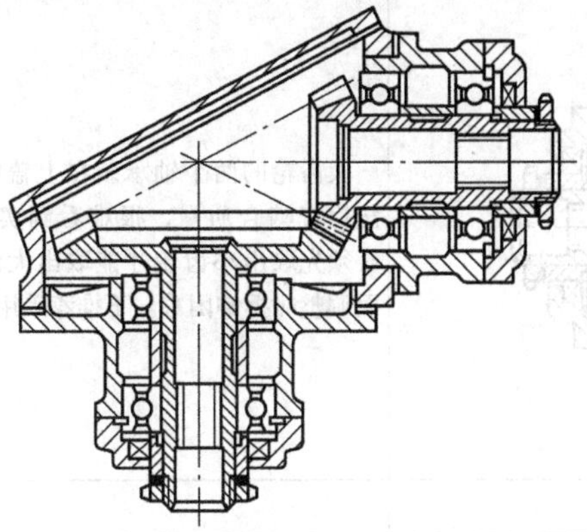	箱体可以打开，所以拆装方便，但机座的刚度差。在制造箱体时必须保证大齿轮机座端盖的止口与轴承孔严格同心。这种减速器的固定方式多采用悬挂安装
3	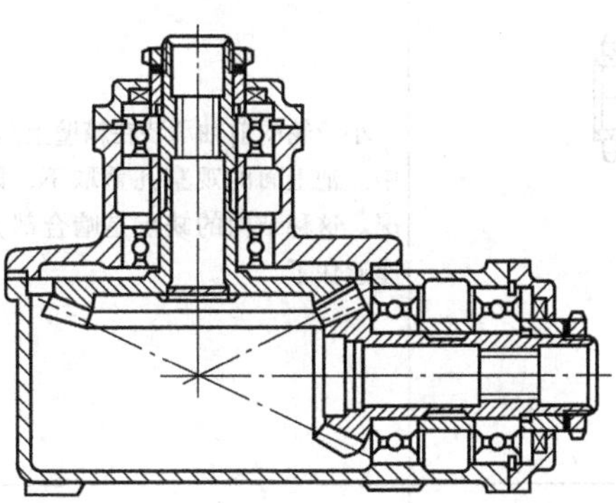	大齿轮尾部向上安装的结构。检查啮合情况困难。在装配好以后不可能再看到啮合情况，在打开箱体以后，齿轮传动的工作位置就不存在了。只能靠涂色法检查啮合情况，为了调整啮合情况要多次取下大齿轮
4	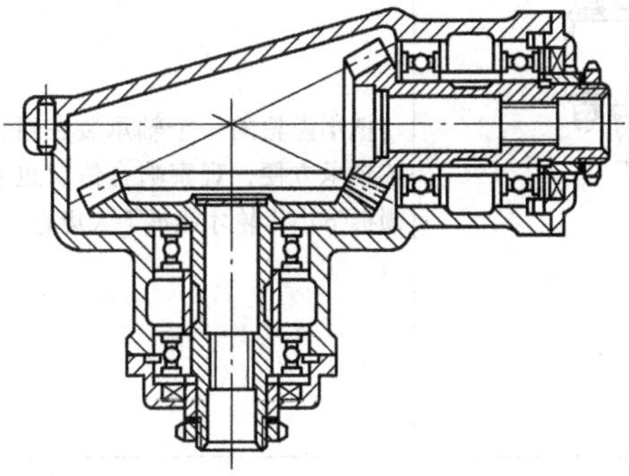	箱体由小齿轮轴线平面剖分开。这种结构使装配和检查传动机构都很方便。但剖分式箱体比整体式箱体加工困难。必须先把上下箱体的剖分面精加工，把两半箱体装在一起，加上定位销，在装配好的情况下镗轴承孔。剖分面不可以加垫片（垫片破坏小齿轮轴承孔的圆度）
5	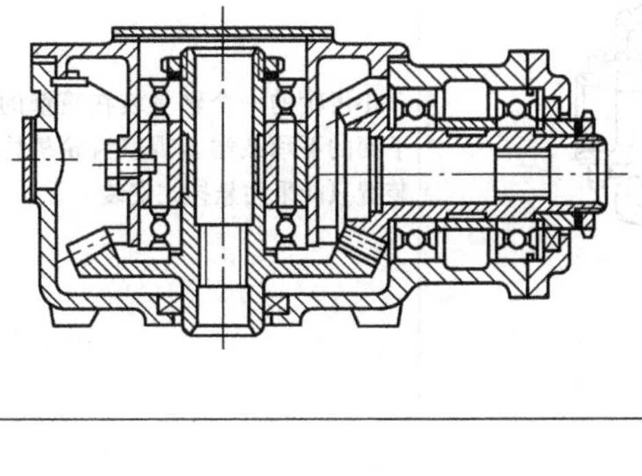	大齿轮的上轴承装在上端盖内，轴承间的距离加大而轴承所受的径向力减小。缺点是难以在装配的情况下检查啮合情况，调整困难，且加工工艺复杂，拆装困难。不推荐采用

（续）

序号	结构图	结 构 特 点
6	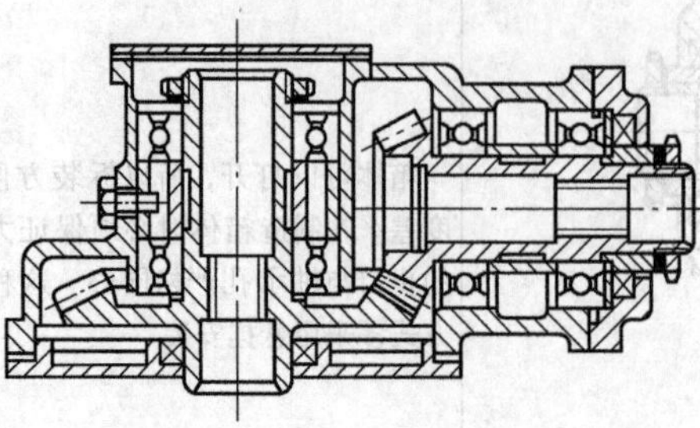	大齿轮的两个轴承装在上盖中，只能用涂色法检查啮合质量，很难看到实际的啮合情况。必须先取出小齿轮才能取出大齿轮和端盖，因而调整时拆卸困难。不推荐采用
7	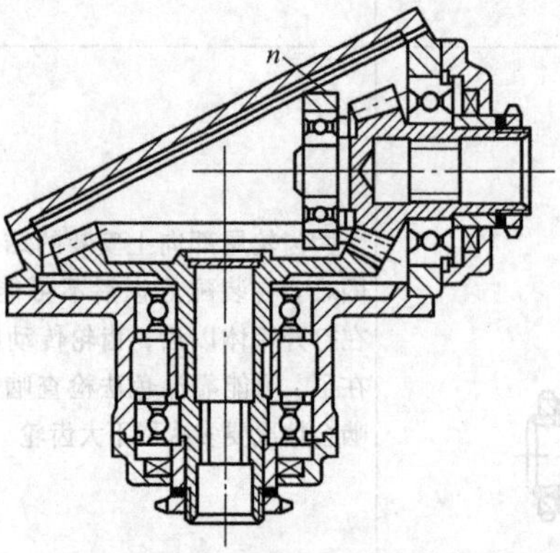	小齿轮的前轴承装在箱壁上凸起来的轴承座 n 中。把上面的观察孔盖取下，即可检查啮合情况。这种结构的缺点是啮合部分被凸起的轴承座遮住了
8	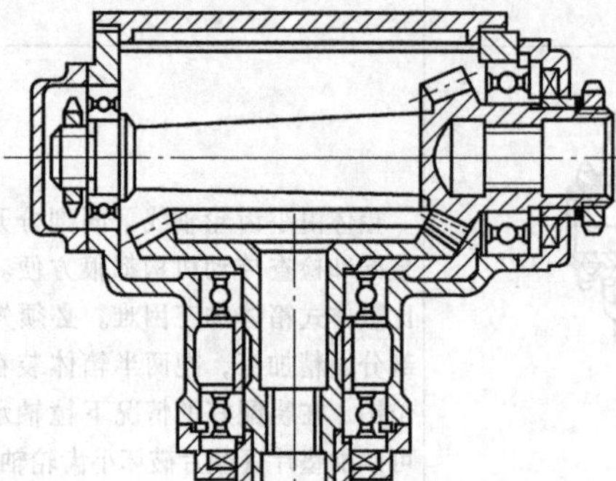	把小齿轮的一个轴承装在对面的箱壁上，拆装轴承方便，观察啮合情况也容易。缺点是必须拆下小齿轮才能拆下大齿轮
9	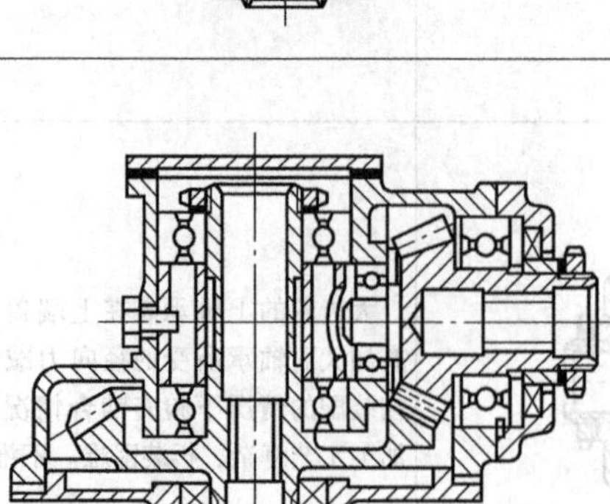	小齿轮的一个轴承装在箱壁的凸座上。通过下面的不承载端盖观察齿轮机构的大端。这种装置只能采用悬挂式安装

（续）

序号	结构图	结构特点
10	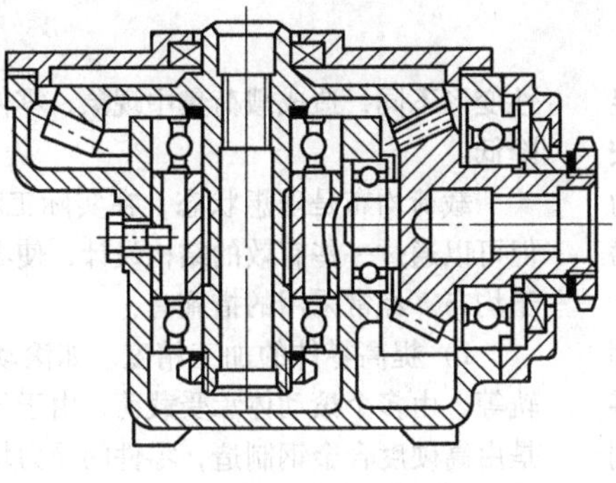	与第 9 种特点相同，只是大齿轮装在上面，可以用上面的平面固定减速器

第3章　满足工作能力要求的结构设计

为避免机器及其零部件的失效，应使零件具有足够的工作能力。工作能力，即零件不发生失效时的安全工作限度。随机械零件的失效形式不同，工作能力计算准则主要有如下几个方面：强度、刚度、耐磨性、耐蚀性和稳定性等。

按计算准则设计机械零件称为理论设计，虽然理论设计可以保证机械零部件不发生失效，但很难使零件材料得到有效的利用，机械零部件的承载能力得到充分的发挥，因此为使设计的机械零部件结构达到最优，理论设计的同时还必须遵循合理结构设计的原则。

1　提高强度的结构设计

强度是机器中各零部件承受载荷的能力，它与零件受到的载荷和零件的承受能力有关。

1.1　提高零部件的受力合理性

1.1.1　载荷均匀分布

当外载荷由多个零件或多个支承点支持时，应该使它们尽可能受力均匀，否则必然会使某些零件或某些支点承受载荷过大，引起失效。载荷均匀地分布在零件结构上，可有效地减小零件上载荷的最大值，提高零件的承载能力。将集中力分成几个小的集中力或分布力系，是经常采用的机械零件受力结构。但有时零件即使承受分布力，由于零件受力区域的刚度或弹性变形不同，造成载荷集中现象，零件强度也将随之降低。

载荷均布是理想状态，在实际工程中较难实现，但可以通过一些有效的结构设计，使零件上的载荷趋于均布。经常采用的措施有：

1）提高零件的加工精度。如滚动轴承、滚动导轨等，由多个滚动体承受载荷，由于导轨和滚动体都是由高硬度合金钢制造，零件的受力均匀性对误差非常敏感，因此必须使其具有很高的精度。常用的方法是，提高导轨和滚动轴承座圈的精度和减小各滚动体直径的误差，可以使各受力接近均匀，提高零件寿命。

2）采用弹性零件。当外载荷由多个支承点支承时，在支承处加入弹簧等弹性元件，可以减少载荷分布的不均匀性。

3）设置调整环节。当外载荷由多个零件承受时，采用垫片、螺旋等调整件可以使各零件的载荷均匀。

下面介绍几种通用零部件结构设计中，为使载荷均匀所采用的措施。

（1）螺纹连接零件

螺栓连接承载后，载荷是通过螺栓和螺母的螺纹牙面接触来传递的，由于螺栓和螺母的刚度和变形性质不同，所以旋合各圈螺纹牙的载荷分布是不均匀的，如图4.3-1所示。

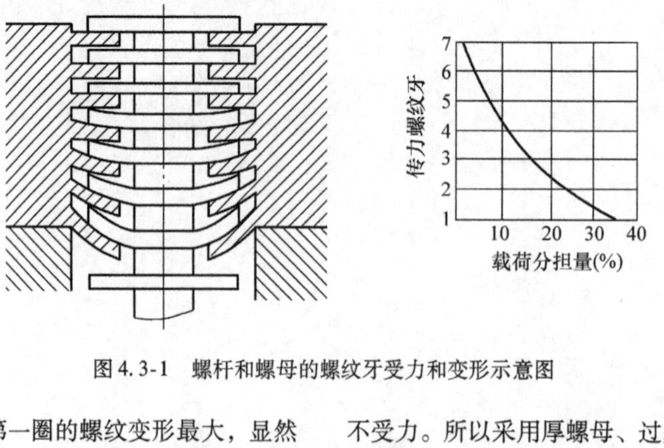

图4.3-1　螺杆和螺母的螺纹牙受力和变形示意图

由图4.3-1可见，第一圈的螺纹变形最大，显然螺纹牙受载也以此圈为最大，约占全部载荷的30%以上。以后各圈递减，到第8～10圈以后螺纹牙几乎不受力。所以采用厚螺母、过多增加旋合圈数对提高连接强度的作用不大。

使螺纹牙受力尽量均匀的常用方法有：

1）悬置螺母。采用悬置螺母，如图 4.3-2a，螺母的旋合部分全部受拉，其变形性质与螺栓相同，从而可减小二者的螺距变化差，使螺纹牙的载荷分布趋于均匀。

2）环槽螺母。图 4.3-2b 所示为环槽螺母结构，这种结构可使螺母内缘下端局部受拉，其作用和悬置螺母相似，但载荷均布效果不及前者。

3）内斜螺母。图 4.3-2c 所示为内斜螺母结构。螺母下端受力较大的几圈螺纹处制成 10°～15°斜角，使螺纹牙的受力面由上而下逐渐外移，刚度逐渐变小。螺栓旋合段下部螺纹牙的载荷分布趋于均匀。

4）环槽与内斜组合结构螺母。图 4.3-2d 所示为组合结构螺母，这种结构较为复杂，只用于某些重要或大型的连接上。

5）钢丝螺套。用菱形截面的钢丝套绕成的类似于螺旋弹簧的钢丝螺套旋入螺纹孔中，如图 4.3-3 所示，因它具有一定的弹性，可减轻螺纹牙受力不均和起到减振作用。

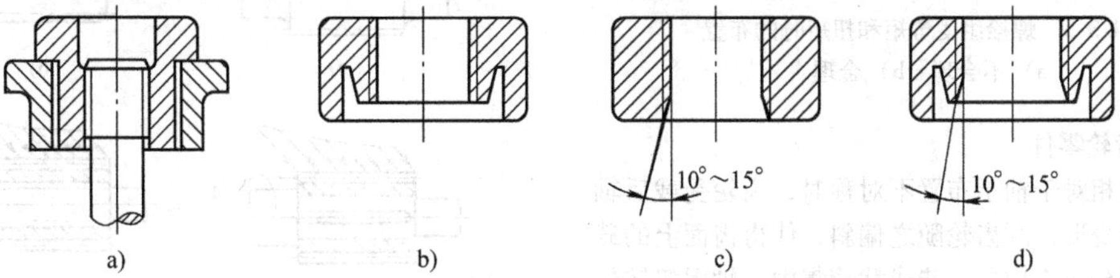

图 4.3-2　均载螺母结构
a）悬置螺母　b）环槽螺母　c）内斜螺母　d）组合螺母结构

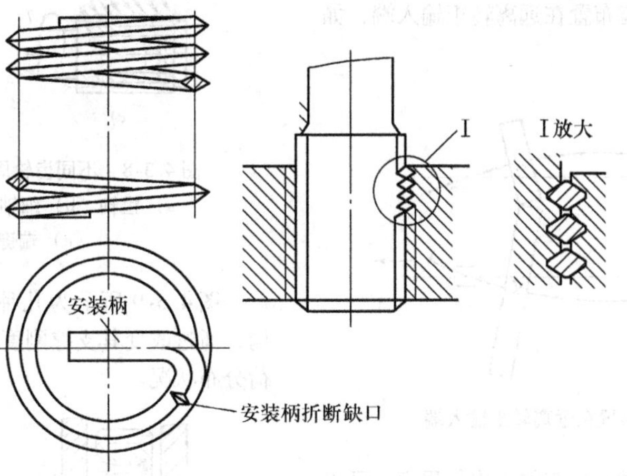

图 4.3-3　钢丝螺套

（2）螺栓组连接

螺栓组连接结构设计中，要力求各螺栓和连接结合面间受力均匀。因此连接结合面一般设计成简单的几何形状，如圆形、环形、矩形、框形和三角形等。如此便于加工，便于对称布置螺栓，使螺栓组的对称中心和连接结合面的形心重合，从而保证连接结合面受力较均匀，如图 4.3-4 所示。对于铰制孔螺栓连接，不要在平行于工作载荷的方向上成排地布置八个以上的螺栓，以免工作不均匀。当螺栓组承受弯矩或扭矩时，应使螺栓的位置尽量的靠近连接结合面的边缘，以减少螺栓受力，如图 4.3-5 所示。

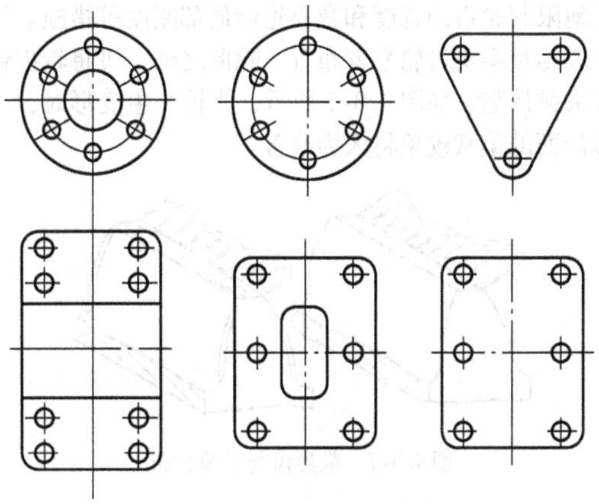

图 4.3-4　结合面常见形状

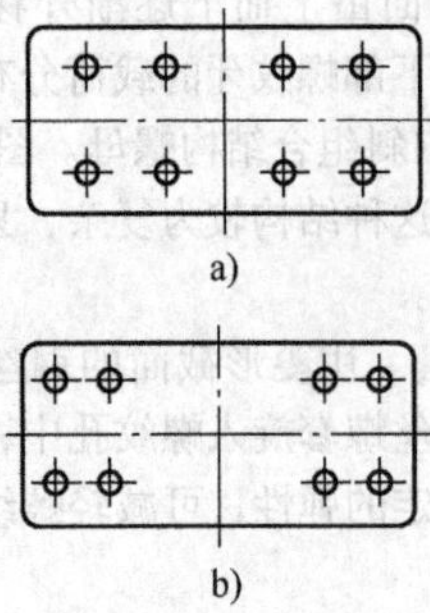

图4.3-5　螺栓组受弯矩和扭矩时的布置
a）不合理　b）合理

（3）齿轮零件

当齿轮相对于轴承布置不对称时，齿轮受载后轴会产生弯曲变形，两齿轮随之偏斜，使得齿面上的载荷沿接触线分布不均匀，造成载荷集中。轴因扭转作用而发生的扭转变形，同样会产生载荷沿齿宽分布不均匀。靠近转矩输入一端，轮齿上的载荷最大。为了减少载荷集中，应将轮齿布置在远离转矩输入端，如图4.3-6所示。

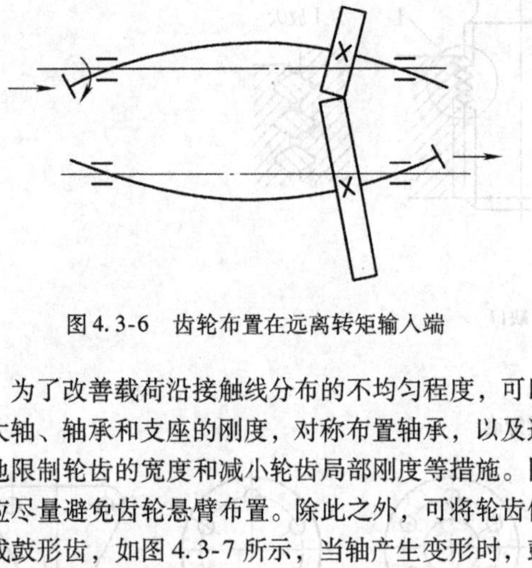

图4.3-6　齿轮布置在远离转矩输入端

为了改善载荷沿接触线分布的不均匀程度，可以增大轴、轴承和支座的刚度，对称布置轴承，以及适当地限制轮齿的宽度和减小轮齿局部刚度等措施。同时应尽量避免齿轮悬臂布置。除此之外，可将轮齿修整成鼓形齿，如图4.3-7所示，当轴产生变形时，鼓形齿面的偏载现象将大为改善。

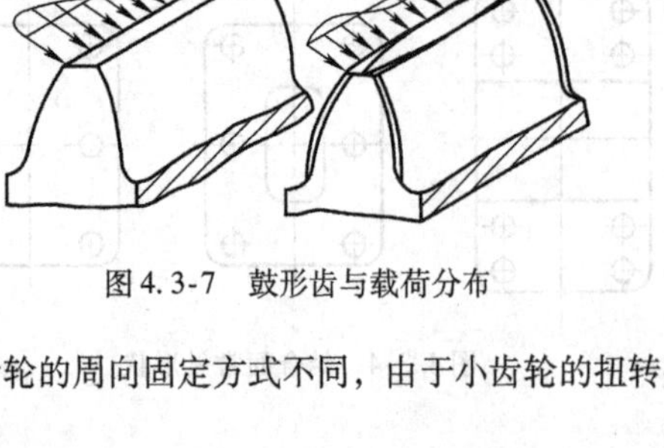

图4.3-7　鼓形齿与载荷分布

齿轮的周向固定方式不同，由于小齿轮的扭转变形，也是造成齿向载荷分布不均的原因之一。图4.3-8所示为不同的周向连接结构的齿向载荷分布图。图4.3-8e所示的端键连接结构载荷分布最不均匀，图4.3-8f所示的过盈连接结构载荷分布最均匀，当齿宽系数$\psi_d \approx 2$时，两种连接结构的分布载荷最大值相差可到两倍。

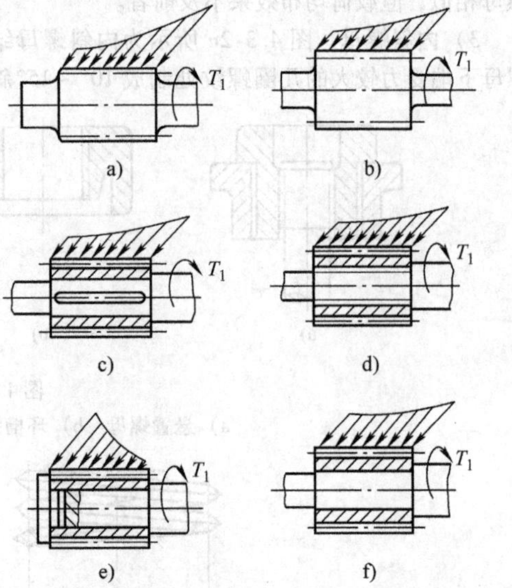

图4.3-8　不同齿轮周向连接结构的载荷分布
a）粗轴　b）细轴　c）平键　d）花键
e）端键　f）静压

图4.3-9所示为几种典型的行星齿轮的支撑结构，通过改变其支撑刚度的方法，改善行星齿轮的载荷分布状况。

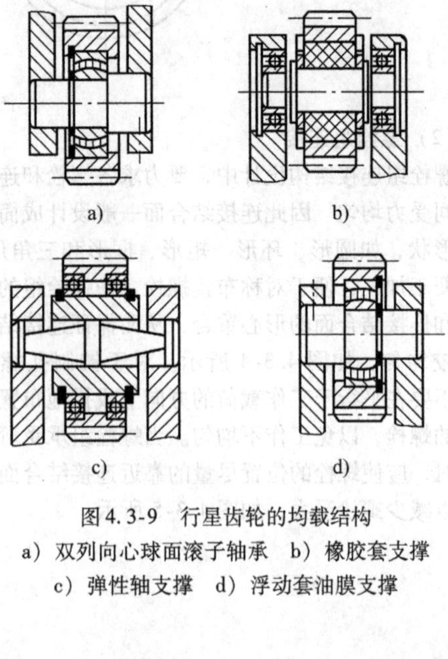

图4.3-9　行星齿轮的均载结构
a）双列向心球面滚子轴承　b）橡胶套支撑
c）弹性轴支撑　d）浮动套油膜支撑

1.1.2　载荷分担

由一个零件承受的载荷，通过结构的合理设计，分给两个或更多的零件承担，是减小零件工作载荷有效措施。

（1）螺栓减荷结构

采用普通螺栓连接承受横向载荷时，具有结构简单、装配方便等优点，但必须施加很大的预紧力，导致螺栓组结构尺寸过大。采用由其他零件分担载荷的方法，可以避免上述缺点，具体结构是采用减荷装置，即在连接结构上增设减载零件，如图4.3-10所示。

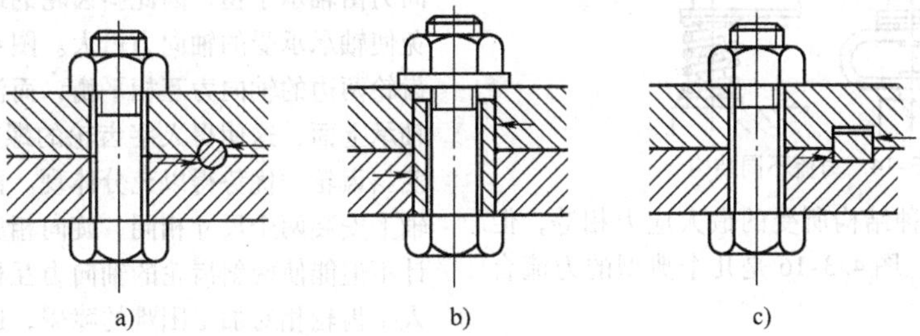

图4.3-10　减载装置

a）减载销　b）减载套　c）减载键

（2）卸荷带轮

卸荷带轮结构是通过巧妙的结构设计，将零件上的有害载荷，传递给承载能力较大的零件，减轻某些重要零件工作载荷。如图4.3-11所示的带轮常用于机床传动箱外的V带传动，带轮上所受的压轴力及转矩由箱体和轴分担。压轴力通过轴承6、轴承座1及螺栓2传给箱体；转矩通过法兰盘4及花键5传给轴。因此轴只承受转矩不受弯矩，减小了轴的弯曲变形，提高了回转精度。

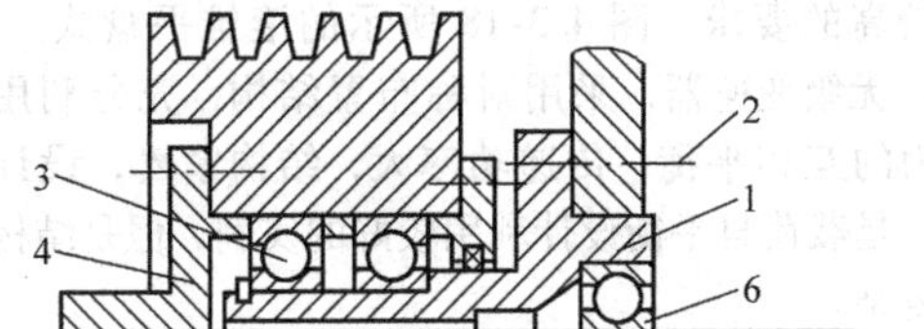

图4.3-11　卸荷V带

1—轴承座　2—螺栓　3、6—滚动轴承

4—法兰盘　5—花键连接

（3）组合弹簧

当载荷很大时，安装弹簧的空间尺寸又较小，或者加工时为避免使用直径较大的弹簧，常将两个或两个以上的弹簧的直径不同的弹簧同心套在一起，作为一个整体使用。图4.3-12所示的组合弹簧就是采用了分担载荷的方法。为了避免工作时各层之间互相嵌入而卡死，应使各相邻层间的弹簧旋向相反。

（4）双平键

当传递转矩很大时，采用单个平键强度不够，通常采用双平键共同承担载荷，为保证受力的对称和两键均匀受载，两键应布置在同一轴段上相隔180°的位置，如图4.3-13b所示。并且键与键槽都必须保证有较高的加工精度。

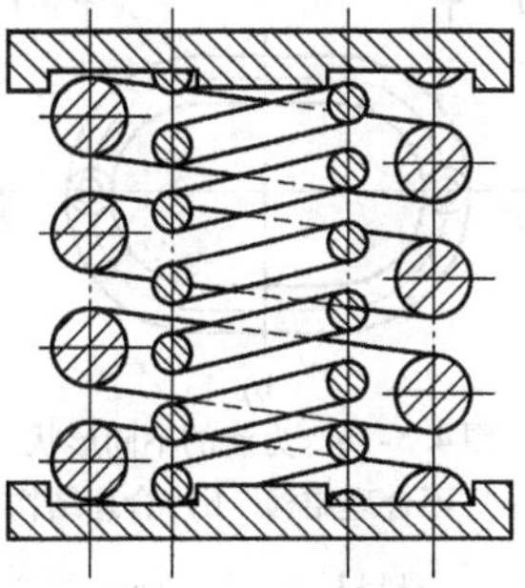

图4.3-12　组合弹簧

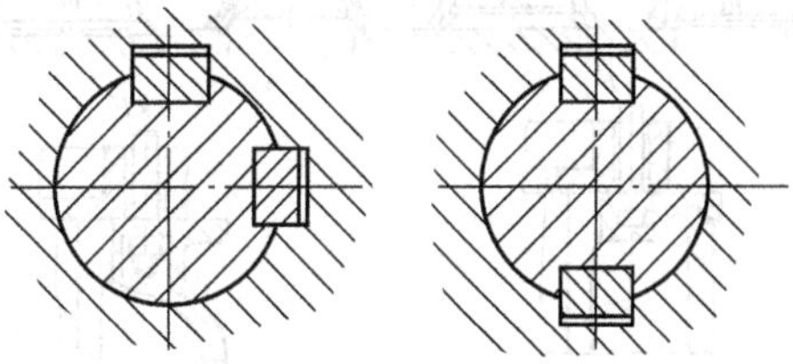

图4.3-13　双平键

a）不合理　b）合理

1.1.3　力流最短

所谓力流就是力的传递路径，如图4.3-14所示，从零件的受力点到最后的受载零件，力依次传递，力经过的零件越少，刚度越大，力的传递路线越直，附加弯矩越小。因此力流要尽可能短，并接近为直线。

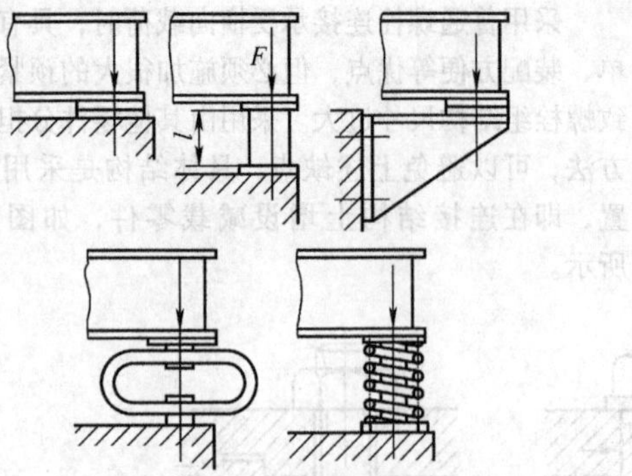

图 4. 3-14　力流不同结构

图 4. 3-15 的三种结构所受的最大应力相等，但截面尺寸相差较大。图 4. 3-16 是几个典型的力流合理和不合理结构。

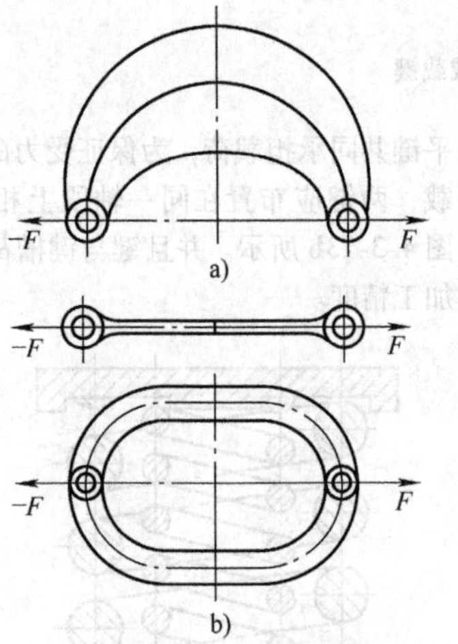

图 4. 3-15　力流的不同形状
a）不合理结构　b）合理结构

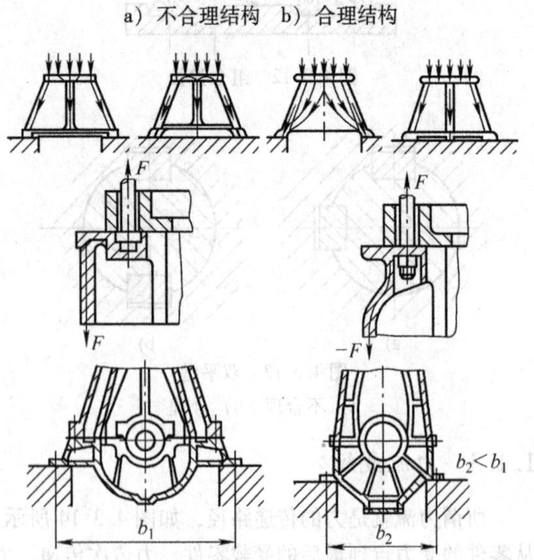

图 4. 3-16　不同结构对比
a）不合理结构　b）合理结构

1. 1. 4　自平衡设计

利用机械结构的对称性，使其大小相等方向相反的载荷互相平衡，对于轴、轴承等零件不产生附加力，这种结构设计称为自平衡。

图 4. 3-17a 所示的斜齿圆柱齿轮有轴向力，此轴向力由轴承承担，因此斜齿轮的螺旋角不宜过大，以免使轴承承受的轴向力过大。图 4. 3-17b 所示的人字齿轮两边的轴向力互相平衡，而没有轴向载荷作用在轴承上面，这使得人字齿轮的螺旋角可以取得较大，使斜齿轮的优势得以充分体现。而图 4. 3-17c 在一根轴上安装两个尺寸相同、旋向相反的斜齿轮，这种设计不但能使两斜齿轮的轴向力互相平衡，还可以解决人字齿轮相对加工困难的障碍，这种结构设计，可以采用大螺旋角，提高了齿轮的承载能力。

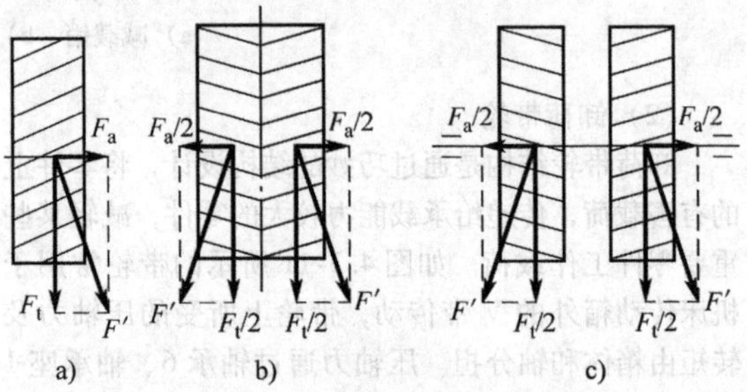

图 4. 3-17　自平衡轴向载荷的齿轮传动

摩擦轮传动装置要求有很大的压紧力，以产生足够大的摩擦力，对于机架、轴和轴承的承载能力提出了较高的要求。图 4. 3-18 所示的滚锥平盘式（FU型）无级变速器，采用对称布置结构，充分利用压紧力的互相平衡，传递功率大，结构紧凑，设计巧妙，是载荷自平衡设计利用较好的实例，但是结构比较复杂。

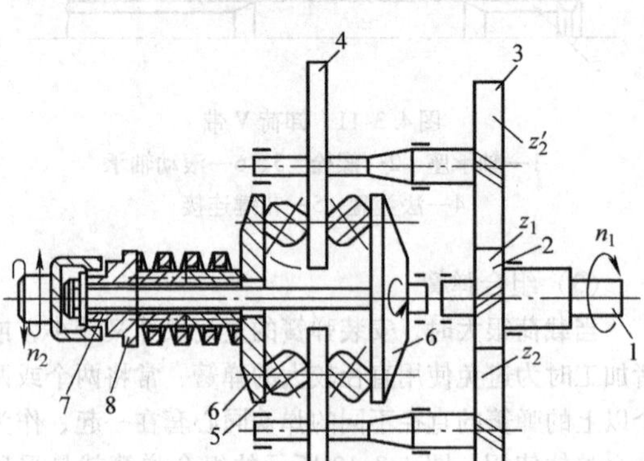

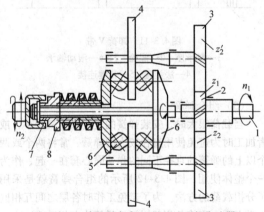

图 4. 3-18　滚锥平盘式（FU 型）无级变速器
1—输入轴　2、3—传动齿轮　4—主动平盘
5—滚锥　6—从动平盘　7、8—输出轴

1.1.5　自加强

把机械零件所受的外载荷转化成对于结构功能有加强作用的因素。

如图 4.3-19 所示的压力容器，把盖设计成位于容器内部，则容器内的气体压力可以成为帮助密封装置压紧的因素，紧固螺栓受力可以减小。但需要注意此孔和盖不宜设计成圆形，应设计成椭圆形，以便于安装。

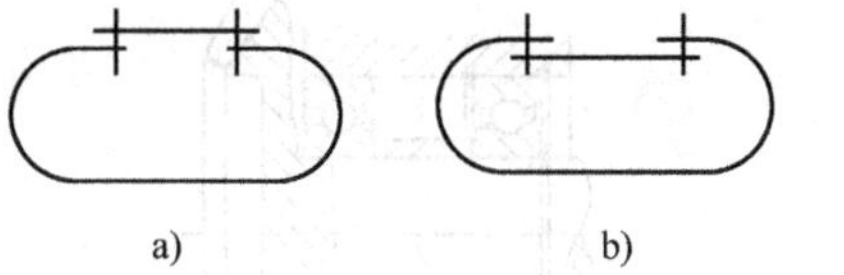

图 4.3-19　具有自加强作用的容器盖（示意图）
a）不自加强方案　b）自加强方案

1.2　提高静强度的设计

根据材料力学中零件的静强度计算公式分析可知，提高静应力下的机械零件强度，可以有三种途径：减小零件所受的载荷（F、M、T），加大零件截面面积或截面系数，增大零件的许用应力。

1.2.1　降低零件载荷或应力的最大值

由强度的计算原则可知，对机械零部件进行静强度计算时，要根据机械设备最恶劣工作条件，按照零部件所受的最大载荷进行计算。在工程实际中，零部件的静强度失效也总是发生在一些尖峰载荷或意外过载的情况下。因此，降低零件载荷或应力的最大值，能够提高零部件的静强度。

对于支撑零件，合理安排支撑点与载荷的相对位置，可以降低零件内应力。若按图 4.3-20b 所示将两支点各向里移动 0.2l，则最大弯矩仅为图 4.3-20a 的在均布载荷作用下的简支梁最大弯矩的 20%。所以，龙门起重机、锅炉筒体和清理滚筒等通常将支点向里移动一段距离，如图 4.3-21 所示。

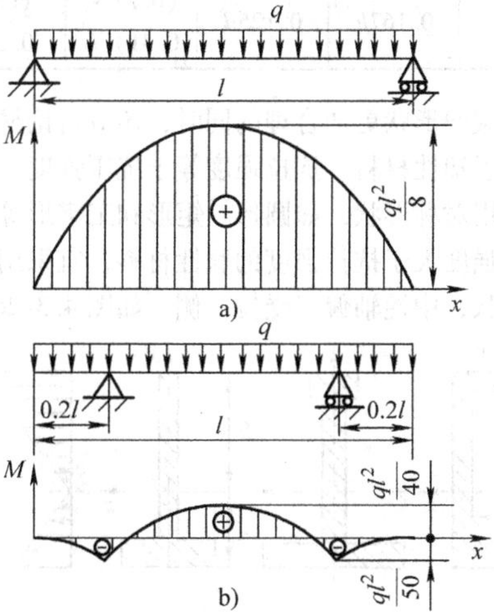

图 4.3-20　简支梁的支点方案
a）不合理结构　b）合理结构

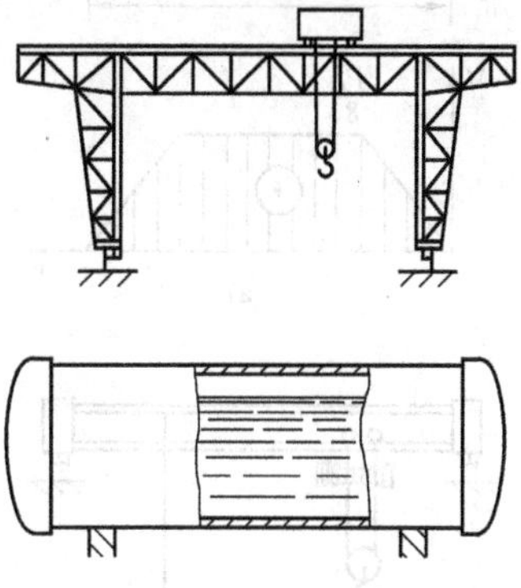

图 4.3-21　龙门起重机和锅炉筒体

其次，合理布置集中载荷与支点的相对位置，也同样可以降低最大弯矩的数值，图 4.3-22 为铣床的齿轮轴，把齿轮紧靠轴承安装，使齿轮作用在轴上的集中力紧靠支点，轴上的最大弯矩只是集中力在跨度中点的 56%。

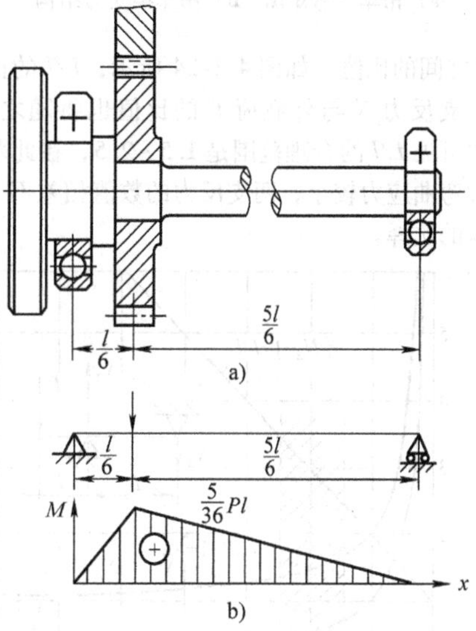

图 4.3-22　铣床轴的合理结构
a）铣床轴的结构　b）铣床轴弯矩图

此外，结构允许的条件下，应尽可能地把集中力改为分散力或均布载荷。如图 4.3-23 所示起重机，将其支撑梁中点的集中力，分成两个集中力，则简支梁的最大弯矩将减少 50%，用 5t 的吊车可吊起 10t 的重物。

对于悬臂支撑，应合理地设计支点跨距 L 和伸出

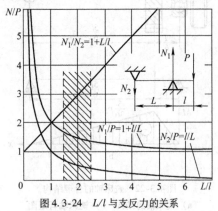

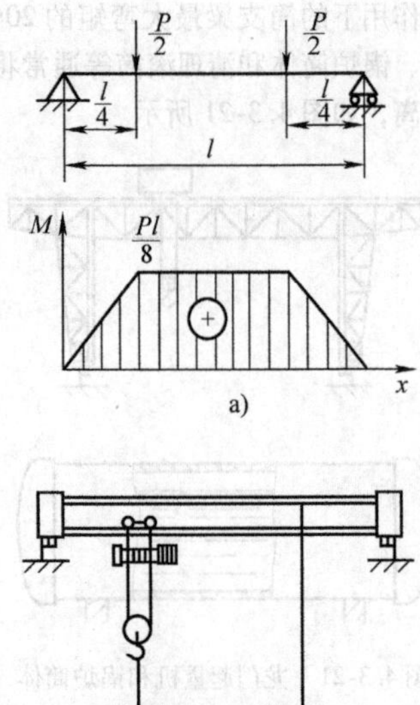
图4.3-23　吊车的合理结构
a）吊车梁弯矩图　b）吊车梁受力结构

长度 l 之间的比值，如图4.3-24所示，L/l 的比值不同时，支反力 N 与外载荷 P 的比值也将随之变化，从图中可见 L/l 的合理范围是1.5~2.5，在此范围轴的最大弯曲应力较小，两支反力的数值相差不大，便于轴承的选择。

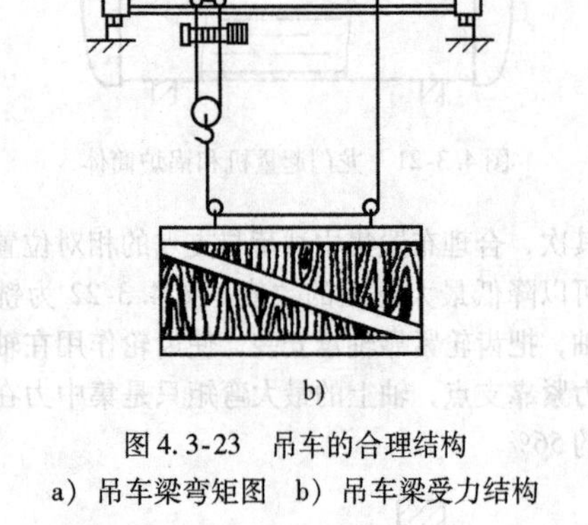

图4.3-24　L/l 与支反力的关系

因此悬臂的伸出长度应尽量减小，如图4.3-25所示为不同伸出长度结构。如结构允许，应尽量避免悬臂结构。

1.2.2　增大截面系数

对于受弯曲、扭转的梁或轴和受压力的长柱（有失稳的危险时），其截面形状对于其承载能力有很大的影响。

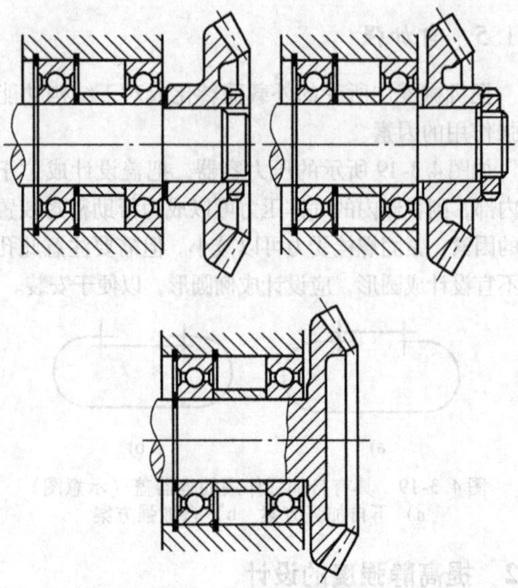
图4.3-25　减小悬臂结构

由材料力学中零件的强度计算公式可知，受弯曲的梁和轴，零件的截面面积和抗弯截面系数 W 越大，对零件的弯曲强度越有利。另一方面，梁和轴的材料的使用量和自重，则与其截面积 A 成正比，截面积越小，越轻便，材料成本越低。因此，合理的截面形状应是截面积 A 较小而抗弯截面系数 W 较大，可用抗弯截面系数 W 与截面积 A 的比值来衡量截面形状的合理性和经济性，比值越大越好，如表4.3-1所示工字钢或槽钢比矩形截面合理，矩形截面比圆形截面合理。

表4.3-1　常用截面对比

截面形状	矩形	圆形	槽钢	工字钢
W/A	$0.167h$	$0.125d$	$(0.27\sim0.31)h$	$(0.27\sim0.31)h$

使截面形状更加合理的同时，还应讨论材料的特性，对于塑性材料，抗拉强度等于抗压强度，截面形状宜采用对称形状，如圆形、矩形和工字形等；而对于抗压强度大于抗拉强度的脆性材料，宜采用非对称截面形状，中性轴偏于受拉一侧，如图4.3-26所示。

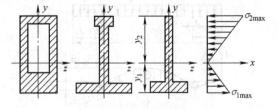

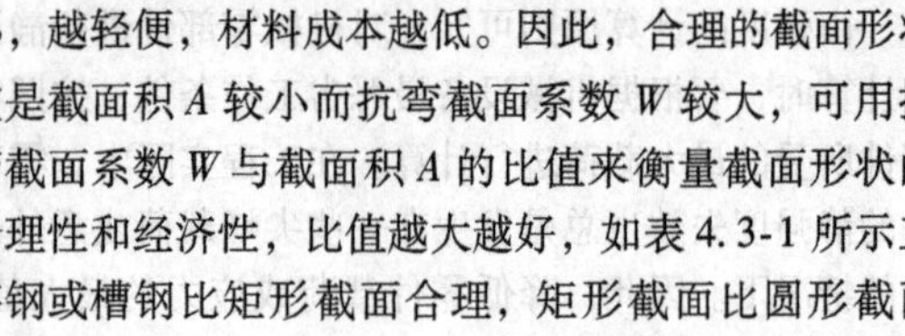

图4.3-26　非对称截面

1.2.3　采用空心轴提高强度

对于圆形截面受弯曲应力的轴或梁，当其截面面积相同时，空心轴比实心轴的强度要高，或者说，当强度相同时，空心轴的重量较轻，见表 4.3-2。

表 4.3-2　截面积相同的空心轴与实心轴强度相对值（实心轴为 1）

$K=D_0/D_1$	强度提高	强度（W）不变		
		D_1/D	D_0/D	ΔG（%）
0.1	1.01	≈1.0	0.1	1
0.2	1.06	1.0005	0.2	3.9
0.3	1.14	1.003	0.301	8.8
0.4	1.27	1.009	0.404	15.3
0.5	1.44	1.022	0.511	23.4
0.6	1.70	1.047	0.628	33
0.7	2.09	1.096	0.767	44.1
0.8	2.73	1.192	0.954	57.1
0.9	4.15	1.427	1.285	72.9

注：D—实心轴直径；D_1—空心轴外径；D_0—空心轴内径；ΔG（%）—空心轴比实心轴单位长度重量降低的百分比。

1.2.4　用拉压代替弯曲

悬臂梁受弯曲应力，强度和刚度都低于桁架，因为桁架杆受的是拉压应力。如表 4.3-3 所示，左面的桁架杆直径为 20mm，右面的三种悬臂梁直径分别为 20mm、165mm、200mm。这四种结构同样在距离墙面 l 的位置处受力 F，σ 为杆中的最大应力，下标 1 表示桁架的数值，下标 2 表示三种悬臂梁的数值。

表 4.3-3　三角桁架与悬臂梁的强度比较

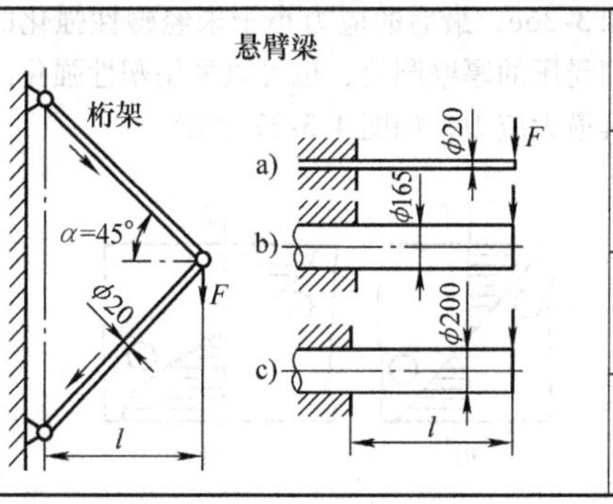

悬臂梁	σ_2/σ_1
a)	550
b)	1
c)	0.6

当 l/d 与 α 角取值不同时，σ_2/σ_1 值也不同，图 4.3-27 给出了不同 α 角取值时，桁架与悬臂梁的应力比较。

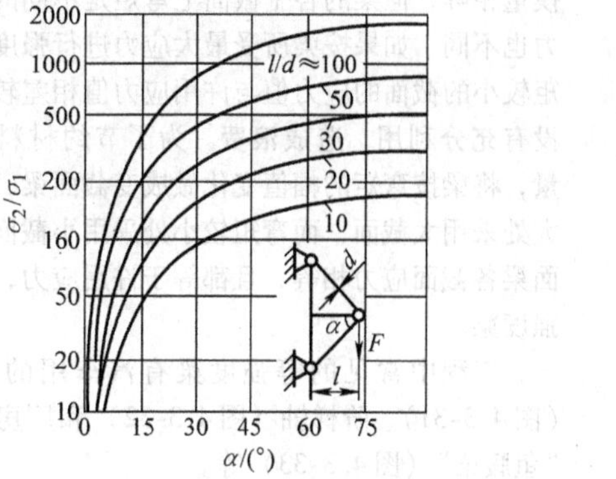

图 4.3-27　三角桁架与悬臂梁的应力比较

以上原理可以应用于结构设计中，如图 4.3-28a 所示的简支梁可以用 4.3-28b 所示的桁架或者图 4.3-28c所示的弓形梁代替。图 4.3-29 中的三角形支架优于杆形支架。图 4.3-30 中的锥形筒受力情况优于圆形筒。

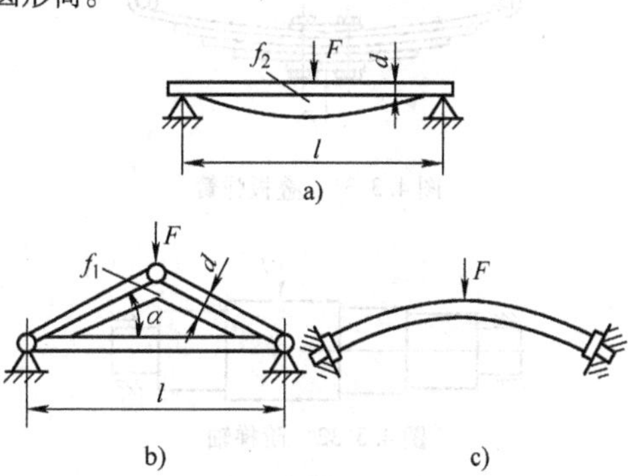

图 4.3-28　简支梁结构的改善
a）简支梁　b）桁架　c）弓形梁

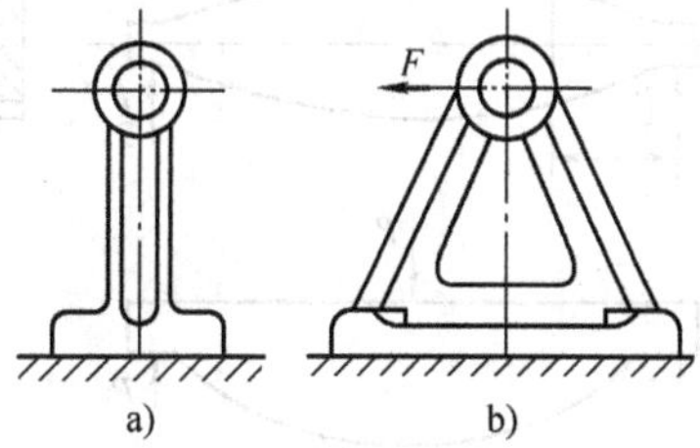

图 4.3-29　改善铸造支座的刚度
a）杆形支架　b）三角形支架

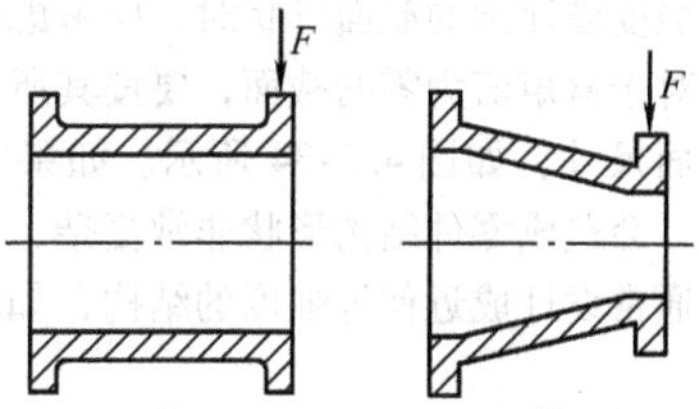

图 4.3-30　悬臂薄壁筒
a）圆形筒　b）锥形筒

1.2.5　等强度设计

对于受横向载荷的等截面梁，各截面的抗弯截面模量相等，但梁的各个截面上弯矩是不同的，因此应力也不同。如果按梁所受最大应力进行强度计算，弯矩较小的截面的应力值与许用应力值相差较多，材料没有充分利用，造成浪费。为了节约材料，减轻重量，将梁按弯矩的幅值变化做成变截面梁，即弯矩较大处采用大截面，而弯矩较小处采用小截面，使变截面梁各截面应力相等，且都等于许用应力，这就是等强度梁。

工程中常见的等强度梁有汽车用的叠板弹簧（图4.3-31）、阶梯轴（图4.3-32）和厂房建筑中的"鱼腹梁"（图4.3-33）等。

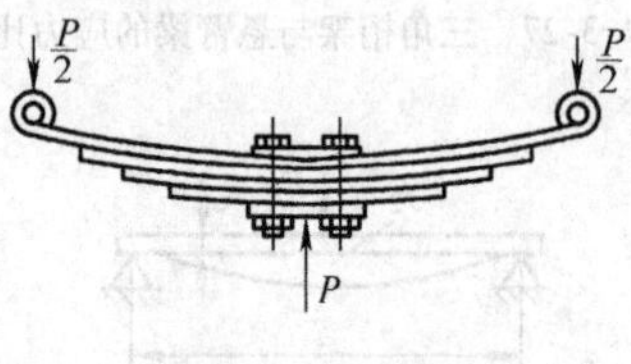

图4.3-31　叠板弹簧

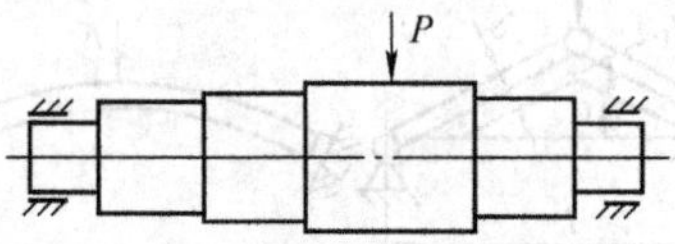

图4.3-32　阶梯轴

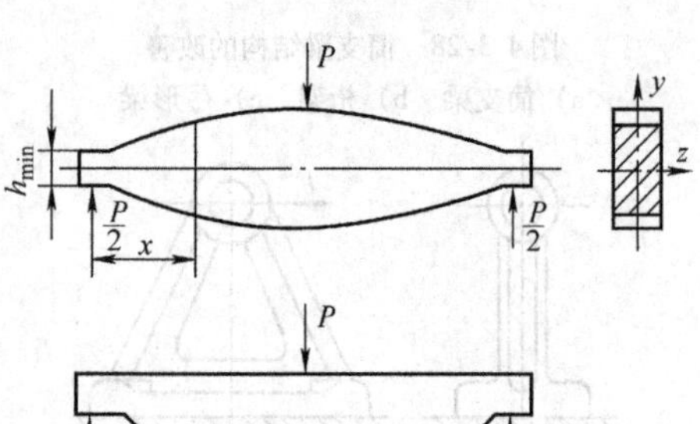

图4.3-33　鱼腹梁

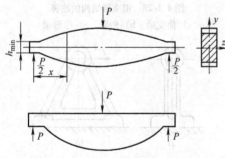

按等强度设计梁的截面形状时，应考虑剪切强度的影响。对于弯矩值为零的截面，要按其所受的剪切力设计截面尺寸，如图4.3-34所示。如果完全按等强度设计，会造成零件结构形状非常复杂，不便于加工制造，通常设计成近似等强度的结构，如阶梯轴。

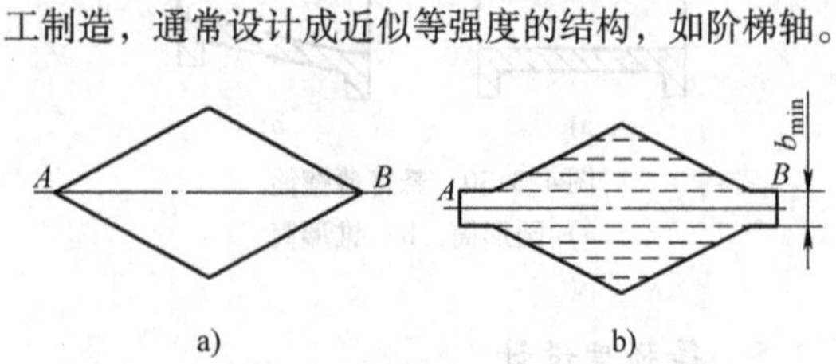

图4.3-34　考虑剪切强度的等强度梁
a）不合理　b）合理

1.2.6　弹性强化和塑性强化

在零件承受外载荷之前。使它产生与外载方向相反的弹性变形，由此产生相反的预加应力。受外载荷后，预应力可以抵消一部分外载荷产生的工作应力，称为弹性强化。例如图4.3-35a所示为装有拉杆的预应力工字梁，拉杆用高强度材料制造，使工字梁产生预应力如图4.3-35b所示。当此梁作为两段支承的简支梁，中间受载荷 F 时，梁内产生的弯曲应力如图4.3-35c所示，与预应力正好相反，经与预应力相互抵消，最后合成的应力如图4.3-35d所示。比无预应力时（图c）明显减小。

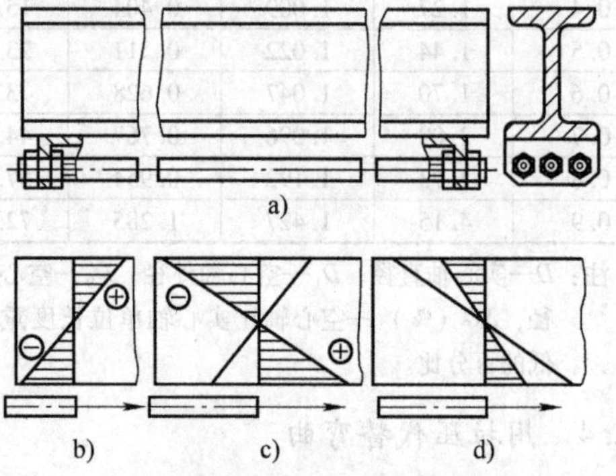

图4.3-35　预应力梁的弹性强化

塑性强化的处理方法是使零件预先承受大的载荷，使其应力最大的部分产生塑性变形，如图4.3-36a中 F 是零件产生弹性变形的载荷，图4.3-36b中 F' 是零件部分产生塑性变形的载荷。图4.3-36c是当 F' 去掉后，在梁截面中的残余应力。此时加工作载荷 F 时，产生的应力与残余应力叠加如图4.3-36d，结果见图4.3-36e，最后的应力小于未经塑性强化的数值。内部受压的厚壁圆筒，也可以采用塑性强化的方法减小其最大应力，如图4.3-37所示。

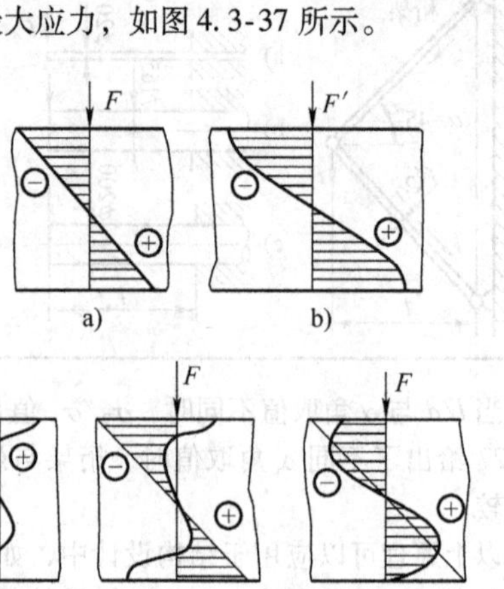

图4.3-36　塑性强化的梁

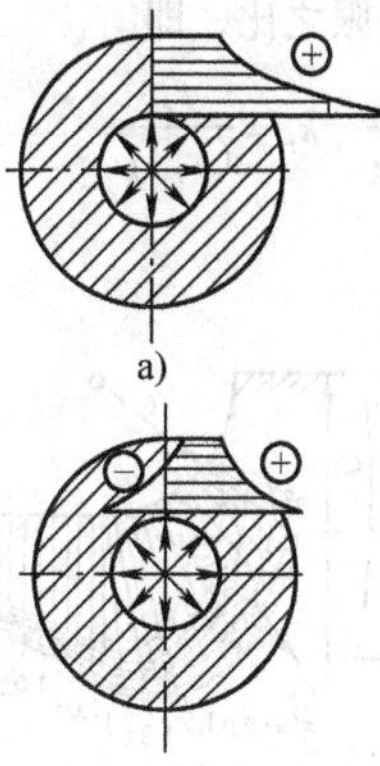

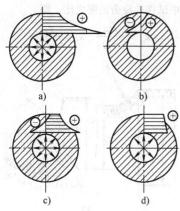

图 4.3-37　塑性强化的圆筒

1.3　提高疲劳强度的设计

机械零件在变应力作用下，经过一段时间后在局部高应力区形成微裂纹，微裂纹逐渐扩展以致最后断裂的现象称为疲劳破坏。工程实践中，大多数机械零部件的破坏属于疲劳破坏。零件的疲劳强度是指零件抵抗疲劳破坏的能力。影响零件疲劳强度的因素很多，主要有应力集中、绝对尺寸、表面状态等，要提高零件的疲劳强度，可以针对这几方面的因素采取措施。对于相同的两个零件，它们所受变应力的最大应力相同时，变应力的应力幅越大，零件越容易疲劳，因此降低零件的应力幅也可以提高零件的疲劳强度。

1.3.1　减小应力幅

受轴向变载荷的螺栓连接中，螺栓应力幅 σ_a 的计算公式为

$$\sigma_a = \frac{2F}{\pi d_1^2}\frac{C_L}{C_L + C_F} \leqslant [\sigma_a]$$

式中　F——螺栓所受的工作载荷；

d_1——螺纹小径；

C_L、C_F——螺栓和被连接件的刚度。

由上式可知。若减小螺栓刚度 C_L 或增大被连接件的刚度 C_F 都可以减小螺栓应力幅从而提高螺栓的疲劳强度。图 4.3-38 所示为单独降低螺栓刚度、单独增大被连接件刚度和把这两种措施与增大预紧力同时并用，螺栓应力幅减小的情况。图中 Q 为螺栓总拉力，Q_P 为预紧力，Q'_P 为剩余预紧力，F 为工作载荷，螺栓刚度 $C_L = \tan\theta_L$，被连接件刚度 $C_F = \tan\theta_F$。

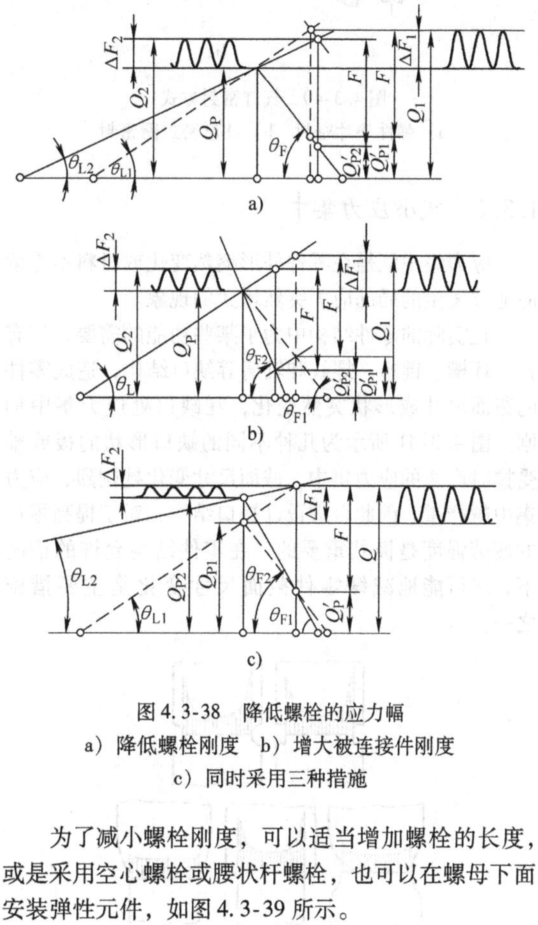

图 4.3-38　降低螺栓的应力幅

a）降低螺栓刚度　b）增大被连接件刚度

c）同时采用三种措施

为了减小螺栓刚度，可以适当增加螺栓的长度，或是采用空心螺栓或腰状杆螺栓，也可以在螺母下面安装弹性元件，如图 4.3-39 所示。

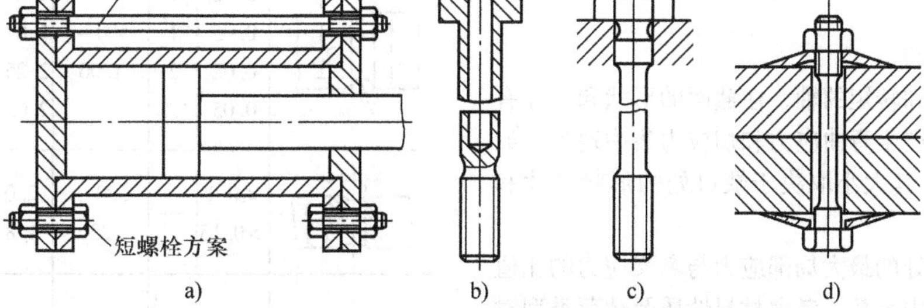

图 4.3-39　减小螺栓刚度的结构

a）长螺栓　b）空心螺栓　c）腰状杆螺栓　d）弹性元件

为了增大被连接件刚度，可以不用垫片或采用刚度较大的垫片。图4.3-40为气缸的密封结构，图4.3-40b的密封方式比图4.3-40a更合理。

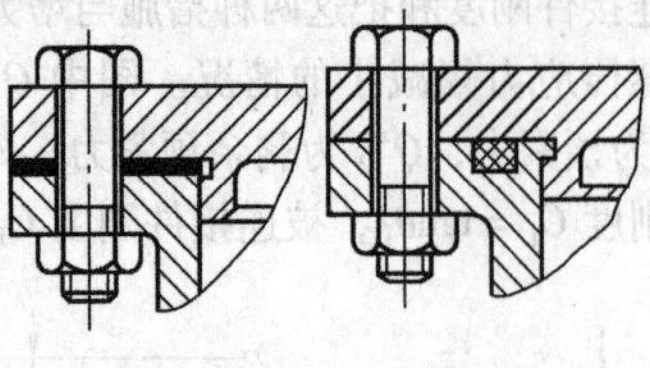

a)　　b)

图4.3-40　气缸密封方式
a）弹性垫片密封　b）O形密封圈密封

1.3.2　减小应力集中

应力集中就是在零件外形突然变化或材料不连续的地方发生的局部应力突然增大的现象。

在实际的零件结构中为了某些功能的需要，带有孔、环槽、键槽、螺纹和轴肩等缺口结构，造成零件的截面尺寸或形状突然变化，在缺口处应力集中加剧。图4.3-41所示为几种不同的缺口形状的板或轴受拉时产生的应力集中，截面尺寸变化越剧烈，应力集中越严重。因此合理设计缺口结构，对于提高零件的疲劳强度是极其重要的。在零件结构允许的情况下，尽可能地减缓零件截面尺寸变化是主要措施之一。

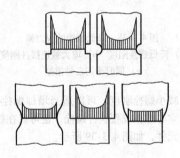

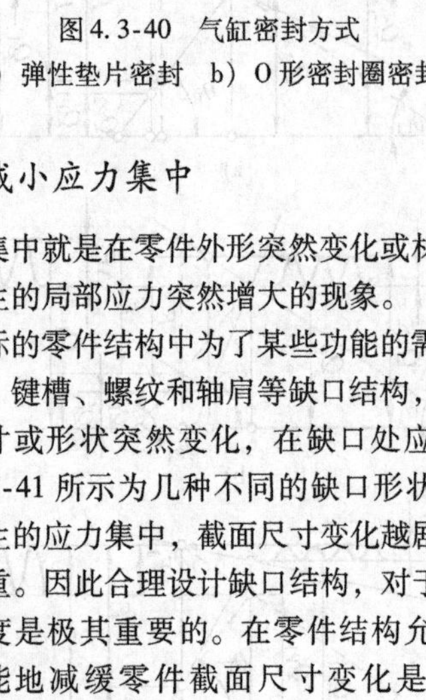

图4.3-41　不同缺口形状

（1）轴类零件

对于受弯矩和转矩的轴，在截面的形状和尺寸有局部变化处，将产生弯曲应力和切应力集中现象，如图4.3-42所示。其大小取决于缺口处的形状尺寸和应力形式。

在应力集中处的最大局部应力与名义应力的比值称为理论应力集中系数。考虑材料性质及载荷类型对应力集中的影响，实际上常用有效应力集中系数k来表征疲劳强度的真正降低程度。当材料、载荷条件和绝对尺寸相同时，有效应力集中系数等于光滑试件与有应力集中试件的疲劳极限之比，即

$$k_\sigma = \frac{\sigma_r}{(\sigma_r)_k},\ k_\tau = \frac{\tau_r}{(\tau_r)_k}$$

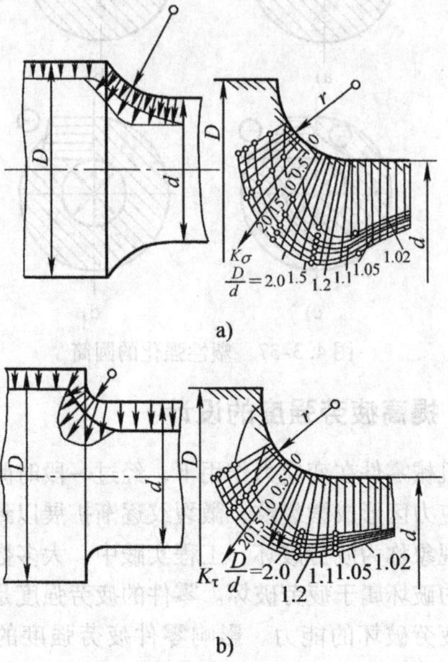

图4.3-42　轴的应力集中
a）弯曲应力集中　b）切应力集中

如果在同一个计算剖面上有几个不同的应力集中源，在进行强度计算时取其中的最大值。表4.3-4给出了常见的几种缺口形状的应力集中系数值。

表4.3-4　弯曲应力集中系数K_σ和切应力集中系数K_τ的值

应力集中源	r/d	t/r	R_m/MPa	K_σ	K_τ
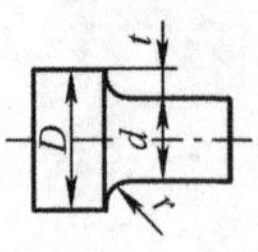	0.02 0.05 0.02 0.05	1 1 2 2	500～ 1200	1.45～1.60 1.60～1.90 1.80～2.15 1.75～2.20	1.35～1.40 1.45～1.55 1.60～1.70 1.60～1.75
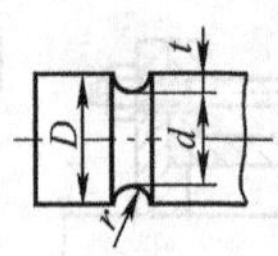	0.02 0.05 0.02 0.05	1 1 2 2	500～ 1200	2.05～2.5 1.82～2.25 2.25～2.70 2.05～2.50	1.6～2.2
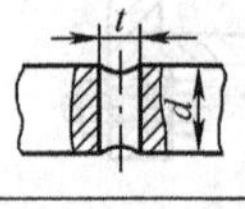	≤0.1 >0.15	—	500～ 1200	2.0～2.3 1.8～2.1	1.75～2.0
	—		500 700 1500	1.8 1.9 2.3	1.4 1.7 2.2

（续）

应力集中源	r/d	t/r	R_m/MPa	K_σ	K_τ
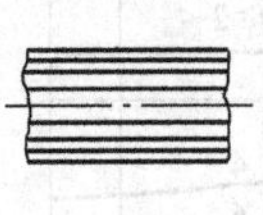	—		500 700 1200	1.45 1.60 1.75	2.25~1.43 2.45~1.49 2.80~1.60
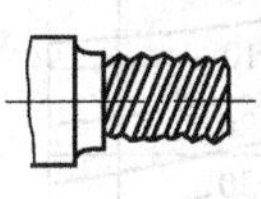	—		500 700 1200	1.80 2.20 2.90	—

减少轴肩处的应力集中，可以采用如下圆角过渡形式，如图4.3-43所示。用尽可能大的圆角或直线组成，如图4.3-43a所示将圆角按椭圆曲线制成，如图4.3-43b所示；用若干个圆弧组成，如图4.3-43c、d；大过渡圆角可以采用内凹圆角结构形式，如图4.3-43e；靠近圆角处加卸载槽（见图4.3-43f），可以更有效地降低应力集中系数。

轴上的平键键槽用盘铣刀加工比用指状铣刀加工的键槽应力集中系数要小20%左右，如图4.3-44所示。

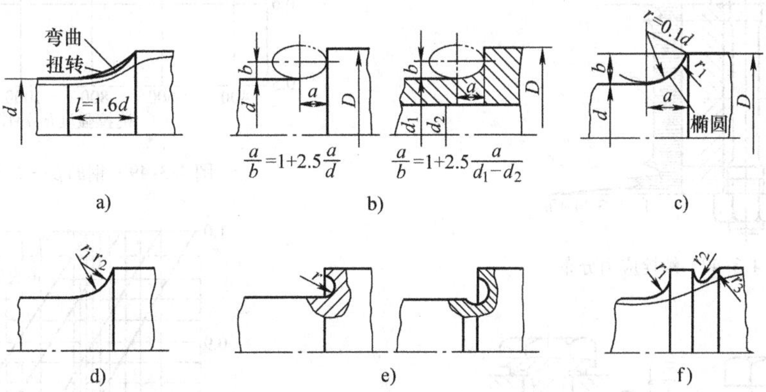

图4.3-43　不同的圆角过渡形式

a）大圆角　b）椭圆曲线圆角　c）等径圆角　d）变径圆角　e）内凹圆角　f）加卸载槽

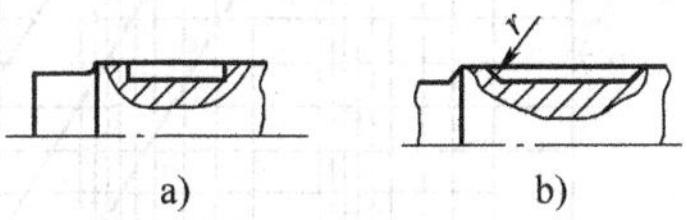

图4.3-44　键槽结构对比

a）不合理　b）合理

轴毂过盈配合连接中，由于轴比毂长，轴在毂外部分阻碍轴在毂内部分的压缩，使径向压力沿接触长度分布不均（如图4.3-45所示），并引起轴的应力集中。

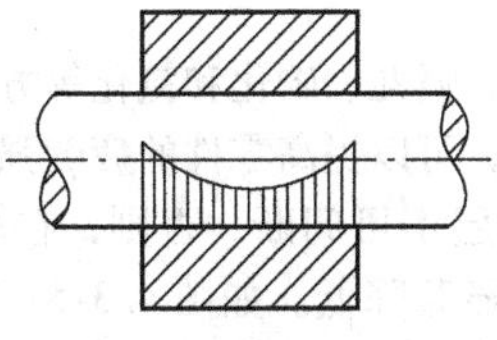

图4.3-45　轴毂过盈连接的压力分布

图4.3-46所示为几种降低应力集中的结构措施，使非配合部分的轴径小于配合的轴径，如图4.3-46a，通常$d/d'\geqslant1.05$、$r\geqslant(0.1\sim0.2)$；在被包容件上加卸载槽，如图4.3-46b；在包容件上加工出卸载槽，如图4.3-46c所示。

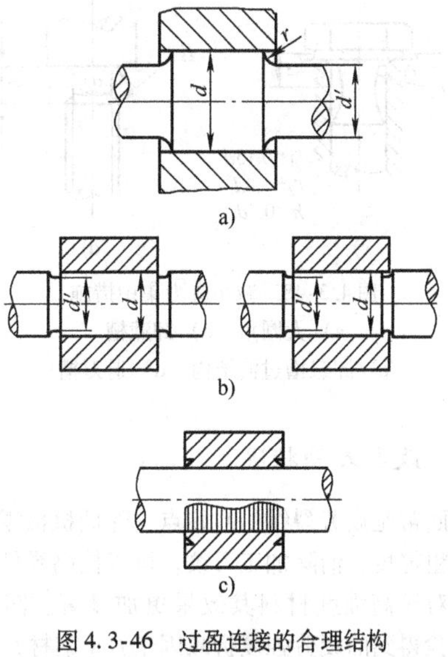

图4.3-46　过盈连接的合理结构

a）阶梯轴　b）轴上卸载槽　c）毂上卸载槽

（2）螺栓零件

螺栓上应力集中最严重的部位是螺纹牙底部、螺纹收尾部分、螺栓头和螺杆的交接处、螺栓杆上横截面有明显变化处，如图4.3-47所示螺栓的应力分布。其中螺母与螺杆交接处的应力集中，通过改变螺母刚度的方法解决，在1.1.1节中已经讨论过。下面介绍几种降低螺栓头和螺杆的交接处、螺纹收尾部分的应力集中的合理结构（图4.3-48）。在螺栓头与螺杆之间，采用大圆角过渡，如图4.3-48a；采用卸载槽，如图4.3-48b；采用卸载过渡结构，如图4.3-48c；螺纹收尾处设置退刀槽，如图4.3-48d。

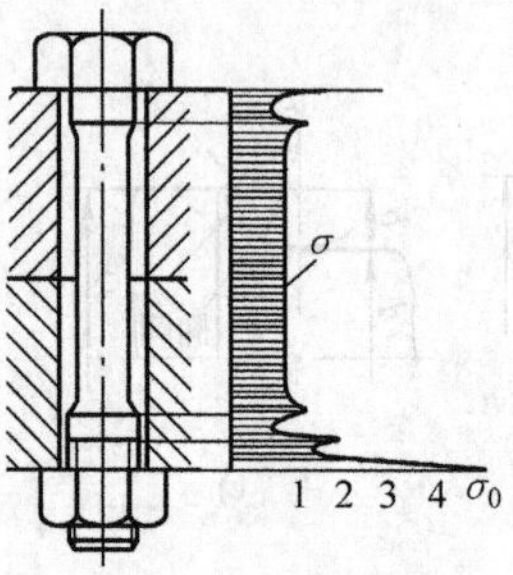

图4.3-47　螺栓应力分布

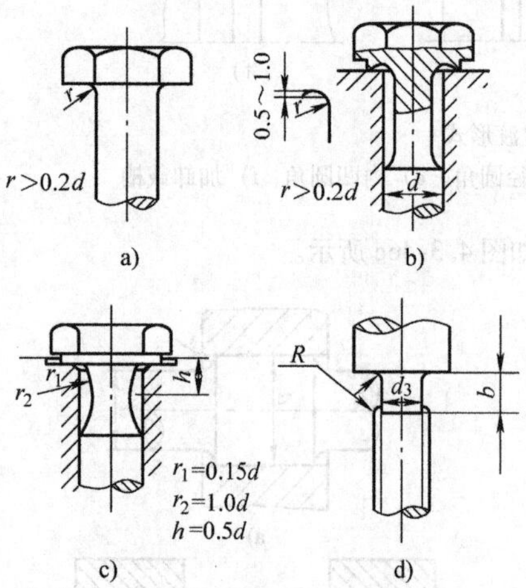

图4.3-48　减小应力集中措施
a）大圆角　b）卸载槽
c）卸载槽过渡结构　d）退刀槽

1.3.3　改善表面状况

表面常是疲劳裂纹的起始点，降低机械零件表面的表面粗糙度，消除加工刀纹，可以提高零件的疲劳强度。对于高强度材料其效果更加显著。图4.3-49是由试验得到的疲劳强度折减因子β（钢材）与材料的抗拉强度和表面粗糙度之间的关系（$\beta-R_m$ 曲线）。它以高度抛光的钢材试件（$Ra=1\mu m$）为标准。图4.3-50是正火钢和淬火并回火钢的 $\beta-Ra$ 曲线。

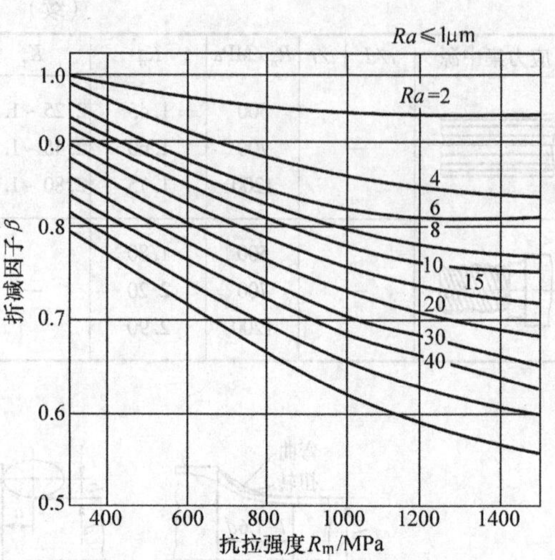

图4.3-49　钢的β—R_m 曲线

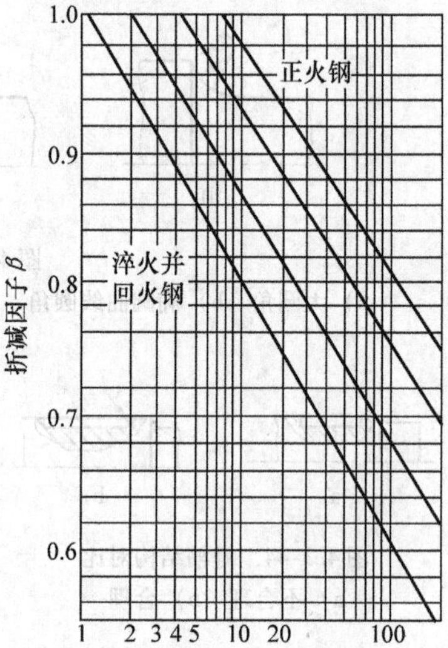

图4.3-50　交变应力下的β—Ra 曲线

1.3.4　表面强化处理

应用滚压、喷丸、碳化和氮化等方法对零件表面进行强化处理，可以提高零件的疲劳强度。应该注意的是表面硬化层不可间断，否则，在软硬表面交界处，疲劳强度显著降低。如图4.3-51所示的齿轮表面硬化，其中图4.3-51a中齿轮的表面硬化层有间断，是不合理的，图4.3-51b中齿轮表面硬化层是连续的，没有间断，比较合理。如果将齿轮轮齿的全齿廓，即包括齿顶、齿根和全齿面，均作火焰淬火处理，其疲劳强度可以提高到未淬火时的1.85倍。如果只将工作表面淬火，因软硬交界处产生应力突变，疲劳强度反而降低为原来的 80%。

为了提高疲劳强度，推荐的硬化层厚度为：渗碳为 0.4 ~ 0.8mm；碳氮共渗为 0.3 ~ 0.5mm；高频淬火及火焰淬火为 2 ~ 4mm。

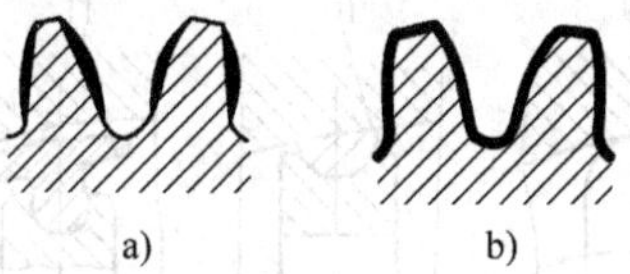

图 4.3-51 表面淬火应该连续

1.3.5 将转轴变为心轴

对于如图 4.3-52a 所示的轴，是既承受弯矩又传递转矩的转轴，其工作应力为弯曲应力和扭转应力共同作用的双向应力状态。将轴的结构变为图 4.3-52b 所示的结构，则轴变为只承受弯矩的心轴，工作应力只有弯曲应力，工作应力减小，使轴的疲劳强度得以提高。

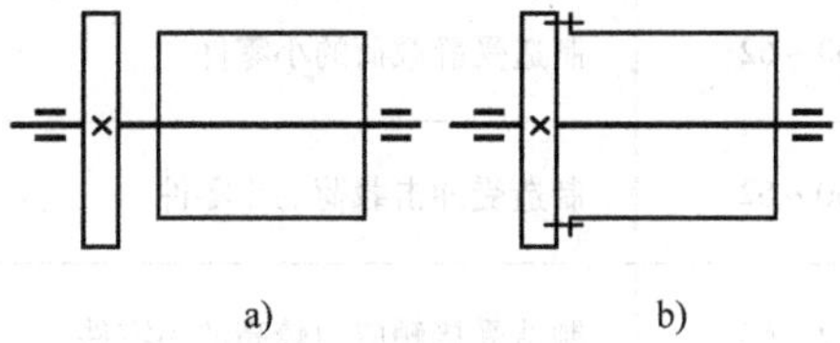

图 4.3-52 转轴变为心轴

1.4 提高接触强度的设计

凸轮、齿轮、滚动轴承和滚动导轨等机械零件的工作部分为点接触或线接触，在两零件表面接触处，由于两表面间的压力而产生较大的应力，这种应力就是接触应力。其应力分布不同于拉、压、弯曲、扭转等应力分布。接触应力易使零件表面产生点蚀、磨损等疲劳破坏，危害零件的工作质量和寿命。合理设计结构提高接触强度的措施如下。

1.4.1 增大综合曲率半径

如图 4.3-53 所示的球面支承结构。图 4.3-53a 是两个相等的球面外接触，两球面曲率半径都很小，接触强度最低。图 4.3-53b 加大了两个球面的半径，图 4.3-53c 是把图 a 中的一个零件的接触面改为平面，相当于其曲率半径为无限大，使接触应力减小。图4.3-53d采用了加大一个零件的曲率半径和另一个零件采用平面的方法，图 4.3-53e 和 f 的共同特点是接触面向同侧弯曲，形成两球面的内接触，使其综合曲率半径进一步加大，接触应力减小。而图 4.3-53f 中两个面的曲率半径更为接近，因此接触应力最小。

此外，用滚柱（线接触）代替滚珠（点接触）也是常用的提高接触强度的方法。

在图 4.3-53 中，接触部位的零件采用高硬度的材料以提高其许用接触应力。为了加工方便都是另外加工装配上去的，也可以采用标准的钢球直接嵌入。

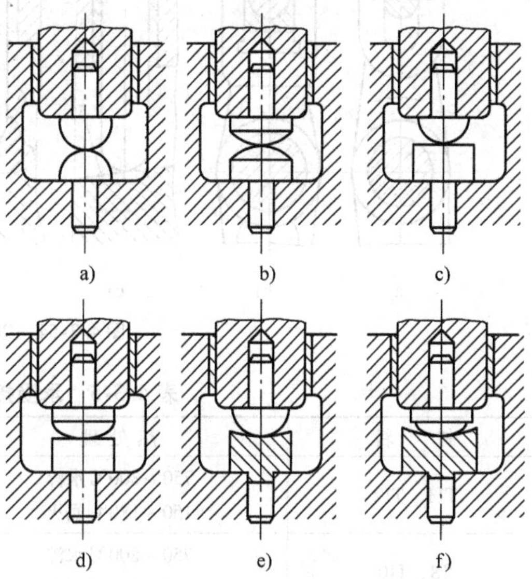

图 4.3-53 球面支承的六种结构

1.4.2 以面接触代替点、线接触

如图 4.3-54a 所示的连杆机构中杆 1 经销轴 2 带动其他杆运动。杆 1 与销轴 2 为线接触，接触应力大，磨损快。图 4.3-54b 增加了零件 3（常用的是铜合金套），成为面接触，可以延长寿命提高承载能力，耐冲击。图 4.3-54c 为一斜面 - 推杆机构，图 4.3-54d 中的零件 6 把推杆 4 与斜面 5 的点接触改为面接触。图 4.3-54e 改为图 4.3-54f 的结构，增加了零件 10，也把零件 7 与零件 9 的点接触改为面接触。图 4.3-54g 中，在零件 11 与零件 9 之间可以产生流体动压效应，从而改善了润滑，提高效率，降低磨损。

1.4.3 采用合理的材料和热处理

因为接触应力的值很大，承受接触应力的零件常常采用淬火钢制造，钢的含碳量在 1%（质量分数）左右，其硬度不低于 60 ~ 62HRC。常用的材料见表 4.3-5。

制造在高温下工作的零件，应采用含 Cr、Si、Mo、W 的莱氏体和马氏体合金钢，热稳定性可达 350℃。采用高钒高速切削钢，热稳定性可达 500℃，为了减少残余奥氏体，高速切削钢 1240 ~ 1280℃油淬后可在 550 ~ 570℃经 3 ~ 4 阶段回火。每阶段保持 1h，并在 – 80℃冷处理，硬度可达 65 ~ 71HRC。受接触疲劳变应力的零件，应该特别注意去除内部的杂质和缺陷。

按照接触强度设计的零件，其表面应该加工到表面粗糙度 $Ra0.1 \sim Ra0.2\mu m$。重要的零件表面可经电抛光。

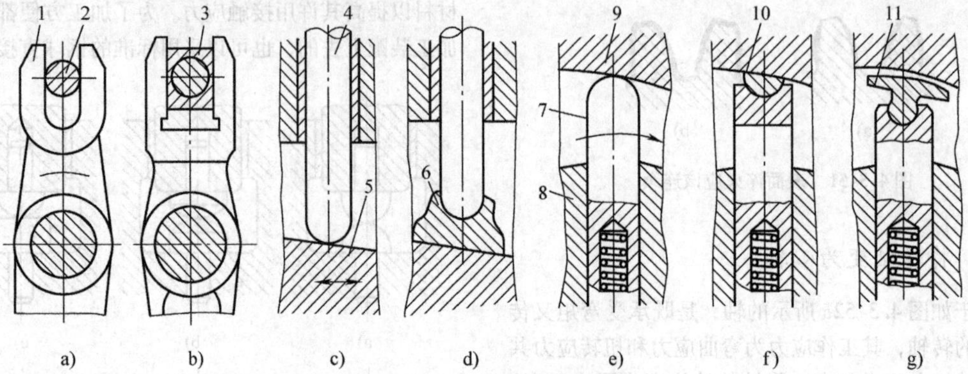

图 4.3-54　以面接触代替点线接触

表 4.3-5　承受接触应力零件的常用材料

材　料	热 处 理	硬度/HRC	应 用 举 例
T11、T12	750 ~ 800℃水淬 150 ~ 180℃回火	60 ~ 62	制造受静载荷的小零件
T8、T10	750 ~ 800℃水淬 150 ~ 180℃回火	60 ~ 62	制造受冲击载荷的小零件
合金工具钢 CrWMn	800 ~ 850℃水淬或油淬 150 ~ 160℃回火	62 ~ 65	制造受接触应力较高的小零件
20Cr 20CrMnTi	渗碳层厚度 1 ~ 1.5mm 800 ~ 850℃水淬或油淬 100 ~ 160℃回火	62 ~ 65	形状复杂的大型零件
GCr6，GCr9，GCr15	820℃ ±10℃淬火 100 ~ 160℃回火	62 ~ 66	与滚动轴承相类似的受高频循环载荷的零件
4Cr13，Cr18	1000 ~ 1070℃油淬 200 ~ 300℃回火	60 ~ 62	在腐蚀性介质中工作的零件

例如，有一机械设备的滚珠导轨在装配时发现凹坑，影响产品质量。分析认为，导轨材料为 20 钢渗碳淬火，工作表面最后经过磨削。由于渗碳层较薄而且厚度不均匀，磨削后大部分硬化层被磨去，硬度很低。这是凹坑产生的主要原因。经过研究提出的改进方案如下：

1）改变材料，用滚动轴承钢 GCr15 整体淬火，硬度可达 62 ~ 65HRC。热处理容易，但切削成形较难。

2）改变材料，用 38CrMoAlA 钢，心部调质处理（35HRC）后，经过表面氮化处理，硬度很高，可达 850HV。硬度高，变形小，但硬化层薄，冲击容易产生凹坑。

3）仍用 20 钢，适当增加渗碳层厚度，并精确控制磨削量，硬度可达 60HRC 以上。

1.5　提高冲击强度的设计

均匀的杆受冲击时，所吸收的能量 u 由下式计算：

$$u = \frac{\sigma^2 V}{2E}$$

式中　σ——杆所受的纵向拉（压）应力（MPa）；

V——杆参与吸收冲击能的体积（mm^3）；

E——杆材料的纵向弹性模量（MPa）。

根据上式，在进行受冲击零件的结构设计时可以采取的措施包括：减小零件刚度以吸收更多冲击能量；设置缓冲装置；增加承受冲击的零件数量等。

1.5.1 适当减小零件刚度

如图 4.3-55 所示为受冲击载荷的连杆，图 4.3-55a中的螺栓较短，刚度大，受冲击时吸收能量较少，图 4.3-55b 中的螺栓较长，吸收冲击能量较多，因此更有利于承受冲击载荷。

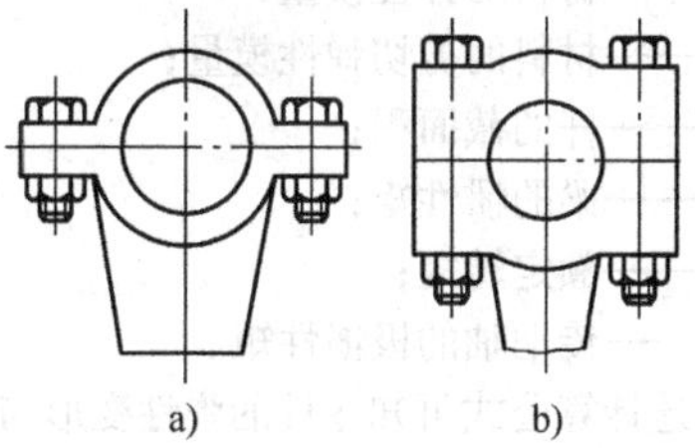

图 4.3-55 承受冲击的连杆

另外，减小受冲击载荷的螺栓杆的直径，以降低螺栓刚度，也有利于提高其抗冲击的能力，但应注意的是，随着螺栓杆直径的减小，螺栓的静强度也随之下降。因此过分减小受冲击载荷零件的尺寸有可能导致零件的静强度不足。

如图 4.3-56 所示的大、中型电动机的地脚螺栓不要过短，也是为了提高其承受冲击载荷的能力。

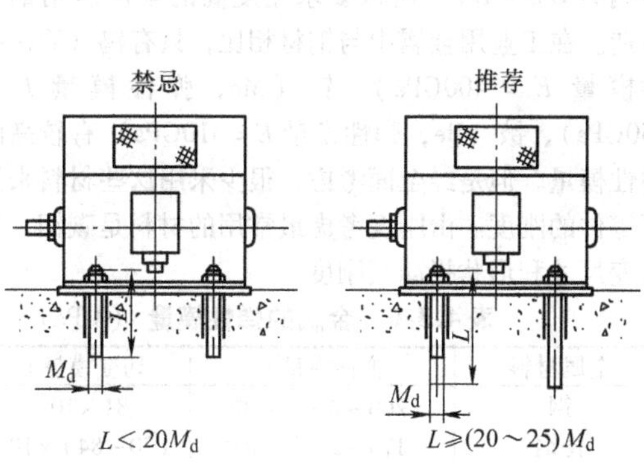

图 4.3-56 大、中型电动机地脚螺栓不要过短

1.5.2 使用缓冲器

起重机到达极限位置时应该能够及时停住，但是为了安全，在极限位置设有缓冲器，以免发生碰撞，引发事故。常用的起重机缓冲器有多种类型供设计者选择。如：起重机用液压缓冲器（JB/T 7017—1993），起重机用弹簧缓冲器（JB/T 12987—2016），起重机用橡胶缓冲器（JB/T 12988—2016）等。

1.5.3 增加承受冲击的零件数

不能靠弹性零件减轻冲击的场合，可以采用增加承受冲击载荷零件数目的方法。如图 4.3-57 所示的离心冲击式电动凿岩机，电动机经减速器通过软轴使主轴 4 旋转。在主轴上的一对偏心块 2 产生离心力使冲锤作直线往复运动，冲击钢钎向左冲击进行凿岩。冲锤右面有一个气室，当冲锤所受离心力向右时，通过安装在机头上的活塞压缩气室内的空气，起缓冲作用并储存能量。当冲头向左冲击时，储存的气体能量释放，加强离心力产生的冲击作用。这一机器的功能就是产生大的冲击力，所以不能使用弹簧缓冲装置，当滚动轴承寿命不能满足要求时，只能增加其滚动体的数目，以提高其抗冲击能力。

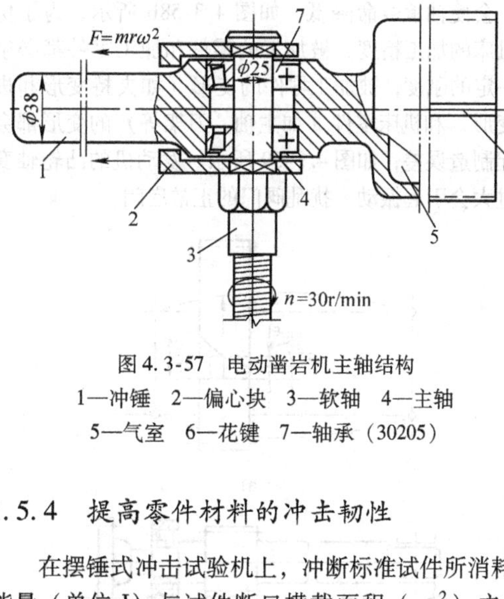

图 4.3-57 电动凿岩机主轴结构
1—冲锤 2—偏心块 3—软轴 4—主轴
5—气室 6—花键 7—轴承（30205）

1.5.4 提高零件材料的冲击韧性

在摆锤式冲击试验机上，冲断标准试件所消耗的能量（单位 J）与试件断口横截面积（cm^2）之比，称为冲击韧度 α_K（单位 J/cm^2）。

当环境温度降低时，材料由韧性状态转入脆性状态，冲击韧度显著下降。提高冲击韧度的途径有：降低钢铁金属中碳（C）、磷（P）等的含量，采用细晶粒，采用低碳马氏体组织，采用高温回火马氏体组织等。

消除金属内部缺陷（偏析、非金属夹杂、裂纹、白点等）可以提高冲击韧度，降低冷脆转变温度。降低冷脆转变温度的途径还有：提高合金钢中 Ni、Mn、Cu、Nb 等的含量，采用细晶粒、高温回火马氏体（索氏体）组织，要求 V、Ti 的含量超过一定值等。

表面热处理（如高、中温感应淬火）和化学热处理（渗碳、氮化等）一般会降低冲击韧度。

2　提高刚度的结构设计

刚度是零件、部件或机器在外载荷的作用下抵抗位置变化及形状变化的能力。零件刚度分为整体变形刚度和表面接触刚度两种。前者指零件整体在载荷的作用下发生的伸长、缩短、弯曲和扭转等的弹性变形；后者是指因两零件接触表面上的微观凸峰，在外载荷作用下发生变形所导致的两零件相对位置的变化。

机器设备的工作能力和质量在许多情况下取决于各部件和零件的刚度。轴的弯曲刚度不足以及齿轮的弯曲和扭转刚度不足时，都会造成齿轮齿向载荷分布不均，如图4.3-58a所示；当轴弯曲时，轴颈会发生偏斜，如采用滑动轴承支承，轴瓦将发生不均匀磨损、发热和胶合现象；如采用调心能力较低的滚动轴承支承，会使轴承寿命降低，如图4.3-58b所示，为了保证机床的加工精度，被加工的零件和加工零件都必须有一定的刚度，被加工零件的变形（如夹持变形和进刀变形）和机床零件（如主轴、刀架等）的变形都会引起制造误差，如图4.3-59所示。发动机的凸轮轴变形过大会引起振动，扰乱阀门的正常启闭。

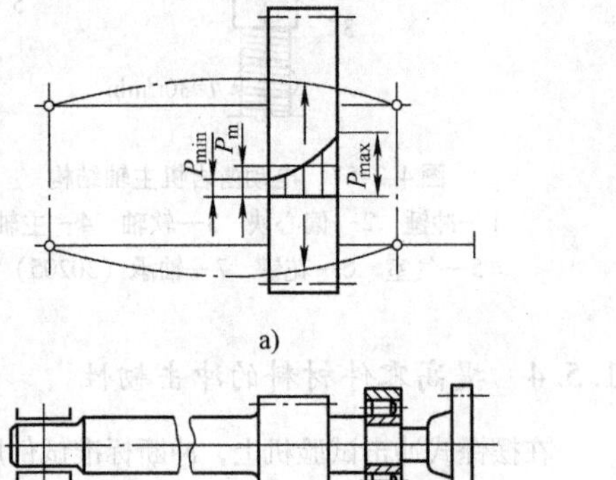

图4.3-58　零件变形时的载荷分布

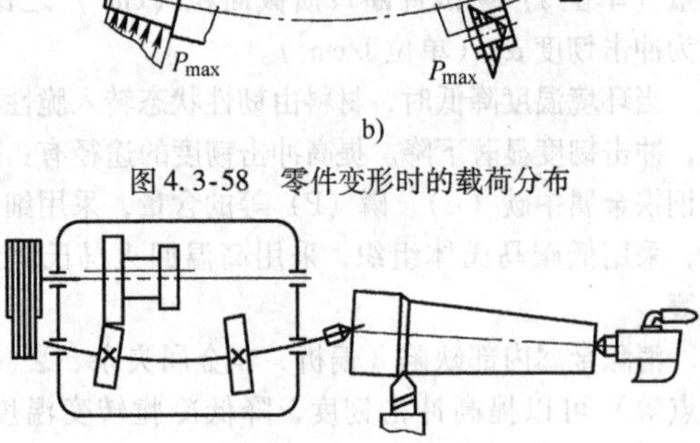

图4.3-59　机床变形

零件的整体刚度计算可利用材料力学公式计算零件的弹性变形量：等截面拉杆的伸长量、集中力位于梁的中点和分布力系的挠度、圆形传动轴的转角。计算公式分别为

$$\Delta l=\frac{PL}{ES}\qquad f=-\frac{PL^3}{48EJ}$$
$$f=-\frac{qL^4}{384EJ}\qquad \varphi=\frac{M_nL}{GJ_p}\tag{4.3-1}$$

式中　Δl——杆的伸长量；
f——梁的最大挠度；
φ——传动轴转角；
P——杆受拉力或梁的横向集中力；
L——杆和传动轴的长度、梁的跨距；
E——材料的弹性模量；
G——材料的剪切弹性模量；
S——杆的截面积；
J——梁的惯性矩；
M_n——额定转矩；
J_p——传动轴的极惯性矩。

由上述计算公式可知零件的弹性变形与零件承受的载荷大小、载荷形式、材料、支点的跨距、截面尺寸和形状等因素有关。

2.1　选择弹性模量高的材料

影响零件刚度的材料因素是弹性模量，材料的弹性模量越大，零件的刚度越大，常用材料的弹性模量见表4.3-6。

由表可见，钢的弹性模量最大，铸钢小一些，球墨铸铁和灰铸铁更小，铜合金和铝合金的弹性模量约为钢的1/3～1/2。所以要求刚度高的零件多用钢材制造。在工业用金属中与钢材相比，只有钨（W，弹性模量 E=400GPa）、钼（Mo，弹性模量 E=350GPa）、铍（Be，弹性模量 E=310GPa）有较高的弹性模量，但是经全面考虑，很少采用这些材料来提高零件的刚度。由刚度考虑最常用的材料是碳钢，靠改变尺寸和形状提高其刚度。

表4.3-6　金属的弹性模量（MPa）

金属材料	弹性模量 E	切变模量 G
钢	$(200\sim220)\times10^3$	81×10^3
铸钢	$(175\sim216)\times10^3$	$(70\sim84)\times10^3$
铸铁	$(115\sim160)\times10^3$	45×10^3
青铜	$(105\sim115)\times10^3$	$(40\sim42)\times10^3$
硬铝合金	71×10^3	27×10^3

由表4.3-6还可看出，同类金属材料弹性模量相差不大，因此以改变同类金属材料的 E（或 G）来提高零件的刚度是不可取的。

2.2　用拉压代替弯曲

在表4.3-7中，左面的三角形桁架杆的直径为20mm，其上杆受拉伸，下面的杆受压缩，用它代替右面三种直径的悬臂梁，直径分别为20mm、165mm、

200mm。这四种结构同样在距离墙面 l 的位置处受力 F，f 为受力点处的最大变形，下标 1 表示桁架的数值，下标 2 表示三种悬臂梁的数值。

表 4.3-7　三角桁架与悬臂梁的刚度比较

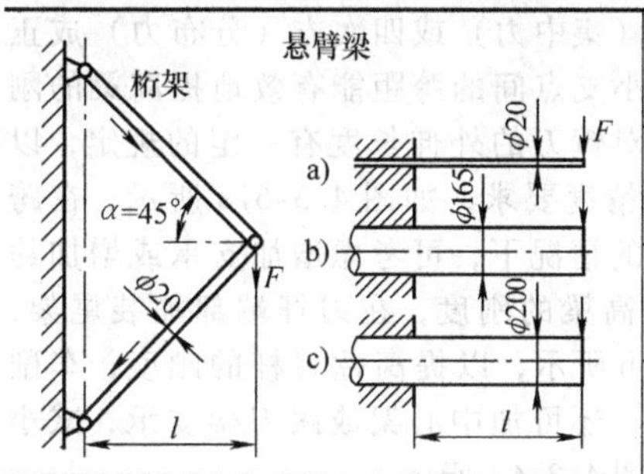

悬臂梁	f_2/f_1
a)	9000
b)	2
c)	1

当 l/d 与 α 角取值不同时，f_2/f_1 值也不同，图 4.3-60 给出了不同 α 角取值时，桁架与悬臂梁的挠度比。由图可以看出，当角度 $\alpha=45°\sim60°$ 时，桁架相对于悬臂梁有最大的刚度。

以上原理可以应用于结构设计中，在图 4.3-61 中，图 a 所示的简支梁（受弯曲），可以用铰支的桁架或者弓形梁（受压缩）代替，梁的刚度有较大提高。图 4.3-62 所示的铸造支座，图 a 相当于受弯曲的直梁，图 b 相当于桁架结构，它的刚度有明显提高。

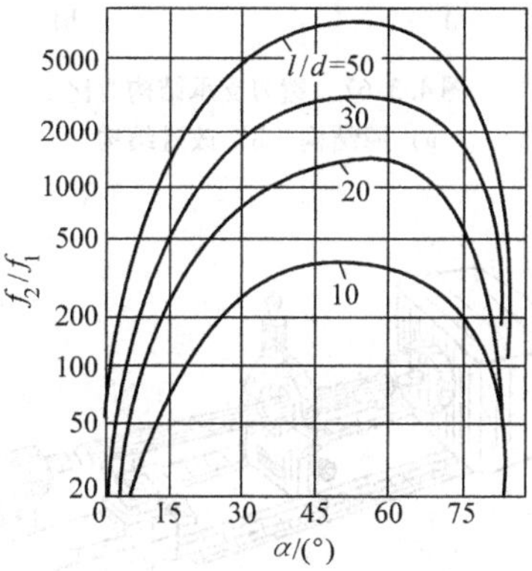

图 4.3-60　三角桁架与悬臂梁的挠度比较

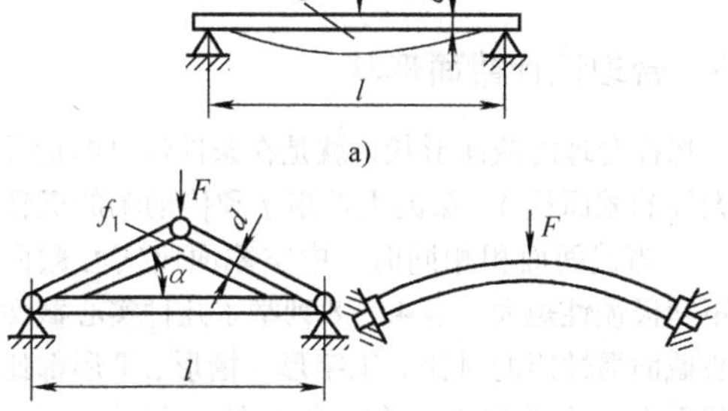

图 4.3-61　改善简支梁
a）简支梁　b）桁架　c）弓形梁

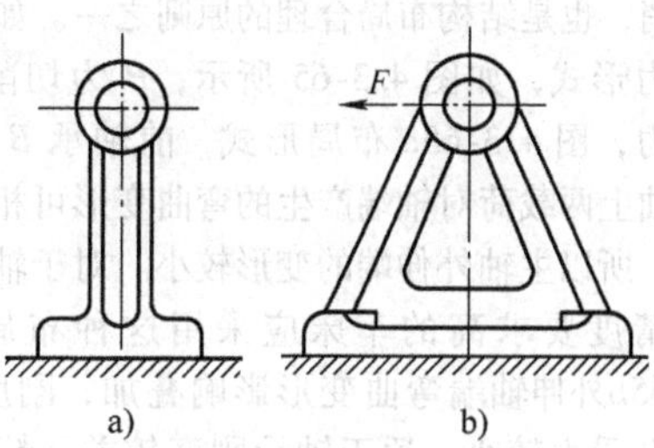

图 4.3-62　改善铸造支座

2.3　改善零件结构减小弯矩值

弯矩是引起弯曲变形的主要原因，减小弯矩数值也就是提高弯曲刚度。如前所述的卸荷带轮结构，带轮的压轴力由箱体承担，传动轴只承受转矩，不会产生弯曲变形。

设计时尽量使受力点靠近支点，如铸件进行人工时效时，图 4.3-63b 的方式堆放比图 4.3-63a 更合理，铸件内的弯矩较小，变形也就小。

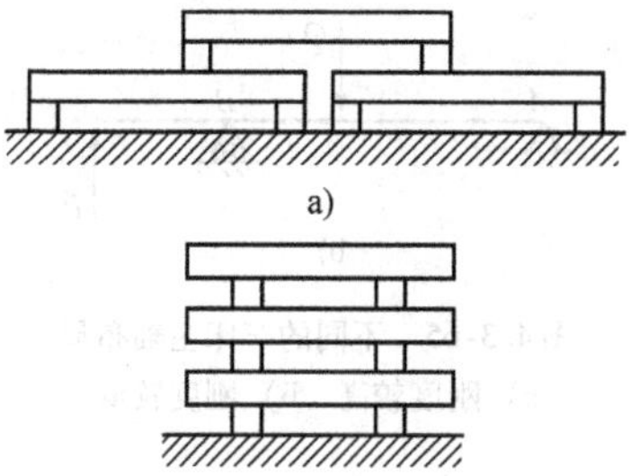

图 4.3-63　铸件堆放结构对比
a）不合理　b）合理

又如结构允许的条件下，悬臂布置的齿轮和带轮应尽可能地靠近轴承支点（图 4.3-64），尽量减小悬臂 a 及 b 的数值，从而减小了齿轮和带轮对传动轴弯曲变形的影响。

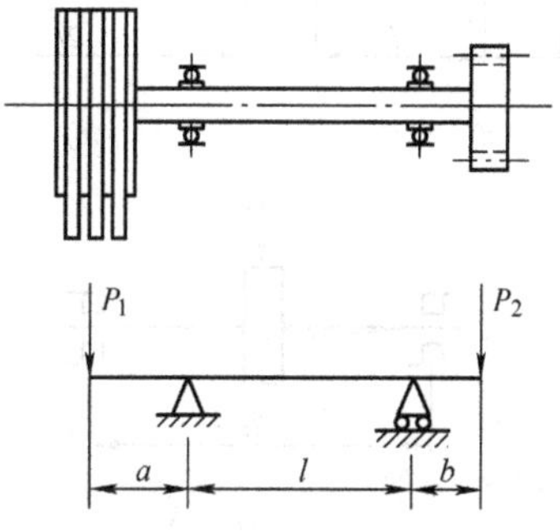

图 4.3-64　悬臂支承结构

巧妙地安排各载荷方向，使之对零件的影响可以相互抵消，也是结构布局合理的原则之一。如车床主轴的受力形式，如图4.3-65所示，P为切削力，Q为传动力，图4.3-65a布局形式，前轴承B受力较大，但轴上两载荷对轴端产生的弯曲变形可相互抵消一部分，所以主轴外伸端的变形较小。对于轴承刚度好，而精度要求高的车床应采用这种布局形式。图4.3-65b外伸轴端弯曲变形影响叠加，刚度较差，但轴承B受力较小，适于轴承刚度较差，精度要求不高的车床。

把集中力分成为几个小的集中力或改为分布力，也可以取得减小弯矩提高弯曲强度的效果，由式（4.3-1）可知，将集中力P以分布载荷（$qL=P$）代之，简支梁的最大挠度仅为集中力作用时的62.5%。

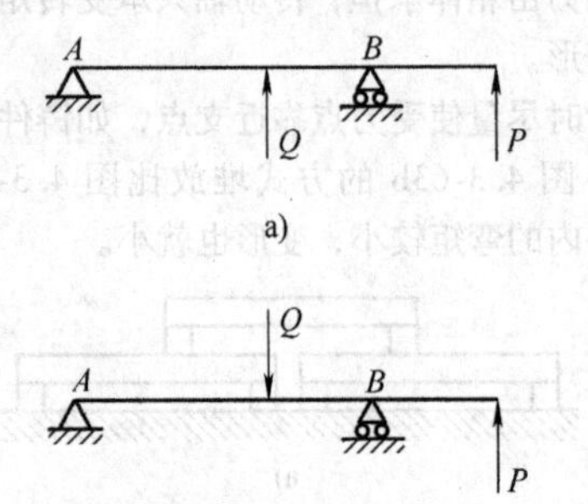

图4.3-65　不同的车床主轴布局
a）刚度较高　b）刚度较低

2.4　合理设计支承方式和位置

在支承设计中尽量避免采用悬臂方式。图4.3-66a为悬臂结构，图4.3-66b为球轴承支承结构，图4.3-66c为滚子轴承固支结构，这三种支承结构形式的最大弯矩之比为4:2:1。最大挠度之比为16:4:1，由此可见支承方式不同，刚度差异较大。

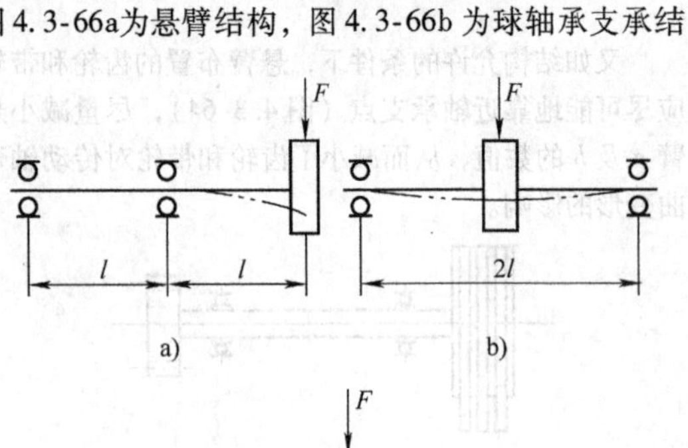

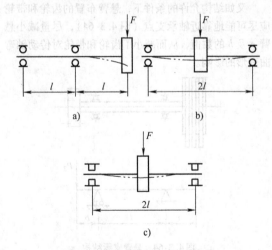

图4.3-66　悬臂和双支点支承方式
a）悬臂结构　b）球轴承简支结构　c）滚子轴承固支结构

由式（4.3-1）可知，简支梁的挠度与支点跨距的三次方（集中力）或四次方（分布力）成正比，所以减小支点间的跨距能有效地提高梁的刚度，工程上对镗刀的外伸长度有一定的规定，以保证镗孔的精度要求，如图4.3-67a所示，在跨度不能缩短的情况下，可考虑增加支承或增加约束的方法提高梁的刚度，在刀杆端部加装尾架，如图4.3-67b所示，以提高镗刀杆的刚度，车削细长工件时，还可加中心架或跟刀架支承，减小变形量，如图4.3-68所示。

对较长的传动轴可采用三支承，或用长轴承或双排轴承，达到增加约束减小弯曲变形的目的。

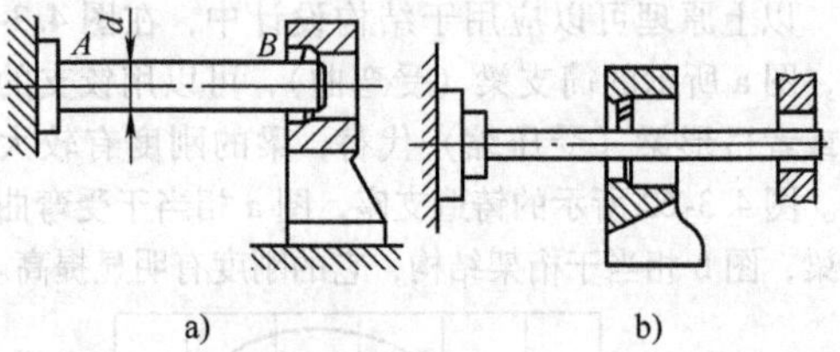

图4.3-67　镗刀支承结构对比
a）原结构　b）改进结构

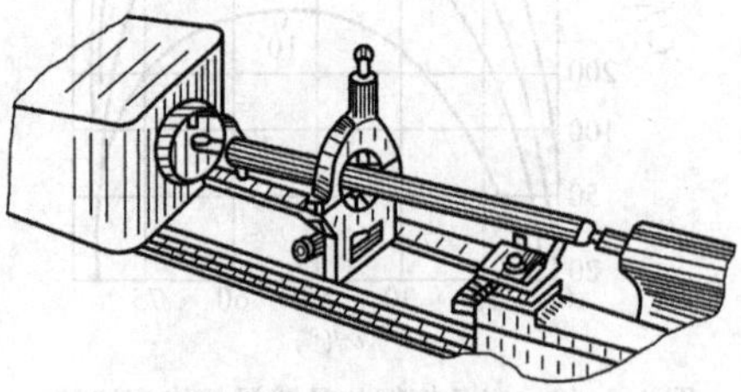

图4.3-68　中心架支承结构

2.5　合理设计截面形状

选择合理的截面形状，就是在条件许可的情况下增大杆的截面积A、梁的惯性矩J和传动轴的极惯性矩J_p。当截面面积相同时，中空截面比实心截面惯性矩和极惯性矩大，表4.3-8列举了几种实心截面与空心截面惯性矩的对比。工字形、槽形、T形都比矩形截面有更大的惯性矩和极惯性矩（见表4.3-9）。所以起重机大梁一般采用工字形或箱形截面来提高刚度。

表 4.3-8　不同空心截面形状惯性矩对比

序号	截面形状	抗弯惯性矩（相对值）	抗扭惯性矩（相对值）	序号	截面形状	抗弯惯性矩（相对值）	抗扭惯性矩（相对值）
1	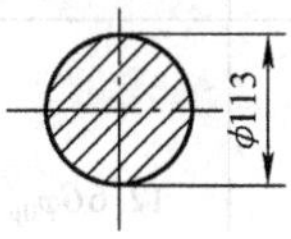	1	1	5	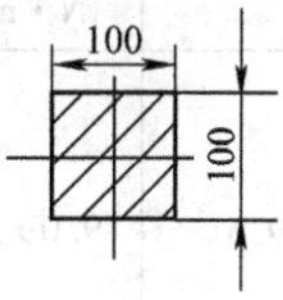	1.04	0.88
2	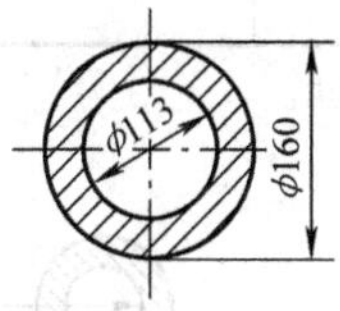	3.03	2.89	6	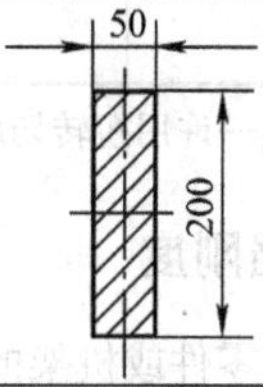	4.13	0.43
3	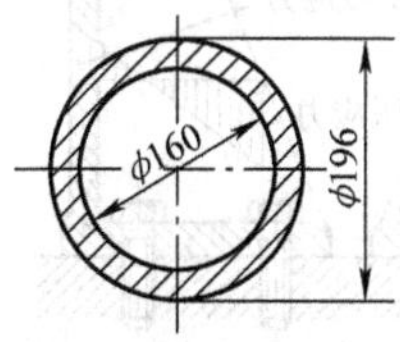	5.04	5.37	7	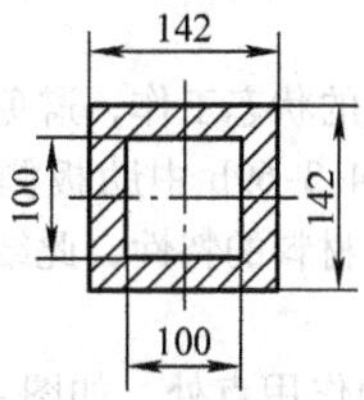	3.45	1.27
4	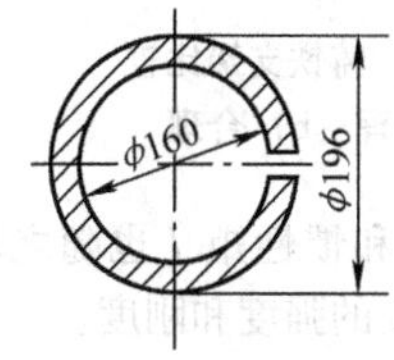	—	0.07	8	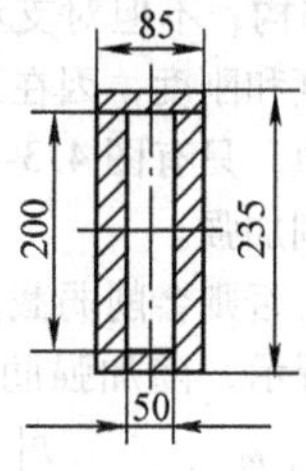	7.35	0.82

表 4.3-9　常用几种截面形状对比

截面		弯曲			扭转			
形状	面积/cm^2	许用弯矩/N·m	相对强度	相对刚度	许用扭矩/N·m	相对强度	单位长度许用扭矩/N·m	相对刚度
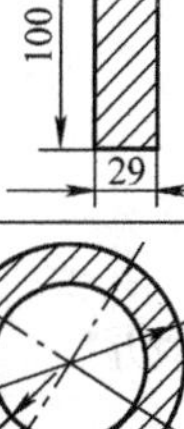	29.0	$4.83\sigma_{wp}$	1.0	1.0	$0.27\tau_{Tp}$	1.0	$6.6G\varphi_{0p}$	1.0
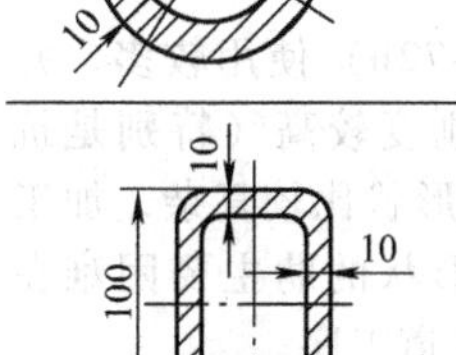	28.3	$5.82\sigma_{wp}$	1.2	1.15	$11.6\tau_{Tp}$	43	$58G\varphi_{0p}$	8.8
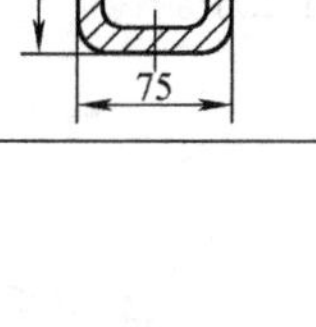	29.5	$6.63\sigma_{wp}$	1.4	1.6	$10.4\tau_{Tp}$	38.5	$207G\varphi_{0p}$	31.4

（续）

截面		弯曲			扭转			
形状	面积/cm^2	许用弯矩/N·m	相对强度	相对刚度	许用扭矩/N·m	相对强度	单位长度许用扭矩/N·m	相对刚度
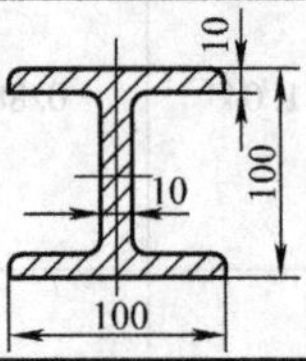	29.5	$9.0\sigma_{wp}$	1.8	2.0	$1.2\tau_{Tp}$	4.5	$12.6G\varphi_{0p}$	1.9

注：σ_{wp}—许用弯曲应力；τ_{Tp}—许用扭转切应力；G—切变模量；φ_{0p}—单位长度许用扭转角。

2.6　用加强肋和隔板增强刚度

采用加强肋或隔板可提高零件或机架的刚度，设计加强肋应遵守下列原则：

承载的加强肋应在受压的状态工作，避免受拉情况，如图4.3-69所示，图4.3-69b中肋板侧受较大的压应力，符合铸铁等脆性材料的特性，此结构较为合理。

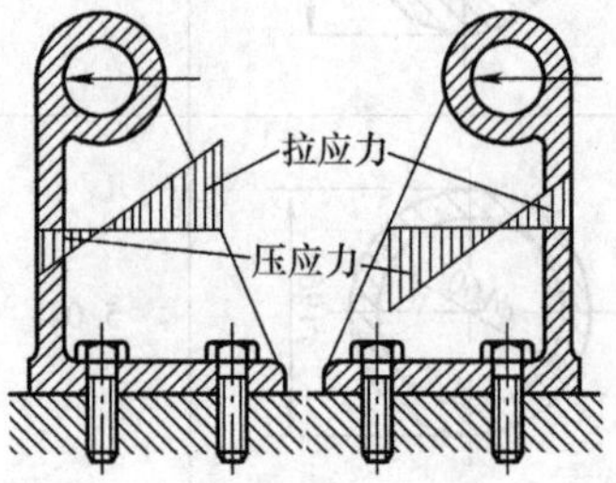

a)　b)

图4.3-69　铸铁支架比较

a）不合理　b）合理

三角肋必须延至外力的作用点处，如图4.3-70b所示。图4.3-70a两种肋板结构，不但对支承没有加强作用，反而会降低梁的强度和刚度，因在某些截面上抗弯截面模量低于无肋板值，只有图4.3-70b的肋板结构对强度和刚度才均得到加强。

加强肋的高度不宜过低，否则会削弱截面的弯曲强度和刚度。如图4.3-71所示，随加强肋的增高，截面的抗弯截面模量W和惯性矩J也随之增大，因此高肋板比低肋板有更高的强度和刚度。

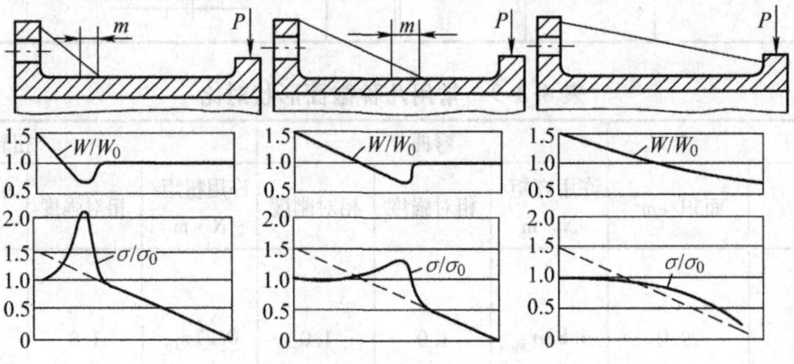

a)　b)

图4.3-70　三角肋对零件强度的影响

a）不合理　b）合理

W—有肋板抗弯截面模量　W_0—无肋板抗弯截面模量　σ—有肋板弯曲应力　σ_0—无肋板弯曲应力

为了加强空心截面铸件的刚度，常采用在空心结构内部加不同形式的隔板，表4.3-10为四种有隔板截面的弯曲刚度和扭转刚度的比较。

为了提高铸造的机架、平板等的刚度，常常需要采用肋板，肋板的厚度约为零件壁厚的0.8倍，图4.3-72给出了几种肋的常用形式。其中井字肋（图4.3-72a）和米字肋（图4.3-72b）使用较多，井字肋制造比较方便，米字肋刚度较高（特别是抗扭刚度），菱形肋和六角形肋形状比较复杂，加工也比较难，刚度较高。这些形状的肋主要困难在于制造木模、造型、清砂等几道工序。

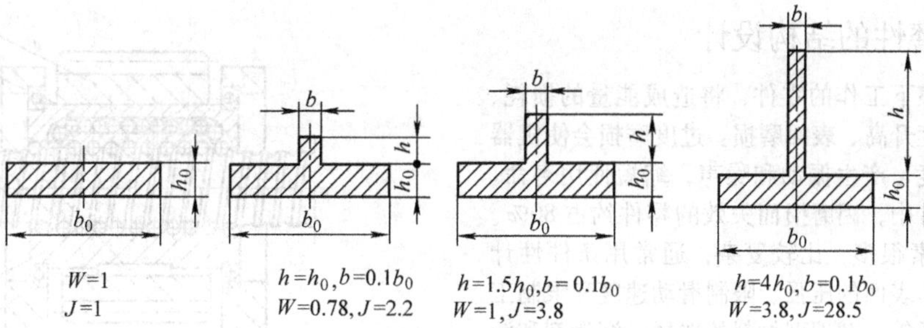

图 4.3-71　加强肋高度强度与刚度的影响

表 4.3-10　不同隔板截面的刚度比较

断面形状	相对抗弯刚度 $I_{弯}$	相对抗扭刚度 $I_{扭}$	断面形状	相对抗弯刚度 $I_{弯}$	相对抗扭刚度 $I_{扭}$
	1.0	1.0		1.55	2.94
	1.17	2.16		1.78	3.69

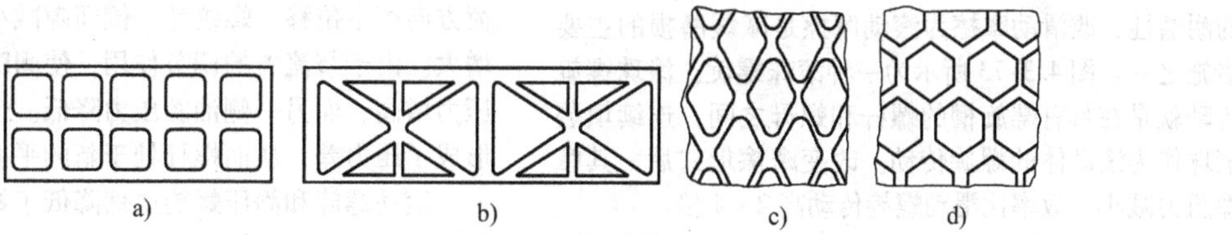

图 4.3-72　肋的几种常见形式
a）井字肋　b）米字肋　c）菱形肋　d）六角形肋

2.7　用预变形抵抗有害变形

有一些导轨、机架、横梁等零件在工作载荷作用下产生凹变形。制造者可使其在受力之前有适量的上凸，以此减小承受外载荷时梁的变形量。起重机横梁、机床床身等常用这种结构。

2.8　提高零件表面接触刚度

零件表面粗糙度引起互相接触表面的变形，使其刚度降低，对于螺纹连接件导致预紧力减小，螺纹连接松脱。因此，应该对于受力零件接触面的表面粗糙度参数值 *Rz* 予以适当的要求。表 4.3-11 是螺栓、螺母和压紧的钢制零件压陷量的参考值，摘自德国工程师协会技术准则，VDI2230，《高强度螺栓连接系统计算》，可以供设计者参考。

表 4.3-11　螺栓、螺母和压紧的钢制零件压陷量的参考值（摘自 VDI2230—2003）

粗糙度平均高度 *Rz* 按 DIN4768	载荷	压陷量的参考值/μm		
		螺纹	每一个螺栓头或螺母支承面	每一个内部接触面
<10μm	拉－压	3	2.5	1.5
	剪切	3	3	2
10μm ~ <40μm	拉－压	3	3	2
	剪切	3	4.5	2.5
40μm ~ <160μm	拉－压	3	4	3
	剪切	3	6.5	3.5

3　提高耐磨性的结构设计

在相互摩擦下工作的零件，将造成能量的损耗、效率降低、温度升高、表面磨损。过度磨损会使机器丧失应有的精度，产生振动和噪声，缩短使用寿命。在全部失效零件中，因磨损而失效的零件约占80%。影响磨损的因素很多，比较复杂，通常用条件性计算，如限制工作表面的压强、限制滑动速度和限制工作表面摩擦功耗等、摩擦副材料的选择、润滑剂和润滑方式的选择等方面。

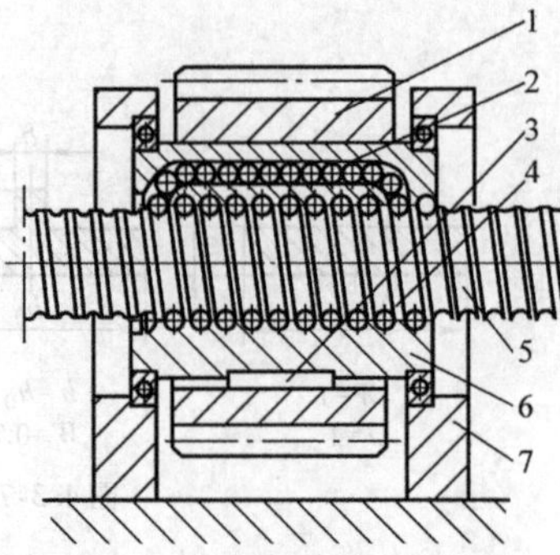

图4.3-73　滚珠螺旋的工作原理

1—齿轮　2—滚道　3—键　4—滚珠　5—螺杆　6—螺母　7—支架

3.1　改变摩擦方式

摩擦按运动方式可分为滑动摩擦和滚动摩擦，如果按摩擦副间有无润滑剂，摩擦又可分为干摩擦、边界润滑和液体润滑等。不同的摩擦形式，对零件的磨损是不同的，设计时要根据实际情况选择。

螺旋传动中，分为滑动螺旋、滚动螺旋和静压螺旋。滑动螺旋中，螺杆与螺母螺纹副之间是滑动摩擦，其主要失效形式是螺纹副的过度磨损。为提高螺纹副的耐磨性，改滑动摩擦为滚动摩擦是减缓磨损的主要措施之一。图4.3-73所示为一种滚珠螺旋。滚珠螺旋传动就是在具有螺旋槽的螺杆和螺母之间，连续填装滚珠作为滚动体的螺旋传动。改变摩擦形式后，其摩擦阻力减小、效率比滑动螺旋传动高2～4倍。

图4.3-74为静压螺旋的结构示意图。在静压螺旋中，螺杆仍为梯形螺纹的普通螺杆，但在螺母每圈螺纹牙两个侧面的中径处，各开三四个油腔，压力油通过节流器进入油腔，产生一定的空腔压力。螺杆未受载时，螺杆的螺纹牙位于螺母的螺纹牙的中间部位，处于平衡状态。当螺杆受轴向载荷时，螺杆沿载荷方向产生位移，螺纹牙一侧间隙减小，另一侧间隙增大。由于节流器的调节作用，使间隙小的一侧油腔压力增高；而另一侧油腔压力降低。于是两侧油腔便形成了压力差，从而螺杆处于新的平衡状态。

滚动螺旋和静压螺旋虽然降低了螺旋的磨损，提高了传动效率，但缺点是结构复杂，成本较高。

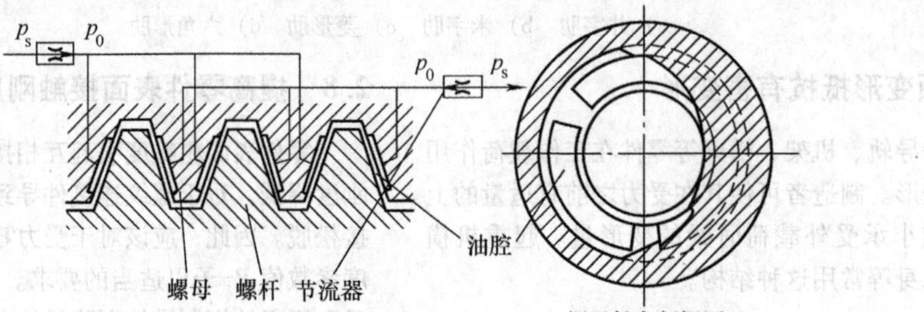

图4.3-74　静压螺旋结构示意

链传动中，链与链轮在啮合时，摩擦磨损严重，采用套筒滚子链的结构，就是利用了滚动摩擦方式来降低磨损，提高链条和链轮的耐磨性和寿命。图4.3-75为滚子链结构图。

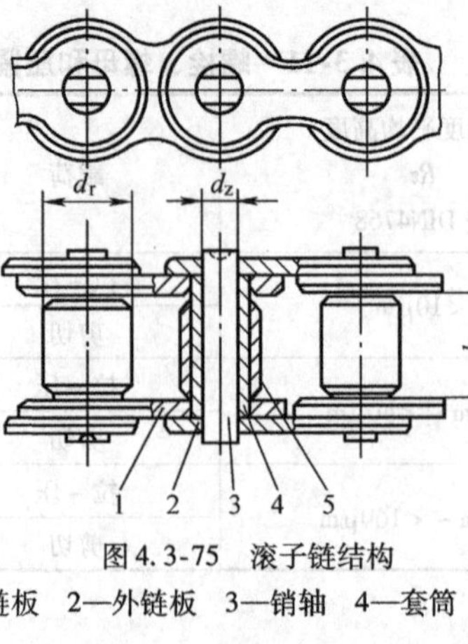

图4.3-75　滚子链结构

1—内链板　2—外链板　3—销轴　4—套筒　5—滚子

3.2　使磨损均匀的设计

磨损均匀在某种程度上就是减缓磨损，以此提高零件的耐磨性。均匀磨损可从以下几方面入手。

（1）压强均匀

作用在摩擦表面上的载荷越大，磨损越严重，使载荷均匀地分布在整个摩擦表面上，单位面积上的载荷就会减小。前述的螺栓连接中，通过改变螺母和螺杆的刚度，使载荷在螺纹牙上分布均匀；也可修整摩擦表面，避免载荷集中和局部的严重磨损，齿轮的齿长修形、滚动轴承的滚子修形和道轨滚子修形等方法，都可避免加工和安装误差、受载变形引起的偏载和局部的剧烈磨损，轮齿和滚子做成鼓形，中间较两端凸起（0.01～0.02）mm 就会产生较好的均载效果；此外应使载荷与摩擦工作表面对称、减少使压强不均的载荷出现（如倾覆力矩）、摩擦表面尽量小。

（2）速度均匀

在同一摩擦表面上，相对滑动速度要尽量一致。避免由于速度不同，造成同一摩擦表面磨损快慢不一，引起载荷集中，加剧磨损。在推力滑动轴承的结构设计中，就利用了这一原则。推力滑动轴承的相对摩擦表面的边缘线速度最大，越向中心相对滑动速度越小，中心速度为零，引起边缘摩擦表面快速磨损，摩擦表面中部凸起，有效承载面积减小，单位面积上的载荷加大，磨损加剧。为改善磨损状况推力滑动轴承做成空心式、单环和多环结构，如表4.3-12所示。

（3）防止阶梯磨损

相互运动的摩擦表面，因尺寸不同，有可能一部分的表面不参加磨损，因此不磨损与磨损之间形成台阶，称为阶梯磨损，造成零件表面磨损不均匀，由此降低零件的工作寿命。如图4.3-76所示，运动件与支承件的尺寸不同，则运动件或支承件有一部分不磨损而生成阶梯磨损。合理地设计运动件的行程终端位置，可避免阶梯磨损的产生。

表4.3-12　推力滑动轴承的结构与尺寸

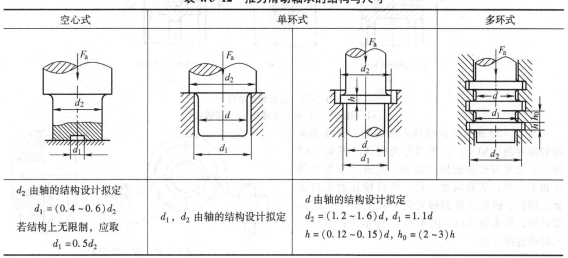

<table>
<tr><th>空心式</th><th colspan="2">单环式</th><th>多环式</th></tr>
<tr><td>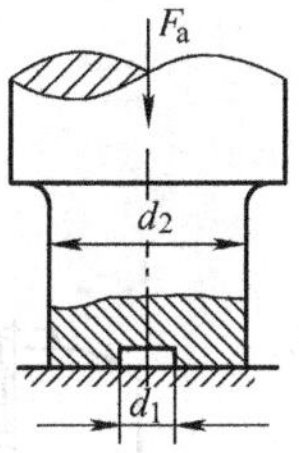</td><td>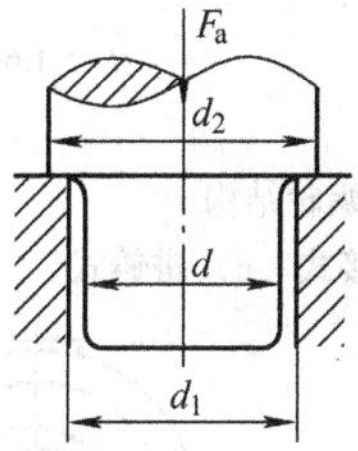</td><td>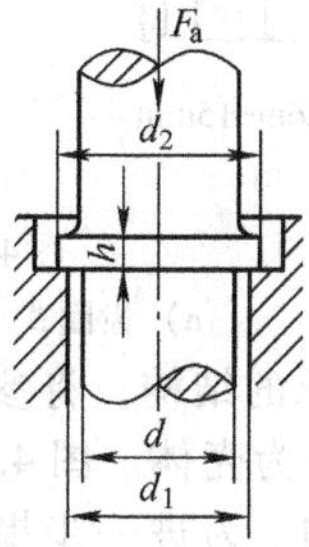</td><td>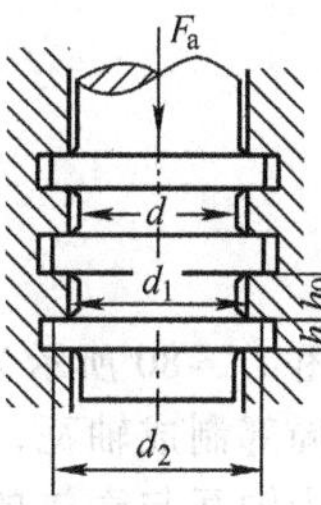</td></tr>
<tr><td>d_2 由轴的结构设计拟定
$d_1=(0.4\sim0.6)d_2$
若结构上无限制，应取
$d_1=0.5d_2$</td><td>d_1，d_2 由轴的结构设计拟定</td><td colspan="2">d 由轴的结构设计拟定
$d_2=(1.2\sim1.6)d$，$d_1=1.1d$
$h=(0.12\sim0.15)d$，$h_0=(2\sim3)h$</td></tr>
</table>

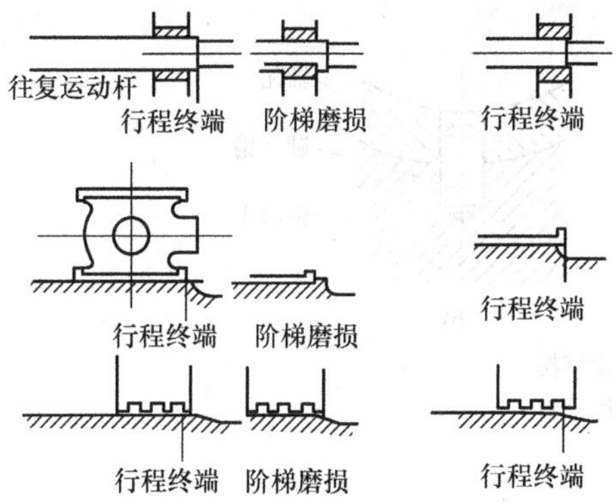

a)　　b)

图4.3-76　运动行程终端对比

a）不合理　b）合理

如图4.3-77所示，轴肩与轴瓦端面很难保证尺寸的一致性，将较软的一侧设计成全磨损，如图4.3-77b所示，较硬的一侧由于磨损量较小，所以阶梯磨损不明显。当轴肩与轴瓦的硬度比较接近时，则将容易修复或更换的零件，设计成阶梯磨损，保护维修难的零件。如图4.3-78所示，由于轴肩比轴瓦难修复，所以将轴瓦的尺寸设计成大于轴肩的高度。

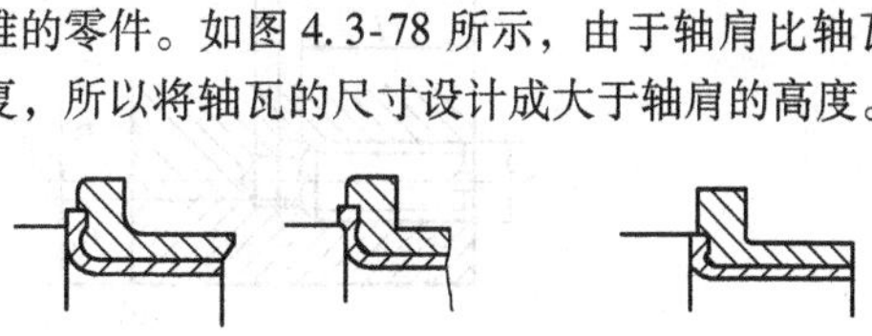

a)　　b)

图4.3-77　全磨损轴瓦结构

a）不合理　b）合理

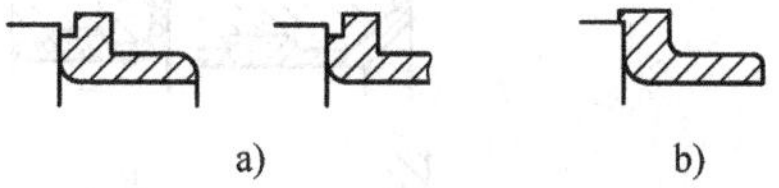

a)　　b)

图4.3-78　阶梯磨损轴瓦结构

a）不合理　b）合理

3.3　采用材料分体结构

采用减磨性和耐磨性好的材料，可以有效地减小摩擦，降低磨损，提高机械零件的耐磨性。但是，耐磨和减摩性好的材料，通常价格昂贵，如铜合金、巴氏合金等材料。为了避免零件的成本过高和防止零件的局部磨损造成整个零件的报废。通常采用在零件的摩擦表面局部使用耐磨材料，而零件的大部分基体使用廉价材料（如铸铁或钢材）。

蜗杆传动效率低、发热大、磨损严重，因此为提高蜗杆传动的耐磨性，蜗杆材料一般选用热处理性能好的碳钢或合金钢，而蜗轮常采用各种铜合金，为节省材料，蜗轮采用如图 4.3-79 所示的组合式结构。图 4.3-79a 所示为齿圈式，由青铜齿圈及铸铁轮心所组成。齿圈与轮心多用 H7/r6 配合，并加装 4～6 个紧定螺钉，以增强连接的可靠性；图 4.3-79b 所示为螺栓连接式，连接螺栓可用普通螺栓或铰制孔螺栓，适用于尺寸较大或容易磨损的蜗轮；图 4.3-79c 所示为拼铸式，青铜齿圈浇注在铸铁轮心上，适于批量生产的蜗轮。

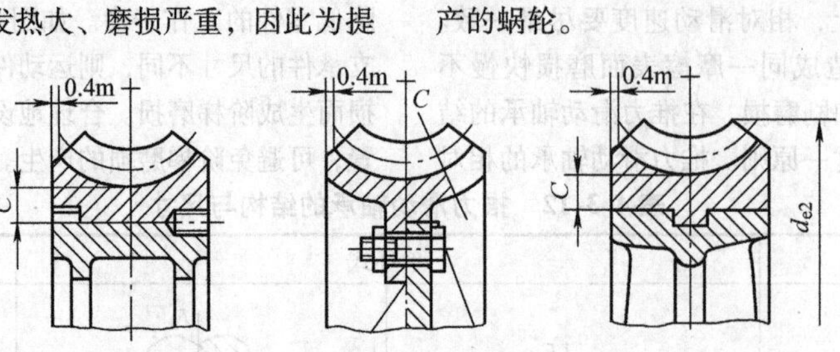

图 4.3-79　组合蜗轮结构

a）齿圈式　b）螺栓连接式　c）拼铸式

图 4.3-80 所示为滑动轴承的结构，将参加摩擦的局部制成轴瓦，其他部分为壳体。图 4.3-81 所示为轴瓦与壳体的固定结构。为进一步提高强度和工艺性，节省减磨材料，常将轴瓦做成双金属，用钢、铸铁或青铜做瓦背，其上浇注一层减摩材料，称为轴承衬，图 4.3-82 所示为瓦背与轴承衬的连接结构。

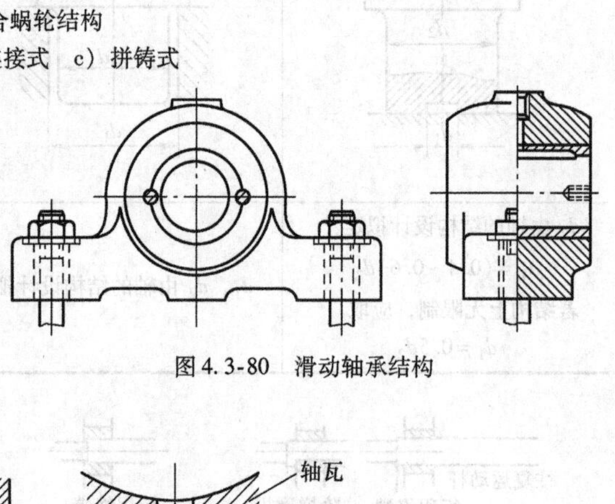

图 4.3-80　滑动轴承结构

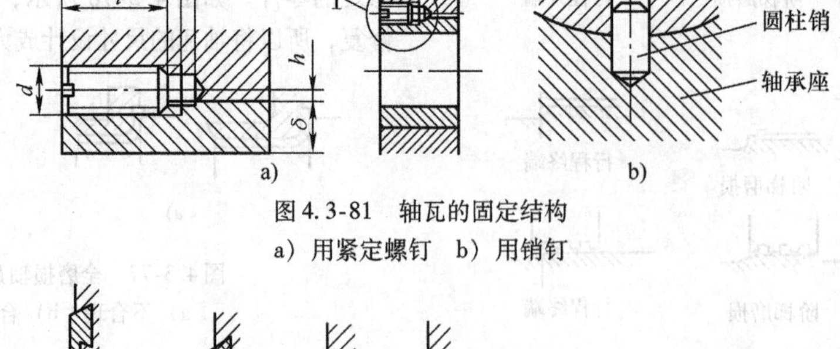

图 4.3-81　轴瓦的固定结构

a）用紧定螺钉　b）用销钉

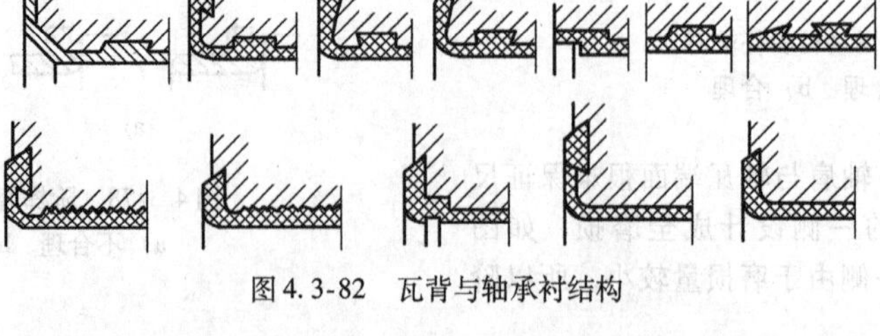

图 4.3-82　瓦背与轴承衬结构

在带传动中，V带的结构也采用了材料分体结构，V带的内部用强度高的材料，而参与摩擦的表面用另一种耐磨的材料，如图4.3-83所示。

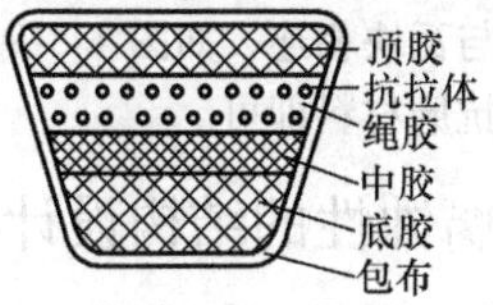

图4.3-83　V带的结构

如上所述相对摩擦的两个零件，设计时首先考虑尺寸大、价格高的零件不发生磨损失效，如设备的主轴、发动机的曲轴和蜗轮等。而尺寸小、价格低的零件考虑磨损后应便于更换和维修。

3.4　采用磨损补偿结构

磨损是不可避免的，对于精度要求高的设备，必须考虑设计磨损间隙补偿结构。

螺纹副间一般总存在间隙，磨损后间隙加大，当螺杆反向运动时就要产生空程。所以某些精密螺旋，应采取消除间隙措施。剖分螺母结构能在径向和轴向调整间隙，如图4.3-84所示。

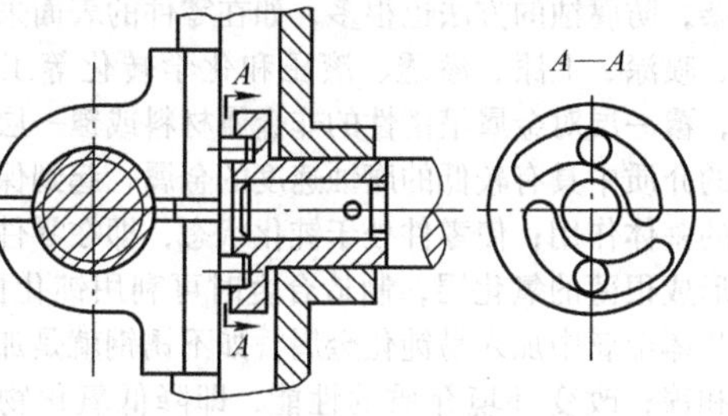

图4.3-84　剖分螺母

图4.3-85a、b分别为用圆螺母定期调节轴向间隙和用弹簧张紧而自动消除间隙的螺母结构。

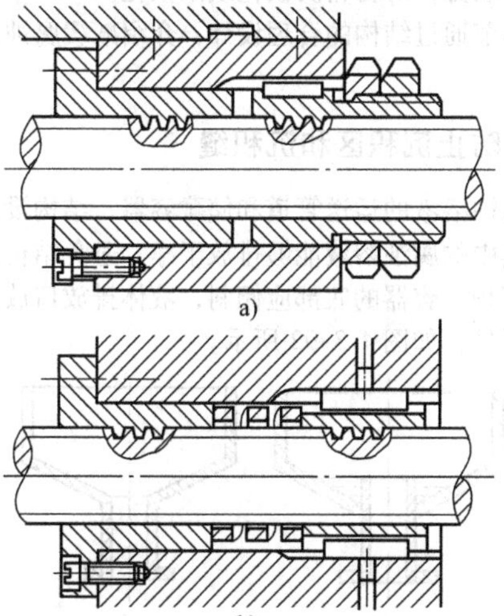

图4.3-85　可轴向消除间隙的螺母
a）圆螺母调节间隙　b）弹簧调节间隙

为了保证机器的运转精度，调整滑动轴承的间隙是十分重要的手段。如图4.3-86所示为剖分式滑动轴承。通过更换两个半瓦间的垫片厚度的方法，调节轴瓦的距离。

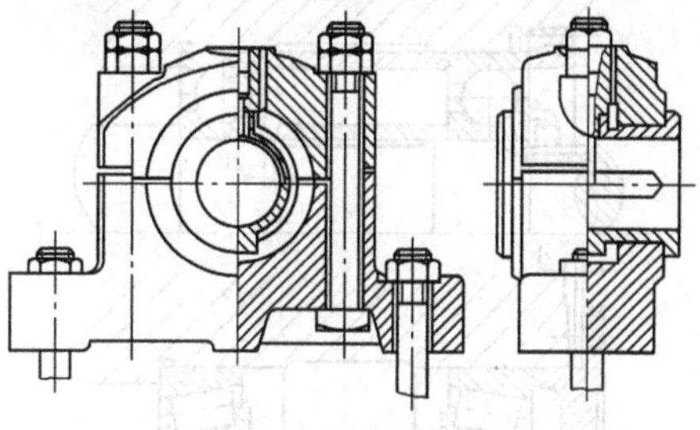

图4.3-86　剖分式滑动轴承

图4.3-87为整体间隙可调式滑动轴承，利用锥面调节轴承间隙。

滚动轴承的游隙调整称为预紧，预紧可以提高滚动轴承的旋转精度，增强轴承刚度，减小轴的振动。图4.3-88所示为在一个支点上安装成对角接触轴承的预紧方法。

图4.3-89和图4.3-90所示为采用不同套筒长度和弹簧的预紧方法。

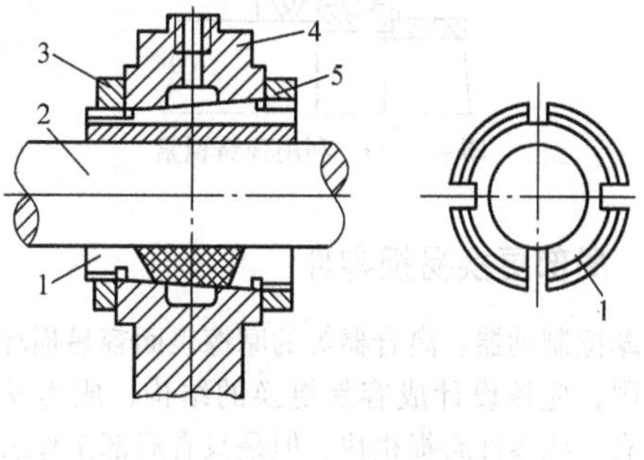

图4.3-87　整体调隙滑动轴承
1—轴瓦　2—轴　3、5—螺母　4—轴承盖

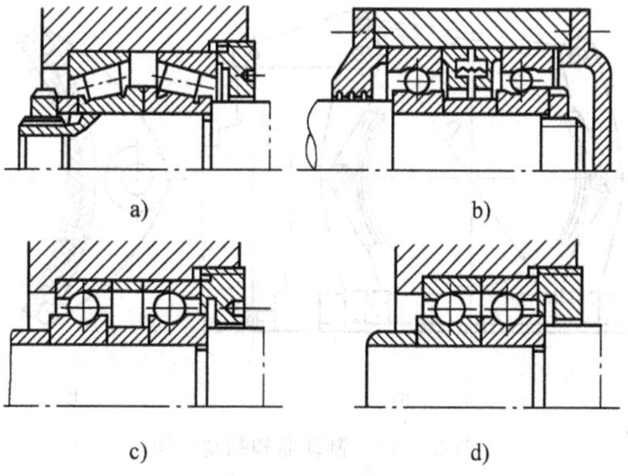

图4.3-88　一个支点安装成对向心推力轴承的预紧

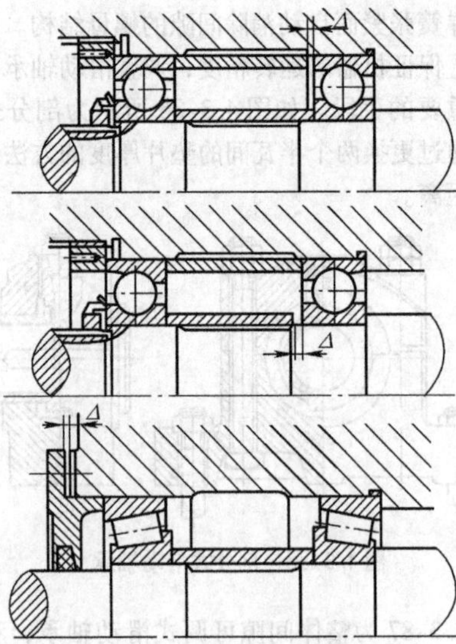

图 4. 3-89　采用不同长度套筒的预紧

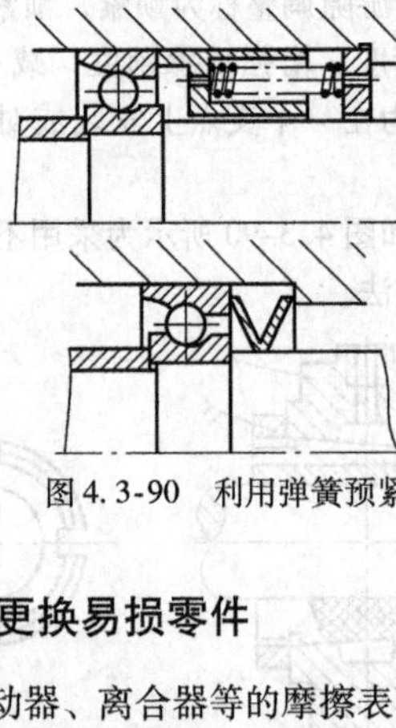

图 4. 3-90　利用弹簧预紧

3.5　局部更换易损零件

摩擦制动器、离合器等的摩擦表面容易损坏，寿命有限，应该设计成容易更换的结构，成为易损零件。有一些零件磨损很快，但是只有局部工作表面磨损，磨损后整个更换会造成浪费，可以只更换局部，达到节约的目的。如图 4. 3-91 所示的制动器，其制动瓦块与直径为 D 的制动轮接触，制动时摩擦速度很快，磨损严重，发热能够达到很高的温度，瓦块与制动轮接触处磨损很快，在制动瓦块表面装一层抗磨材料，用铆钉与瓦块相连，如图 4. 3-92b 所示，磨损严重时只更换抗磨材料即可。

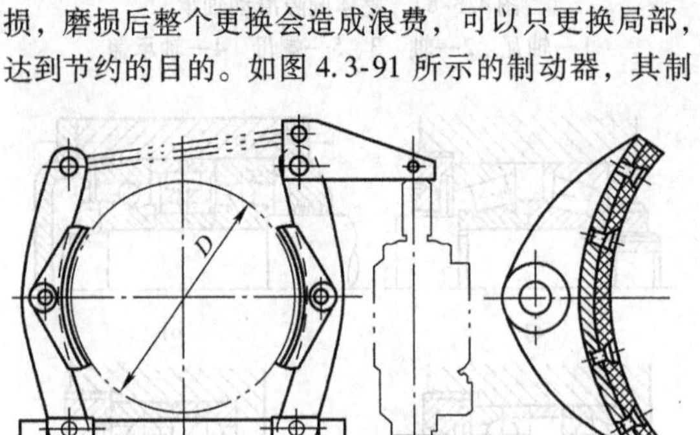

a)　　b)

图 4. 3-91　制动器和制动瓦块

a）制动器　b）制动瓦块

4　提高耐腐蚀性的结构设计

腐蚀是金属与周围介质之间发生的化学过程，在大气中，金属零件会生锈，化工厂的设备零件、管道、容器和海船的船体等将由于各种溶液及气体的作用而损坏。

造成零件腐蚀的主要因素有：①零件材料的热力不稳定性，热力不稳定性越高，越易出现腐蚀，铝、钛、铁等金属热力不稳定性高，镍、钼、钨等金属热力不稳定性较高，铜、银热力稳定性中等；铂热力稳定性高；金具有完全热力稳定性。②零件周围的环境介质，介质可以是空气、水蒸气、碱的水溶液、气体和非水溶液等，介质不同，腐蚀的机理不同，防范的措施不同。可将腐蚀分为：大气腐蚀、液体腐蚀、地下腐蚀、应力腐蚀和生物腐蚀等。由于腐蚀的原因较复杂，防腐蚀的方法也很多，如在零件的表面采用电镀、喷涂、上漆、渗透、滚压和化学转化等工艺方法，覆一层对金属呈惰性的非金属材料或覆一层在一定的介质中具有较低的腐蚀速度的金属，起到保护零件的基体作用；使零件处于钝化状态，即在零件的表面形成很薄的氧化层；制造合金时可利用钝化性能，在基体金属中加入易钝化金属，如不锈钢就是加入了铬和镍；改变环境介质的性能，即降低氧化物的浓度、在介质中加入抑制剂（缓蚀剂）；改变被保护零件的电动势，对材料阴极化或阳极化。

本节通过结构的合理设计，介绍减缓腐蚀的几种措施。

4.1　防止沉积区和沉积缝

腐蚀溶液的运送管道和储藏容器，结构设计时要保证其中的腐蚀溶液能够排放干净，避免结构使腐蚀溶液沉积，容器的底部应倾斜，液体排放口放在容器的最低处，如图 4. 3-92 所示。

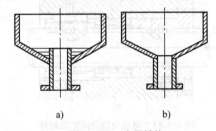

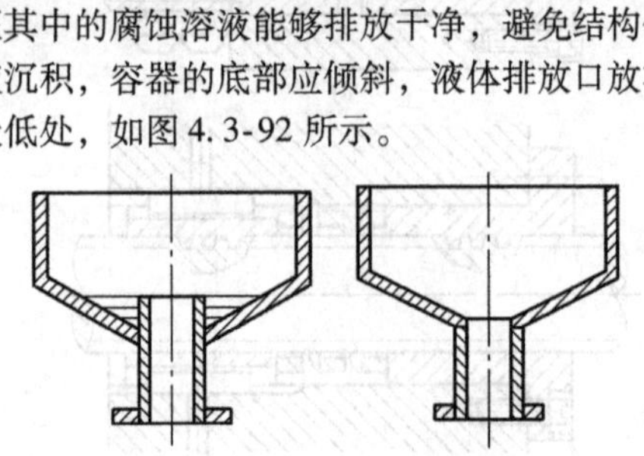

a)　　b)

图 4. 3-92　容器结构

a）不合理　b）合理

零件的结构间隙内会产生严重的间隙腐蚀，零件的间隙内由于存留电解质溶液，可使不锈钢或铝合金等材料的钝性消失，耐蚀性大大降低。为了防止间隙腐蚀，设备中尽量不出现搭接缝隙，如图4.3-93a所示，如果缝隙避免不了，要设法填补，如图4.3-93b，或用聚合物材料填充缝隙。钢板连接要尽量对接，避免搭接和铆接，以免出现缝隙，如图4.3-94所示。

除此之外，加装保护盖也是有效的方法，如图4.3-95a所示的螺钉头部的凹坑处极易腐蚀破坏，图4.3-95b将螺钉头和螺母倒置安装，在室外可以避免雨水积存，图4.3-95加装塑料保护套，都是有效的防腐措施。选择不易产生缝隙腐蚀的材料组合也是有效措施。

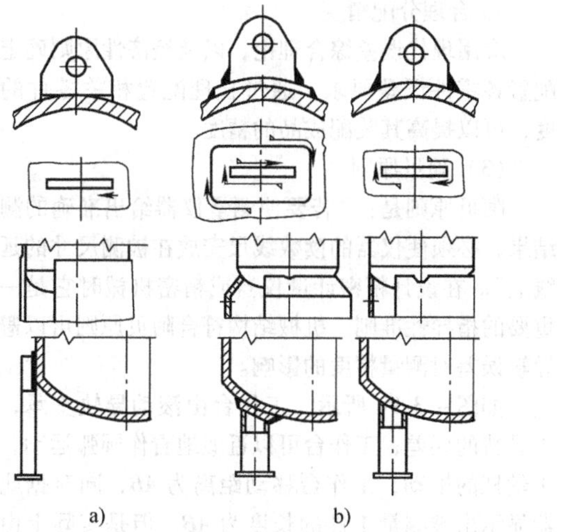

图4.3-93　避免间隙结构
a）不合理　b）合理

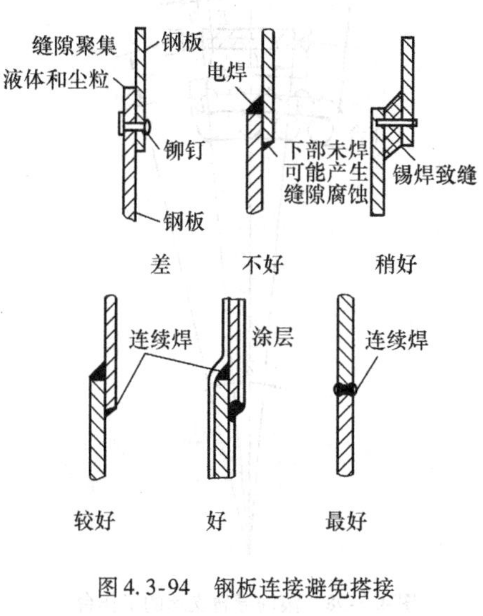

图4.3-94　钢板连接避免搭接

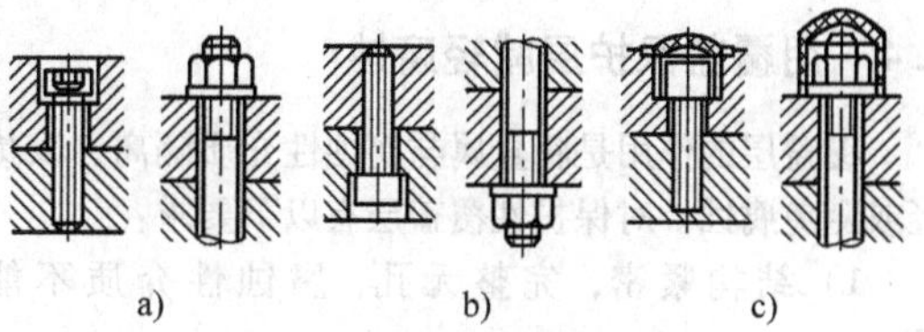

图4.3-95　螺钉和螺母防腐结构
a）不合理　b）合理　c）合理

4.2　防止接触腐蚀

如果在连接处采用了不同类的金属，在它们中间必须引入绝缘衬垫或油漆涂层（如图4.3-96所示），否则在两金属的接触表面会产生接触腐蚀。

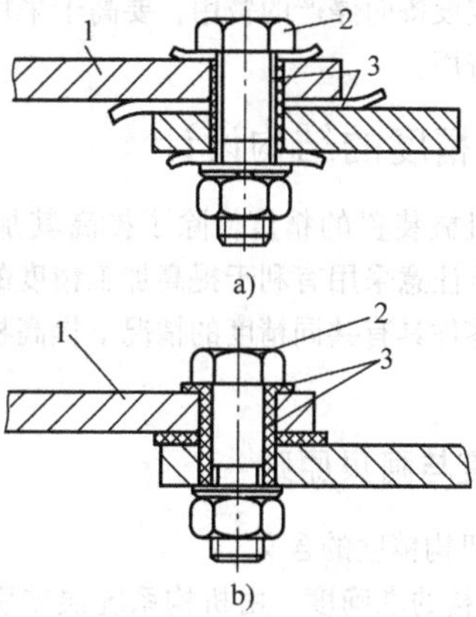

图4.3-96　连接绝缘结构
a）绝缘片过大不合理　b）绝缘结构合理
1—金属被连接件　2—金属连接件　3—绝缘材料

4.3　便于更换腐蚀零件

零件的腐蚀失效有时很难避免，将易腐蚀损坏的零件及时更换，在某种程度上是最经济方便的。因此结构设计时，应使零件具有良好的可更换性。如图4.3-97所示钢管与铜管的连接。为防止两种材料的管路直接连接而产生接触腐蚀。在管路中加一段容易定期更换的管，并把管路直径加大，留出腐蚀裕量。

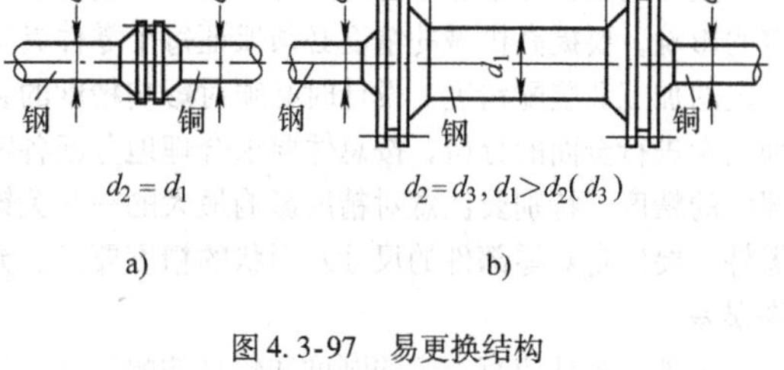

图4.3-97　易更换结构
a）不合理　b）合理

4.4　用覆盖保护层减轻腐蚀

覆盖层的作用是将金属与腐蚀性介质隔离，以减轻或避免腐蚀。对保护性覆盖层有以下要求：

1）结构紧密，完整无孔，腐蚀性介质不能透过。

2）与基体金属有很好的结合力。

3）在被保护的金属表面均匀覆盖。

4）有足够高的硬度和耐磨性。

零件防腐方法的选择还要考虑经济性。有时更换一个因腐蚀而报废的零件，要比一开始就采用防腐蚀材料便宜。反之，在另外一些情况下，为了更换受腐蚀的零件或设备而停产的费用，要高于采用特殊材料和结构的费用。

5　提高精度的结构设计

提高机械装置的精度，除了提高其加工精度以外，还应该注意采用有利于提高加工精度的结构，可以在各组零件具有共同精度的情况下提高机械装置的总精度。

5.1　精度与阿贝原则

（1）机构精度的含义

1）机构的准确度。由机构系统误差引起的实际机构与理想机构运动规律的符合程度。它可以通过调整、选配、加入补偿校正装置或引入修正量等方法得到提高。

2）机构精密度。机构多次重复运动结果的符合程度，即机构每次运动对其平均运动的散布程度。它标志了机构运动的可靠度，反映了随机误差的影响。

3）机构精确度。简称机构精度，它是机构准确度和机构精密度的综合，反映了系统误差和随机误差的综合影响。

（2）提高精度的结构设计

设计时首先要按照使用要求合理确定对机械的总体精度要求。通过分析各零部件误差对总体精度的不同影响，选择合理的机械方案和结构。

整体的结构方案和零件的细部结构都对精度有一定的影响，要提高机械的精度必须保证每个零件具有一定的加工和装配精度。设计时必须对影响精度的各种因素进行全面的分析，按总体要求合理地分配各零部件的精度。特别要注意对精度影响最大的一些关键零件，要确定对零部件的尺寸及形状的精度要求、允许误差。

另外，零件应有一定的刚度和较高的耐磨性，保证其在工作载荷下使用时能满足精度要求。设计者应考虑在工作载荷、重力、惯性力和加工、装配等阶段产生的各种力以及发热、振动等因素的影响。

此外设计时还应避免加工误差与磨损量的互相叠加，考虑机械使用一段时间，精度降低以后能经过调整、修理或更换部分零件能提高，甚至恢复原有的精度。

提高精度的根本在于减少误差源或误差值，具体包括：

① 减少或消除原理误差，避免采用原理近似的机构代替精确机构。

② 减少误差源，尽量采用简单、零件少的机构。

③ 减少变形，包括载荷、残余应力、热等因素引起的零件变形。

④ 合理分配精度。

应用现代误差综合理论，以及经济性原则确定和配置各零件误差要求。通过合理配置相关零件的精度，可以提高其装配成品的精度。

（3）阿贝原则

阿贝原则是：“若要使测量仪器给出准确的测量结果，必须使仪器的读数线尺安放在被测尺寸的延长线上”。在设计精密计量仪器或精密机械时它是一个重要的指导性准则。机械结构符合阿贝原则可以避免导轨误差对测量精度的影响。

如图4.3-98所示，工作台由滚动导轨支承，由于导轨的误差，工作台可以近似地看作圆弧运动，由于丝杠的推动，工作台移动距离为AB，同时据此仪器显示出被测量工件的长度为AB。但是实际上由于工作台沿圆弧运动，工件的实际长度为CD，作$BE /\!/ AC$，则CD与AB之差$ED = \Delta l$即为测量误差。由几

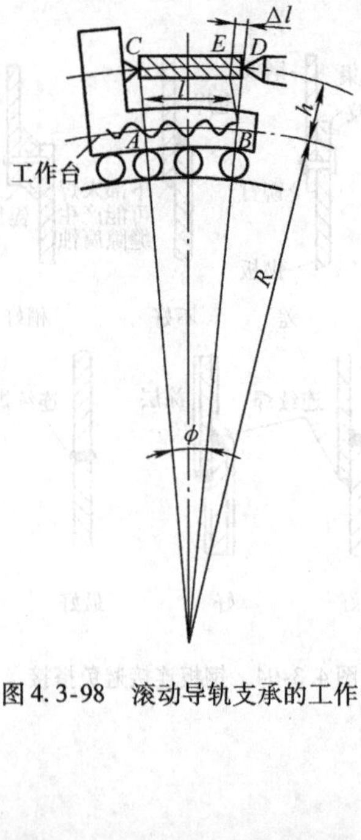

图4.3-98　滚动导轨支承的工作台

何关系可知：$\Delta l = lh/R = \phi h$。由此可知，使 ϕ 或 h 为零才能消除此项误差。前面所述的阿贝原则就是要满足 $h=0$ 的条件。

图4.3-99a所示的卡尺不符合阿贝原则，误差较大，不容易得到较高的测量精度，图4.3-99b所示的千分尺能够得到较高的精度，但是由于刻度尺与工件安排在一条直线上，所以测量范围相同时，图b结构量具的尺寸较大。

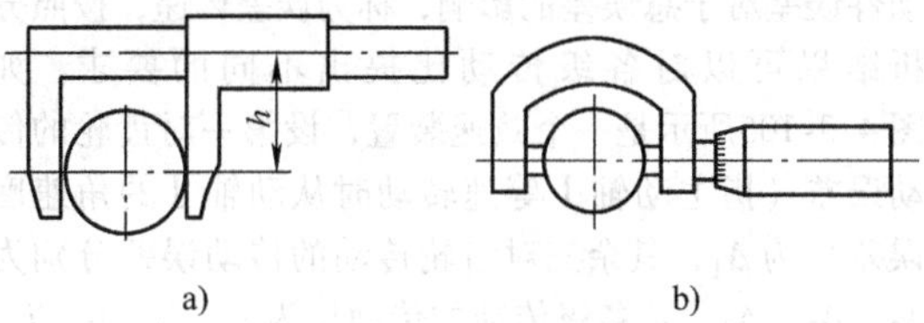

图4.3-99　游标卡尺与千分尺
a）不符合　b）符合

图4.3-100a所示为一般常用机床（如车床）丝杠与工件在水平面与垂直面内都有一定的距离，因而在两个平面内产生阿贝误差。图4.3-100b所示的精密机床将丝杠放在工件的正下方（$h_x=0$），消除了水平面内的阿贝误差，而且丝杠对工作台的推力作用在工作台的中间，使工作台受力比较合理，提高了机床的精度。图4.3-100c是安全消除阿贝误差的结构，但是由图可以看出，机床的轴向尺寸几乎比前两个方案增加了一倍。

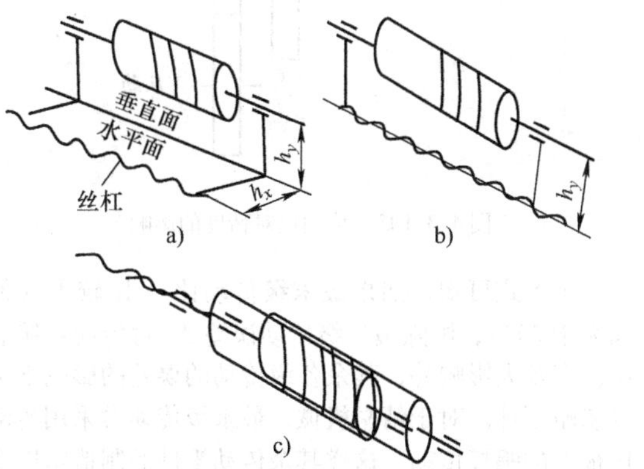

图4.3-100　消除阿贝误差的机床结构

5.2　利用误差补偿提高精度

有些机械机构的误差可以用测量或计算的方法求得，对于这些结构可以用补偿的办法使其误差减小或消除，这种方法称为误差补偿。

（1）用补偿法消除零件的温度误差

零件材料的线胀系数不同，其在温升和受热条件下的变形量也不同，结构设计中可以利用这一特性来补偿零件的温度误差或热应力。如图4.3-101中的铝合金机座，其线胀系数比钢大，而连接螺栓为钢制零件。为了补偿变形，采用铟钢套筒，由于铟钢的线胀系数是钢的十分之一，因而可以补偿组合结构中因温度引起的热应力。

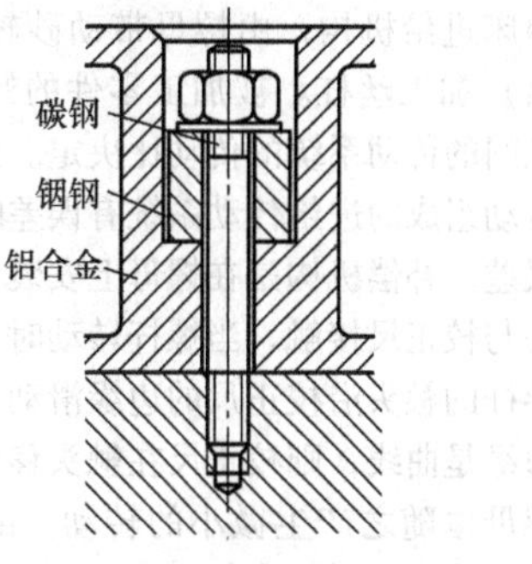

图4.3-101　铝合金机座连接螺栓热应力补偿

如图4.3-102所示，是一种能够补偿温度误差的量具。其尺身长度是 L_a，L_b 是工件的被测尺寸，顶杆长度为 L_c，起补偿作用。三个零件由不同的材料制造，其线胀系数分别为 α_a、α_b、α_c，并且 $\alpha_b>\alpha_a>\alpha_c$。若在环境温度 $T=20℃$ 时有以下关系：

$$L_a = L_b + L_c \tag{4.3-2}$$

在温度变化到 t℃时，三个零件的尺寸关系为 L'_a、L'_b、L'_c，则有

$$\begin{cases} L'_a = L_a + L_a\alpha_a(t-T) \\ L'_b = L_b + L_b\alpha_b(t-T) \\ L'_c = L_c + L_c\alpha_c(t-T) \end{cases} \tag{4.3-3}$$

设此时仍能满足 $L'_a = L'_b + L'_c$

则 $L_a + L_a\alpha_a(t-T) = L_b + L_b\alpha_b(t-T) + L_c + L_c\alpha_c(t-T)$

将式（4.3-2）代入上式，化简得

$$L_b = L_c\frac{(\alpha_a-\alpha_c)}{(\alpha_b-\alpha_a)}, L_a = L_b + L_c = L_b\frac{(\alpha_b-\alpha_c)}{(\alpha_a-\alpha_c)}$$

上式中 L_a、L_b、L_c 都应是正数。要使两式都成立，应取 $\alpha_b>\alpha_a>\alpha_c$。

由于在化简过程中将（$t-T$）项消去，因此公式在任何温度下都能成立，因此图4.3-102中的量具可视为不受温度影响而得到精确的测量结果。

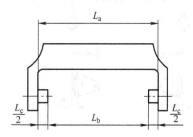

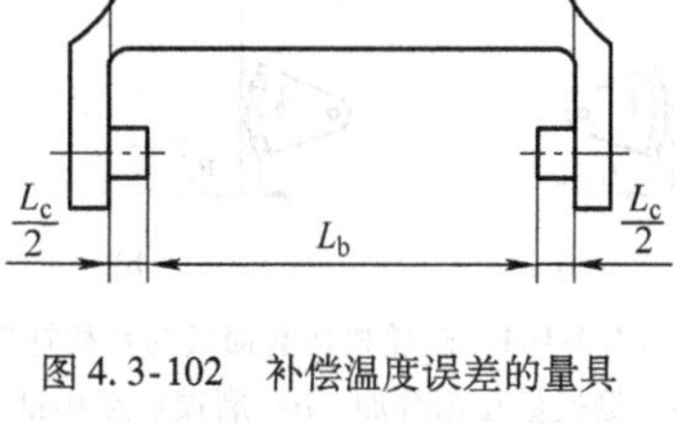

图4.3-102　补偿温度误差的量具

(2) 用补偿法消除传动机构的运动误差

用于精密传动的齿轮传动、蜗杆传动、螺旋传动装置，由于制造误差等原因，会产生误差。如果传动系统的误差可以测量得到，则可以在传动系统中加入补偿机构，使误差减小或消除。如图4.3-103所示的螺纹磨床进给机构，由螺母带动砂轮移动（图中没有画出）加工丝杠。被加工零件的螺距大小由工件与丝杠间的传动系统的传动比决定。当由齿轮传动和螺旋传动组成的进给传动系统有误差时，工件必然有制造误差。补偿机构是在螺母上安装一个导杆，导杆的触头与校正尺接触，当螺杆转动时，螺母和导杆移动，导杆的触头沿校正尺的边缘滑动，如果校正尺的上部边缘是曲线，则校正尺在触头移动的同时上下摆动，螺母也随之产生微小的转动。由于这一附加转动，螺母将多走或少走一点。如果先检测出系统的运动误差，并按此设计出校正尺的曲线形状，则可能完全补偿螺距误差引起的传动误差，从而提高螺纹磨床的精度。

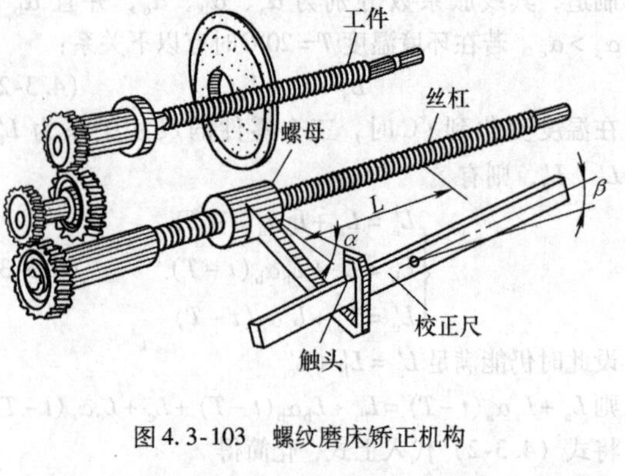

图4.3-103　螺纹磨床矫正机构

图4.3-104所示的两种类似的凸轮机构，磨损后，虽然每个接触点的磨损量 u_1、u_2 对应相等，但是引起的从动件移动误差 Δ 不同，图4.3-104a中从动件的移动误差 $\Delta_1 = u_1 + u_2$，图b中从动件的移动误差 $\Delta_1 = u_2 - u_1$，后者由于磨损量的互相抵消而使磨损后机构的精度更高。

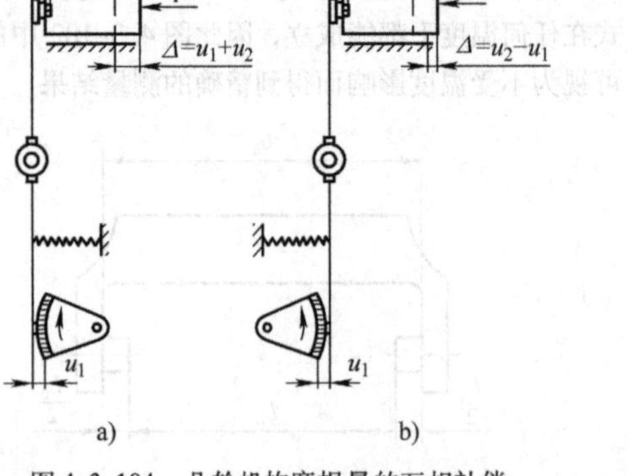

图4.3-104　凸轮机构磨损量的互相补偿
a）磨损量互相叠加　b）磨损量互相抵消

5.3　误差传递

在传动系统中各轴转速因其间传动零件的减速或增速而发生变化，而误差也随之减小或增大。分析传动件误差对于总误差的影响，称为误差传递，按照分析结果可以对各级传动比提出不同的要求。如图4.3-105所示是一个减速装置，设第一对齿轮的传动误差（指主动轴Ⅰ等速转动时从动轴Ⅱ的角速度误差）为 Δ_1，其余三对齿轮传动的传动误差分别为 Δ_2、Δ_3、Δ_4，若各级传动的传动比为 i_1、i_2、i_3、i_4，则此传动系统总误差（轴Ⅰ等速转动时，轴Ⅴ的角速度误差）的最大值为

$$\Delta = \frac{\Delta_1}{i_2 i_3 i_4} + \frac{\Delta_2}{i_3 i_4} + \frac{\Delta_3}{i_4} + \Delta_4$$

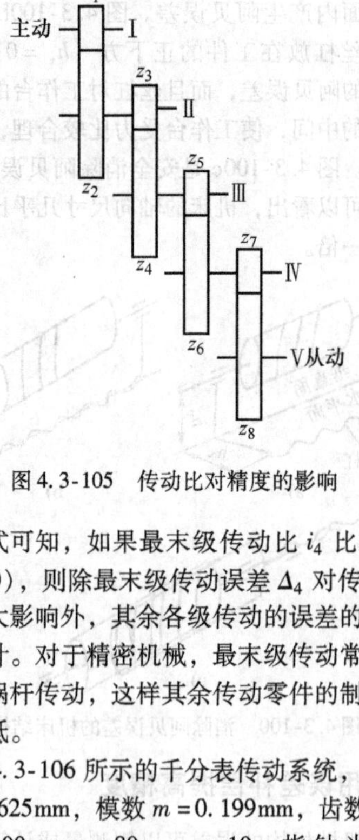

图4.3-105　传动比对精度的影响

由上式可知，如果最末级传动比 i_4 比较大（例如大于200），则除最末级传动误差 Δ_4 对传动系统总误差有较大影响外，其余各级传动的误差的影响都可以忽略不计。对于精密机械，最末级传动常采用传动比很大的蜗杆传动，这样其余传动零件的制造精度要求可以降低。

如图4.3-106所示的千分表传动系统，齿条的齿距为 $t = 0.625\text{mm}$，模数 $m = 0.199\text{mm}$，齿数 $z_1 = z_3 = 16$，$z_2 = 100$，$z_4 = 80$，$z_5 = 10$，指针半径 $r_c = 23.9\text{mm}$。指针转一圈，端部走过的距离为150mm。若各级传动的误差均相等，经计算，a、b、c、d四部分误差各占总误差的83.8%、13.4%、2.7%、0.1%。由此可知，传动装置的第一级齿条以及小齿轮 z_1 的精度对千分表的总精度影响最大。因此，在

设计时，应对各对齿轮以及表盘提出不同的精度要求。

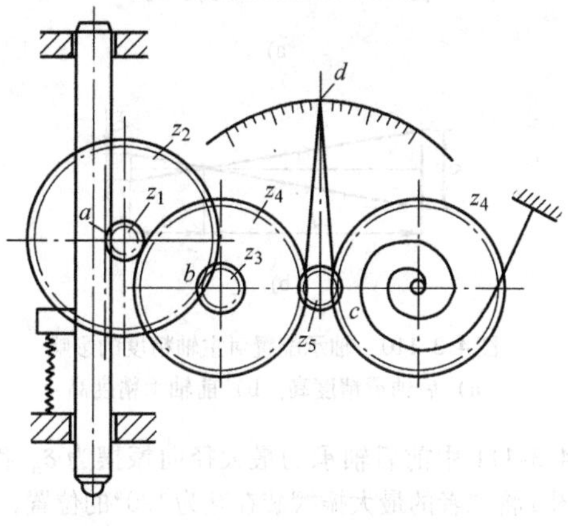

图 4.3-106　千分表传动系统

5.4　利用误差均化提高精度

误差均化的原理为：在机构中如果有多个连接点同时对一种运动起限制作用时，则运动件的运动误差决定于各连接点的综合影响，其运动精度常比一个连接点起限制作用时高。例如螺杆螺母装配以后的运动误差比原来螺杆的误差小，就是由于螺母各扣与螺杆接触情况不同，对螺杆的螺距误差引起的运动误差有均化作用，当螺母扣数过少时，均化效果差，因此，适当增加螺母的扣数，可以提高其运动精度。

对于精度要求高的导轨，由于导轨运动速度是滚动速度的二倍，工作台运动到左右不同位置时，滚珠受力不同，工作台向不同方向倾斜产生误差，利用误差均化原理，可以增加滚珠数目或采用滚子支承（滚柱刚度显著大于滚珠而摩擦阻力也较大）。

如图 4.3-107 所示的密珠轴承就是利用了误差均化原理设计的一种精密轴系，其运动精度高而且稳定，加工容易，在承载要求不高时的精密机械中得到了应用。图中所示是一种数字式光栅分度头的轴系结构图，精度可达 1″。其前轴承是向心轴承，后轴承除向心轴承外还有两个推力轴承，作轴向定位和支承。这四个轴承都采用了密珠轴承，轴承中滚珠均按多线螺旋线方式排列，每个滚珠的滚道互不重复，形成了许多独立的支承点，靠误差均化作用提高了精度和寿命。测试结果证明这一轴承精度很稳定，其回转精度高于 0.001mm。

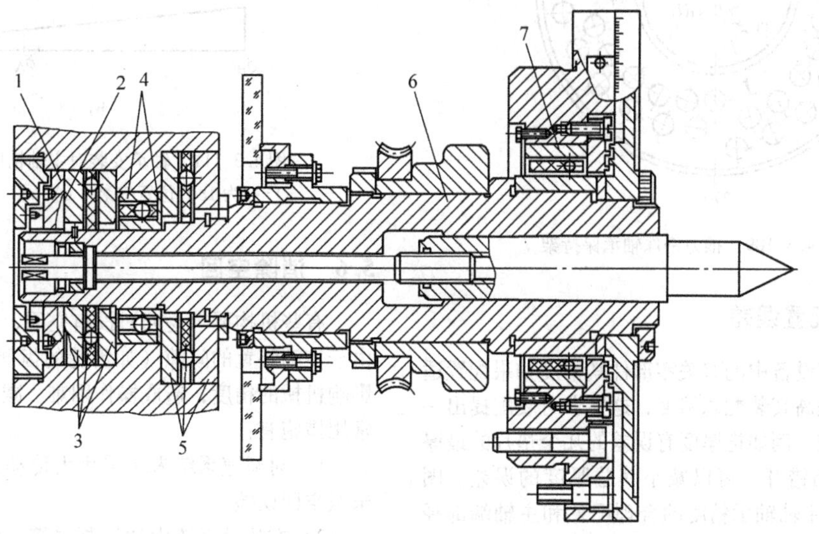

图 4.3-107　数字式光栅分度头轴承

1—螺母　2—弹簧　3、5—推力轴承　4—后向心轴承　6—主轴　7—前向心轴承

图 4.3-108 和图 4.3-109 示出了密珠轴承保持架上面孔的位置尺寸，可以看出滚珠的排列情况。图中滚珠位置的坐标按Ⅰ、Ⅱ、Ⅲ、Ⅳ四个象限表示，推力轴承滚珠排列为两排。

密珠轴承的组成元件除标准的钢球以外，向心轴承的工作面是圆柱面，推力轴承的工作面是平面，较容易加工得到高精度的形状。此外，它的接触点多，接触轨道相互独立，加工误差对轴系的影响互相牵制、抵消而得到了均化效应，而且运转稳定。

这种结构的不足是每个轨道只有一个滚动体，运动轨道没有沟槽，因而接触应力较大。因此这种结构适用于要求精度高而载荷较小的轴系，转速也不很高，如精密测量仪器或精密机床。

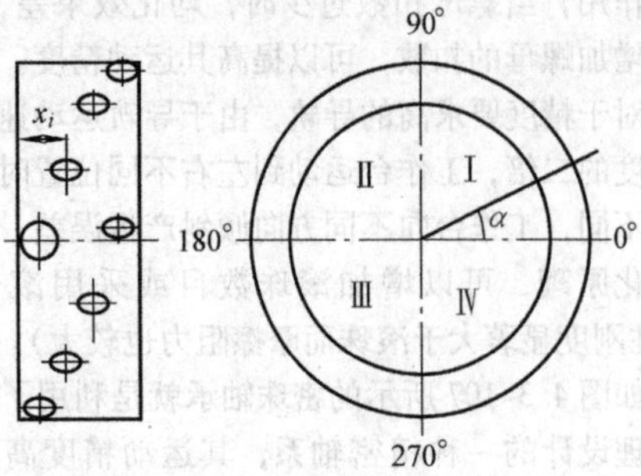

图4.3-108　向心密珠轴承隔离架

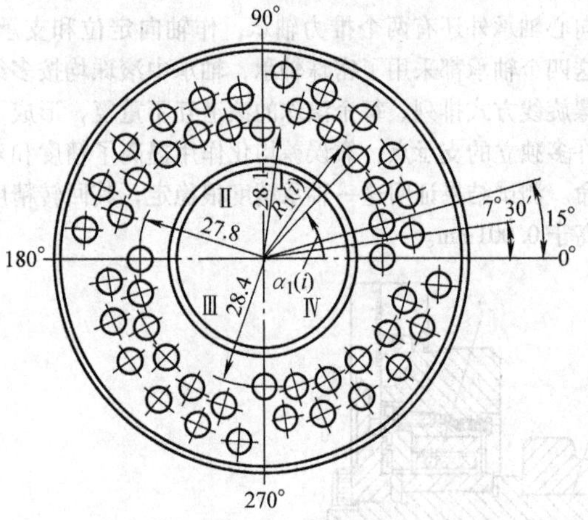

图4.3-109　推力密珠轴承保持架

5.5　合理配置误差

一台机械设备中的有关零部件其精度如果配置适当，则可以提高其装配总精度，这要求对装配提出一定的工艺措施，例如把厚度有误差的几个垫片的最厚与最薄处互相错开，可以减小其总厚度的误差。图4.3-110表示主轴轴承精度的合理配置和主轴端部径向振摆的关系，在配置轴承时应该注意以下两个问题。

1）前轴承精度比后轴承高。如图4.3-110有两个轴承，一个轴承精度高（假设径向振摆为零），一个轴承精度低（假设径向振摆为δ）。若高精度轴承装在后轴承（图a），则主轴端部径向振摆为δ_1，若高精度轴承装在前轴承（图b），则主轴端部径向振摆为δ_2，显然，$\delta_1 > \delta_2$，所以前轴承精度应高于后轴承。

2）两个轴承的最大径向振摆应该在同一方向。

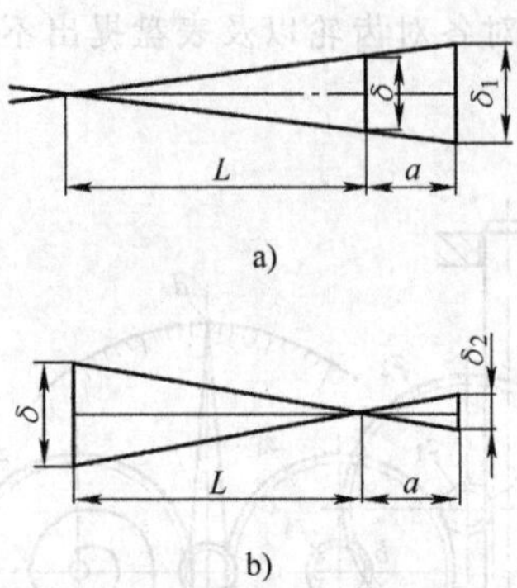

图4.3-110　轴承配置对主轴精度的影响
a）后轴承精度高　b）前轴承精度高

图4.3-111中前后轴承的最大径向振摆为δ_A和δ_B，按图a将二者的最大振摆装在互为180°的位置，主轴端部的振摆为δ_1，按图b将二者的最大振摆装在同一方向，主轴端部的振摆为δ_2。

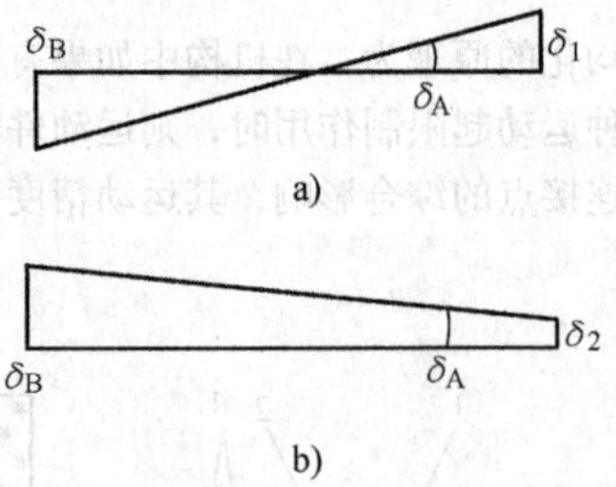

图4.3-111　轴承安装对主轴精度的影响
a）互为180°位置安装　b）同一方向安装

5.6　消除空回

有些机构要求返回时没有空回，空回的产生主要由于传动装置的间隙（如齿轮的齿侧间隙等）。空回影响机械的精度，造成操作困难。减小或消除空回的常用措施有：

1）对减速系统末级采用大传动比，并尽量消除末级空回误差。

2）在传动系统中加控制弹簧，使该系统正反转时由同一侧齿面接触来实现。如图4.3-112所示，右面的齿轮及其上的弹簧用于消除空回。

3）调整齿轮中心距，减小齿侧间隙。

4）把支承件做成浮动件，用弹簧压紧，以减小齿侧间隙（图4.3-112）。

5）用双片齿轮控制间隙，把一对齿轮中的一个（常用大齿轮），做成两片，装配时使其相错一个很小的角度，调好间隙后用螺钉锁紧（图4.3-113a），或用弹簧使两片齿轮消除间隙（图4.3-113b）。图a

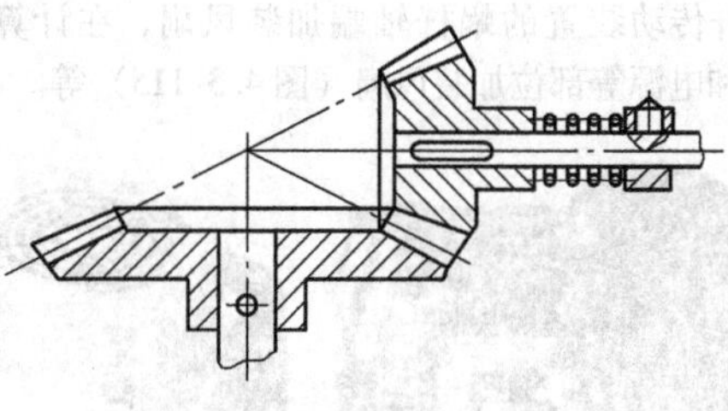

图 4. 3-112　弹簧轴向压紧消除间隙

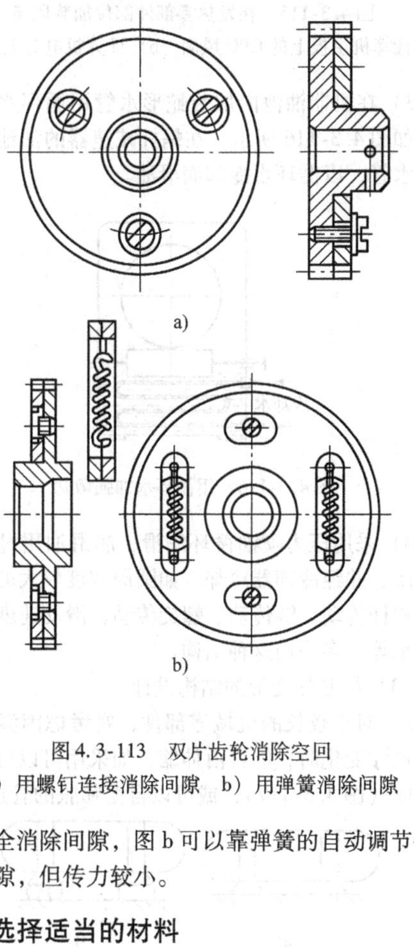

图 4. 3-113　双片齿轮消除空回
a）用螺钉连接消除间隙　b）用弹簧消除间隙

不能完全消除间隙，图 b 可以靠弹簧的自动调节作用消除间隙，但传力较小。

5.7　选择适当的材料

为了提高机器的精度，选用尺寸稳定的材料，例如用花岗岩制造平板、角尺等精密量具。花岗岩稳定性好，经过百万年以上的天然时效处理，内应力完全消除，几乎不会变形，加工方便，容易得到很小的表面粗糙度，对温度不敏感，不生锈，表面碰撞后不产生毛刺，绝缘性好，抗振，阻尼系数大，价格便宜。其主要缺点是脆性较大。近年来国内外多采用花岗岩作为精密机械的基础件，如三坐标测量机的工作台、立柱、导轨、横梁等，尤其用作空气导轨的基座和工作台最合适。

6　考虑噪声和发热的结构设计

有些机械或部件发热量较大，有些产生较大的噪声。为了机械能正常地工作，设计中必须采取相应的措施。这些措施可以分为以下四类：

第一类措施是减轻损害的根源，如减小发热、振动等；第二类措施是隔离，如把发热的热源与机械工作部分隔开，把产生噪声的振动源与发生部分隔开，把产生噪声的设备与人员隔开等；第三类措施是提高抗损坏能力，如加强措施，采用耐热的材料等；第四类措施是更换易损坏，设计中考虑到某些在强烈受损部位工作的零件首先损坏，应使它们易于更换，定期更换这些易损件，以保持整个机器正常工作。

6.1　考虑发热的结构设计

发热量大会使机械零部件易于损坏，缩短其使用寿命，例如蜗杆传动、螺旋传动、非液体润滑的滑动轴承等在工作时容易大量发热使润滑油性能下降，易于出现胶合等失效。

机器工作时产生的热还会使机器零部件产生热变形，使机器设备的工作质量下降。如机床，由于机床内部和外部热源的影响，机床温度分布（温度场）不均匀，使机床零部件产生热变形，从而引起机床的几何精度和刀具与工件间的相对位置变化，以致降低加工精度。

6.1.1　降低发热影响的措施

为了降低发热对机械零部件的影响，在结构设计时可以采取的措施有：

1）避免采用低效率的机械结构。有些机械结构效率低、发热量大，不但浪费能源而且所发出的热量引起热变形、热应力、润滑油黏度降低等一系列不良后果。因此在传递动力较大的装置中，建议尽量采用齿轮传动、滚动轴承，以代替效率较低的蜗杆传动、滑动轴承。

2）润滑油箱尺寸要足够大。对采用循环润滑的机械设备，应采用尺寸足够大的油箱，以保证润滑油在工作后由机械设备排至油箱时，在油箱中有足够长的停留时间，油的热量可以散出，油中杂质可以沉淀，使润滑油再泵入设备时，有较低的温度，含杂质较少，提高润滑的效率。

3）零件暴露在高温中的部分忌用橡胶、聚乙烯塑料、尼龙等制造。在高温环境中暴露在外的零件，由于热源（包括日光）辐射等作用，长期处于较高的温度，这种情况下，会引起橡胶、塑料、尼龙等材料变质，或加速老化。

4）精密机械的箱体零件内部不宜安排油箱，以免产生热变形。在精密机械的底座等零件内，常有较大的空间，这些空间内不宜安排作为循环润滑的储油箱等。因为由于箱内介质发热，会使基座产生热变形，特别是产生不均匀的变形，使机器发生扭曲，导致机械精度显著降低。

5）避免高压阀放气导致的湿气凝结。高压阀长时间连续排气时，由于气体膨胀，气体温度下降，并使零件变冷，空气中的湿气会凝结在零件表面，甚至造成阀门机构冻结，导致操纵失灵。

6.1.2　降低发热影响的结构设计

（1）减小发热或温升的结构设计

1）分流系统的返回流体要经过冷却。压缩机、鼓风机等为了控制输出介质量，可以采用分流运转，即把一部分输出介质送回机械中去。这部分送回的介质，在再进入机械以前应经过冷却，以免反复压缩介质引起温度升高。

2）避免高压容器、管道等在烈日下曝晒。室外工作的高压容器、管道等，如果在烈日下长时间曝晒，则可能导致温度升高，运转出现问题，甚至出现严重的事故。对这些设备应加以有效的遮蔽。

3）降低滑动表面间的相对滑动速度，以减小发热。如高速齿轮，应尽量减小模数，增加齿数，以降低齿高，降低啮合面间的滑动速度。

4）增大两滑动面的接触面积，以降低压强，减少发热。例如滑动轴承设计时，为了避免平均压强过大，需要将轴承的宽度 B 和直径 d 设计得大一点。

（2）加强散热的结构设计

一些在工作中容易发热的零部件，必要时要设计专门的结构来加强散热。加强散热条件的结构设计主要有：

1）在发热零部件的壳体外表面加装散热片以加大散热面积，如图4.3-114所示在电动机和蜗杆减速器的外表面加散热片，加大了散热面积。

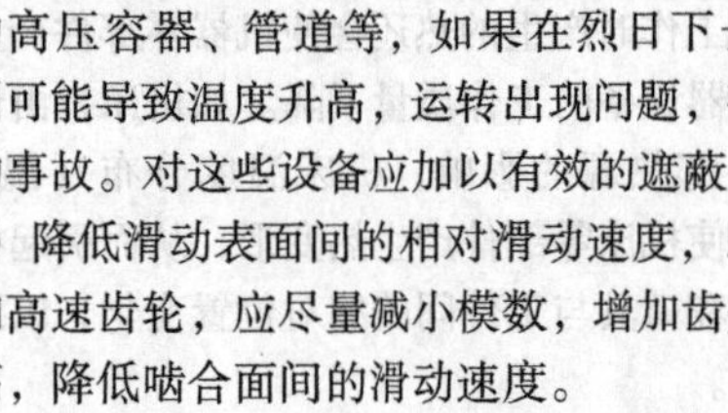

a)　　　　b)

图4.3-114　在箱体外表面加散热片

a）电动机　b）蜗杆减速器

2）在发热部件加装风扇，加速空气流通以加强散热。例如在电动机的末端加装风扇（图4.3-114a），在蜗杆传动装置的蜗杆轴端加装风扇，在计算机的CPU和电源等部位加装风扇（图4.3-115）等。

a)　　　　b)

图4.3-115　在发热零部件部位加装风扇

a）计算机主板上的CPU风扇　b）计算机电源上的风扇

3）在机器油池内加装蛇形水管用循环水加强散热。如图4.3-116所示，在蜗杆减速器的油池内加装蛇形水管，以循环水冷却润滑油。

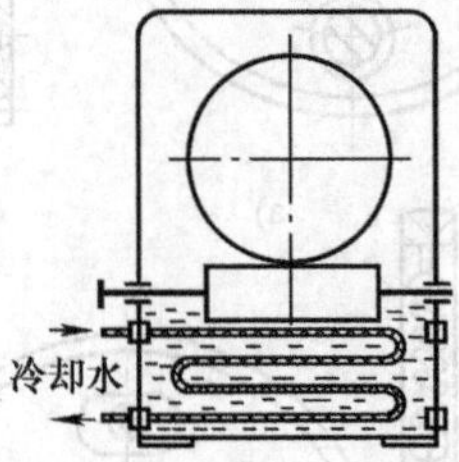

图4.3-116　用循环水加强散热

4）采用压力喷油循环润滑，润滑油用过滤器滤去杂质，并经冷却器冷却。如圆周速度较大的齿轮传动、蜗杆传动、链传动、螺旋传动，滑动速度大的滑动轴承等，多采用这种结构。

（3）控制热变形的结构设计

1）对于较长的机械零部件，要考虑因温度变化产生尺寸变化时，能自由伸缩，如采用可以自由移动的支座（图4.3-117），或可以自由膨胀的管道结构。

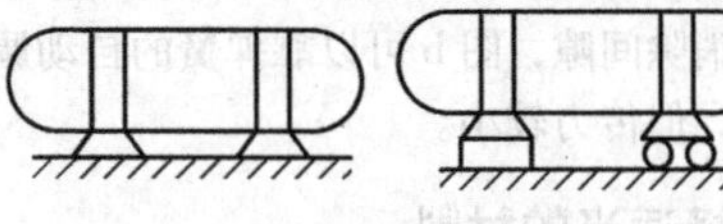

a)　　　　b)

图4.3-117　采用可自由移动的支座

a）错误　b）正确

2）热膨胀大的箱体可以在中心支持。如图4.3-118所示的两个部件之间用联轴器连接两轴，由于右边部件发热较大，工作时其中心高度变化较大，引起两轴对中误差。可以在中心支持右边部件，以避免由于发热引起的对中误差。

3）避免热变形不同产生弯曲。太阳直接照射的机械装置，有向光的一面和背光的一面，其温度不

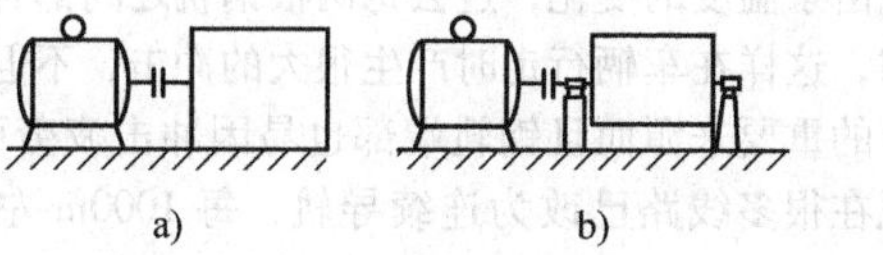

图4.3-118　加中心支持的结构
a）较差　b）较好

同，受热后的变形也不同。如图4.3-119所示用螺栓连接的凸缘作为管道的连接，当一面受日光照射时，由于两面温度及伸长不同，产生弯曲，造成管道变形或凸缘泄露。应加遮蔽，或减小螺栓长度以减小热变形。

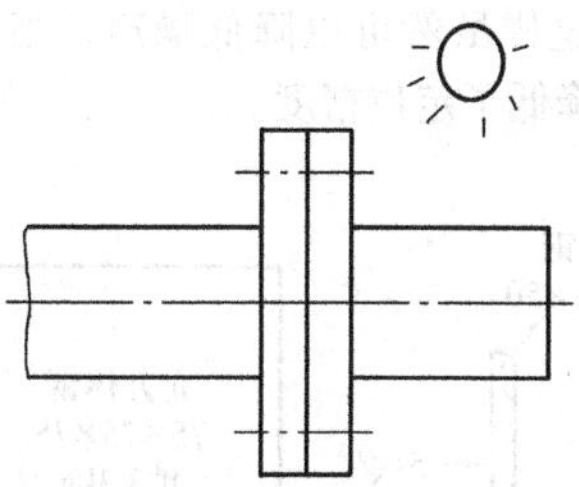

图4.3-119　受日光照射的管道连接

4）采用热对称结构，采用热膨胀系数小的材料等，减小机械零件结构的热变形。

5）改变机器结构中各装配约束状态，使热位移控制在非敏感方向。

6）减少或均衡零件内部热源，如设置人工热源、采用热管技术、把某些热源从机器内部移出去等。

7）采用热位移补偿和控制技术。

6.2　考虑噪声的结构设计

6.2.1　噪声的限制值

噪声是污染环境的公害之一，噪声影响人的睡眠、办公、学习、听力和身体健康，严重时引起人体各种疾病（如恶心、呕吐、视觉模糊、血管扩张、肌肉抽搐等）。噪声能引起操作者疲劳，会导致发生各种事故。表4.3-13给出了在不同噪声环境下工作40年以后，耳聋的发病率。图4.3-120给出了噪声对人的作用，供设计者参考。

为了保护听力，噪声一般不应超过75dB（A）（理想值），最大不得超过90dB（A）（保护80%不受损害）。一般机床噪声标准规定最高为85dB（A），精密机床规定为75dB（A），家用电冰箱最高45dB（A），家用洗衣机最高65dB（A）。我国公布的有关标准见表4.3-14～表4.3-17。

表4.3-13　在不同噪声环境下工作40年以后耳聋的发病率

噪声级/dB（A）	国际统计ISO（%）	美国统计（%）
80	0	0
85	10	8
90	21	18
95	29	28
100	41	40

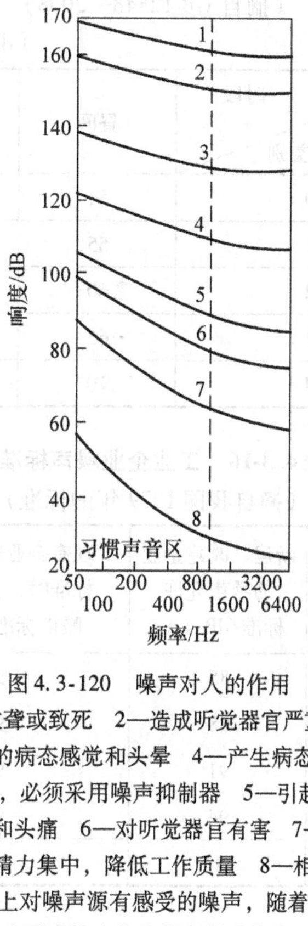

图4.3-120　噪声对人的作用

1—造成瞬时致聋或致死　2—造成听觉器官严重损伤或致聋　3—引起强烈的病态感觉和头晕　4—产生病态感觉，开始损伤听觉器官，必须采用噪声抑制器　5—引起非常不愉快的感觉，疲乏和头痛　6—对听觉器官有害　7—造成神经性刺激，干扰精力集中，降低工作质量　8—相对噪声区，它是人心理上对噪声源有感受的噪声，随着时间推移，对操作工作和要求精力集中很强的动作产生不良影响

表4.3-14　城市5类区域环境噪声标准值
（摘自GB 3096—2008）

［dB（A）］

类别	区域	昼间	夜间
0	疗养区、高级别墅区、高级宾馆区等（位于城郊或乡村的上述区域）	50 (45)	40 (35)
1	以居住、文教机关为主的区域	55	45

（续）

类别	区域	昼间	夜间
2	居住、商业、工业的混杂区	60	50
3	工业区	65	55
4	城市中的道路交通干线道路两侧区域，穿越城区的内河航道两侧区域（指车船不通过时的背景噪声）	70	55

表4.3-15　工业企业厂界环境噪声排放限值

（摘自GB 12348—2008）

［dB（A）］

时段 厂界外声环境功能区类别	昼间	夜间
0	50	40
1	55	45
2	60	50
3	65	55
4	70	55

表4.3-16　工业企业噪声标准值

（摘自我国1979年的标准）

每个工作日接触噪声的时间/h	新建、改建企业的噪声允许标准/dB（A）	现有企业暂时达不到标准时，允许放宽的噪声标准/dB（A）
8	85	90
4	88	93
2	91	96
1	94	99
最高不得超过	115	115

表4.3-17　建筑施工场界环境噪声排放限值

（摘自GB 12523—2011）

［dB（A）］

昼间	夜间
70	55

6.2.2　减小噪声的措施

为了减小机器的噪声，在机械零部件设计中常常采用以下几种措施：

（1）减少或避免运动部件的冲击和碰撞

这是减小噪声首先应该考虑的措施。比如火车钢轨由于温度的变化，过去每两根钢轨之间都有一个间隙，这样在车辆行走时产生很大的冲击，不但成为噪声的重要来源而且钢轨端部也易因冲击疲劳而断裂。现在很多线路已改为连续导轨，每1000m左右才有一个接头，显著减小了噪声。又如平带传动，带的接头采用各种金属带扣时，与带轮接触即产生相当大的噪声，如果改用丝绳或皮绳缝制接头，或用胶合接头，则可以减小噪声。

（2）增加机械零件的厚度尺寸

如图4.3-121a所示的挡块，每秒受冲击5次，发出很大的噪声［105dB（A）］。改为图b的结构以后，由于本身质量增大，撞击时发出的噪声减小到93dB（A）。也可以考虑在挡块上再装一层缓冲材料（如橡胶），这样虽然可以降低噪声，当冲击时接触变形很大，降低了定位精度。

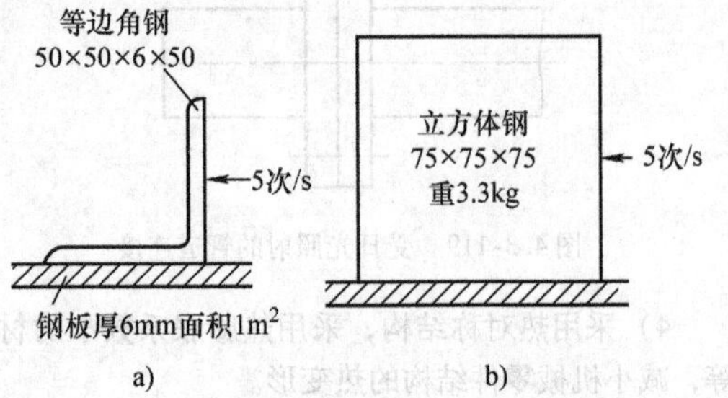

图4.3-121　增加零件厚度以减小噪声

（3）提高运动部件的平衡精度

由于旋转件的质量不均匀，其重心偏离回转中心，在转动时产生不平衡和噪声。例如磨床的砂轮轴经平衡以后，不但可以减小噪声，而且可以提高产品质量，使工件表面光洁程度明显提高。又如家用电风扇，风扇叶片经动平衡后，可以显著地减小噪声和振动，利用专用的风扇叶片动平衡机可使风扇的振幅在1μm以内，提高了产品的质量。

（4）防止共振

机械在共振时产生强烈的噪声，一般采用提高系统刚度的方法避免共振。

（5）改进机械结构的阻尼特性

当物体运动时，在它的内部或外部产生阻碍物体运动的作用，并把动能转化为热能的功能称为阻尼。如图4.3-122所示零件的两部分之间有相对运动，由于它们之间的摩擦产生阻尼，降低噪声，其中接触面宽度B大的，阻尼效果好。

图4.3-123a表示在工件表面粘接或喷涂一层有高内阻尼的材料。当工件振动时，可以阻尼振动减小噪声，已广泛应用于车、船体的薄壁板上。图

4.3-123b是把阻尼材料粘在地铁车轮轮缘上以减小噪声。

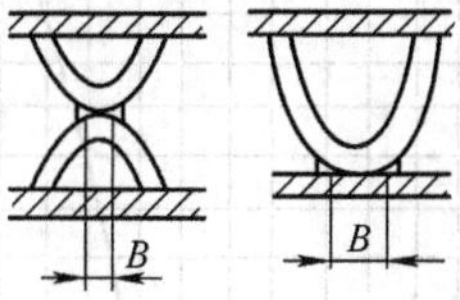

图4.3-122　增大接合面尺寸以增大阻尼

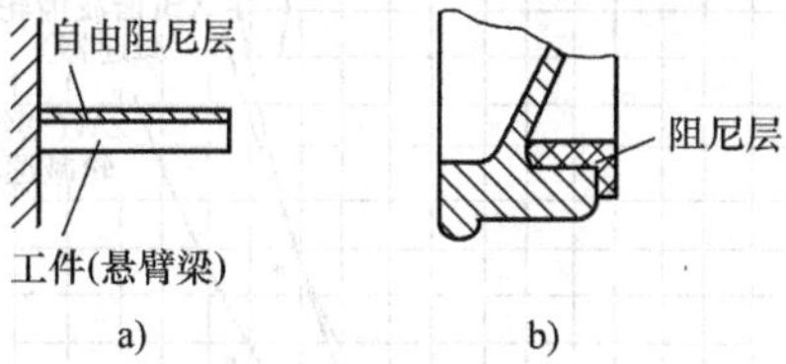

图4.3-123　有阻尼层的零件结构

6.2.3　减小噪声的结构设计

（1）滚动轴承

滚动轴承的噪声取决于以下几个方面的因素：

1）轴承各零件的影响。轴承各零件的偏差对它的噪声有很大的影响。其中，各零件的作用不同，各影响作用之比是：滚珠∶内外环∶保持架＝4∶3∶1。轴承各零件的几何形状对轴承振动和噪声的影响，如果滚珠的容许偏差以1表示，则内沟为3，外沟为10。所以，滚动体质量对噪声的影响最大。

2）轴承与孔和轴的配合。轴承间隙大小要适当，太大、太小都不好，但是间隙过大影响更不好。此外，配合面的几何形状误差也会使轴承滚道变形而引起噪声。

3）用隔振材料。在轴承外环与轴承座孔之间安装上某种有弹性的隔振材料（如橡胶），可以改变系统的固有频率防止共振，而且可以利用其阻尼吸收振动能量（图4.3-124）。

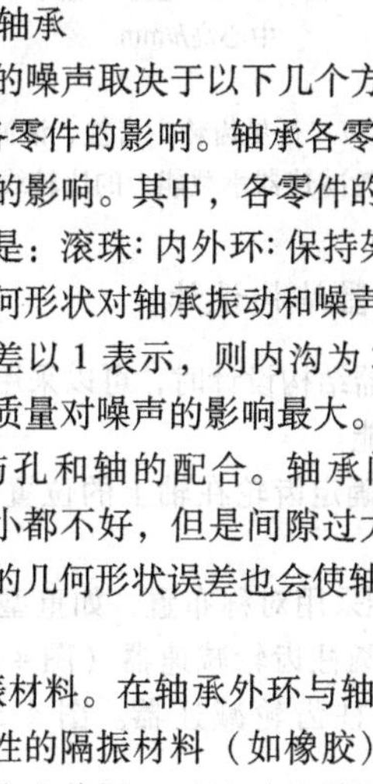

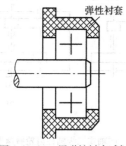

图4.3-124　用弹性衬套减振

（2）齿轮

降低齿轮噪声的途径，除了提高齿轮交工精度以外，可以采用的措施还有：

1）改进齿轮的设计参数。降低齿轮圆周速度，如适当加大齿宽、减小齿轮直径。采用噪声较小的斜齿圆柱齿轮、双曲线齿轮或蜗杆传动装置，加大斜齿圆柱齿轮的螺旋角（一般≤30°），减小模数，增加齿数，增大重合度系数。齿轮修缘也是降低齿轮噪声的重要途径。

2）改进齿轮结构。可以在齿轮上钻孔以减轻噪声（图4.3-125a）。如图4.3-125b所示的结构，增加齿宽而保持辐板厚度不变（图c）对减轻噪声的作用不大。增加轮辐厚度（图d、e）对减少噪声的效果显著。在辐板表面粘贴阻尼层（图f）或卡入阻尼环（图g）可降低齿轮噪声。但是齿轮淬火后衰减性能变坏，噪声变大。一般可能要加大3～4dB（A），因此在无必要时不要用淬火齿轮。

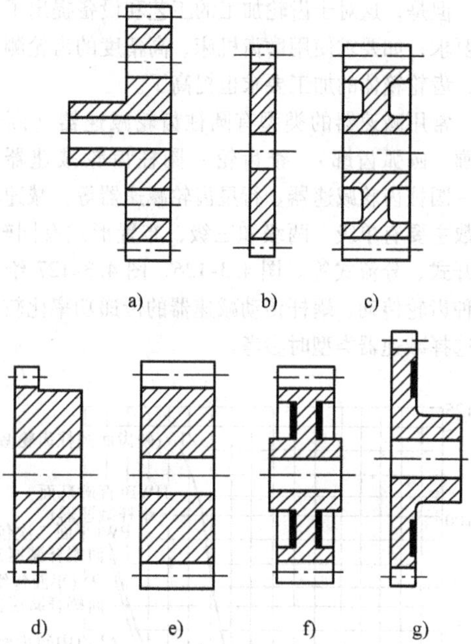

图4.3-125　减小噪声的各种齿轮

7　零部件结构设计实例

本节介绍几个对前述各节所述设计方法综合应用的机械零部件结构设计具体实例和经验。

7.1　减速器结构设计

7.1.1　概述

减速器是广泛生产的标准化部件，结构形式、质量等级、大小尺寸和使用对象各不相同。很多情况下能够直接选择由专业工厂生产的减速器。建议设计者尽可能选择这种减速器，只有选择不到现成的减速器时才自行设计。近年来减速器的主要发展方向有：

1）提高承载能力。齿轮减速器的齿面硬度由过去的正火、调质，改成淬火或渗碳淬火，材料由碳素钢改成合金钢（如 20CrMnTi 或 17CrNiMo6 渗碳淬火）。齿面硬度由 350HBW 以下提高到 60HRC 左右，承载能力有了大幅度提高。

2）采用新型传动。蜗杆传动由阿基米德蜗杆传动改为圆弧圆柱蜗杆传动等新型蜗杆传动，其他如圆弧齿轮传动、行星齿轮传动、少齿差齿轮传动、摆线针轮传动、谐波传动减速器等也有大量标准产品。新型传动的承载能力有明显的提高。

3）提高了传动的精度。齿轮传动的精度由 7～8 级提高到 5～6 级，在工作平稳性和接触面积等方面有了很大提高，不但运转平稳，而且提高了承载能力。但是，这对于齿轮加工的工艺和设备提出了更高的要求，如要求使用磨齿机床、高精度的齿轮测量设备，齿轮箱体的加工要求也提高了。

常用减速器的类型有圆柱齿轮减速器（渐开线齿廓、圆弧齿廓）、锥齿轮－圆柱齿轮减速器、蜗杆－圆柱齿轮减速器、行星齿轮减速器等。减速器的级数主要有单级、两级和三级，布置形式有同轴式、展开式、分流式等。图 4.3-126、图 4.3-127 给出了几种齿轮传动、蜗杆传动减速器的传递功率比较，可供选择减速器类型时参考。

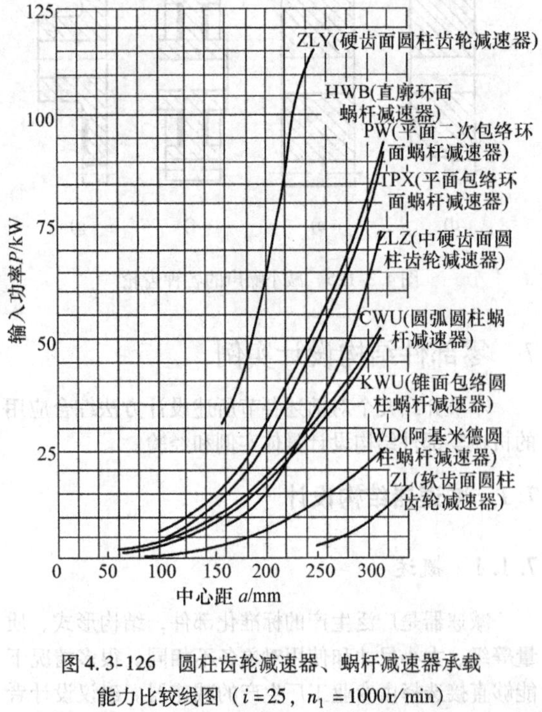

图 4.3-126　圆柱齿轮减速器、蜗杆减速器承载能力比较线图（$i=25$，$n_1=1000$r/min）

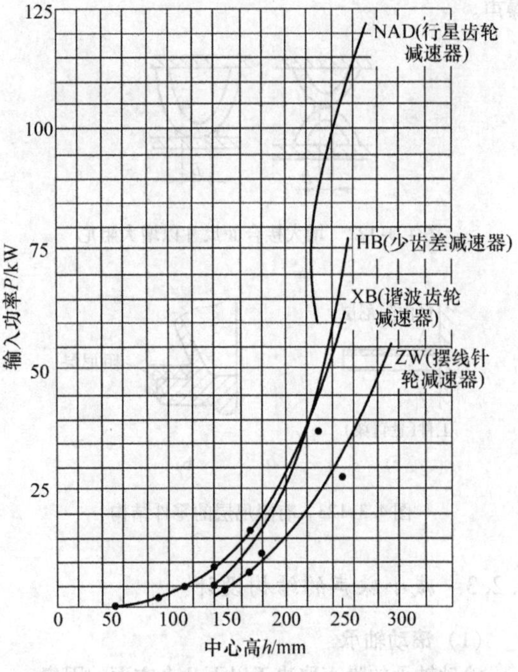

图 4.3-127　行星齿轮少齿差、谐波、摆线针轮减速器承载能力的比较线图

7.1.2　减速器结构设计

进行减速器结构设计时，可以采用以下措施来提高减速器的性能：

（1）合理确定齿轮在轴上的位置使载荷沿齿向分布均匀

1）尽可能采用对称布置，如重型减速器采用分流同轴式二级圆柱齿轮减速器（图 4.3-128b）代替展开式二级圆柱齿轮减速器。图 4.3-128a 的布置不好。

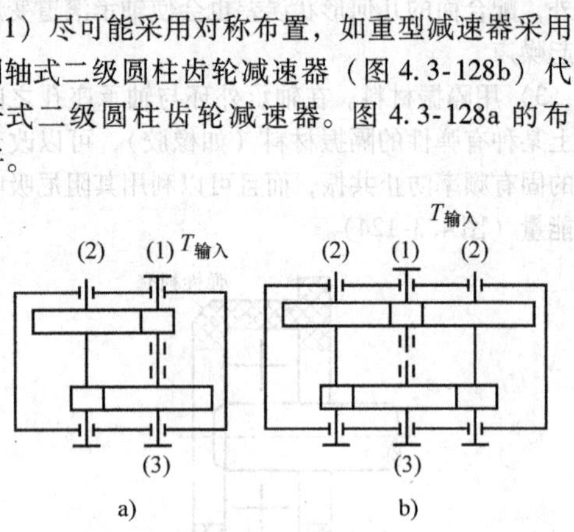

图 4.3-128　同轴式二级圆柱齿轮减速器布置方案
a）非对称布置　b）对称布置

2）展开式二级圆柱齿轮减速器的齿轮为非对称

布置，应使高速级齿轮远离转矩输入端，如图 4. 3-129所示。

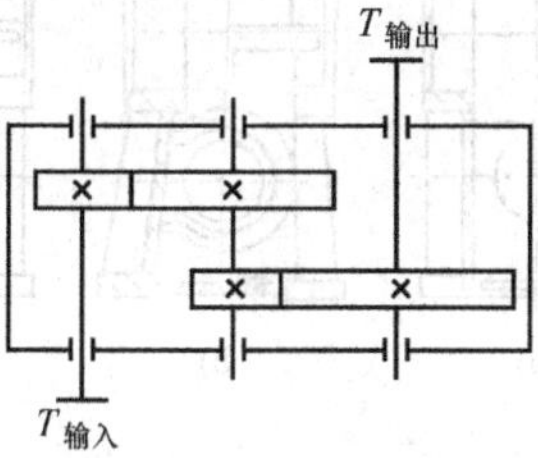

图 4. 3-129　展开式二级圆柱齿轮减速器齿轮布置

非对称布置时，在齿轮径向力 F_r 作用下（若有轴向力 F_a 作用时，包括 F_a 的附加弯矩 M_a 的作用），以及圆周力 F_t 的作用下，轴在两个平面内弯曲变形，造成齿轮单位载荷分布不均匀，如图 4. 3-130 所示。

当齿轮布置在远离转矩输入端时，轴和齿轮的扭转变形可以补偿一部分轴弯曲变形引起的沿轮齿方向载荷不均匀分布。

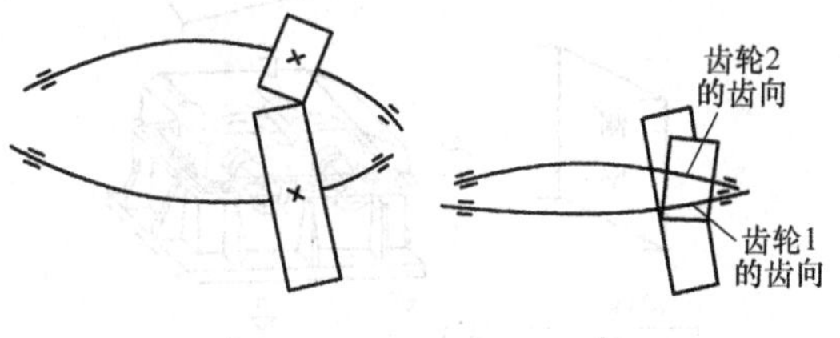

a)　b)

图 4. 3-130　齿轮非对称布置时的接触状况
a）F_r、F_a 造成载荷分布不均
b）F_t 造成载荷分布不均

3）变形补偿使载荷均匀分布。采用柔性轮缘，使轮缘的变形补偿一部分轴弯曲变形造成的轮齿接触不均，减少轮齿受力不均，如图 4. 3-131 所示。也可以采用在轮齿端部钻孔、开环形槽等办法。

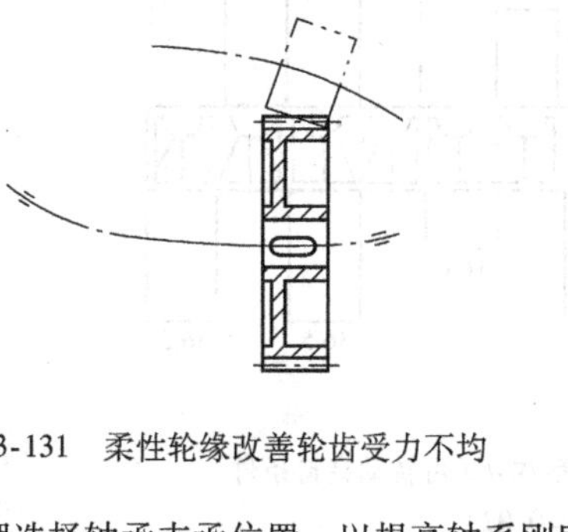

图 4. 3-131　柔性轮缘改善轮齿受力不均

（2）合理选择轴承支承位置，以提高轴系刚度
以锥齿轮减速器的小锥齿轮轴系为例进行分析。

1）改悬臂梁的轴系结构为简支梁的轴系结构
轴系原支承方案为图 4. 3-132a，新支承方案为图 4. 3-132b，显然可以显著提高轴系刚度，使锥齿轮啮合时受载均匀。

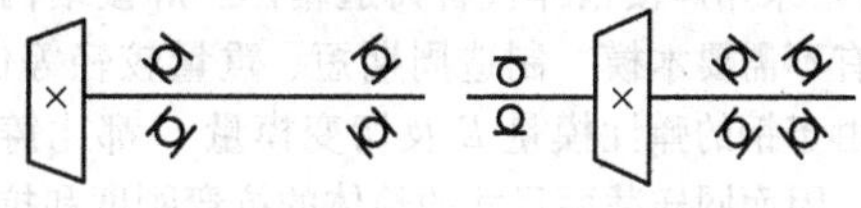

a)　b)

图 4. 3-132　小锥齿轮轴系支承方案
a）原支承方案　b）新支承方案

具体的结构可分别采用：

① 增加的支承在减速器箱体上，如图 4. 3-133 所示。在减速器箱体上铸出支架，内装滚动轴承。这种结构支承刚度好，但减速器箱体铸造及加工较复杂。

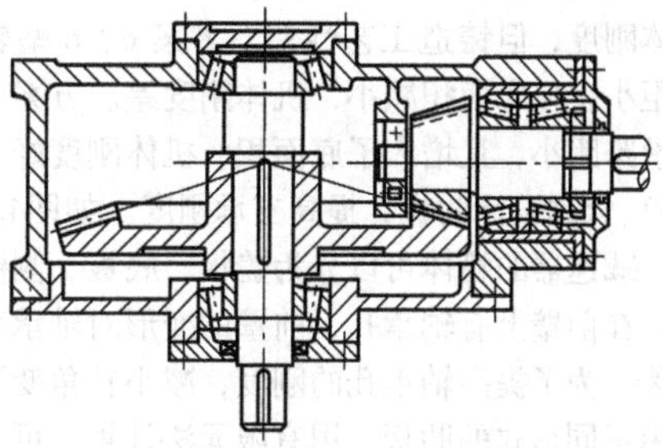

图 4. 3-133　箱体带支架的小锥齿轮轴系结构

② 增加的支承在套杯上，如图 4. 3-134 所示。套杯上有一支架，内装滚动轴承，支承小锥齿轮轴。这种结构支承刚度稍差，但工艺性好。

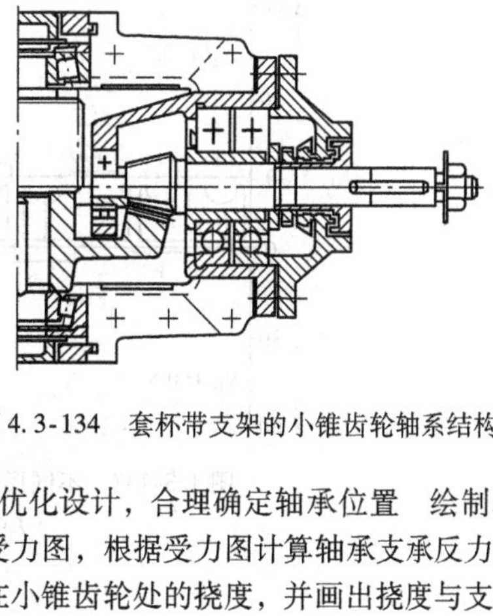

图 4. 3-134　套杯带支架的小锥齿轮轴系结构

2）优化设计，合理确定轴承位置　绘制小锥齿轮轴的受力图，根据受力图计算轴承支承反力，从而计算轴在小锥齿轮处的挠度，并画出挠度与支承跨距

的函数曲线，求出挠度最小时的轴承跨距值，即为最佳值。一般轴承跨距不小于小锥齿轮悬臂伸出量的 1.5 ~2 倍时，轴在小锥齿轮处的挠度值均较小。

（3）提高箱体的刚度

1）采用焊接箱体代替铸造箱体。焊接结构的箱体具有不需要木模、制造周期短、重量较轻等优点，而且由于钢的弹性模量 E 及切变模量 G 都比铸铁大一倍，因而同样截面尺寸的箱体的抗弯刚度和抗扭刚度也大一倍。

	钢	铸铁
弹性模量 E/MPa	2.1×10^5	1.15×10^5
切变模量 G/MPa	8.1×10^4	4.5×10^4

2）合理设计箱体形状，提高支承刚度。在图 4.3-135 中，方案 a 蜗轮轴轴承跨距大，支承刚度较差，但基座底面积大，机体刚度好。方案 b 机壁为斜面，可减小蜗轮轴轴承跨距，并增大机座底面积和提高机体刚度，但铸造工艺性差。方案 c、d 蜗轮轴轴承跨距小，但底面积减小，机体刚度差。方案 e 蜗轮轴轴承跨距小，且增大了底面积，机体刚度好。

3）合理设计肋板，提高支承刚度。如图4.3-136 所示，减速器的箱体可以分为盖板、底板、侧壁和前壁等，在前壁上有轴承孔，前壁的变形对轴承变形影响显著。为了提高轴承孔的刚度，减小转角变形，可以采用不同形式的肋板。用有限元法计算，可以求出不同形式肋板的刚度增加系数 θ，见图 4.3-137。

$$\theta=\frac{\text{无肋时轴承孔的转角(变形量)}}{\text{有肋时轴承孔的转角(变形量)}}$$

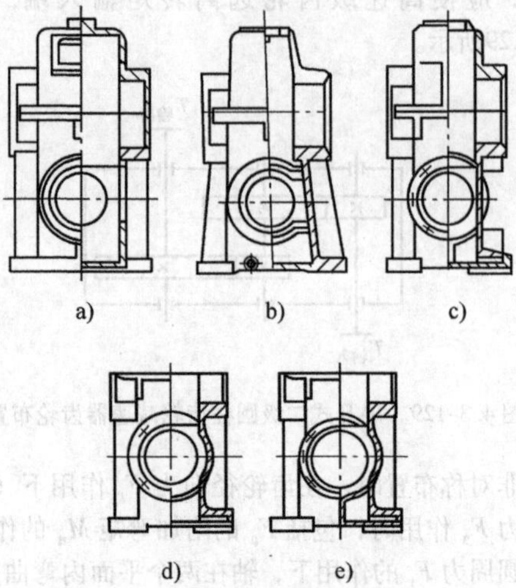

图 4.3-135　蜗杆减速器箱体结构方案

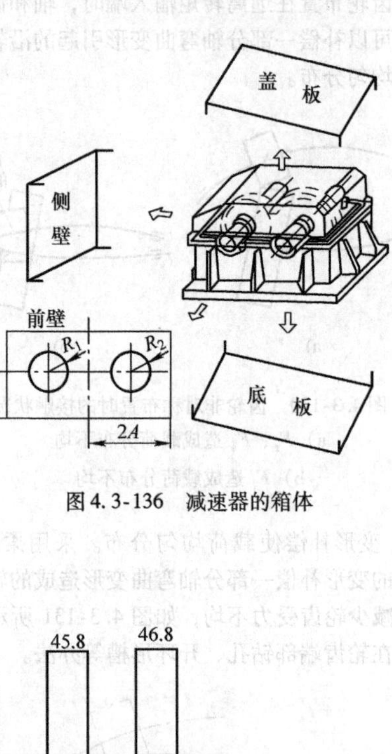

图 4.3-136　减速器的箱体

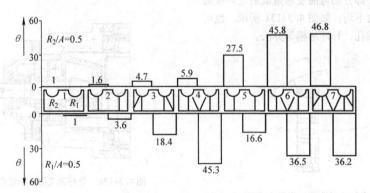

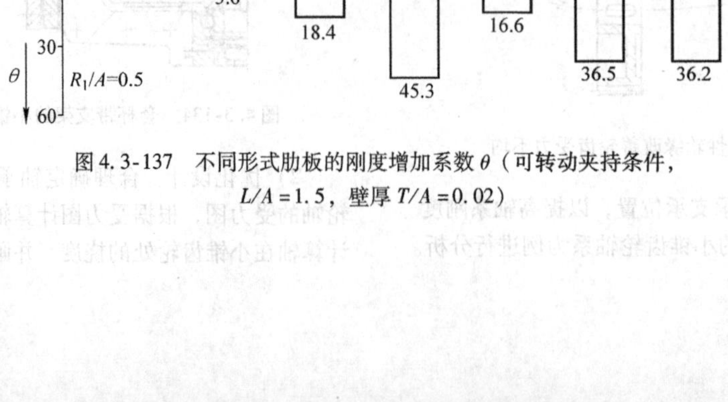

图 4.3-137　不同形式肋板的刚度增加系数 θ（可转动夹持条件，$L/A=1.5$，壁厚 $T/A=0.02$）

7.2 滚动轴承部件结构设计

机器中的轴系大多采用滚动轴承作为支承，这些轴系，尤其是主轴和重要的传动轴系的运转状况不仅直接影响着机器的工作性能，而且影响机器的主要技术指标。轴系中滚动轴承类型的选择、轴承的布置及支承结构设计等对轴系受力、运转精度、提高轴承寿命及可靠性、保证轴系性能等都将起着重要的作用。

本节介绍几种滚动轴承结构设计时需要遵循的设计要点和实例。

7.2.1 使轴承支承受力合理的设计

（1）合理选择轴承类型及轴承组合

载荷的大小、方向和性质是进行结构设计的重要依据。一般在载荷小时应优先选用球轴承，载荷大时选用滚子轴承或滚针轴承。承受纯径向载荷时选用深沟球轴承、圆柱滚子轴承或滚针轴承等。承受纯轴向载荷时选用推力轴承。承受纯径向载荷和不大的轴向载荷时，选用深沟球轴承或角接触球轴承。承受径向和轴向载荷都比较大时，可选用大接触角的角接触球轴承、圆锥滚子轴承或向心轴承与推力轴承的组合。下面分析几种情况：

1）轴的两个支点受力相差较大时，如图4.3-138中两个轴系都是左端支承受力大，分别选用了尺寸较大的圆柱滚子轴承和一对圆锥滚子轴承，右端受力小的支承选用尺寸小的轴承。图4.3-138a中是一对角接触球轴承，它承受较小的径向力，同时承受全部轴向力。图4.3-138b中右端是一个圆柱滚子轴承，只承受较小的径向力，轴向力则由左端轴承承受。

采用两个不同类型的轴承组合来承受大的载荷时要注意受力是否均匀，否则不宜使用。例如，图4.3-139中铣床主轴前支承采用深沟球轴承和圆锥滚子轴承的组合，这是一种错误的结构。因为圆锥滚子轴承在装配时必须调整以得到较小的间隙，而深沟球轴承的间隙是不可调整的。因此，两轴受载很不均匀，有可能深沟球轴承由于径向间隙大而没有受到径向力。正确的设计应如图4.3-138所示。

2）径向力与轴向力分别由不同的轴承承受，图4.3-140是轧机轧辊轴承支承，两个圆柱滚子轴承可以承受中等或较大的径向力，而深沟球轴承由于外圈与机座孔之间留有间隙只承受轴向力。

图4.3-141是另一种使某些轴承只承受轴向力而不承受径向力的结构，它是在两个角接触球轴承内圈与轴之间留有径向间隙。这种装置用于转速较高，轴向载荷很大，用推力轴承受到极限转速限制的结构中。

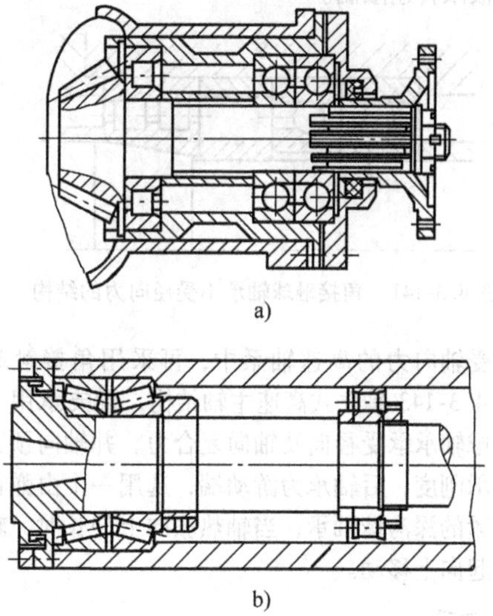

a)

b)

图4.3-138 滚动轴承轴系结构

a）锥齿轮轴系支承结构 b）铣床主轴轴系支承结构简图

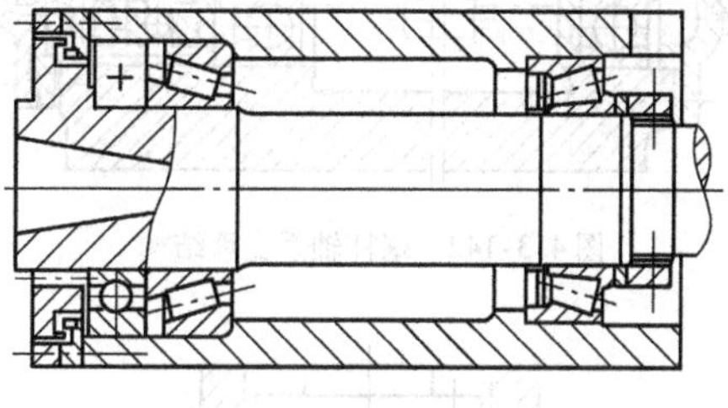

图4.3-139 错误的支承结构

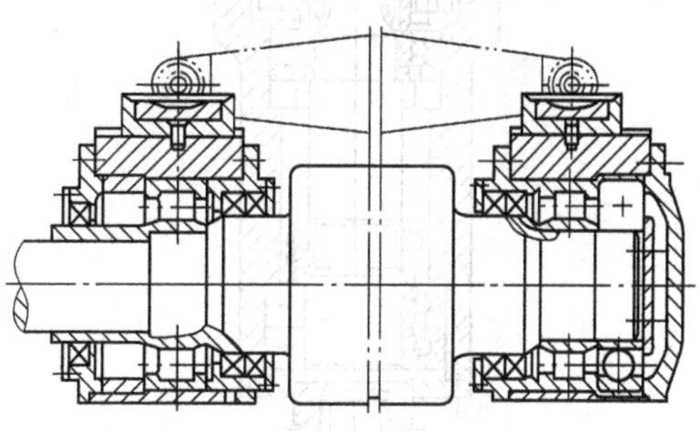

图4.3-140 轧机轧辊的支承结构

3）承受轴向力比较大的轴系，一般要采用推力轴承。图4.3-142是采用成对推力球轴承与深沟球轴承承受，而顶杆重量和由振动产生的径向力则由调心滚子轴承和圆锥滚子轴承承受。为了保证右端轴承受力均匀，机座内孔按H7和F9不同配合级别加工，因轴承组合的蜗杆轴系，两个方向的轴向力分别由两个推力轴承承受，两个深沟球轴承只承受径向力。这种装置调整推力轴承间隙比较方便，但转速受到推力轴承的极限转速限制。

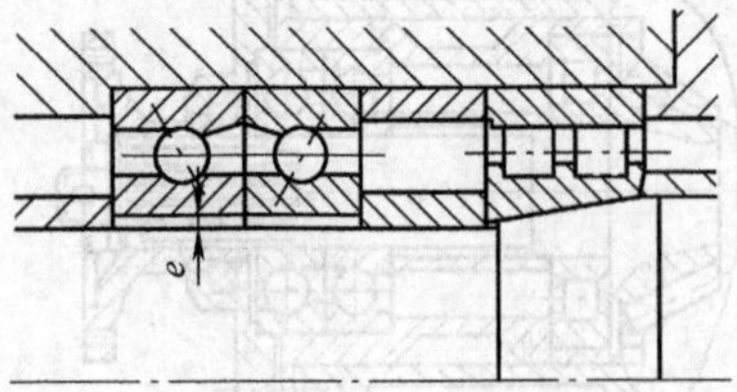

图4.3-141　角接触球轴承不受径向力的结构

承受轴向力的高速轴系中，可采用角接触球轴承。图4.3-143是立式高速主轴结构，前支承用一对角接触球轴承承受径向及轴向复合力，并轴向预紧以提高支承刚度，后轴承为游动端，选用一个由弹簧施加轻预紧的深沟球轴承，当轴热胀向上伸长时，轴承可以一起向上移动。

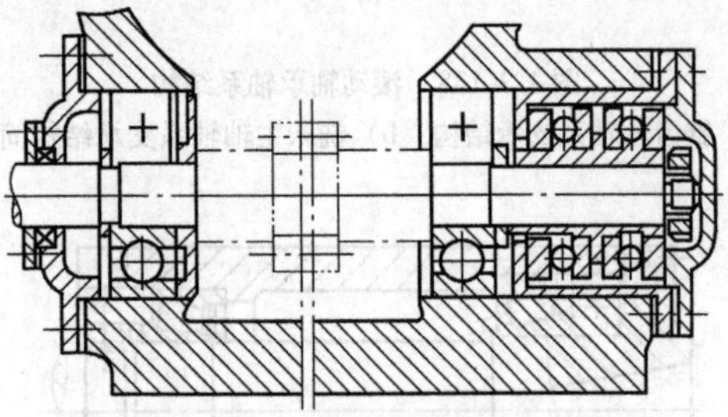

图4.3-142　蜗杆轴系支承结构

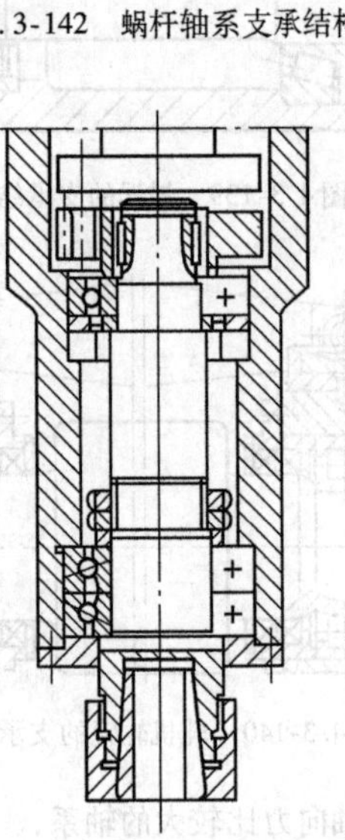

图4.3-143　立式高速主轴支承结构

某些情况下对承受单向轴向力成对使用的角接触球轴承采用不同的接触角 α 值，有利于改善受力不均匀状况。如图4.3-144中所示，轴承1承受了全部的轴向力和大部分径向力，当轴向力很大时，轴承2几乎完全卸载，在这种情况下，对轴承2选用小一些的接触角是合理的。

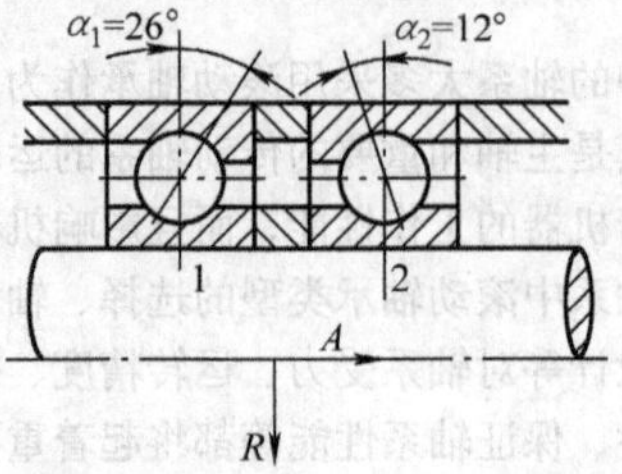

图4.3-144　角接触球轴承采用不同的接触角

4）承受冲击载荷时，在每一个支承上应采用两个或多个线接触的轴承，若轴承座孔中心线可能有偏斜时，应采用球面滚子轴承。图4.3-145是精轧机架上的立辊，它采用一个四列圆锥滚子轴承，轴承装于固定的心轴上和回转的轧辊孔内，心轴上的小孔是输入润滑脂用的。

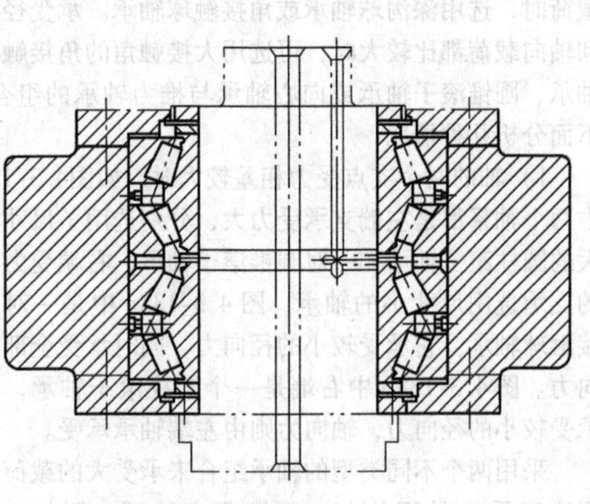

图4.3-145　精轧机架的立辊支承结构

（2）采用多个轴承要注意受力均匀

为了增加轴承部件的承载能力，有时采用多个轴承。在一个支点中用三个乃至多个轴承时，最重要的问题是保证各轴承受力均匀或合理地分担不同方向载荷，对于转速高的轴系，常采用多个深沟球轴承或角接触球轴承。图4.3-146是采用三个同向排列的角接触球轴承的结构，它是大型轧管机穿孔机顶杆主轴支承。管穿孔时产生很大的轴向冲击力由三个角接触球轴承承受，而角接触球轴承只受轴向力，调心滚子轴承只受径向力。三个角接触球轴承的内圈、外圈之间精配隔环调整其预载荷。隔环厚度由试验决定。在轴承座上开有两个径向的孔，经此孔可用塞尺校验最里边的轴承端面与机座支承表面之间是否已没有间隙。校验后用螺钉把孔堵死。

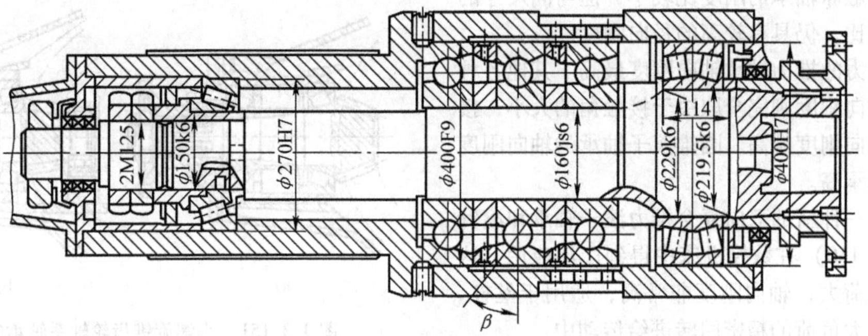

图 4.3-146 同向排列的角接触球轴承与调心滚子轴承和圆锥滚子轴承的组合装置

（3）箱体结构对轴承受力的影响

轴承受径向力后，各滚动体受力是不均匀的，图 4.3-147 给出了两种 L/D 值时，不同 H/D 值对受力分布的影响。其中 L 为箱体支点间的间距，D 为轴承外径，H 为箱体中心高。当 $L/D = 0.83$、$H/D = 0.62 \sim 0.94$ 时，轴承受力分布接近于理论分布曲线。因此，在设计轴承箱体时必须注意有足够的箱体壁厚和中心高度，以及合理的支点间距。例如图 4.3-148 所示的连杆轴承，图 a 所示连杆结构使轴承受载范围小于 180°，图 b 所示连杆结构可保证轴承受力较好。

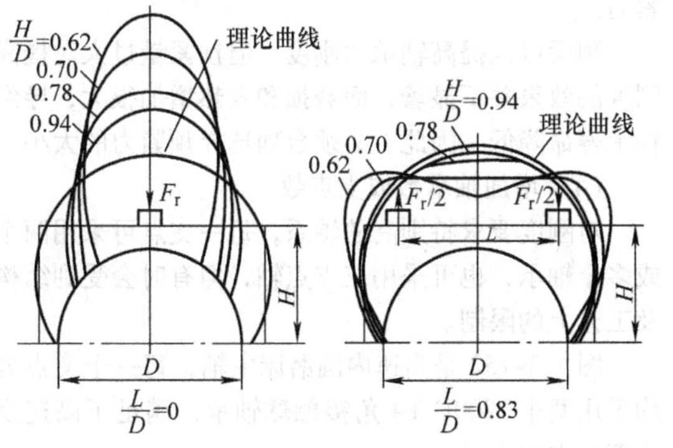

图 4.3-147 箱体中心高对轴承受力的影响

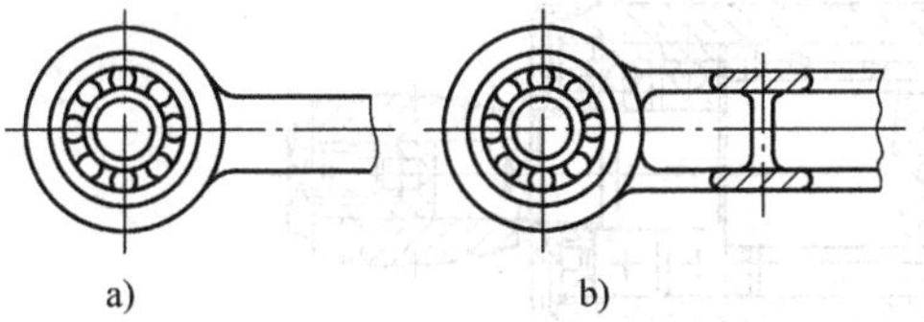

图 4.3-148 连杆轴承结构

（4）游轮轴承装置的合理结构

一些游轮、中间轮等承载零件需要使用滚动轴承时，一般不允许用一个轴承来支承（图 4.3-149a）。这对悬臂装置的游轮尤为重要，因为球轴承内外圈的倾斜会引起零件的歪斜，在弯曲力矩作用下会使形成角接触的球体产生很大的载荷 N（图 b、c），这使轴承工作条件恶化并导致过早失效。图 4.3-149d、e 是正确的结构。

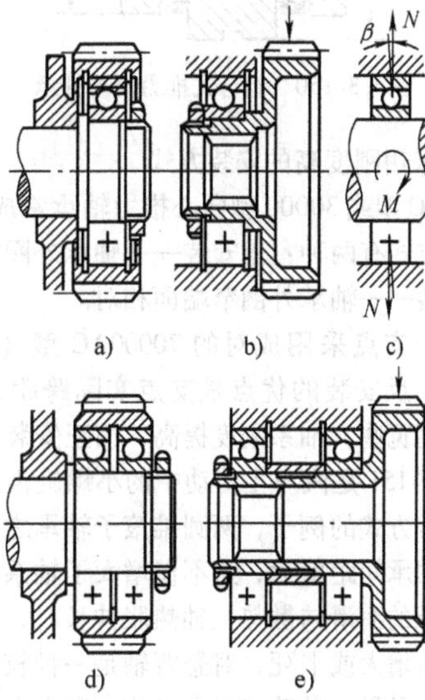

图 4.3-149 游轮轴承装置的结构

7.2.2 提高轴承支承刚度的设计

对刚度要求高的轴系，设计时可以采用下列措施来提高支承刚度。

（1）选择刚度高的轴承

提高支承的刚度，首先是靠选用刚度高的轴承。一般线接触的轴承（尤其是双列）要比点接触的轴承刚度高。滚针轴承具有特别高的刚度，但由于容许转速不高，其应用受到很大限制。双列圆柱滚子轴承具有很高的刚度，径向间隙可以调整，常用于机床主轴支承中。圆锥滚子轴承刚度高、承载能力大、安装调整方便，广泛应用于动力、机床、冶金及起重运输机械中。角接触球轴承的刚度比较小，但与同尺寸的深沟球轴承相比，仍具有较高的径向刚度。

承受轴向力的推力轴承轴向刚度最高。其他各种类型轴承的轴向刚度则完全取决于接触角的大小，接触角越大，轴向刚度越高。圆锥滚子轴承的轴向刚度比角接触球轴承高。

近年来，一种新的双向复合推力滚子轴承和滚针轴承（图4.3-150）在数控机床中得到广泛应用，这种轴承额定负荷大，轴向刚度非常高，适用于丝杠、蜗杆传动以及大负荷的精密回转进给传动中。

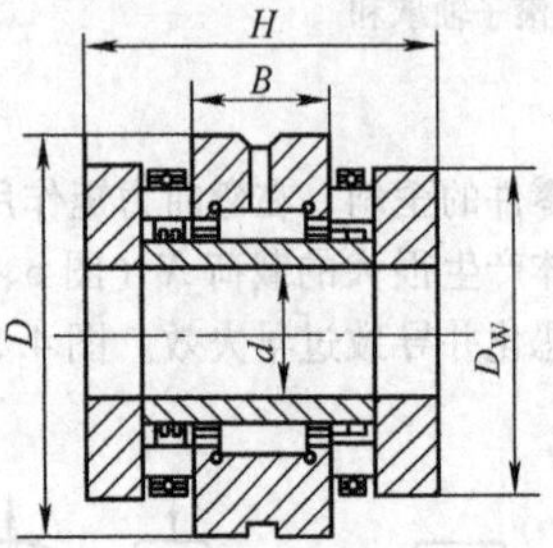

图4.3-150　组合式推力滚动轴承

（2）采用刚度高的安装方式

7000AC型或30000型向心推力轴承常成对使用，它的安装方式有两种：正安装——轴承外圈宽端面相对；反安装——轴承外圈窄端面相对。

在一个支点采用成对的70000AC型（或30000型）轴承，反安装的优点是支点实际跨距比两个轴承间的距离宽些，轴系刚度提高，而正安装则相反。

图4.3-151是汽车主传动中的小螺旋锥齿轮轴系采用反安装方式的例子，两圆锥滚子轴承之间用套筒隔开，使轴承间距增大，这不仅增大了轴系刚度，且有助于轴承的润滑与散热，轴热胀伸长时，也不会引起轴承负荷增大或卡死，对悬臂轴是一种较好的支承方式。图b是另一种跨式支承结构，即在左端另增加一个圆柱滚子轴承，这种结构刚度更高。

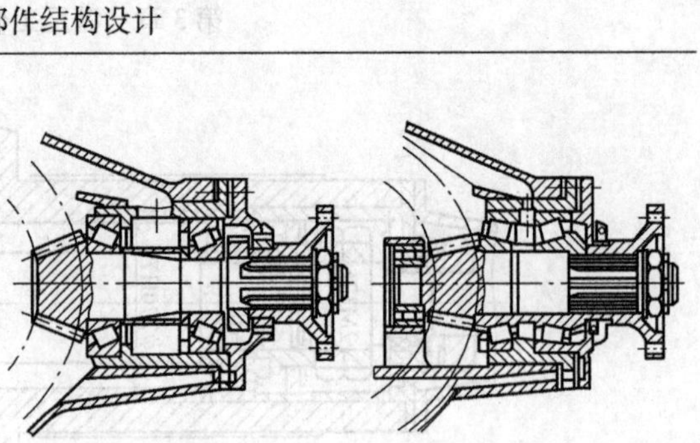

a)　　b)

图4.3-151　小螺旋锥齿轮轴系轴承安装方式
a）悬臂支承（反安装）　b）简支支承（跨式支承）

（3）对轴承进行预紧

为了提高轴承刚度，可以对轴承进行预先加载，使滚动体和内、外圈之间产生一定的预变形，以保持内、外圈之间处于压紧状态，这种方法称为预紧。预紧后的轴承不仅增加轴承的刚度，而且有利于提高旋转精度，减小振动和噪声。

预紧的方法有：①在外圈或内圈间加金属垫片，再用螺母使端面靠拢来预紧，垫片的厚度由预紧量的大小决定；②在一对轴承之间装入长短不等的套筒实现轴承的预紧，预紧力的大小可通过长度差控制，这种方法刚性较大；③用弹簧预紧，可得到稳定的预紧力。

预紧可以提高轴承的刚度，但预紧量过大对提高刚度的效果并不显著，而磨损和发热增加很大，导致轴承寿命降低。因此，必须合理选择预紧力的大小。

（4）增加轴承数或支点数

对刚度要求特别高的轴系，每一支点可采用两个或多个轴承，也可采用三支点轴，但有时会受到结构及工艺上的限制。

图4.3-152是高速内圆磨床主轴，每一个支点处均采用两个7200C/P4角接触球轴承，满足了高速及刚度要求的需要。

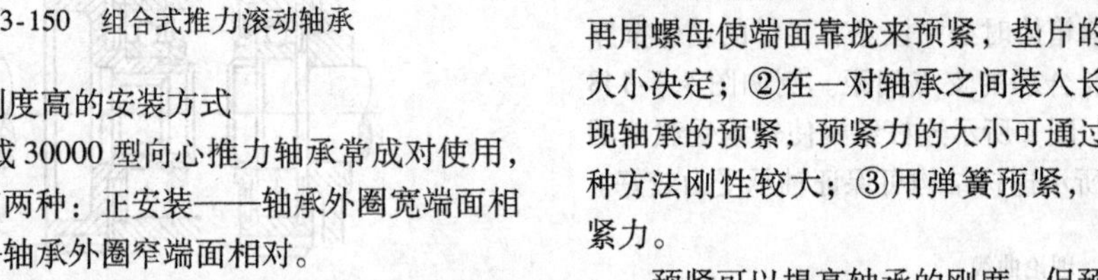

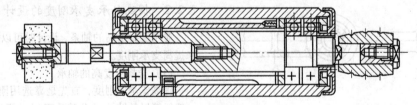

图4.3-152　内圆磨床主轴轴承结构

图4.3-153是采用三支点的轴系，它适用于轴较长、支点跨距大的场合。需要注意的是三个支承座孔的同轴度要求很高，如果制造和装配精度低，则三支点支承往往还不如两点支承。图中所示轴系是依靠两个圆锥滚子轴承进行轴向定位，为了降低三支点座孔同轴度要求，第三个支点采用了调心轴承，并且容许轴向游动。

另一种降低三支点座孔同轴度要求的方法是使中

间辅助支点的轴承径向间隙比前后轴承稍微大些，辅助支点的轴承处于一种半“浮动”状态。当主轴不受力或受力较小时，中间轴承不起作用；当主轴受力较大时，中间轴承处轴的挠度较大时，中间轴承就参加工作。

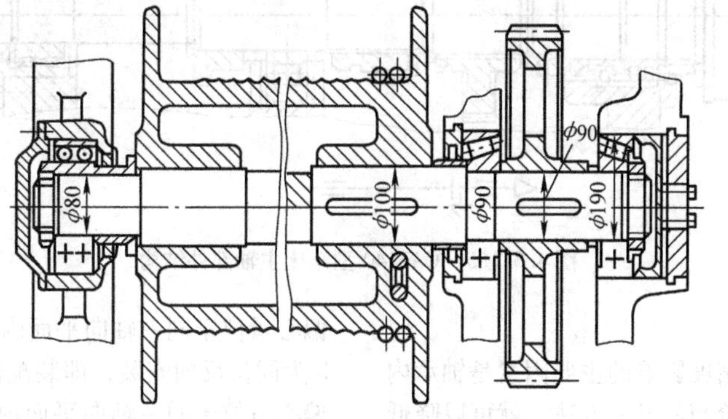

图4.3-153　起重卷扬机筒轴

一般情况下，应尽量不采用三支点结构，若能适当增加轴的直径，选择合适的轴承及最佳的支承跨距以提高刚度，比增加一个中间支点更为方便有利。

7.2.3　提高轴承精度的设计

一些轴系（如机床主轴部件等）往往要求具有很高的回转精度，这需要合理选择轴承类型、精度等级、轴承配合，并提高有关相配零件的加工精度。正确的结构设计也是保证精度要求的重要措施。

（1）减少轴承间隙的影响

轴承间隙不仅影响回转精度，而且影响轴承刚度、热稳定性和抗振性。减少间隙的影响可以采用高精度、内圈可胀（或外圈可缩小）的轴承，且施加一定的预紧力，可使主轴获得很高的回转精度。

近年来，发展了一些精度高、间隙小的轴承品种。例如，在机床主轴中采用P2级精度的NN30000K型轴承，对于内径为90~110mm的轴承，有两种小间隙：一种为0.003~0.015mm；另一种为-0.003~-0.005mm。另外，在光学分度头中采用的密珠滚动轴承也属于精度高、间隙影响小的新型轴承，这些轴承均能获得很高的回转精度。

（2）合理布置轴承

轴向定位精度要求高的主轴，应合理布置推力轴承的位置，不同的安装位置具有不同的轴向精度。图4.3-154是一种镗铣床的主轴部件结构，双列圆锥滚子轴承起着一个径向轴承和两个推力轴承的作用，它相当于两个推力轴承装在前支承两侧的结构。这种结构轴的受压段较短，热胀后，轴向后伸长，对轴向定位精度影响小，轴向刚度较高。

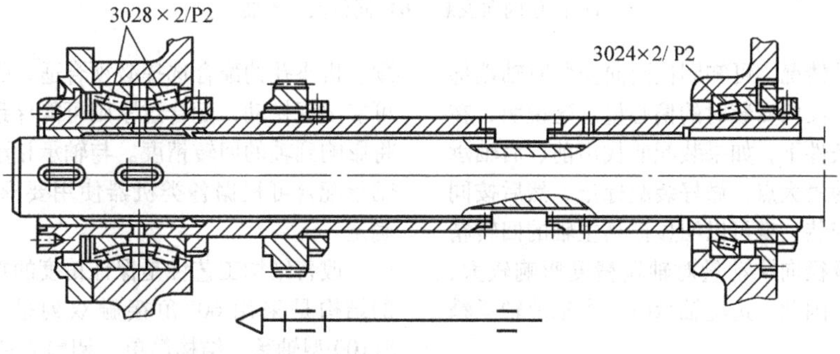

图4.3-154　镗铣床主轴部件结构

图4.3-155所示主轴是在前支承处采用60°角接触双列推力球轴承，为了减少主轴前端悬伸量，推力轴承装在前支承的内侧。这种结构的轴向定位精度和轴向刚度很高。由于采用新型的60°角接触推力轴承代替普通的51000型轴承，并利用轴承内圈中间的隔圈宽度来控制轴承的预紧量，这就可以用一个螺母同时对NN3000K型轴承和推力轴承施加不同的预紧量，因此，装配和调整比较简单。

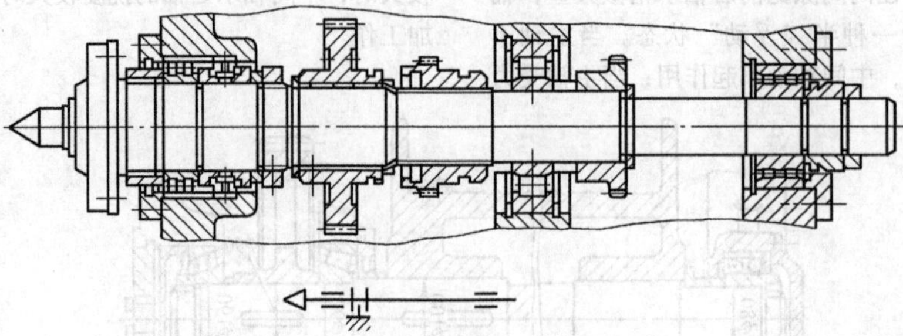

图 4.3-155　CA6140 型车床主轴部件结构

(3) 选配轴承

滚动轴承对轴回转精度影响的主要因素是轴承内圈的径向圆跳动，采用恰当的选配方法，就可以降低它的影响，并提高轴的回转精度。

正确选配前、后轴承精度，能使轴端部径向跳动量大大减小。如图 4.3-156 所示，设 B 为前轴承，A 为后轴承，前、后轴承内孔偏心量（即径向跳动量的一半）分别为 δ_1 和 δ_2，轴端 C 的偏心量为 δ_C。图 a 为同位同向安装，即装配前、后轴承时，使其最大偏心量位于同一轴向平面内，且在轴线的同一侧。图 b 为同位反向安装，即装配前、后轴承时，使其最大偏心量位于同一轴向平面内，且分别在轴线的两侧。在图 a 中，可得

$$\delta_C = -\delta_2 \frac{a}{L} + \delta_1\left(1 + \frac{a}{L}\right)$$

在图 b 中，可得

$$\delta_C = \delta_2 \frac{a}{L} + \delta_1\left(1 + \frac{a}{L}\right)$$

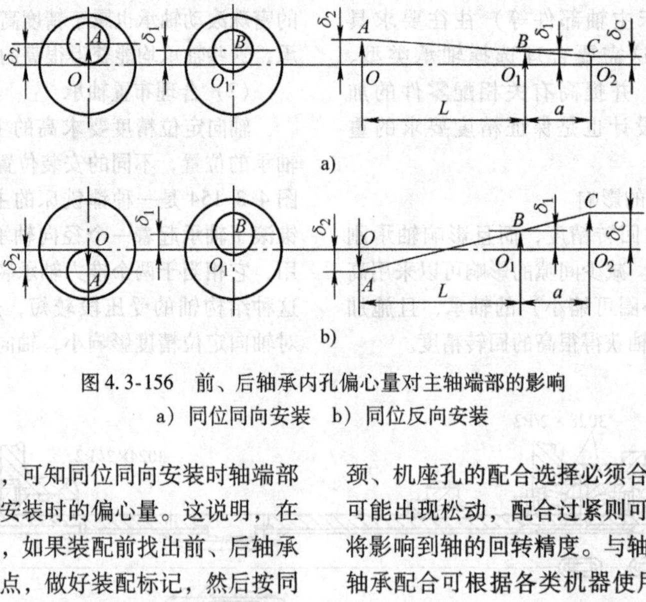

图 4.3-156　前、后轴承内孔偏心量对主轴端部的影响

a）同位同向安装　b）同位反向安装

比较上述两种情况，可知同位同向安装时轴端部偏心量要小于同位反向安装时的偏心量。这说明，在轴承精度相同的条件下，如果装配前找出前、后轴承内孔径向跳动量的最大点，做好装配标记，然后按同位同向方法进行安装，就可以明显提高主轴的回转精度。另外，前轴承径向跳动量对轴端精度影响较大，后轴承影响较小。因此，选配轴承时，主轴前轴承精度应高于后轴承。

(4) 提高相配零件的精度及工艺上的措施

提高轴系回转精度，除了必须保证轴和轴承一定的精度外，还必须注意与轴承相配零件（如调整螺母、隔套等）应满足一定的精度及几何公差要求，否则也会影响到轴系回转精度。轴承内、外圈与轴颈、机座孔的配合选择必须合适，配合过松则受载时可能出现松动，配合过紧则可能导致发热及变形，都将影响到轴的回转精度。与轴承相配零件精度要求及轴承配合可根据各类机器使用要求及生产经验合理确定。

改善结构工艺性是保证精度的重要措施。比较好的结构是采用 60° 角接触双列推力球轴承来代替 51100 型轴承，结构简单，调整方便，精度较高（参见图 4.3-155）。

(5) 消除温度的影响

运转过程中，由于发热膨胀，使轴承等元件改变已调整好的间隙和预紧力，会影响到轴系回转精度以及刚度和受力情况。

对于一般轴系，在安装时可以预留一定轴承间隙以适应轴的热胀，对于预紧轴承则要预先考虑温度影响以确定合理的预紧力。在某些场合也可以采用自动补偿装置，以消除温度的影响。图 4.3-157 是一种磨床主轴的温度补偿装置，磨头壳体 2 与主轴前轴承之间设置了一个过渡套筒 3，套筒后端直径略小且与壳体孔壁不接触。当主轴 1 因热胀而向前伸长时，套筒 3 则反方向伸长，使主轴后移，从而部分消除轴的热胀影响，再加上采用其他润滑等措施，减少了轴承发热，取得了较好的效果。

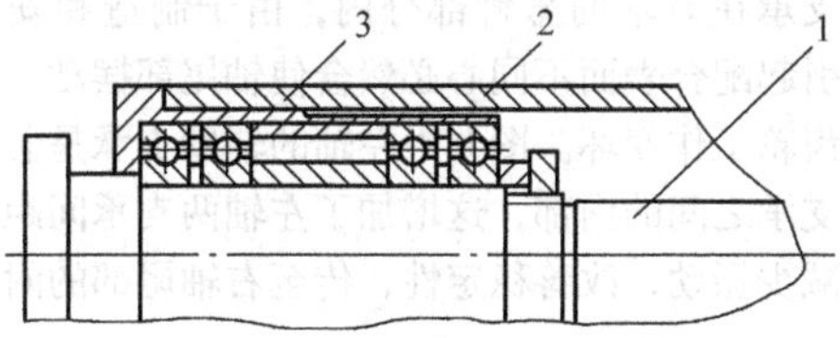

图 4.3-157　消除温度影响的结构
1—主轴　2—磨头壳体　3—过渡套筒

7.2.4　满足高速要求的设计

滚动轴承在高速情况下工作时，发热大，离心力大，容易产生振动和噪声。因此，必须提高轴承本身的精度，轴承的滚道应有很准确的几何形状、最小的偏心以及很小的表面粗糙度，安装时，轴承间隙必须调整适当。另外，轴承元件的结构、材料以及润滑等必须适应高速的要求。

高速轴承中常用 dn_{max} 值来限制轴承的容许转速，其中 d 为轴承内径，n_{max} 为容许的最大转速。不同类型轴承，所容许的最大转速不同。各类轴承的 dn_{max} 值可查阅轴承手册和生产厂家产品样本。

在承受径向载荷的轴承中，容许转速最高的是深沟球轴承和角接触球轴承，其次是圆柱滚子轴承。圆锥滚子轴承容易发热，容许的极限转速较上述几种轴承要低。在承受轴向载荷的轴承中，角接触球轴承和 60°角接触推力球轴承的容许转速较高，圆锥滚子轴承要低些，推力球轴承由于球滚动时离心力的作用，允许的极限转速较低。同一类型轴承中，直径越小，精度越高，则允许的转速越高。

在高速轴承中应尽量采用 2 系列或 1 系列轴承。转速特别高的轴承，也可以做成无内圈轴承，以降低滚动体的转速，在轴上直接磨出滚道以代替内圈，这样，对轴的要求就大为提高。例如，某些高速内圆磨床主轴就采用了无内圈高速轴承结构。

高速轴承的保持架结构和材料是一个很重要的问题，通常采用酚醛胶布、青铜或铝合金制成实体的结构形式，可以承受高速转动时保持架本身的离心应力。实体保持架在旋转时必须有一个引导定位表面，一般用内圈或外圈的挡边来引导定心（图 4.3-158）。用外圈引导时，润滑油容易由保持架的内侧进入，并首先对内圈滚道进行润滑和冷却，然后借离心力甩向外圈滚道，所以润滑和冷却效果很好。同时，保持架的不平衡离心力迫使保持架偏移的方向，总是使较厚较重的一边与引导面接触而磨损，从而逐渐趋于平衡。而内圈引导则相反。所以，用外圈引导时，高速性能较好。

圆锥滚子轴承应用广泛，为了改善其发热大而转速不高的缺点，常采用一种高速套筒结构，如图 4.3-159所示。图中为一主轴前支承，其中后面一个轴承装于高速套筒内，套筒与箱体孔为过盈配合，过盈量为 0.025～0.05mm，套筒装轴承部分的外径与箱体孔的间隙为 0.025～0.1mm，允许轴承外圈向外膨胀，这样可以提高运转速度。

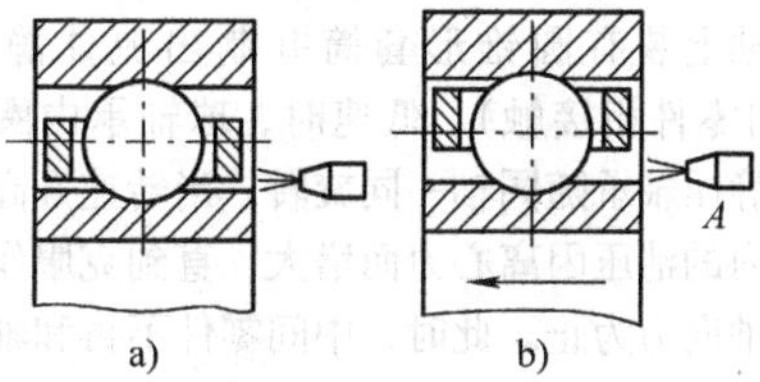

图 4.3-158　保持架定心引导方式
a）内圈定心　b）外圈定心

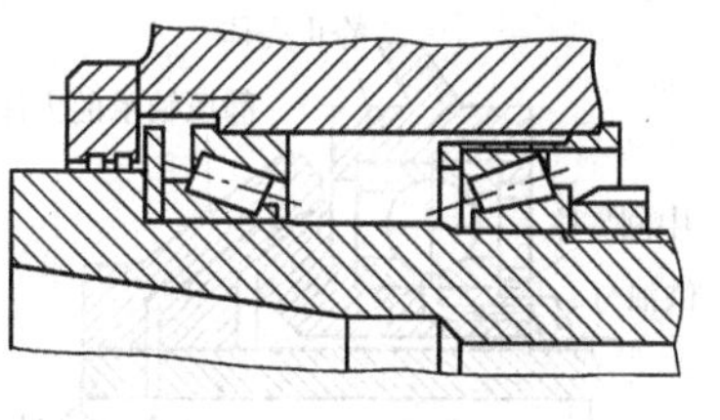

图 4.3-159　高速套筒结构

某些高速轴系，需要采用推力轴承时，为了提高推力轴承的容许极限转速，可以采用“差动”式推力轴承，如图 4.3-160 所示。图中承受轴向载荷 A 的轴与轴承上座圈相配，下座圈固定不动。当轴带动上座圈以转速 n 旋转时，由于摩擦力的作用，中座圈及两个保持架也随之旋转，根据轴承运动学原理，可得各座圈和保持架的转速为

$$n_3 = 0.25n;\ n_2 = 0.5n;\ n_1 = 0.75n$$

由此可知，上、中座圈和中、下座圈间的相对转速只有轴转速的一半，与实际采用单列轴承相比，其极限转速可以提高一倍。图 4.3-161 是采用差动式轴承的实际结构。

图 4.3-162 是一种将深沟球轴承和流体静压轴承结合起来的混合式轴承示意图。球轴承外圈装于静止

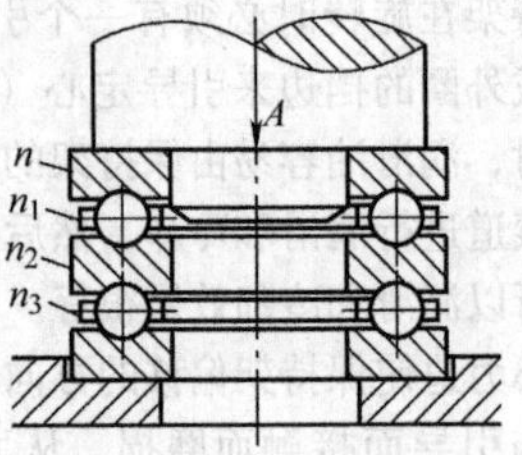

图 4.3-160　差动式推力轴承

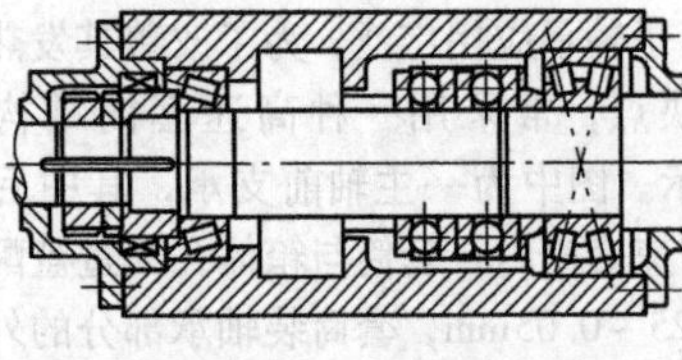

图 4.3-161　差动式双列推力球轴承装置

壳体内，内圈装在一个能对轴自由转动的中间零件上，在轴上装有圆锥形套筒并制出流体静压油腔（与中间零件相接触）。低速时，球轴承内圈、中间零件和静压轴承随同轴一同旋转。当转速升高时，静压油腔内的油压因离心力而增大，直到克服作用在轴承上的轴向力为止。此时，中间零件不再和轴以同一转速旋转，从而降低了轴承的转速。这种装置可以提高轴系转速。润滑剂是由装于中间零件上的供油勺被吸入球轴承内而进行润滑的。

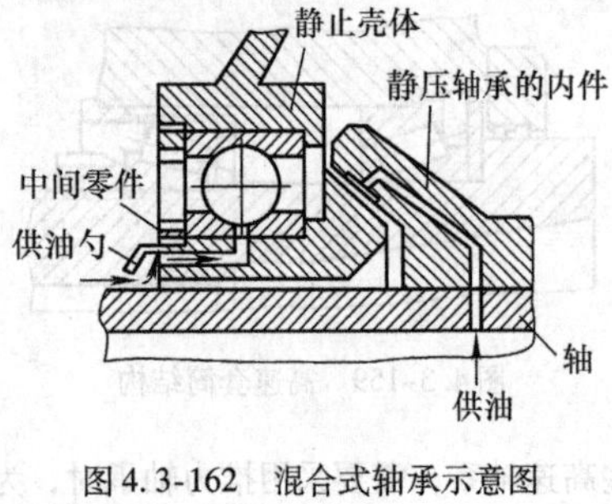

图 4.3-162　混合式轴承示意图

7.2.5　适应结构需要的设计

（1）外廓要求紧凑及轴间距特别小的轴

图 4.3-163 所示是组合机床轴承组件，一般都为多轴，各轴间距较小，为此，轴承的外径也受到很大限制。图中采用了滚针轴承，对于直径较大的推力轴承则采用交错排列，使各轴上的轴承不在同一平面内。

（2）同心轴的布置

同一根轴线上的两根轴，当要求轴向尺寸小时，可以将一根轴的一端轴承装置在另一轴的内部，但要避免悬臂支承或尽可能在短而粗的悬臂部分支承。例

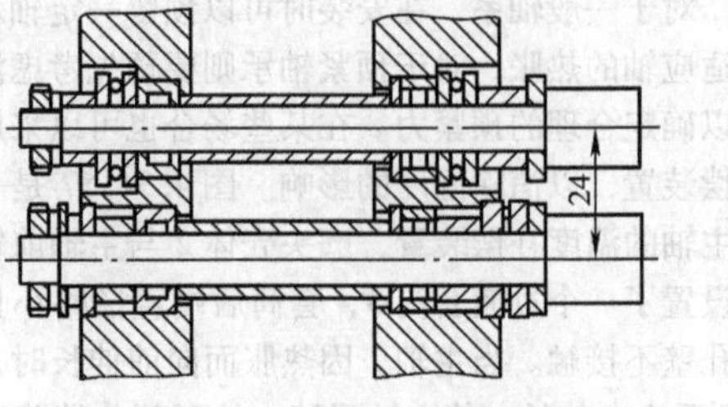

图 4.3-163　两轴间距小的轴系结构

如在图 4.3-164 中，图 a 的支承方式其缺点是左轴的辅助支承在右轴的悬臂部分内，由于制造和安装误差，引起配合表面不同心必然会使轴尾部摆动，导致左端齿轮工作变坏。图 b 中左轴的辅助支承是装在右轴两支承之间的内部，这增加了左轴两支承间距，有利于减少振动，改善稳定性，传至右轴尾部的附加载荷小。

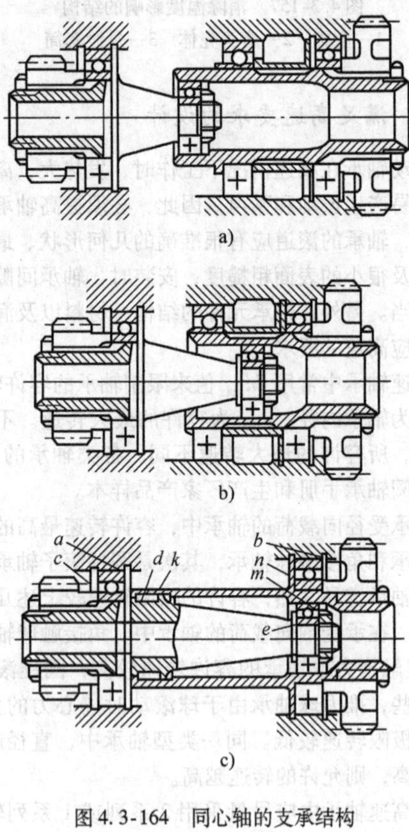

图 4.3-164　同心轴的支承结构

进一步缩短轴向尺寸，可以把两根轴都分别装在一个主要支承和一个辅助支承上。图 4.3-164c 的结构，左轴辅助支承位于右轴主轴承部分内部并处于同一平面内，右轴辅助支承采用滚针轴承，支承在靠近左轴主轴承且轴比较粗的部分，轴的位置稳定，轴向尺寸缩小。

工艺上，应最大限度地保证同心轴轴承与轴、孔表面以及相互表面间的同轴度。

另外，也应当考虑轴的旋转方向。当两轴转向不同时，辅助轴承转速为两轴转速之和；而当两轴转向相同时，辅助轴承转速为两轴转速之差。所以，应当力求采用后者。

7.2.6　轴承润滑结构设计

润滑是轴承中的重要问题，通常有脂润滑和油润滑两种，也有的采用固体润滑剂。脂润滑使用方便，结构简单，耗量较少，应用日益增多，但脂润滑只限于中等温度和速度以及易拆开清洗的场合。油润滑应用较广，可用于任何转速，特别适宜于高速轴承，因为它的内摩阻小，连续供油有一定冷却散热作用。油润滑的方法很多，需要根据工作转速及具体的轴系结构选定。

（1）浸油润滑

把轴承局部浸入油中，油面不应高于最低一个滚动体的中心（图4.3-165），当转速大于3000r/min时，油面应更低些。浸油润滑不适用于高速，因为搅动油液剧烈时要造成很大的能量损失和严重过热。

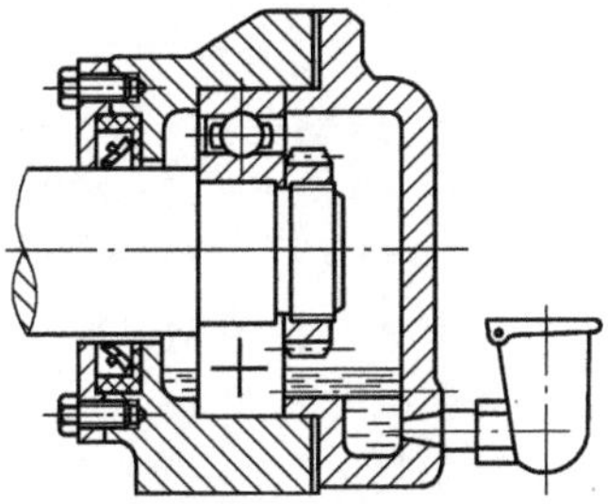

图4.3-165　浸油润滑

（2）芯捻润滑

图4.3-166所示是利用芯捻引导油并借助圆锥面作离心扩散的润滑结构。它可以保证轴承润滑油量不至过多，并且芯捻还具有滤油器作用，保证润滑油清洁，适用于定量供油的高速轴承中。

（3）利用泵油效应的润滑方法

水平轴上安装的圆锥滚子轴承旋转时，圆锥滚子可以造成润滑油的循环，油的运动方向是由滚子的小端向大端流动，形成一种泵油效应。图4.3-167是借助轴承滚子的泵油效应的润滑结构。

（4）利用圆锥套的离心润滑

这种结构主要用于立轴，当圆锥套旋转时，油在离心力的作用下向圆锥套大直径一端流动，并甩入轴承（图4.3-168a），或沿外壳壁内所设的油孔压入轴承中（图4.3-168b）。

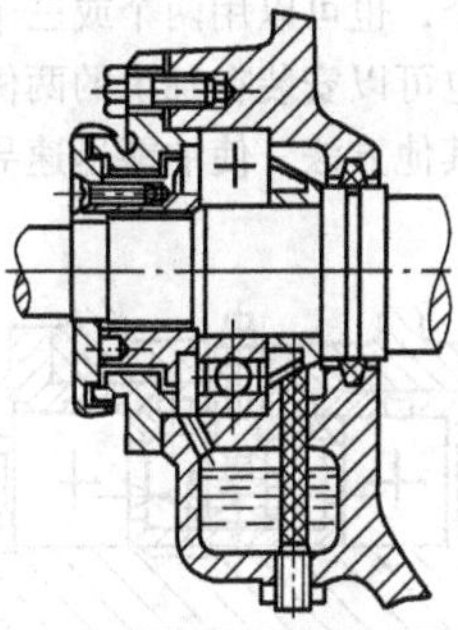

图4.3-166　芯捻润滑

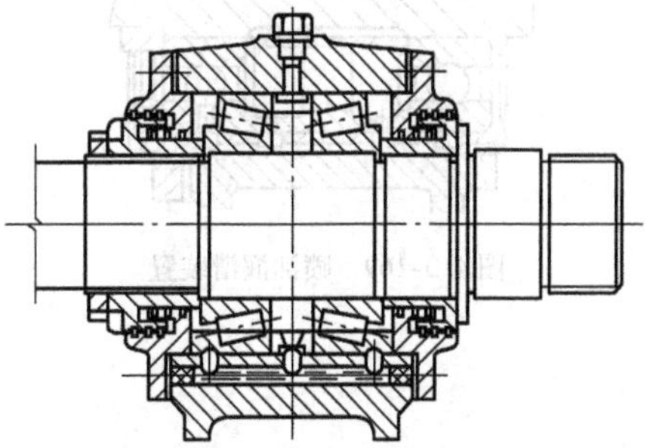

图4.3-167　利用圆锥滚子轴承滚子泵油效应的润滑

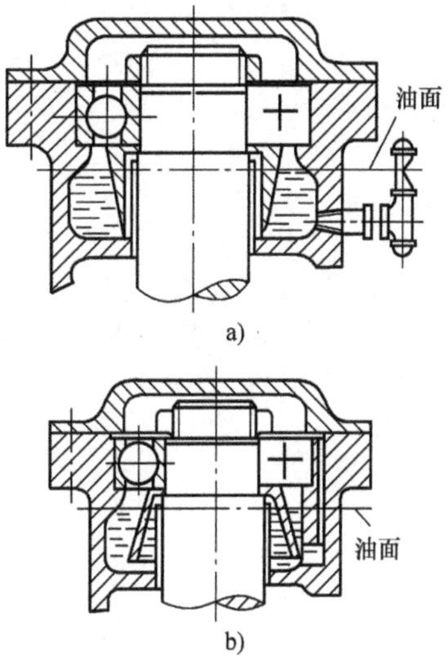

图4.3-168　利用圆锥套的离心润滑

（5）喷油润滑和油雾润滑

这是高速轴承中的主要润滑方式。喷油润滑时，喷嘴应对准内圈非引导面的一侧间隙（参见图4.3-158），从而直接喷射到滚动体上。如果滚动轴承承受有轴向力，则应从轴向力作用的方向喷入。有的高速轴承外圈制有供油小孔，喷入润滑油可以直接润滑滚动体，效果很好。图4.3-169是喷油润滑结构，喷嘴可以用一个，也可以用两个或三个，可以安装在轴承的一侧，也可以安装在轴承的两侧。一般还要装设抽油泵或用其他方法，使油能迅速导出，不能聚集在轴承腔中。

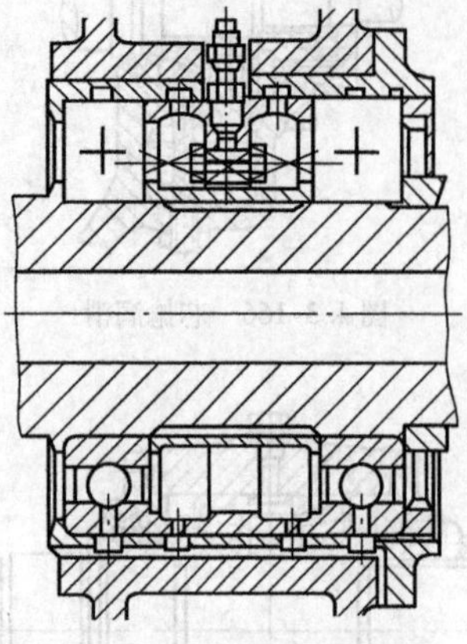

图4.3-169　喷油润滑装置

油雾润滑是一种较为理想的润滑方式，它既能很好地润滑轴承，又能起冷却和清洗作用。常用于大于30000r/min的特别高速轴承中，尤其适用小尺寸轴承，因为油雾可以穿过细小的空隙，使摩擦面得到润滑。但是需要一套压缩空气喷雾设备。

另外，在轴承润滑中，还常用溅油润滑，它多用于齿轮箱和减速器中。油池中的油依靠旋转的齿轮或甩油盘溅起并甩至轴承中。为了防止油量过大及金属磨屑进入轴承，可在轴承内侧加挡片。

轴承结构设计除考虑上述问题外，有时还须满足一些特殊要求，例如仪表轴承中的低摩擦、高温环境中的耐热性以及防磁、防锈、低噪声等。这些属于专门问题，这里不一一讨论。

第4章 满足加工工艺的结构设计

1 概述

1.1 零件结构设计工艺性的概念

在机械设计中，不仅要保证所设计的机械设备具有良好的工作性能，而且还要考虑能否制造和便于制造。这种在机械设计中综合考虑的制造、装配工艺及维修等方面的各种技术问题，称为机械设计工艺性。机器及其零部件的工艺性体现于结构设计当中，所以又称为结构设计工艺性。

机械制造工艺，要能做到优质、高产和低耗，除了工艺人员应采取有关技术措施外，结构设计也有着决定性的影响。因此，机械设计工作者应充分掌握设计原始资料，同时应熟悉制造工艺的理论和知识，要做到对设计方案全面考虑和分析，使设计能经得起制造、使用、维护等方面的综合考验。

结构设计工艺性问题涉及的面较广，它存在于零部件生产过程的各个阶段：材料选择、毛坯生产、机械加工、热处理、机器装配、机器操作、维修等。在结构设计中，产生矛盾时，应统筹安排，综合考虑，找出主要问题，予以妥善解决。

1.2 影响零件结构设计工艺性的因素

结构设计工艺性随客观条件的不同及科学技术的发展而变化。影响结构设计工艺性的因素大致有三个方面。

1）生产类型。生产类型是影响结构设计工艺性的首要因素。当单件、小批生产零件时，大都采用生产效率较低、通用性较强的设备和工艺装备，采用普通的制造方法，因此，机器和零部件的结构应与这类工艺装备和工艺方法相适应。在大批大量生产时，产品结构必须与采用高生产率的工艺装备和工艺方法相适应。在单件小批生产中具有良好工艺性的结构，往往在大批大量生产中，其工艺性并不一定好，反之亦如此。当产品由单件小批量生产扩大到大批量生产时，必须对其结构工艺性进行审查和修改，以适应新的生产类型的需要。

2）制造条件。机械零部件的结构必须与制造厂的生产条件相适应。具体生产条件应包括：毛坯的生产能力及技术水平；机械加工设备和工艺装备的规格及性能；热处理的设备及能力；技术人员和工人的技术水平；辅助部门的制造能力和技术力量等。

3）工艺技术的发展。随着生产不断发展，新的加工设备和工艺方法不断出现。精密铸造、精密锻造、精密冲压、挤压、镦锻、轧制成形、粉末冶金等先进工艺，使毛坯制造精度大大提高；真空技术、离子渗氮、镀渗技术使零件表面质量有了很大的提高；电火花、电解、激光、电子束、超声波加工技术使难加工材料、复杂形面、精密微孔等加工较为方便。设计者要不断掌握新的工艺技术，设计出符合当代工艺水平的零部件结构。

1.3 零件结构设计工艺性的基本要求

零部件的结构工艺性主要在保证技术要求的前提下和一定的生产条件下，能采用较经济的方法，保质、保量地制造出来。结构工艺性对产品结构的基本要求如下：

1）从整个机器的工艺性出发，分析零部件的结构工艺性。机器零部件是为整机工作性能服务的，零部件结构工艺性应服从整机的工艺性，不能把两者分割开来。

2）在满足工作性能的前提下，零件造型尽量简单。在满足工作性能的前提下，应当用最简单的圆柱面、平面、共轭曲面等构成零件的轮廓；同时应尽量减少零件的加工表面数量和加工面积；尽量采用标准件、通用件和外购件；增加相同形状和相同元素（如直径、圆角半径、配合、螺纹、键、齿轮模数等）的数量。

3）零件设计时应考虑加工的可行性、方便性、精确性和经济性。在能满足精度要求的加工方案中，应符合经济性要求。这样，在满足零件工作性能的前提下，应尽量降低零件的技术要求（即尽量低的加工精度和表面质量），以提高零件的设计工艺性能。

4）尽量减少零件的机械加工量。应使零件毛坯的形状和尺寸尽量接近零件本身的形状和尺寸，力求实现少或无切屑加工，充分利用原材料，以降低零件的生产成本。应尽量采用精密铸造、精密锻造、冷轧、冷挤压、粉末冶金等先进工艺，以达到上述要求。

5）合理选择零件材料。要考虑材料的力学性能是否适应零件的工作条件，使零件具有预定的寿命，成本消耗低。例如：碳钢的锻造、切削加工等方面的性能好，但强度还不够高，淬透性低；铸铁和青铜不能锻造、焊接性差。要积极使用新材料，在满足零件使用性能的前提下，有较好的材料工艺性和经济性，例如：稀土镁球墨铸铁代替锻钢，工程塑料和粉末冶金材料代替有色金属材料等。

2　铸件结构设计工艺性

2.1　常用铸造金属材料和铸造方法

2.1.1　常用铸造金属材料的铸造性和结构特点

常用的铸造金属材料可分为铸铁、铸钢和铸造非铁合金（表4.4-1），其中95%以上的铸件是采用铸铁与铸钢制成的。

2.1.2　常用铸造方法的特点和应用范围

铸造方法可分砂型铸造和特种铸造两大类，用砂型浇注的铸件占铸件总产量的90%以上。特种铸造是一种少用砂或不用砂、采用专用的工艺装备使金属熔液成型的铸造方法，能获得比砂型铸造更好的表面粗糙度，更高尺寸精度和力学性能的铸件，但铸造成本较高。其特点和应用范围见表4.4-2～表4.4-4。

表4.4-1　常用铸件结构的特点

类别	性能特点	结构特点
灰铸铁件	流动性好；体收缩和线收缩小；综合力学性能低，抗压强度比抗拉强度高约3～4倍；吸振性好；弹性模量较低	形状可以复杂，结构允许不对称，有箱体形、筒形等。例如，用于发动机的气缸体、筒套，各种机床的床身、底座、平板、平台等铸件
球墨铸铁件	流动性与灰铸铁相近；体收缩比灰铸铁大，而线收缩小，易形成缩孔、疏松，综合力学性能较高，弹性模量比灰铸铁高；抗磨性好；冲击韧度、疲劳强度较好。消振能力比灰铸铁低	一般多设计成均匀壁厚；对于厚大断面件，可采用空心结构，如球墨铸铁曲轴轴颈部分
可锻铸铁件	流动性比灰铸铁差；体收缩很大，退火后最终线收缩很小。退火前很脆，毛坯易损坏。综合力学性能稍次于球墨铸铁，冲击韧度比灰铸铁大3～4倍	由于铸态要求白口，一般是薄壁均匀件，常用厚度为5～16mm。为增加其刚性，截面形状多为工字形、丁字形或箱形，避免十字形截面；零件突出部分应用肋条加固
铸钢件	流动性差，体收缩、线收缩和裂纹敏感性都较大。综合力学性能高；抗压强度与抗拉强度几乎相等。吸振性差	结构应具有最少的热节点，并创造顺序凝固的条件。相邻壁的连接和过渡应更圆滑；铸件截面应采用箱形和槽形等近似封闭状的结构；一些水平壁应改成斜壁或波浪形；整体壁改成带窗口的壁，窗口形状最好为椭圆形或圆形，窗口边缘应做出凸台，以减少产生裂纹的可能
铸造锡青铜和铸造磷青铜	铸造性能类似灰铸铁。但结晶范围大，易产生缩松；流动性差；高温性能差，易脆裂。强度随截面增大而显著下降。耐磨性好	壁厚不得过大；零件突出部分应用较薄的加强肋加固，以免热裂；形状不宜太复杂
铸造无锡青铜和铸造黄铜	收缩较大，结晶范围小，易产生集中缩孔；流动性好。耐磨、耐蚀性好	类似铸钢件
铝合金件	铸造性能类似铸钢，但强度随壁厚增大而下降得更显著	壁厚不能过大。其余类似铸钢件

表4.4-2　砂型铸造方法的类别、特点和应用范围

造型方法		主要特点	应用范围
手工造型	砂箱造型	在专用的砂箱内造型，造型、起模、修型等操作方便	大、中、小型铸件成批或单件生产
	劈箱造型	将模样和砂箱分成相应的几块，分别造型，然后组装，造型、烘干、搬运、合箱和检验等操作方便，但制造模样、砂箱的工作量大	成批生产大型复杂铸件，如机床床身，大型柴油机机身

（续）

造型方法		主要特点	应用范围
手工造型	叠箱造型	将几个甚至十几个铸型重叠起来浇注，可节约金属，充分利用生产面积	中、小型铸件成批生产，多用于小型铸钢件
	脱箱造型	造型后将砂箱取走，在无箱或加套箱的情况下浇注，又称无箱造型	小型铸件成批或单件生产
	地坑造型	在车间地坑中造型，不用砂箱或只用箱盖，操作较麻烦、劳动量大、生产周期长	中、大型铸件单件生产，在无合适砂箱时采用
	刮板造型	用专制的刮板刮制铸型，可节省制造模样的材料和工时，但操作麻烦、生产率低	单件小批生产，外形简单或圆形铸件
	组芯造型	在砂箱、地坑中，用多块砂芯组装成铸型，可用夹具组装铸型	单件或成批生产结构复杂的铸件
一般机器造型	震击式	靠造型机的震击来紧实铸型，机构简单、制造成本低，但噪声大，生产率低，对厂房基础要求高	大量或成批生产的中、大型铸件
	震压式	在震击后加压紧实铸型，造型机制造成本较低，生产率较高，噪声大	大量或成批生产中、小型铸件
	微震压实式	在微震的同时加压紧实铸型，生产率较高，震击机构容易磨损	大量或成批生产中、小型铸件
	压实式	用较低的比压压实铸型，机器结构简单，噪声较小，生产率较高	大量或成批生产较小的铸件
	抛砂机	用抛砂的方法填实和紧实砂型，机器的制造成本较高	单件、成批生产中、大型铸件
高压造型	多触头式	机械方法加砂，高压多触头压实，铸件尺寸精确，生产率高，但机器结构复杂，辅机多、砂箱刚度要求高，制造成本高	大量生产中等铸件
	脱箱射压式	射砂方式填砂和预紧实，高压压实，铸件尺寸精确，辅机多，砂箱精度要求高，与多触头式相比，机器结构简单，生产率更高	大量生产中、小型铸件
	无箱挤压式	射砂方式填砂和预紧实，高压压实后将铸型推出箱框，不用砂箱，铸件尺寸精确，生产率最高，辅机较少，垂直分型时下芯需有专门机械手	大量生产中、小型铸件

表 4.4-3　砂型的类别、特点和应用范围

铸型类别	主要特点	应用范围
干型	水分少，强度高，透气性好，成本高，劳动条件差，可用机器造型，但不易实现机械化、自动化	结构复杂、质量要求高、单件小批生产的中、大型铸件
湿型	不用烘干，成本低、粉尘少，可用机器造型，容易实现机械化、自动化，采用膨润土活化砂及高压造型，可以得到强度高、透气性较好的铸型	多用于单件或大批大量生产的中、小型铸件
自硬型	一般不需烘干，强度高，硬化快，劳动条件好，铸型精度较高。自硬型砂按使用黏结剂和硬化方法不同，各有特点	多用于单件、小批或成批生产的中、大型铸件，对大型铸件效果较好

表 4.4-4　特种铸造方法的类别、特点和应用范围

铸造方法	主要特点	应用范围
压力铸造	用金属铸型，在高压、高速下充型，在压力下快速凝固，是效率高、精度高的金属成型方法，但压铸机、压铸型制造费用高	大批、大量生产，以锌合金、铝合金、镁合金及铜合金为主的中小型薄壁铸件，也用于钢铁铸件
熔模铸造	用蜡模，在蜡模外制成整体的耐火质薄壳铸型。加热熔掉蜡模后，用重力浇注。铸件精度高，表面质量好，但压型制造费高、工序繁多。手工操作时，劳动条件差	各种生产批量，以碳钢、合金钢为主的各种合金和难于加工的高熔点合金复杂零件，铸件质量一般 <10kg

（续）

铸造方法	主　要　特　点	应　用　范　围
金属型铸造	用金属铸型，在重力下浇注成型，对非铁合金铸件有细化组织的作用，灰铸铁件易出白口，生产率高，无粉尘，设备费用较高，手工操作时，劳动条件差	成批，大量生产，以非铁合金为主，也可用于铸钢、铸铁的厚壁、简单或中等复杂的中小铸件
低压铸造	用金属型、石墨型、砂型，在气体压力下充型及结晶凝固，铸件致密，金属收得率高，设备简单	各种批量生产，以非铁合金为主的中、大型薄壁铸件
陶瓷型铸造	采用高精度模样，用自硬耐火浆料灌注成型，重力浇注，铸件精度、表面粗糙度较好，但陶瓷浆料价格贵	单件、小批生产中、小型且厚壁中等的复杂铸件，特别宜作金属型、模板、热芯盒及各种热锻模具
离心铸造	用金属型或砂型，在离心力作用下浇注成型，铸件组织致密、设备简单、成本低、生产率高，但机械加工量大	单件、成批大量生产铁管、铜套、轧辊、金属轴瓦、气缸套等旋转体型铸件
实型铸造	用聚苯乙烯泡沫塑料模，局部或全部代替木模或金属模造型，在浇注时烧失。可节约木材、简化工序，但烟尘中有害气体较多	单件、小批生产的中、大型铸件，尤以1～2件为宜，或取模困难的铸件部分
磁型铸造	用磁性材料（铁丸、钢丸）代替型砂作造型材料，磁性材料可重复使用，简化了砂处理设备，但铸钢件表面渗碳，涂料干燥时间长，生产率低	大批大量生产中、小型中等复杂的钢铁零件，如锚链、阀体等
连续铸造	铸型是水冷结晶器，金属液连续浇入后，凝固的铸件不断地从结晶器的另一端拉出。生产率高，但设备费用高	大批、大量生产各类合金的铸管、铸锭、铸带、铸杆等
真空吸铸	在结晶器内抽真空，造成负压，吸入液体金属成型。铸件无气孔、砂眼，组织致密，生产率高，设备简单	大批、大量生产铜合金、铝合金的筒形和棒类铸件
挤压铸造	先在铸型的下型中浇入定量的液体金属，迅速合型，并在压力下凝固。铸件组织致密，无气孔，但设备较复杂。挤压钢铁合金时模具寿命较短	大批生产以非铁合金为主的形状简单，内部质量要求高或轮廓尺寸大的薄壁铸件
石墨型铸造	用石墨材料制成铸型，重力浇注成型、铸件组织致密，尺寸精确，生产率高，但铸型质脆，易碎，手工操作时劳动条件差	成批生产铜合金螺旋桨等形状不太复杂的中、小型铸件，也可用于钛合金铸件

注：特种铸造还包括石膏型、壳型、金属型覆砂铸造、热芯盒造型等。

2.2　铸造工艺对铸件结构设计工艺性的要求

设计铸件时，应考虑铸造工艺过程对铸件结构的要求，即必须考虑模样制造、造型、制芯、合箱、浇注、清理等工序的操作要求，以简化铸造工艺过程，提高生产率，保证铸件质量。铸件结构工艺性的要求见表4.4-5。

表4.4-5　铸造工艺对铸件结构的基本要求

序号	注意事项		图例 改进前	图例 改进后	说明
1	便于制模	外形力求简单	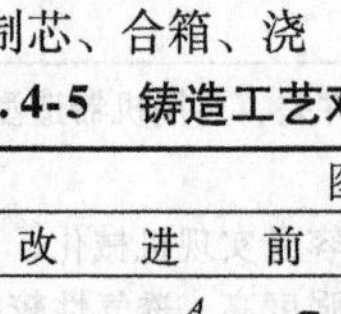	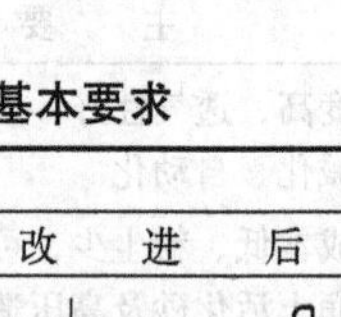	A、B为弧面时，制模、制芯困难，应改为平面
			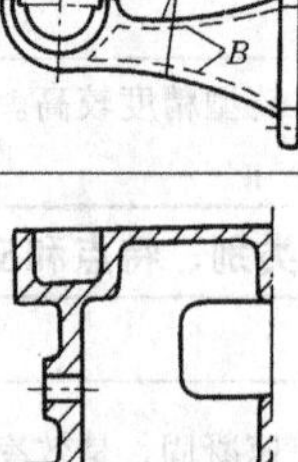	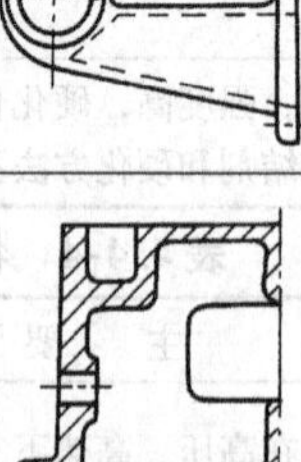	尽量减少凹凸部分
		分型面力求简单	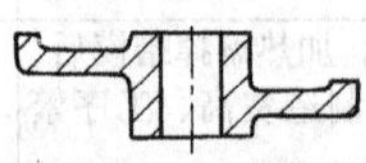	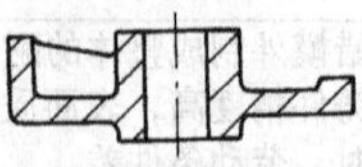	分型面形状力求简单，尽量设计在同一平面内

（续）

序号	注意事项		图例 改进前	图例 改进后	说明
1	便于制模	分型面力求简单	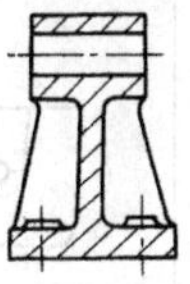	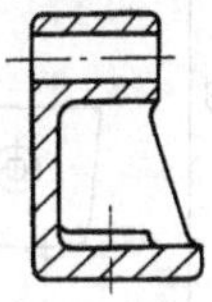	分型面形状力求简单，尽量设计在同一平面内
2	便于造型	分型面应是平面	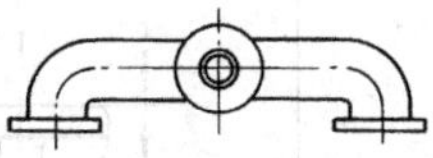	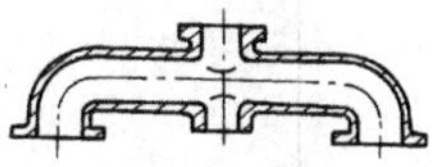	铸件外形应使分型方便，如三通管在不影响使用的情况下，各管口截面最好在一个平面上
			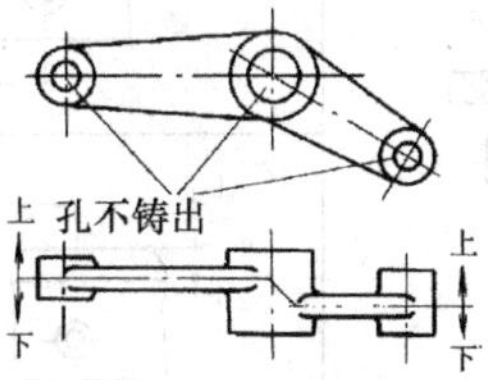	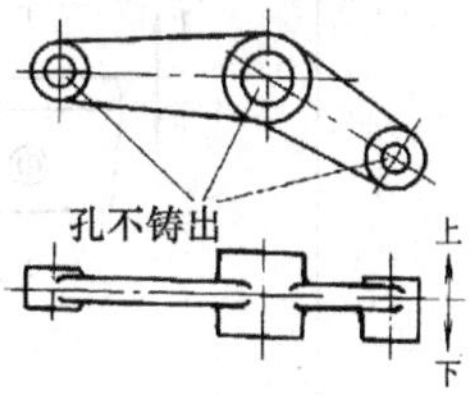	
		尽量减少分型面的数量	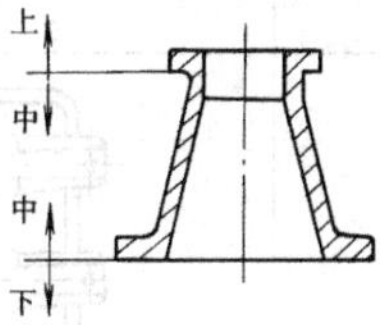	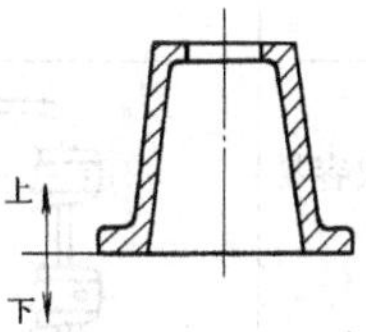	分型面应尽量少，改进后，三箱造型变为两箱造型
			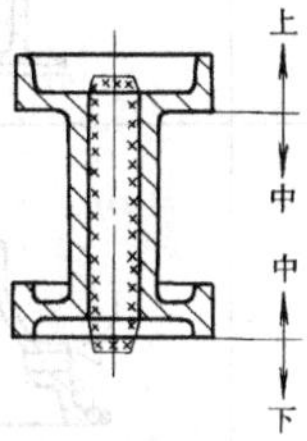	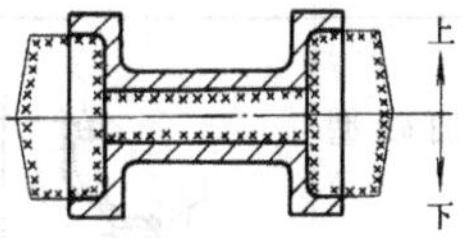	
		应有结构斜度	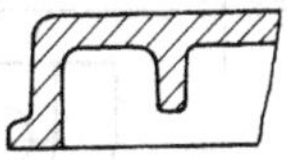	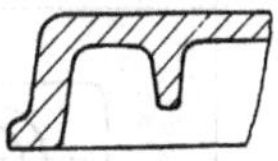	在起模方向留有结构斜度（包括内腔）
			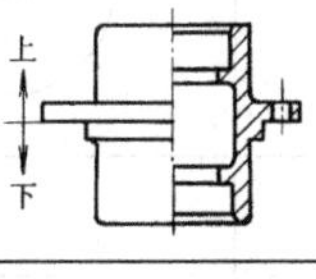	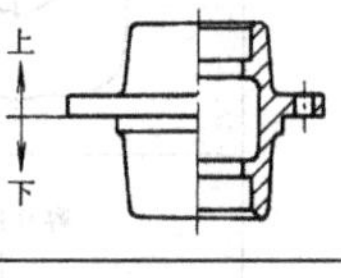	
		减少活块的数量	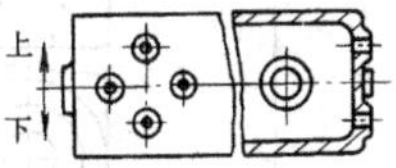	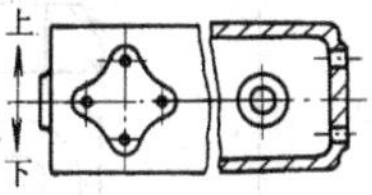	铸件外壁的局部凸台应连成一片
			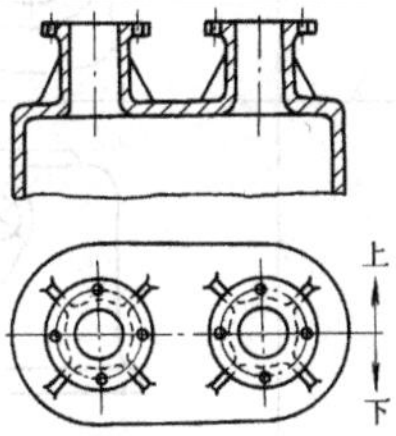	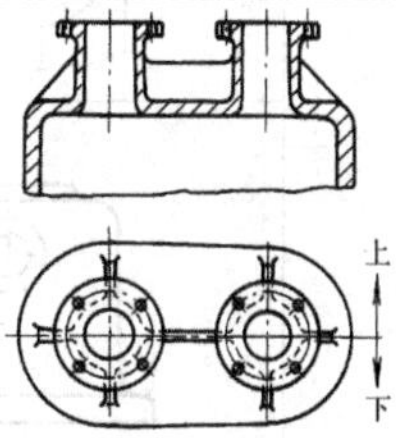	加强肋应合理布置

（续）

序号	注意事项		图例		说明
			改进前	改进后	
2	便于造型	减少活块的数量	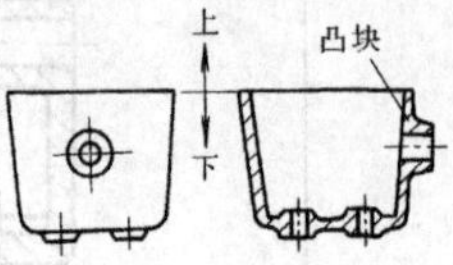	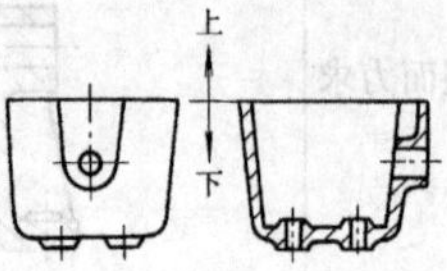	去掉凸台后减少活块造模，较适于机器造型
			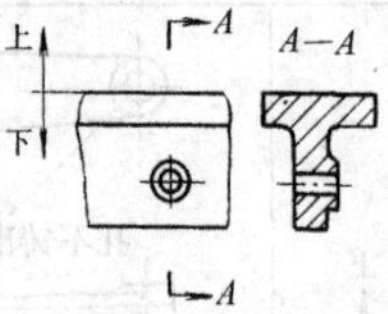	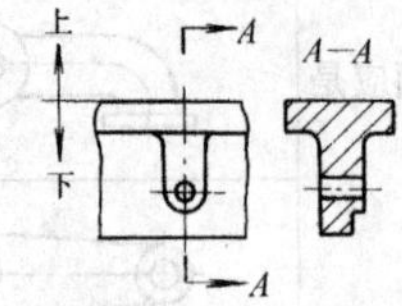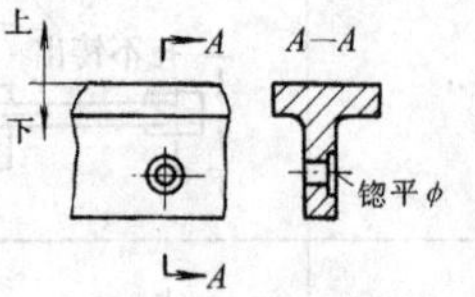	为避免采用活块，可将凸台加长，引伸至分型面。如加工方便，也可不设凸台，采取锪平措施
		使活块容易取出	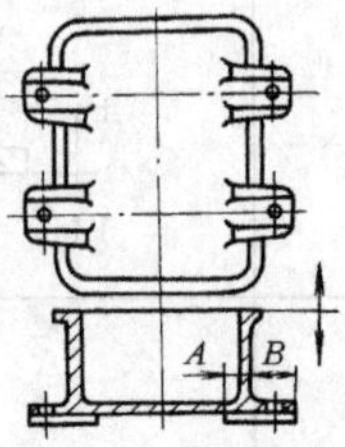	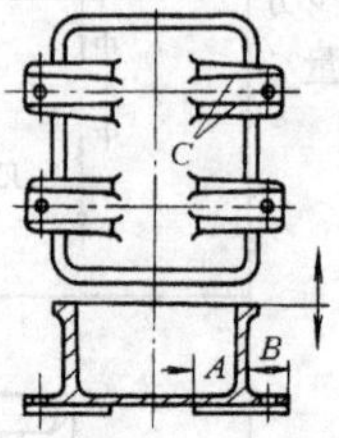	$A>B$，将 C 部做成斜面时，活块容易取出
		增加砂型强度	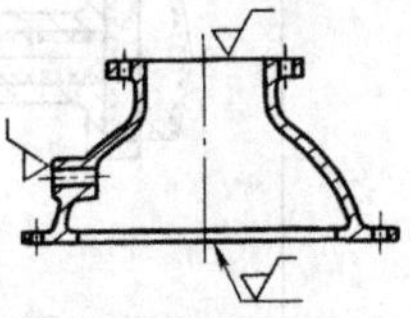	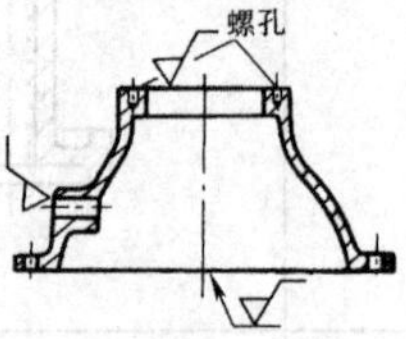	改进后，将小头法兰改成内法兰，大头法兰改成外法兰。为保证其强度，法兰厚度应稍增大
			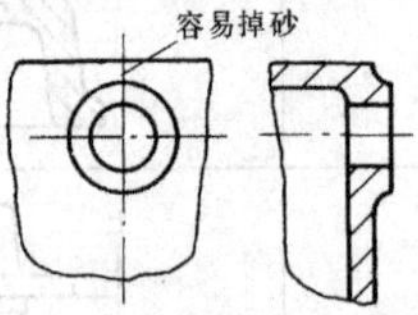	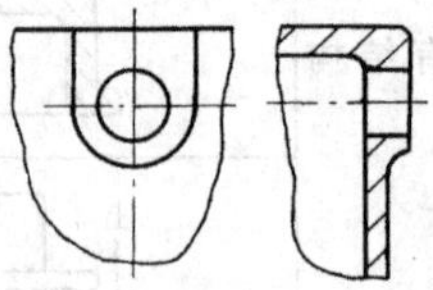	离平面很近或相切的圆凸台砂型不牢
			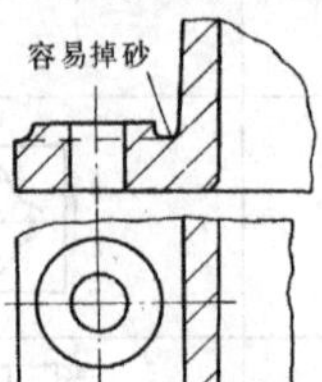	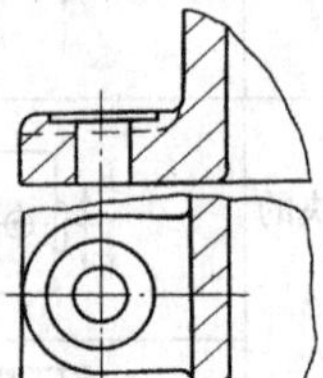	圆凸台侧壁的沟缝处容易掉砂，可改为机械加工平面
			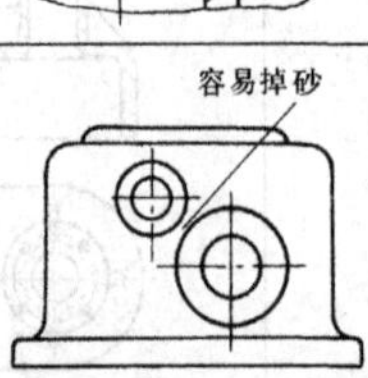	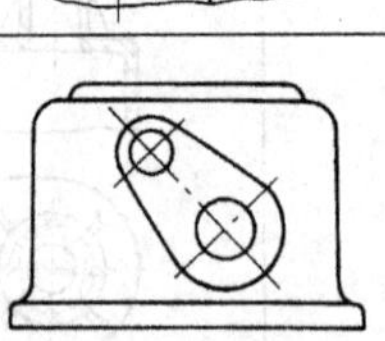	相距很近的凸台，可将其连接起来

（续）

序号	注意事项		图例：改进前	图例：改进后	说明
2	便于造型	便于取模	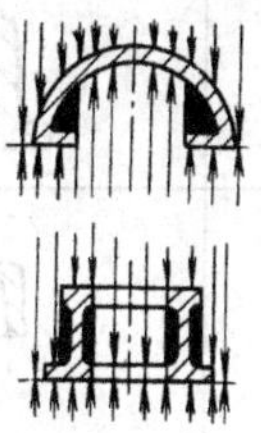	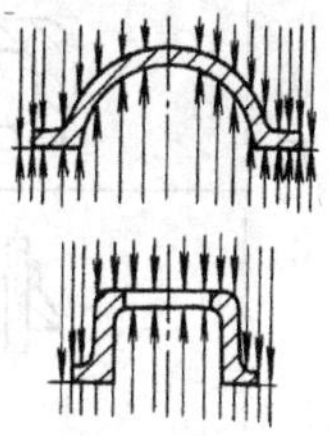	可作垂直于分型面的平行线来检验，阴影部分不能取模
			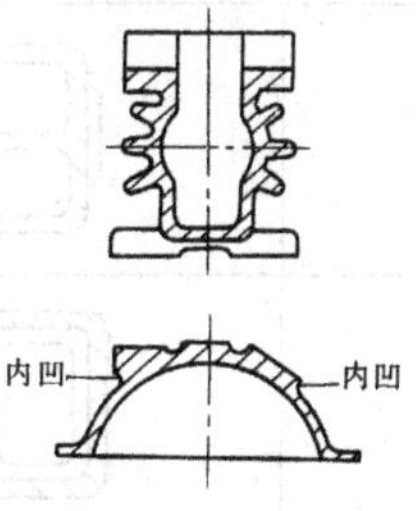	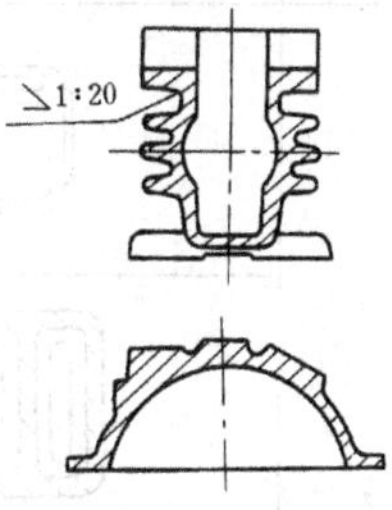	避免使造模、取模产生困难的死角和内凹
		采用组合铸件	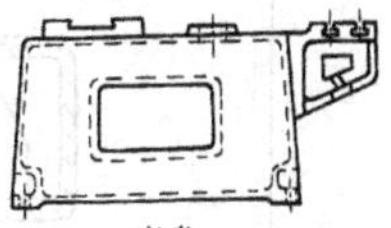 床身	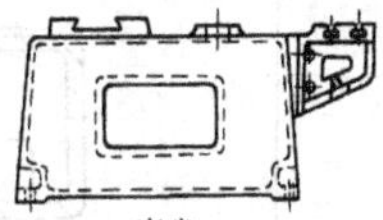 床身	对于大型复杂件，在不影响其精度、强度及刚度要求的情况下，为使铸件的结构简单，可考虑分成几个铸件组成。如床身由整体改为分铸、螺栓连接；鼓轮型铸钢件的法兰改成焊接组合
			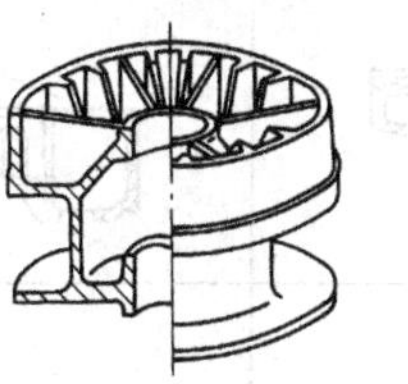	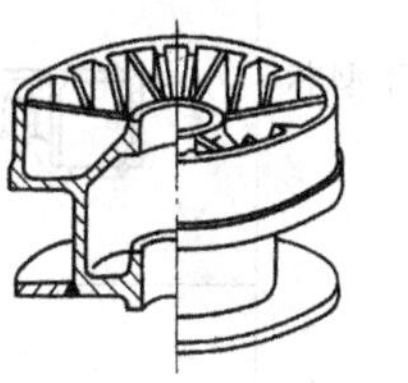	
3	便于制芯	简化内腔，少用型芯	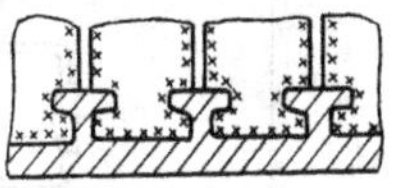	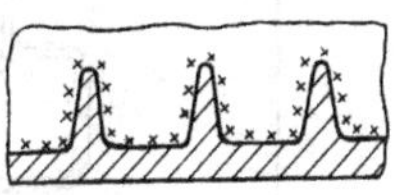	铸件内腔形状应尽量简单，减少型芯，并简化芯盒结构
			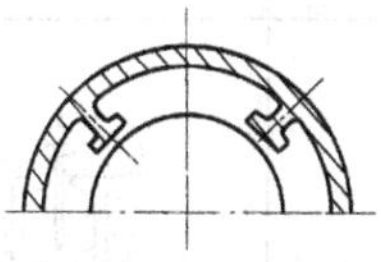	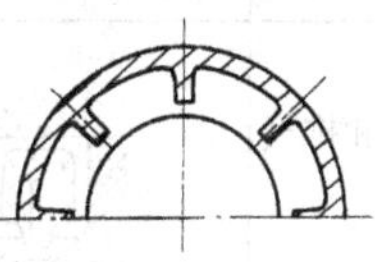	
			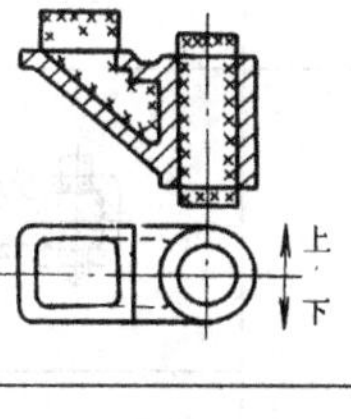	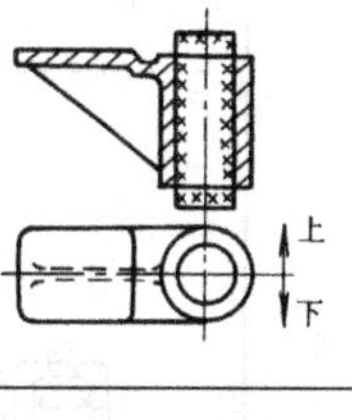	将箱形结构改为肋骨形结构，可省去型芯，但强度和刚性比箱形结构差
			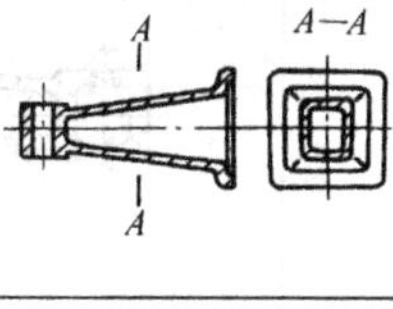	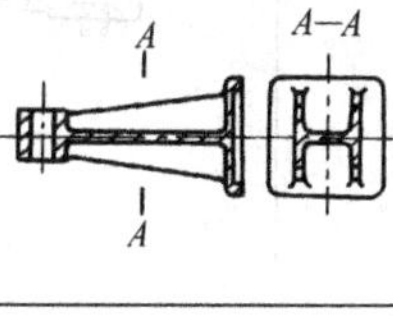	

（续）

序号	注意事项		图例：改进前	图例：改进后	说明
3	便于制芯	简化内腔，少用型芯	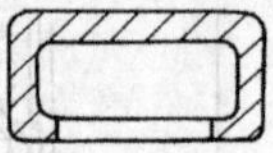		尽可能将内腔做成开式的，可不需型芯
			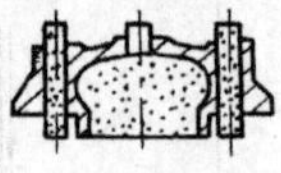 需用型芯	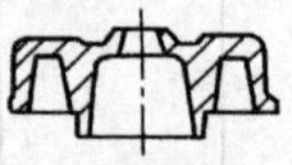 不需用型芯	
			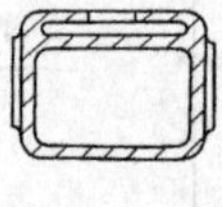	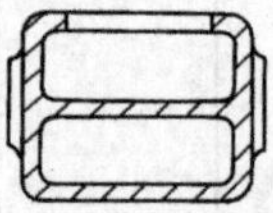	在结构允许的条件下，采用对称结构，可减少制造木模和型芯的工作量
			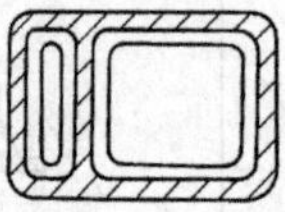	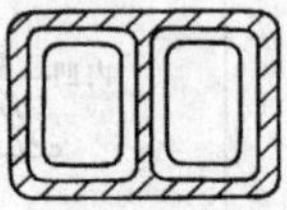	
			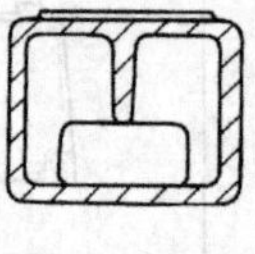		内腔的狭长肋，需要狭窄沟缝的型芯，不易刷上涂料，应尽可能避免
		便于型芯固定	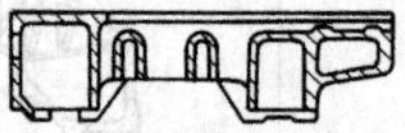	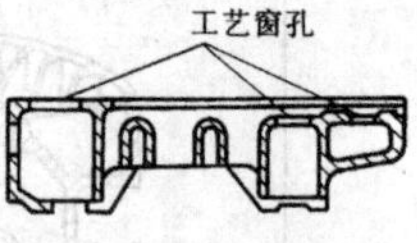	设置固定型芯的专用工艺窗孔
			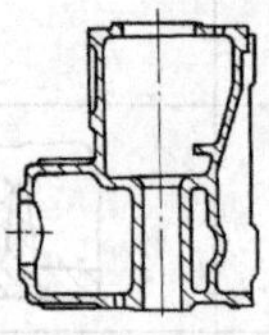	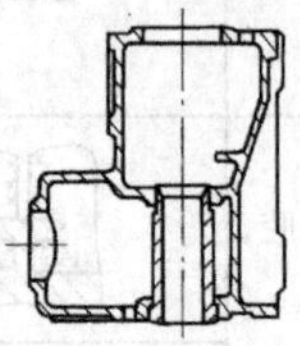	铸件改为组合结构后，使型芯形状简单、固定牢靠，易保证铸件的壁厚
4	便于合箱	下芯和排气方便	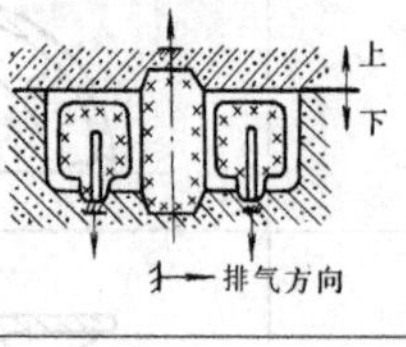	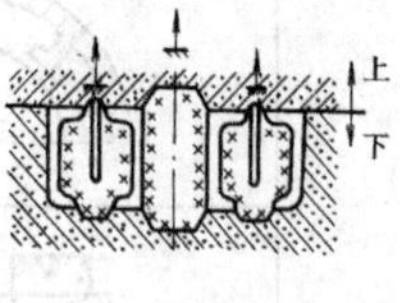	有利于型芯的固定和排气
			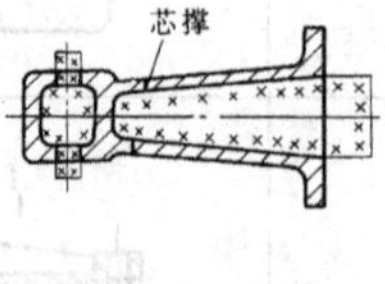	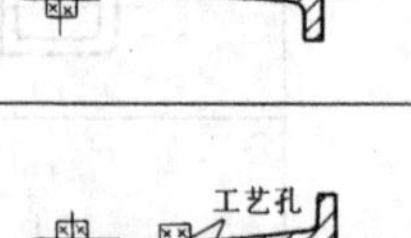	尽量避免采用悬臂芯，可连通中间部分；若使用要求不允许此部分结构改变，则可设工艺孔，加强型芯的固定和排气
				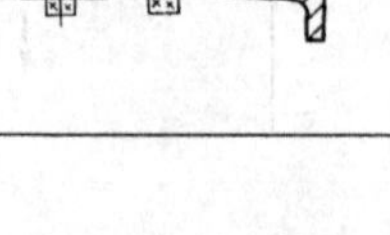	

（续）

序号	注意事项		图例		说明
			改进前	改进后	
4	便于合箱	下芯和排气方便	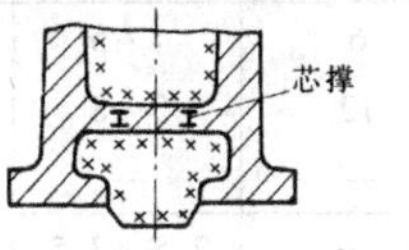	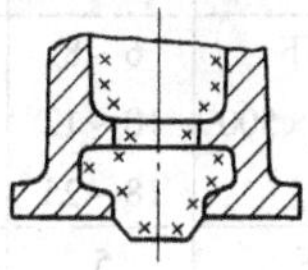	改进后，减少型芯，不用芯撑
			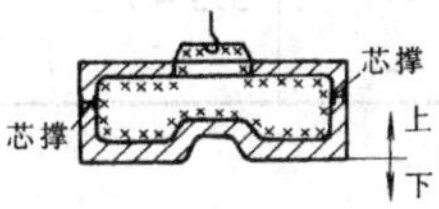	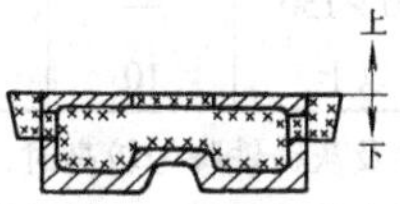	改进后，避免采用吊芯，不用芯撑
			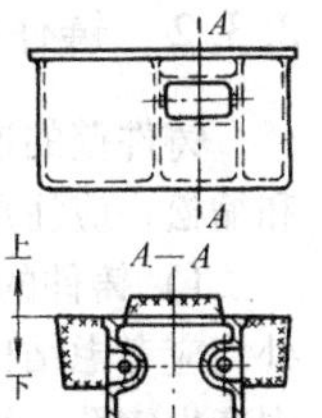	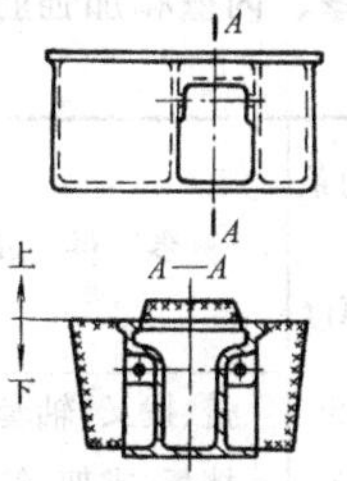	改进前，下芯十分不便，需先放入中间芯，放芯撑固定后，再从侧面放入两边型芯，芯头处需用干砂填实；改进后，两边型芯可先放入，不妨碍中间型芯的安放
		减小砂箱体积	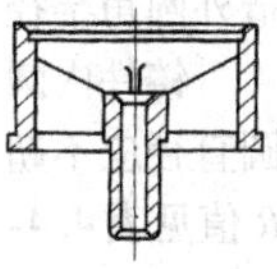	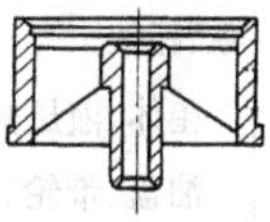	缩小铸件的轮廓尺寸，可减小砂箱体积，降低造型费用
			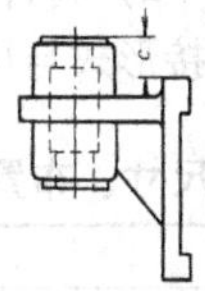	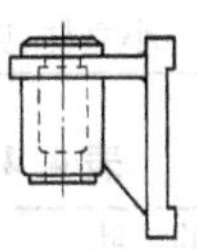	
5	便于清砂	留有足够清理空间	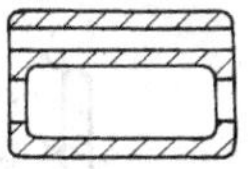	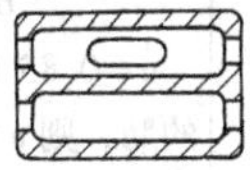	狭长内腔不便制芯和清铲，应尽可能避免
			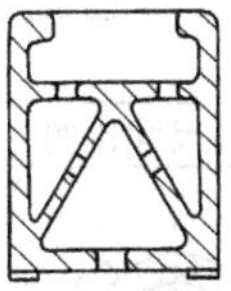	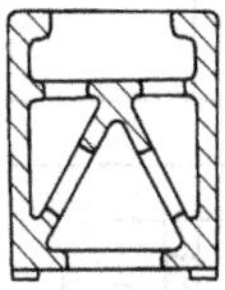	在保证刚性的前提下，可加大清铲窗孔，以便于清砂及取出芯骨

2.3　合金铸造性能对铸件结构设计工艺性的要求

铸件结构必须符合合金铸造性能的要求，否则铸件容易产生浇不足、冷隔、缩孔、缩松、烧结粘砂、变形、裂纹等缺陷。

2.3.1　合理设计铸件壁厚

1）铸件的最小壁厚。合理的铸件壁厚，能保证铸件的力学性能和防止产生浇不足、冷隔等缺陷。铸件的最小壁厚见表4.4-6。

2）避免截面过厚，采用加强肋。为保证铸件的强度与刚度，选择合理的截面形状，如T字形、I字形、槽形、箱形结构，并在薄弱部分安置加强肋（见表4.4-7～表4.4-9）。

3）铸件壁厚应尽可能均匀。铸件壁厚不均匀易产生缩孔或缩松，引起铸件变形或产生较大内应力导致铸件产生裂纹。

表 4.4-6　铸件最小允许壁厚　　(mm)

铸型种类	铸件尺寸	最小允许壁厚							
		铸钢	灰铸铁	球墨铸铁	可锻铸铁	铝合金	镁合金	铜合金	高锰钢
砂型	200×200 以下	6~8	5~6	6	4~5	3	—	3~5	20（最大壁厚不超过125）
	200×200~500×500	10~12	6~10	12	5~8	4	3	6~8	
	500×500 以上	18~25	15~20	—	—	5~7	—	—	
金属型	70×70 以下	5	4	—	2.5~3.5	2~3	—	3	
	70×70~150×150	—	5	—	3.5~4.5	4	2.5	4~5	
	150×150 以上	10	6	—	—	5	—	6~8	

注：1. 结构复杂的铸件及灰铸铁牌号较高时，选取偏大值。
2. 特大型铸件的最小允许壁厚，还可适当增加。

表 4.4-7　灰铸铁件外壁、内壁和加强肋的厚度　（mm）

铸件质量/kg	铸件最大尺寸	外壁厚度	内壁厚度	肋条厚度	零件举例
<5	300	7	6	5	盖、拨叉、轴套，端盖
6~10	500	8	7	5	挡板、支架、箱体、门、盖
11~60	750	10	8	6	箱体、电动机支架、溜板箱、托架
61~100	1250	12	10	8	箱体、液压缸体、溜板箱
101~500	1700	14	12	8	油盘、带轮、镗模架
501~800	2500	16	14	10	箱体、床身、盖、滑座
801~1200	3000	18	16	12	小立柱、床身、箱体、油盘

2.3.2　铸件的结构圆角与圆滑过渡

铸件壁的连接或转角部分容易产生内应力、缩孔和缩松，应注意防止壁厚突变及铸件尖角。

1）铸件的结构圆角。铸件壁的转向及壁间连接处均应考虑结构圆角，防止铸件因金属积聚和应力集中产生缩孔、缩松和裂纹等缺陷。此外，铸造圆角还有利于造型，减少取模掉砂，并使铸件外形美观。铸造外圆角半径 R 值见表 4.4-10。

铸件内圆角必须与壁厚相适应，通常圆角处内接圆直径应不超过相邻壁厚的 1.5 倍。铸造内圆角半径 R 值见表 4.4-11。

2）铸件壁与壁相交时，应避免锐角连接。壁的连接形式与尺寸见表 4.4-12。

表 4.4-8　加强肋的种类、尺寸、布置和形状

中部的肋		两边的肋	
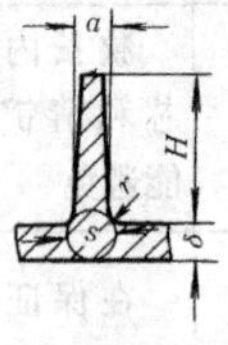	$H \leqslant 5\delta$ $a=0.8\delta$（若是铸件内部的肋，则 $a \approx 0.6\delta$） $s=1.3\delta$ $r=0.5\delta$	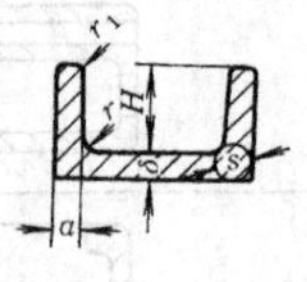	$H \leqslant 5\delta$ $a=\delta$ $s=1.25\delta$ $r=0.3\delta$ $r_1=0.25\delta$

带有肋的截面的铸件尺寸比例

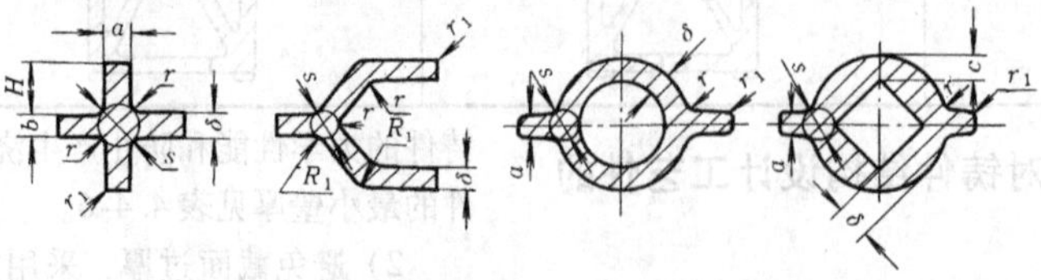

（δ 的倍数）

断面	H	a	b	c	R_1	r	r_1	s
十字形	3	0.6	0.6	—	—	0.3	0.25	1.25
叉形	—	—	—	—	1.5	0.5	0.25	1.25
环形附肋	—	0.8	—	—	—	0.5	0.25	1.25
同上，但有方孔	—	1.0	—	0.5	—	0.25	0.25	1.25

（续）

肋　的　布　置

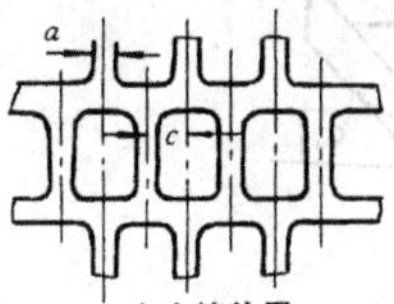

中小铸件用
$c=2a$

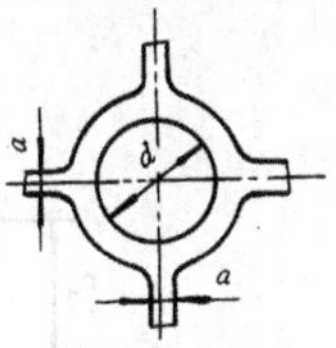

大铸件用 $d=4a$

肋　的　形　状

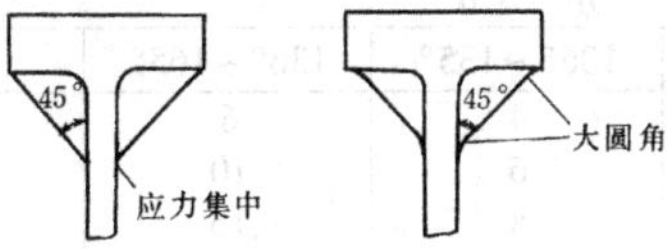

不合理　　合理

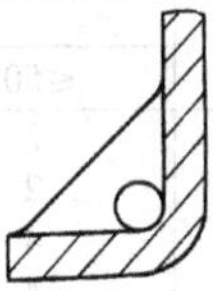

中空的结构

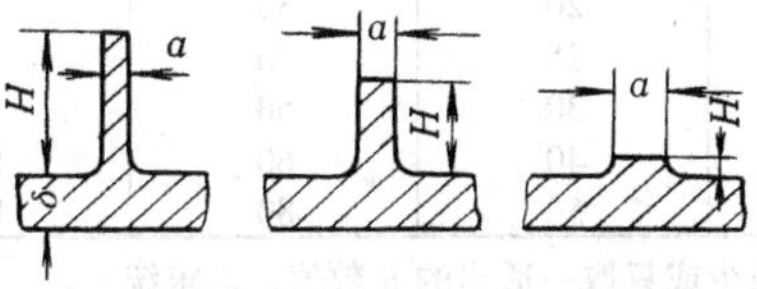

当 $a=\delta/4$ 　$H<4\delta$
当 $a=\delta/2$ 　$H<1.5\delta$
当 $a=3\delta/4$ 　$H\leqslant 0.5\delta$

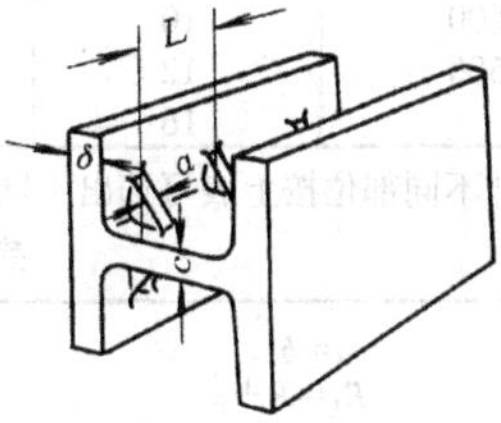

$s<a<\delta$
$c=2\delta/3$
$L>3\delta$

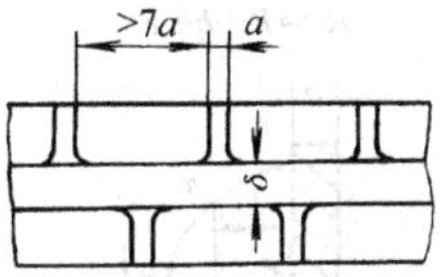

说　明	a、b—肋厚度　δ—壁厚

表 4.4-9　两壁之间肋的连接形式

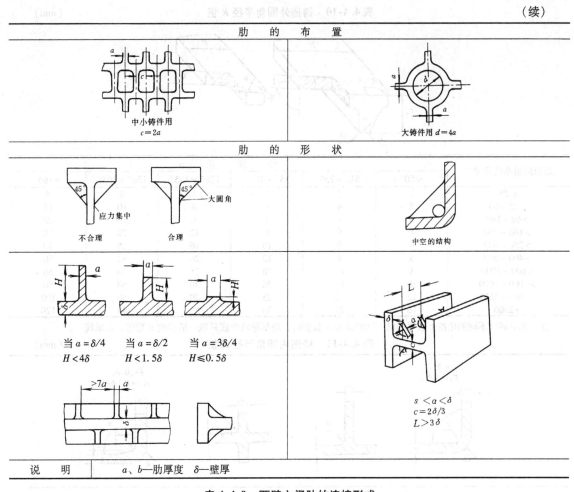

序号	简　图	说　明	序号	简　图	说　明
1	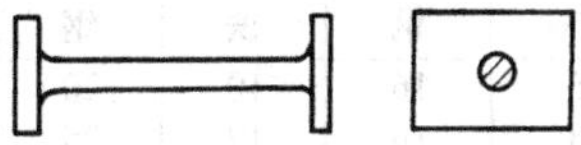	抗弯和抗扭曲性最差	7	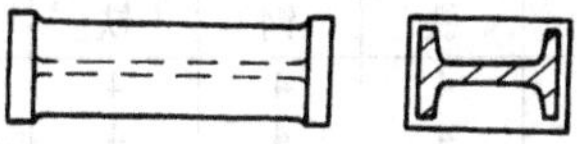	抗弯性较高
2	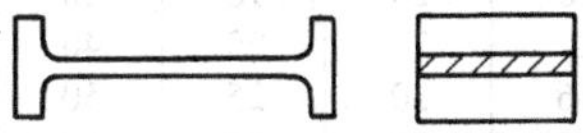	仅在一个方向上有抗弯能力	8	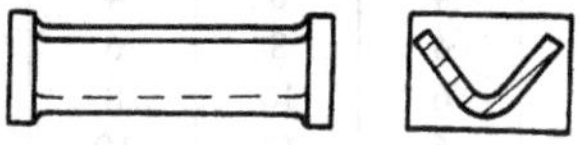	较序号 2 抗弯性和抗扭曲性稍高
3	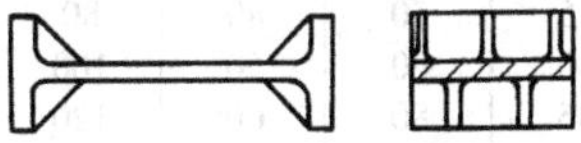	较序号 2 抗弯和抗扭曲性稍高	9		较序号 2 抗弯性和抗扭曲性稍高
4	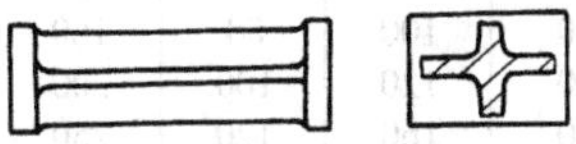	在两个方向上有抗弯能力	10		双向均有大的抗弯性和抗扭曲性，但需用型芯
5	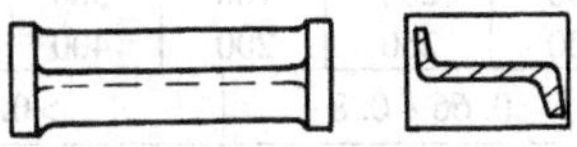	较序号 2 抗弯性稍高	11	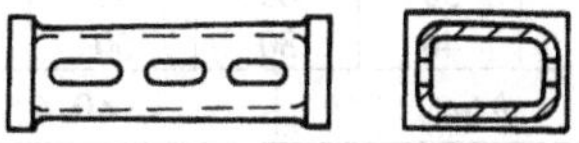	
6					

注：抗弯和抗扭曲性大致按序号顺序递增。

表 4.4-10 铸造外圆角半径 R 值 (mm)

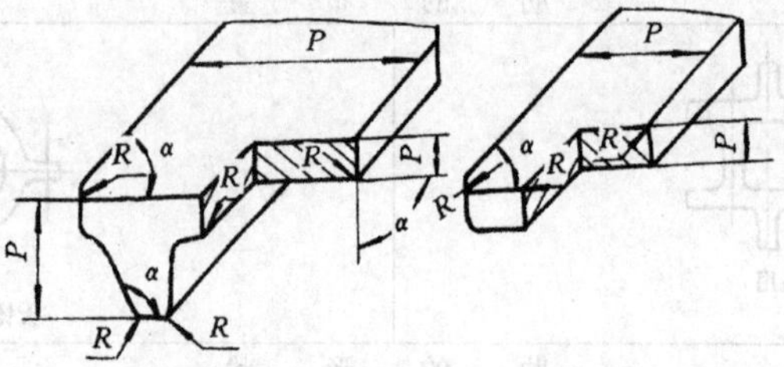

表面的最小边尺寸 P	外圆角 α					
	≤50°	51°～75°	76°～105°	106°～135°	136°～165°	>165°
≤25	2	2	2	4	6	8
>25～60	2	4	4	6	10	16
>60～160	4	4	6	8	16	25
>160～250	4	6	8	12	20	30
>250～400	6	8	10	16	25	40
>400～600	6	8	12	20	30	50
>600～1000	8	12	16	25	40	60
>1000～1600	10	16	20	30	50	80
>1600～2500	12	20	25	40	60	100
>2500	16	25	30	50	80	120

注：如果铸件不同部位按上表可选出不同的圆角 R 数值时，应尽量减少或只取一适当的 R 数值，以求统一。

表 4.4-11 铸造内圆角半径 R 值 (mm)

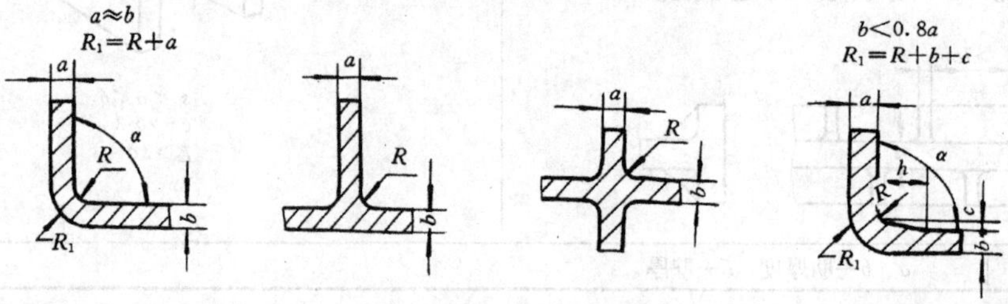

$\frac{a+b}{2}$	内圆角 α											
	≤50°		51°～75°		76°～105°		106°～135°		136°～165°		>165°	
	钢	铁	钢	铁	钢	铁	钢	铁	钢	铁	钢	铁
≤8	4	4	4	4	6	4	8	6	16	10	20	16
9～12	4	4	4	4	6	6	10	8	16	12	25	20
13～16	4	4	6	4	8	6	12	10	20	16	30	25
17～20	6	4	8	6	10	8	16	12	25	20	40	30
21～27	6	6	10	8	12	10	20	16	30	25	50	40
28～35	8	6	12	10	16	12	25	20	40	30	60	50
36～45	10	8	16	12	20	16	30	25	50	40	80	60
46～60	12	10	20	16	25	20	35	30	60	50	100	80
61～80	16	12	25	20	30	25	40	35	80	60	120	100
81～110	20	16	25	20	35	30	50	40	100	80	160	120
111～150	20	16	30	25	40	35	60	50	100	80	160	120
151～200	25	20	40	30	50	40	80	60	120	100	200	160
201～250	30	25	50	40	60	50	100	80	160	120	250	200
251～300	40	30	60	50	80	60	120	100	200	160	300	250
>300	50	40	80	60	100	80	160	120	250	200	400	300

c 和 h 值						
	b/a		<0.4	0.5～0.65	0.66～0.8	>0.8
	$c\approx$		$0.7(a-b)$	$0.8(a-b)$	$a-b$	—
	$h\approx$	钢	$8c$			
		铁	$9c$			

注：对于高锰钢铸件，内圆角半径 R 值应比表中数值增大 1.5 倍。

表 4.4-12 壁的连接形式及尺寸

类别	连接形式	连接尺寸
两壁斜向相连	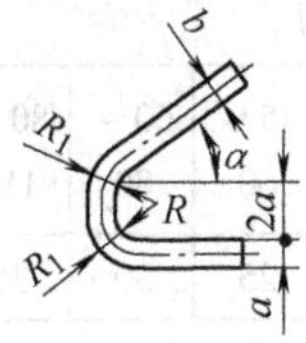	$b=a$，$\alpha<75°$ $R=\left(\frac{1}{3}\sim\frac{1}{2}\right)a$ $R_1=R+a$
两壁斜向相连	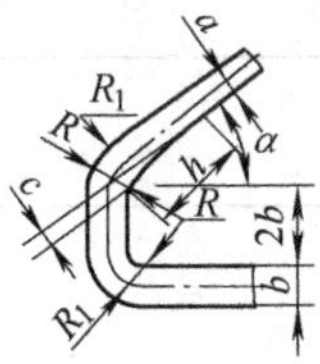	$b>1.25a$，对于铸铁 $h=4c$ $c=b-a$，对于铸钢 $h=5c$ $\alpha<75°$ $R=\left(\frac{1}{3}\sim\frac{1}{2}\right)\left(\frac{a+b}{2}\right)$ $R_1=R+b$
两壁斜向相连	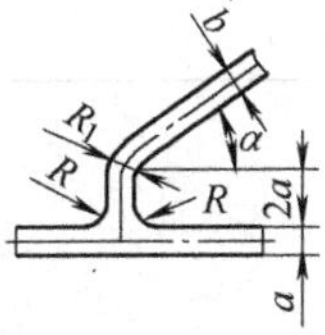	$b\approx1.25a$，$\alpha<75°$ $R=\left(\frac{1}{3}\sim\frac{1}{2}\right)\left(\frac{a+b}{2}\right)$ $R_1=R+b$
两壁斜向相连	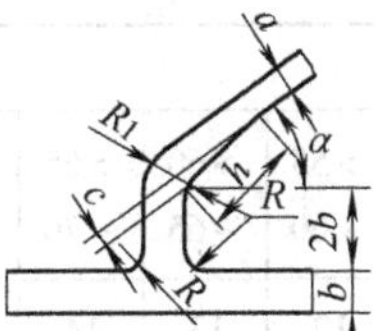	$b\approx1.25a$，对于铸铁 $h\approx8c$ $c=\frac{b-a}{2}$，对于铸钢 $h\approx10c$ $\alpha<75°$， $R=\left(\frac{1}{3}\sim\frac{1}{2}\right)\left(\frac{a+b}{2}\right)$ $R_1=\frac{a+b}{2}+R$
两壁垂直相连	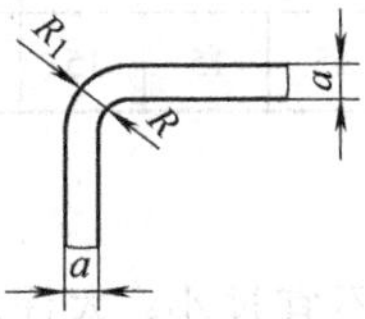 两壁厚相等时	$R\geqslant\left(\frac{1}{3}\sim\frac{1}{2}\right)a$ $R_1\geqslant R+a$
两壁垂直相连	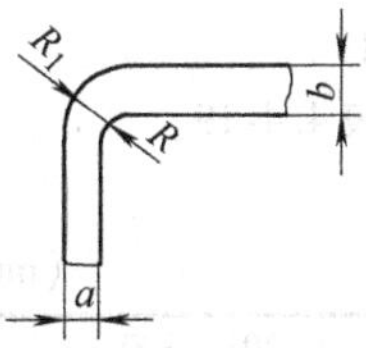 $a<b<2a$时	$R\geqslant\left(\frac{1}{3}\sim\frac{1}{2}\right)\left(\frac{a+b}{2}\right)$ $R_1\geqslant R+\frac{a+b}{2}$
两壁垂直相连	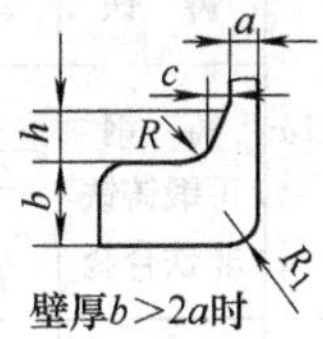 壁厚$b>2a$时	$a+c\leqslant b$，$c\approx3\sqrt{b-a}$ 对于铸铁 $h\geqslant4c$ 对于钢 $h\geqslant5c$ $R\geqslant\left(\frac{1}{3}\sim\frac{1}{2}\right)\left(\frac{a+b}{2}\right)$ $R_1\geqslant R+\frac{a+b}{2}$
两壁垂直相交	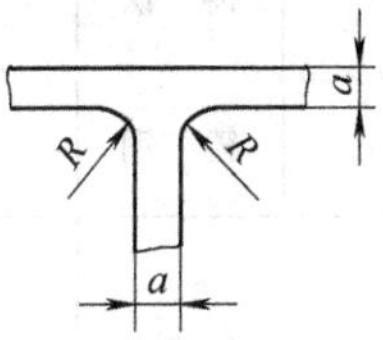 三壁厚相等时	$R\geqslant\left(\frac{1}{3}\sim\frac{1}{2}\right)a$
两壁垂直相交	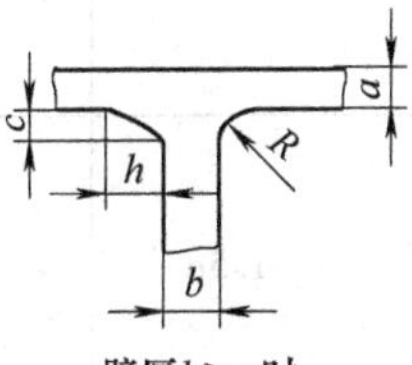 壁厚$b>a$时	$a+c\leqslant b$，$c\approx3\sqrt{b-a}$ 对于铸铁 $h\geqslant4c$ 对于钢 $h\geqslant5c$ $R\geqslant\left(\frac{1}{3}\sim\frac{1}{2}\right)\left(\frac{a+b}{2}\right)$
两壁垂直相交	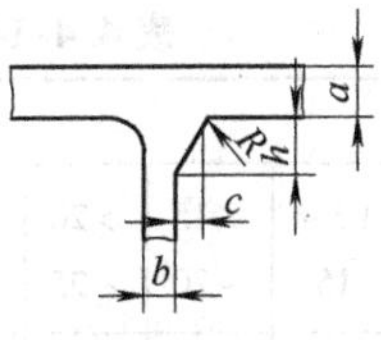 壁厚$b<a$时	$b+2c\leqslant a$，$c\approx1.5\sqrt{a-b}$ 对于铸铁 $h\geqslant8c$ 对于钢 $h\geqslant10c$ $R\geqslant\left(\frac{1}{3}\sim\frac{1}{2}\right)\left(\frac{a+b}{2}\right)$
其他	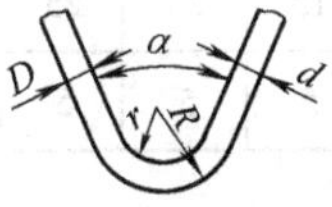 D与d相差不多	$\alpha<90°$ $r=1.5d$（≥25mm） $R=r+d$ 或 $R=1.5r+d$
其他	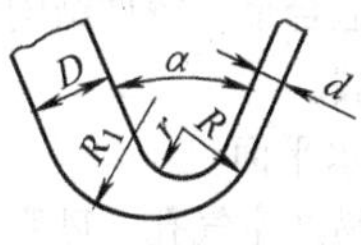 D比d大得多	$\alpha<90°$ $r=\frac{D+d}{2}$（≥25mm） $R=r+d$ $R_1=r+D$
其他	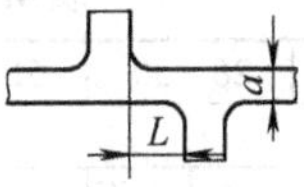	$L>3a$

注：1. 圆角标准整数系列（mm）：2，4，6，8，10，12，16，20，25，30，35，40，50，60，80，100。

2. 当壁厚大于 20mm 时，R 取系数中的小值。

3）不同壁厚相接应逐渐过渡。铸件的厚壁与薄壁相连接时，连接部位的结构应从薄壁缓慢过渡到厚壁，防止突变。过渡的形式与尺寸见表 4.4-13。法兰铸造过渡斜度见表 4.4-14。

表 4.4-13　壁厚的过渡形式与尺寸　(mm)

图　例	过　渡　尺　寸												
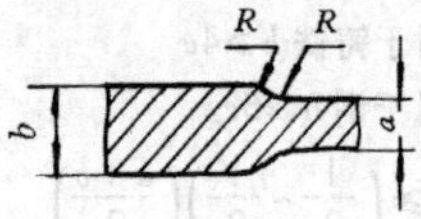	$b\leqslant 2a$	铸　铁	$R\geqslant\left(\frac{1}{3}\sim\frac{1}{2}\right)\left(\frac{a+b}{2}\right)$										
		铸　钢 可锻铸铁 非铁合金	$\frac{a+b}{2}$	<12	12～16	16～20	20～27	27～35	35～45	45～60	60～80	80～110	110～150
			R	6	8	10	12	15	20	25	30	35	40
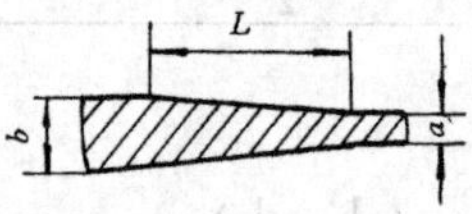	$b>2a$	铸　铁	$L\geqslant 4(b-a)$										
		铸　钢	$L\geqslant 5(b-a)$										
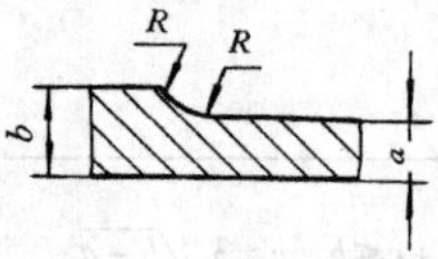	$b\leqslant 1.5a$		$R\geqslant\frac{2a+b}{2}$										
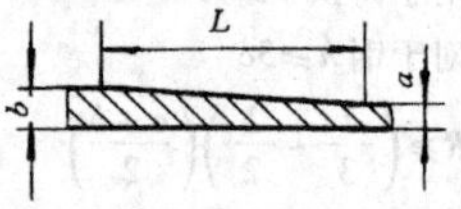	$b>1.5a$		$L=4(a+b)$										

表 4.4-14　法兰铸造过渡斜度　(mm)

简　图	尺　寸													
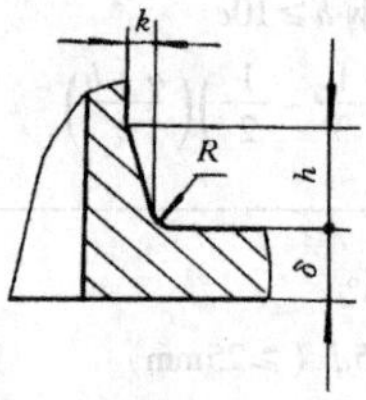	δ	10～15	>15～20	>20～25	>25～30	>30～35	>35～40	>40～45	>45～50	>50～55	>55～60	>60～65	>65～70	>70～75
	k	3	4	5	6	7	8	9	10	11	12	13	14	15
	h	15	20	25	30	35	40	45	50	55	60	65	70	75
	R	5	5	5	8	8	10	10	10	10	15	15	15	15

2.3.3　合理的铸件结构形状

(1) 避免铸件固态收缩受阻碍

对于热裂、冷裂敏感的铸造合金，铸件结构应尽量避免其冷却时收缩受阻而开裂。

(2) 铸件应避免设置过大水平面

浇注时铸件朝上的水平面易产生气孔、砂眼、夹渣和冷隔等缺陷。因此，应尽量减少过大的水平面或采用倾斜的表面。

(3) 其他

1) 铸件孔眼和凹腔不宜过小、太深，见表4.4-15、表4.4-16。

2) 铸造内腔见表4.4-17。

3) 铸造斜度见表4.4-18。

4) 平面上凸台尺寸见表4.4-19。

表 4.4-15　最小铸孔尺寸　(mm)

材　料	孔壁厚度	<25		26～50		51～75		76～100		101～150		151～200		201～300		≥301	
	孔的深度	最　小　孔　径															
		▽	○√	▽	○√	▽	○√	▽	○√	▽	○√	▽	○√	▽	○√	▽	○√
碳钢与一般合金钢	≤100	75	55	75	55	90	70	100	80	120	100	140	120	160	140	180	160
	101～200	75	55	90	70	100	80	110	90	140	120	160	140	180	160	210	190
	201～400	105	80	115	90	125	100	135	110	165	140	195	170	215	190	255	230
	401～600	125	100	135	110	145	120	165	140	195	170	225	200	255	230	295	270
	601～1000	150	120	160	130	180	150	200	170	230	200	260	230	300	270	340	310

（续）

材　料	孔壁厚度	<25		26~50		51~75		76~100		101~150		151~200		201~300		≥301	
		最　小　孔　径															
	孔的深度	▽√	○√	▽√	○√	▽√	○√	▽√	○√	▽√	○√	▽√	○√	▽√	○√	▽√	○√
高锰钢	孔壁厚度	<50				51~100				≥101							
	最小孔径	20				30				40							
灰铸铁	大量生产：12~15，成批生产：15~30，小批、单件生产：30~50																

注：1. 不通圆孔最小容许铸造孔直径应比表中值大 20%，矩形或方形孔其短边要大于表中值的 20%，而不通矩形或方形孔则要大于 40%。

2. 表中▽√表示加工后孔径，○√表示不加工的孔径。

3. 难加工的金属，如高锰钢铸件等的孔应尽量铸出，而其中需要加工的孔，常用镶铸碳素钢的办法，待铸出后，再在镶铸的碳素钢部分进行加工。

表 4.4-16　孔边凸台

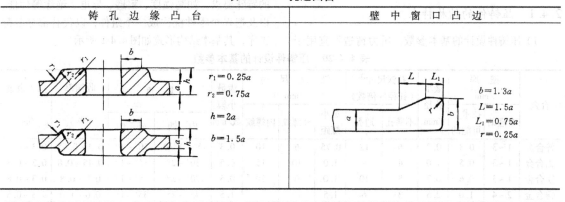

铸孔边缘凸台	壁中窗口凸边
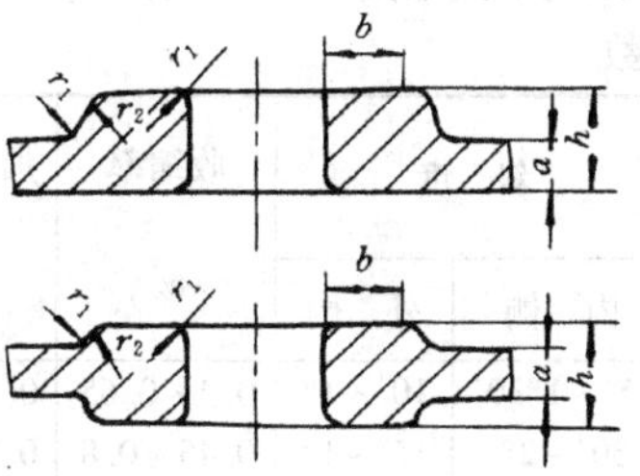 $r_1=0.25a$ $r_2=0.75a$ $h=2a$ $b=1.5a$	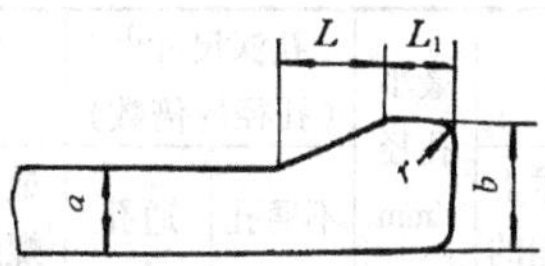 $b=1.3a$ $L=1.5a$ $L_1=0.75a$ $r=0.25a$

表 4.4-17　铸造内腔

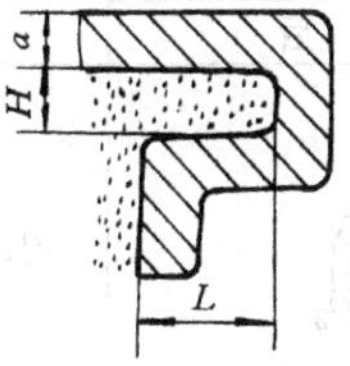 $H>2a$ $L\leqslant 3H$	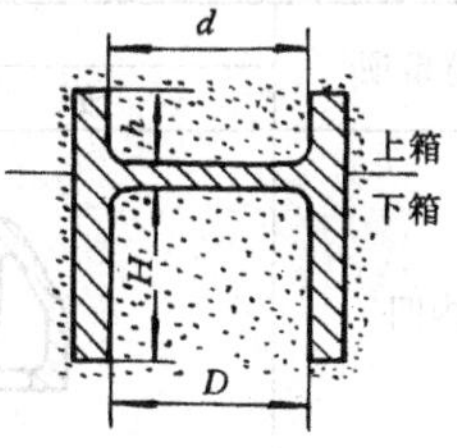 不用型芯所能铸出的凹腔尺寸： $H\leqslant D$，$h\leqslant 0.3d$（机器造型） $H\leqslant 0.5D$，$h\leqslant 0.15d$（手工造型）

表 4.4-18　铸造斜度

图　　例	斜　度 $b:h$	角　度 β	应　用　范　围
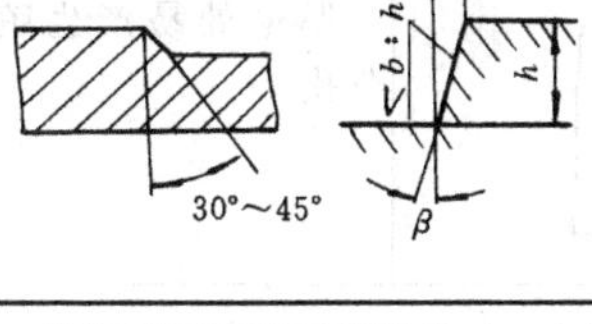	1:5	11°30′	h<25mm 时钢和铁的铸件
	1:10 1:20	5°30′ 3°	h=25~500mm 时钢和铁的铸件
	1:50	1°	h>500mm 时钢和铁的铸件
	1:100	30′	有色金属铸件

注：当设计不同壁厚的铸件时，在转折点处的斜角最大增到 30°~45°（见表中图）。

表 4.4-19　平面上凸台尺寸　　(mm)

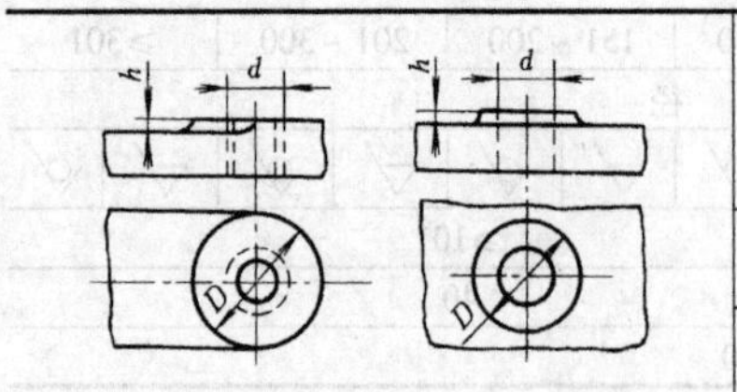

d	孔	4	5	5	6	7	8	9	10	11	12	13	14
	螺孔	M4		M5		M6		M8		M10		M12	
D		12		14		16		20		25		30	
h		2						2.5			3		

2.4　铸造方法对铸件结构设计工艺性的要求

当设计铸件结构时，除应考虑铸造工艺和铸造合金所要求的一般原则外，对于采用特种铸造方法制造的铸件，还应根据其工艺特点考虑一些特殊要求。

2.4.1　压铸件的结构特点

1）压铸件设计的基本参数。压力铸造不宜用于厚壁铸件；对所有合金，不推荐使用大于6mm的壁厚。压铸件设计基本参数见表4.4-20。

2）压铸件结构设计的注意事项。见表4.4-21。

3）用镶铸法获得复杂铸件。在压铸时，可采用镶铸法制造形状复杂的铸件，并可满足铸件某些部位的特殊要求，如高强度、耐磨、导电、绝缘等性能，以及把*N*个零件浇注成一个组件，以代替部分装配工序，其基本结构形式如图4.4-1所示。

表 4.4-20　压铸件设计的基本参数

合金	壁厚 /mm		最小孔径 /mm	孔深尺寸①（孔径的倍数）		螺纹尺寸 /mm			齿最小模数/mm	斜度		收缩率 (%)	加工余量 /mm
	合理的	技术上可能的		不通孔	通孔	最小螺距	外螺纹	内螺纹		内侧	外侧		
锌合金	1~3	0.3	0.7	6	12	0.75	6	10	0.3	15′~1°30′	10′~1°	0.4~0.65	0.3~0.8
铝合金	1~3	0.5	1.0	4	8	1.0	10	15	0.5	30′~2°	15′~1°	0.45~0.8	0.3~0.8
镁合金	1~3	0.6	0.7	5	10	1.0	6	20	0.5	30′~2°	15′~1°	0.5~0.8	0.3~0.8
铜合金	2~4	1.0	2.5	3	6	1.5	12	—	1.5	45′~2°	35′~1°	0.6~1.0	0.3~0.8

① 指形成孔的型芯在不受弯曲力的情况下。

表 4.4-21　压铸件结构设计的注意事项

序号	注意事项	图例 改进前	图例 改进后	说明
1	消除内凹	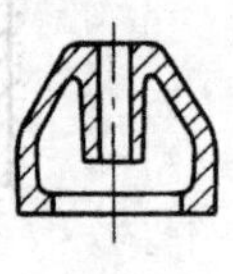	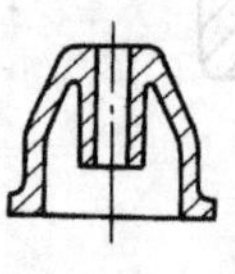	内凹铸件型芯不易取出
2	壁厚均匀	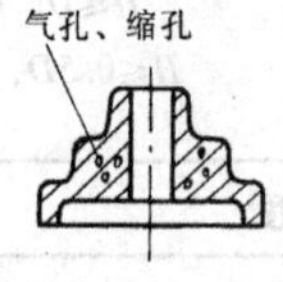	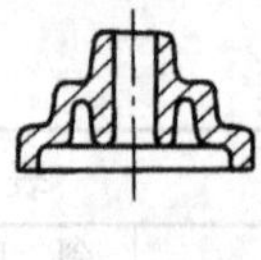	壁厚不均，易产生气孔、缩孔
3	采用加强肋减小壁厚	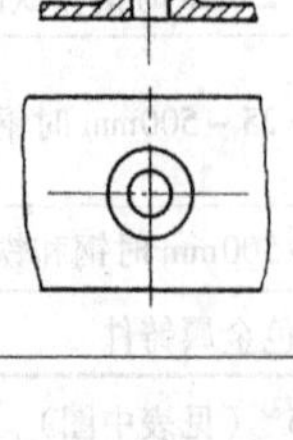	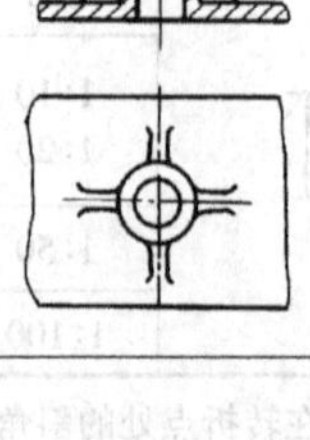	厚壁处易产生疏松和气孔

（续）

序号	注意事项	图例		说　明
		改　进　前	改　进　后	
4	消除尖角过渡圆滑		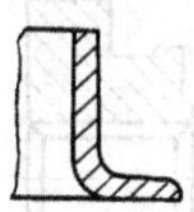	充填良好，不产生裂纹
5	简化铸型结构	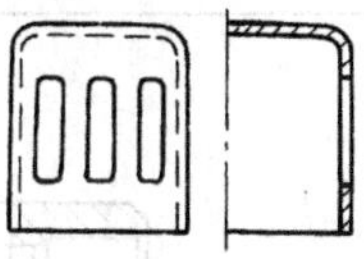	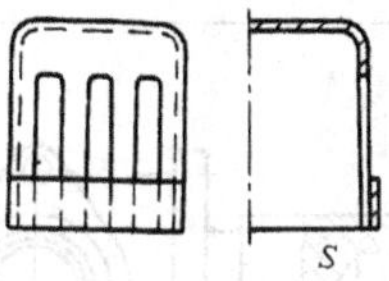	尽量避免横向抽芯，否则使铸型结构复杂；改进后抽芯方向与开型取件方向一致，简化铸型结构

注：压铸件结构的设计还应注意使压铸型加工方便。

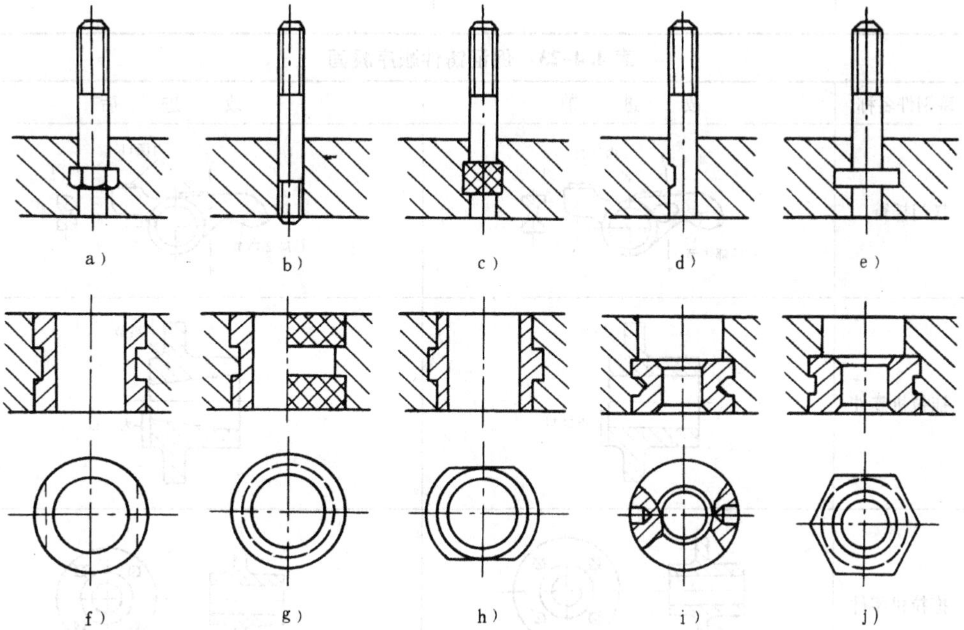

图 4. 4-1　镶嵌件基本结构型式

2. 4. 2　熔模铸件的结构特点

1）壁厚均匀、减小热节（见表 4. 4-22）。

2）保证铸件顺序凝固（见表 4. 4-23）。

3）整铸代替分制（见表 4. 4-24）。

表 4. 4-22　壁厚均匀、减小热节

序号	零件名称	改进前（锻件、切削加工件）	改进后（熔模铸钢件）
1	压板	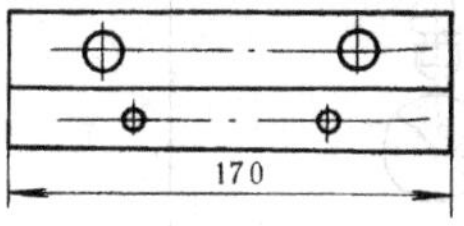	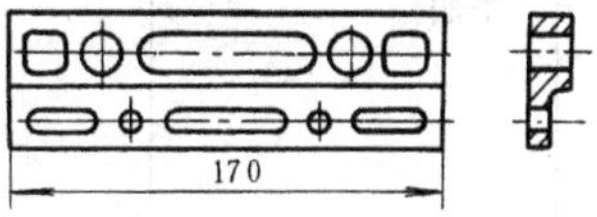

（续）

序号	零件名称	改进前（锻件、切削加工件）	改进后（熔模铸钢件）
2	扇形齿轮	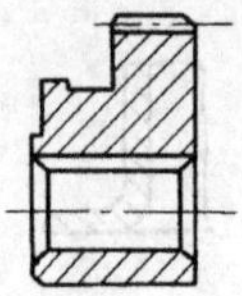	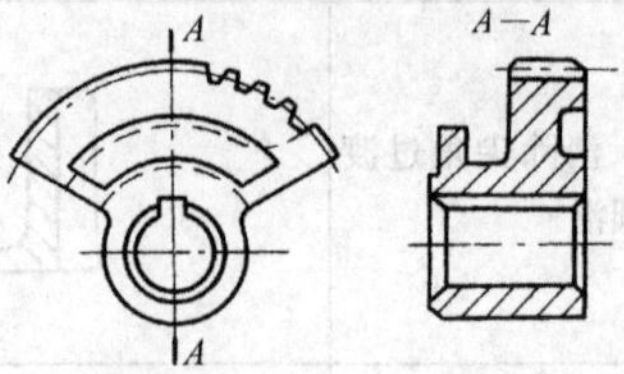
3	支座	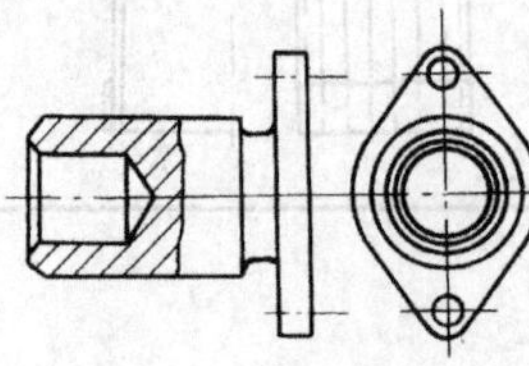	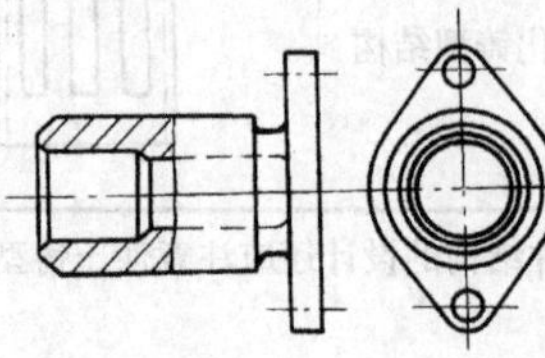

表 4.4-23　保证铸件顺序凝固

序号	铸钢件名称	改　进　前	改　进　后
1	气门摇臂	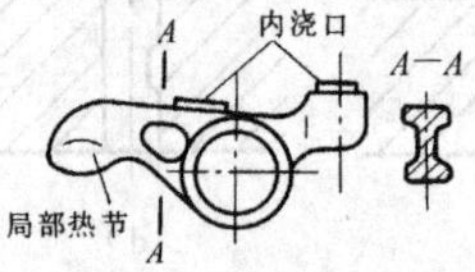	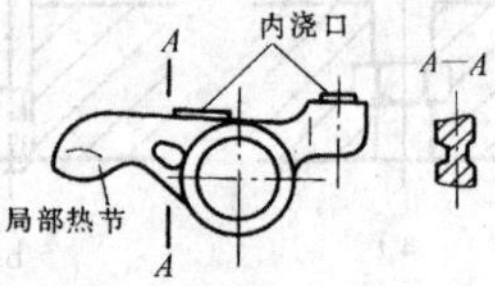
2	拖拉机零件	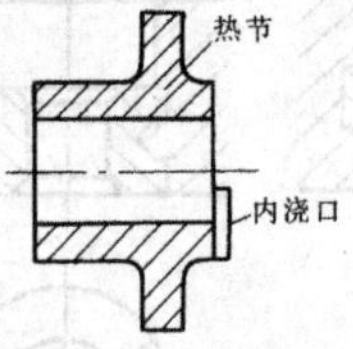	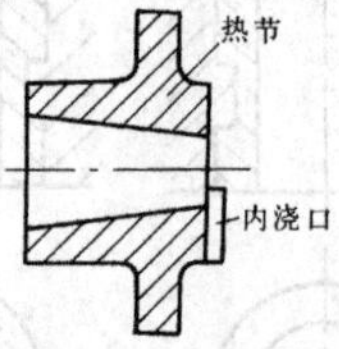
3	拖拉机零件	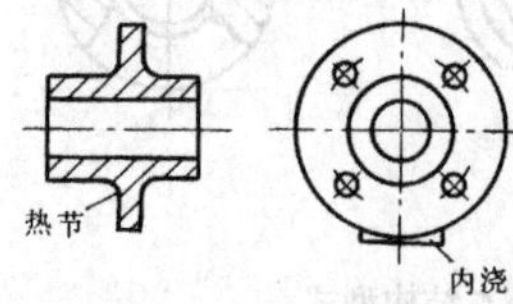	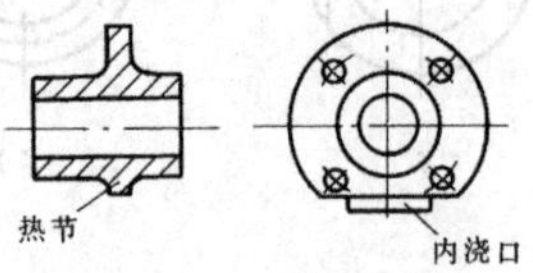

表 4.4-24　整铸代替分制

序号	铸钢件名称	改进前（分制）	改进后（整铸）
1	手柄	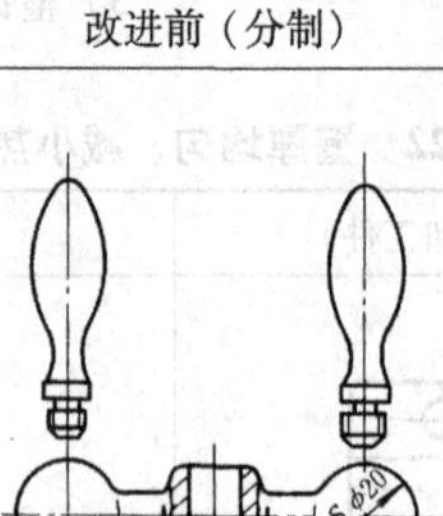	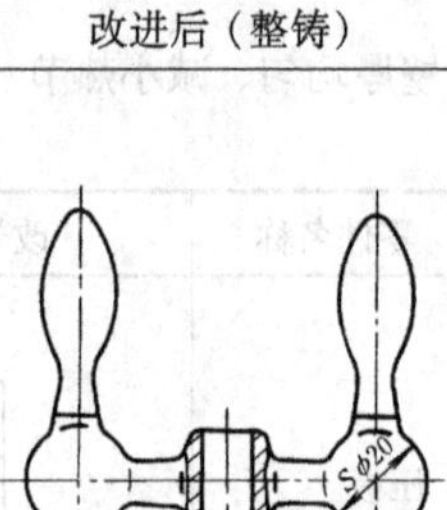

（续）

序号	铸钢件名称	改进前（分制）	改进后（整铸）
2	纺织机械右挑针头	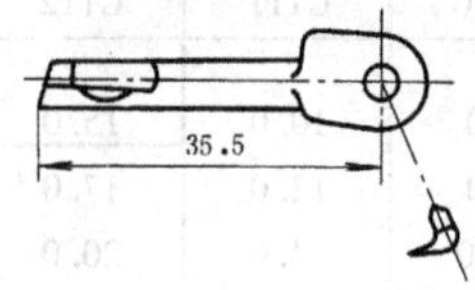	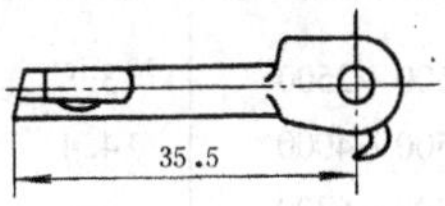
3	制动器爪	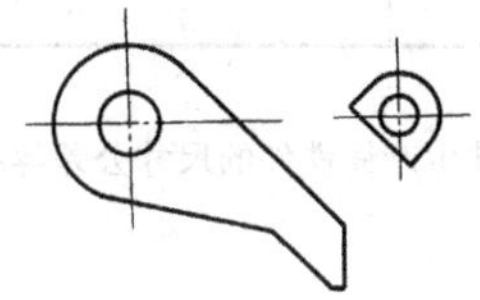	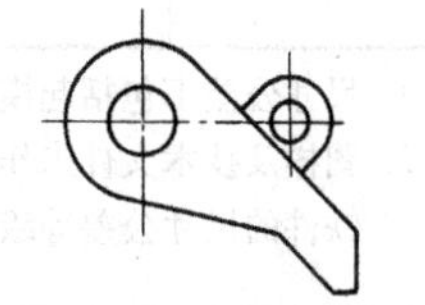

2.4.3　金属型铸件的结构特点

1）金属型铸件设计的基本参数（见表 4.4-25）。

2）金属型铸件设计的注意事项。

① 铸件外形和内腔力求简单，因为金属型没有退让性，故应尽量加大结构斜度，避免或减小铸件上的凸台和凹坑及小直径深孔，以便顺利脱型。

② 铸件的壁厚不能过薄，以保证金属液能充满型腔，否则易产生冷隔、浇不足等缺陷。

③ 为了从金属型中取出铸件，常采用顶出机构，因而容易使高温铸件变形。因此，为加强铸件薄弱部位，应合理利用加强肋。

表 4.4-25　金属型铸件设计的基本参数　（mm）

合金种类	铸造斜度		孔的尺寸			铸件最小壁厚
	外面	里面	最小直径 d	最大深度		
				不通孔	通孔	
锌合金			6～8	9～12	12～20	2.5～3
镁合金	≥1°	≥2°	6～8	9～12	12～20	2.5～4
铝合金	0°30′	0°30′～2°	8～10	12～15	15～25	2.5～5
铜合金			10～12	10～15	15～20	3.0～8
铸铁	1°	＞2°				4～6
铸钢	1°～1°30′	＞2°				5～10

2.5　铸造公差（摘自 JB/T 5000.4—2007）

铸造公差见表 4.4-26。

表 4.4-26　铸铁件尺寸公差　（mm）

毛坯铸件公称尺寸	公差等级								
	CT8	CT9	CT10	CT11	CT12	CT13	CT14	CT15	CT16
≤25	1.2	1.7	2.4	3.2	4.6	6.0	8.0	10.0	12.0
＞25～40	1.3	1.8	2.6	3.6	5.0	7.0	9.0	11.0	14.0
＞40～63	1.4	2.0	2.8	4.0	5.6	8.0	10.0	12.0	16.0
＞63～100	1.6	2.2	3.2	4.4	6.0	9.0	11.0	14.0	18.0
＞100～160	1.8	2.5	3.6	5.0	7.0	10.0	12.0	16.0	20.0
＞160～250	2.0	2.8	4.0	5.6	8.0	11.0	14.0	18.0	22.0
＞250～400	2.2	3.2	4.4	6.2	9.0	12.0	16.0	20.0	25.0
＞400～630	2.6	3.6	5.0	7.0	10.0	14.0	18.0	22.0	28.0
＞630～1000	2.8	4.0	6.0	8.0	11.0	16.0	20.0	25.0	32.0
＞1000～1600	3.2	4.6	7.0	9.0	13.0	18.0	23.0	29.0	37.0

（续）

毛坯铸件公称尺寸	公差等级								
	CT8	CT9	CT10	CT11	CT12	CT13	CT14	CT15	CT16
＞1600～2500	3.8	5.4	8.0	10.0	15.0	21.0	26.0	33.0	42.0
＞2500～4000	4.4	6.2	9.0	12.0	17.0	24.0	30.0	38.0	49.0
＞4000～6300	—	7.0	10.0	14.0	20.0	28.0	35.0	44.0	56.0
＞6300～10000	—	—	11.0	16.0	23.0	32.0	40.0	50.0	64.0

注：1. 尺寸公差不包括起模斜度。

2. 图样及技术文件未作规定时，小批和单件生产铸铁件的尺寸公差等级按黑框推荐的等级选取；成批和大量生产铸铁件的尺寸公差等级相应提高两级。

2.6　铸件缺陷与改进措施（表4.4-27）

表4.4-27　铸件缺陷与改进措施

<table>
<tr><th rowspan="2">铸件缺陷形式</th><th rowspan="2">注意事项</th><th colspan="2">图例</th><th rowspan="2">改进措施</th></tr>
<tr><th>改进前</th><th>改进后</th></tr>
<tr><td rowspan="8">缩孔与疏松</td><td rowspan="8">壁厚不均</td><td>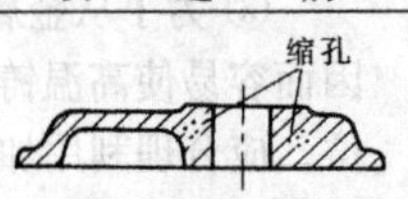
</td><td>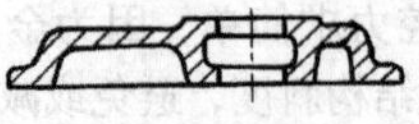</td><td rowspan="2">壁厚力求均匀，减少厚大断面以利于金属同时凝固。改进后将孔径中部适当加大，使壁厚均匀</td></tr>
<tr><td>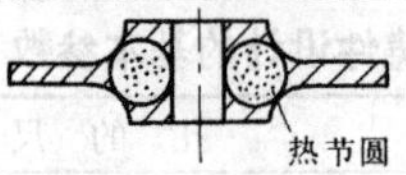
</td><td>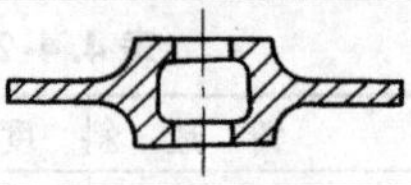</td></tr>
<tr><td>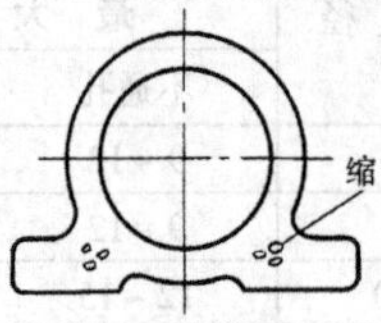
</td><td>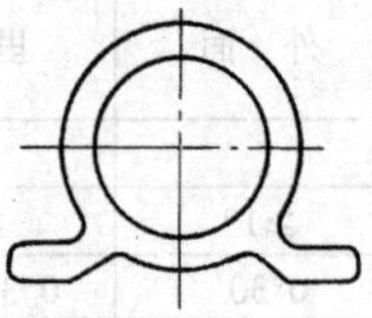</td><td rowspan="2">铸件壁厚应尽量均匀，以防止厚截面处金属积聚导致缩孔、疏松、组织不密致等缺陷</td></tr>
<tr><td>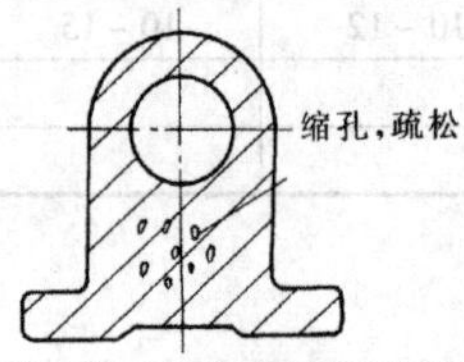
</td><td>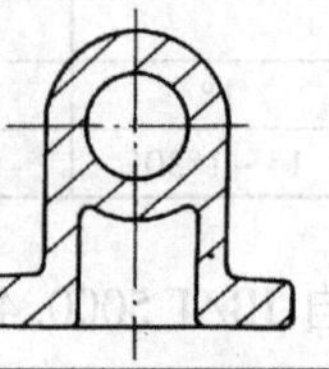</td></tr>
<tr><td>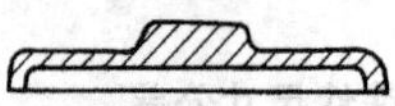</td><td>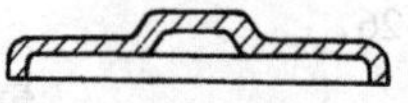</td><td>局部厚壁处减薄</td></tr>
<tr><td>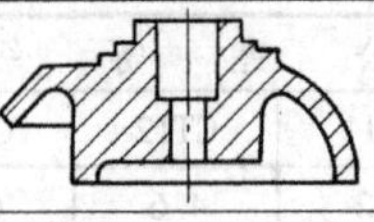</td><td>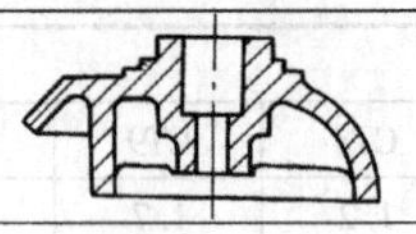</td><td rowspan="3">采用加强肋代替整体厚壁铸件</td></tr>
<tr><td>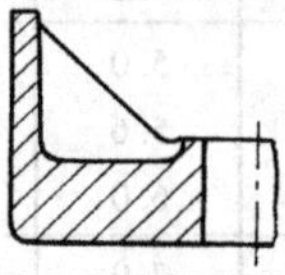</td><td>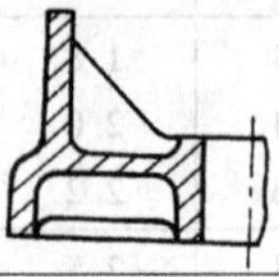</td></tr>
<tr><td>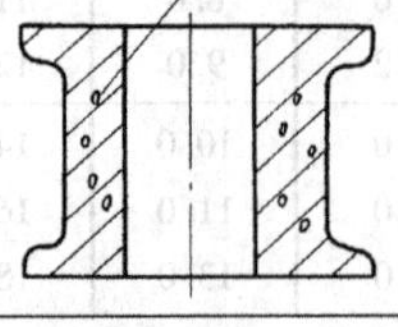
</td><td>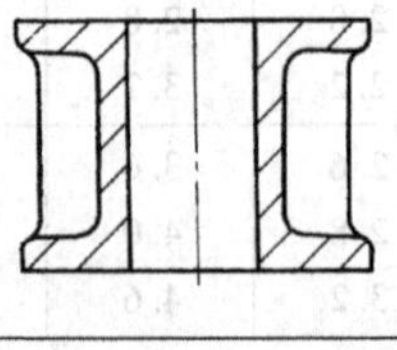</td></tr>
</table>

（续）

铸件缺陷形式	注意事项	图例 改进前	图例 改进后	改进措施
缩孔与疏松	壁厚不均	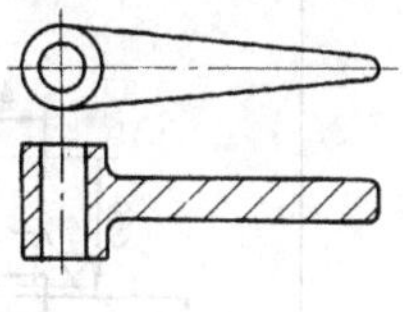	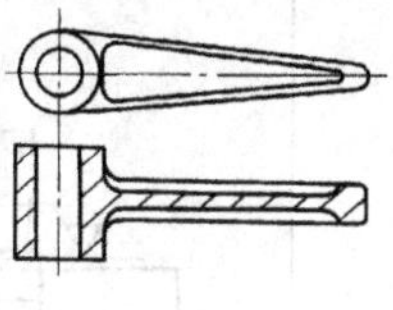	采用加强肋代替整体厚壁铸件
		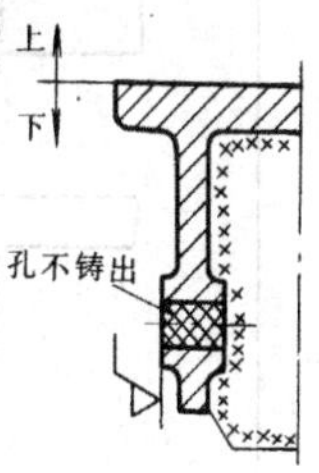	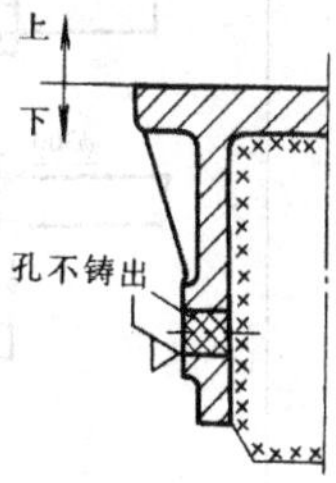	为减少金属的积聚，将双面凸台改为单面凸台
		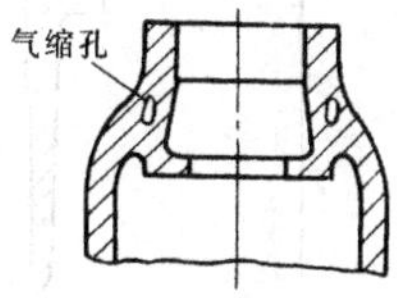	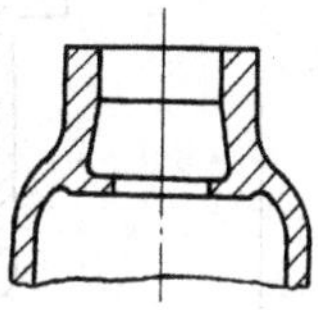	改进前，深凹的锐角处易产生气缩孔
	肋或壁交叉	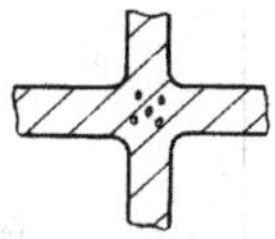	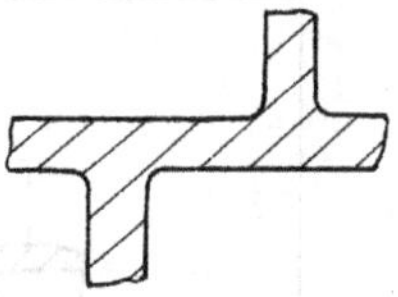	尽量不采用正十字交叉结构，以减少金属积聚
		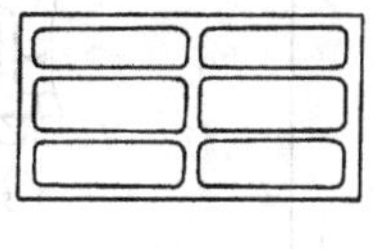	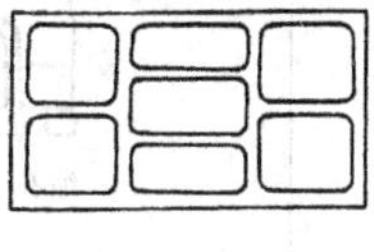	
		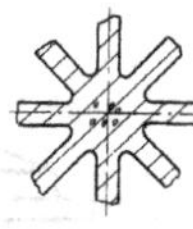	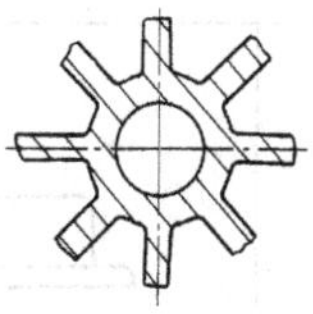	交叉肋的交点应置环形结构
	补缩不良	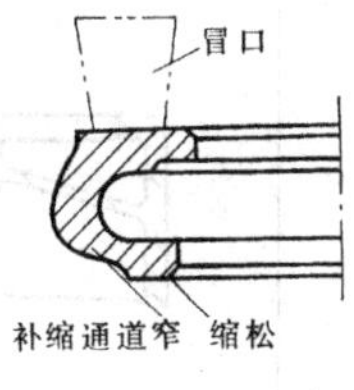	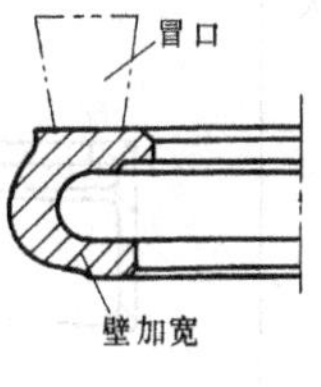	易产生缩松处难以安放冒口，故加厚与该处连通的壁厚，加宽补缩通道

（续）

铸件缺陷形式	注意事项	图例 改进前	图例 改进后	改进措施
缩孔与疏松	补缩不良	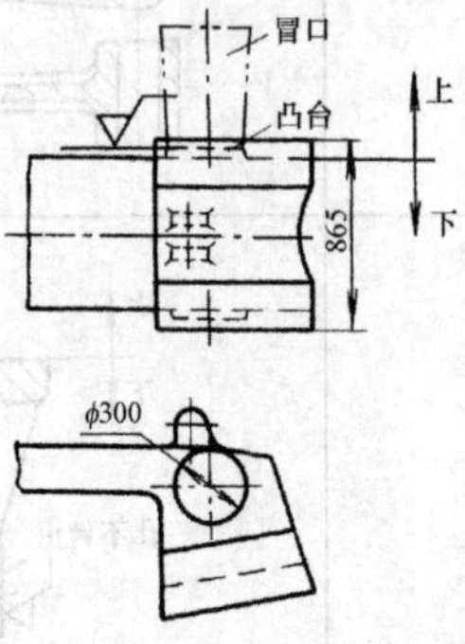	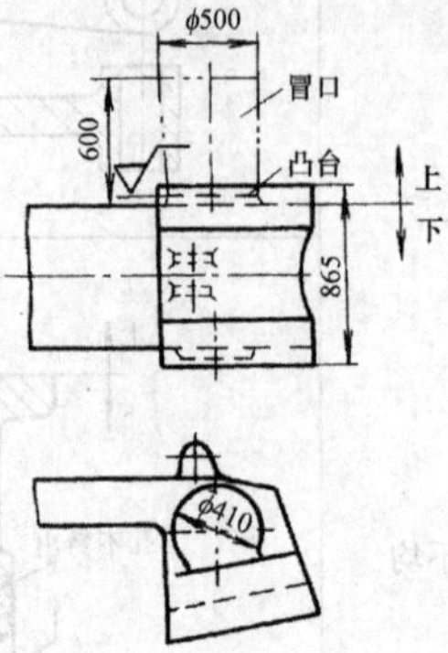	图示一铸钢夹子，冒口放在凸台上。原设计凸台不够大（ϕ310mm），补缩不良。后将凸台放大到ϕ410mm，才消除了缩孔
		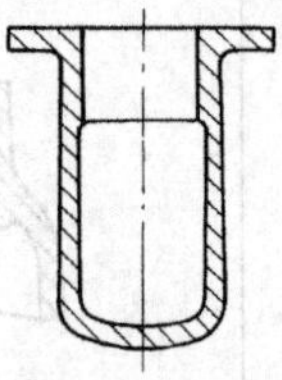	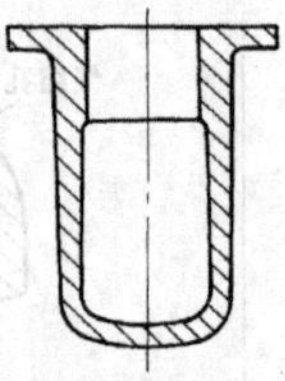	考虑顺序凝固，以利逐层补缩，缸体壁设计成上厚下薄
		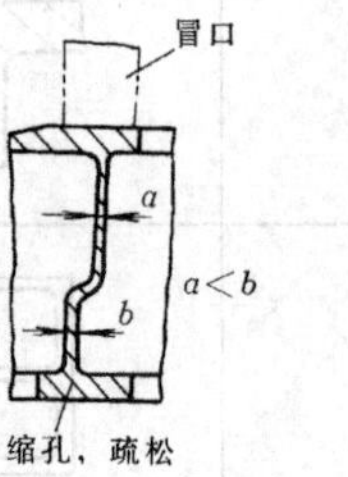	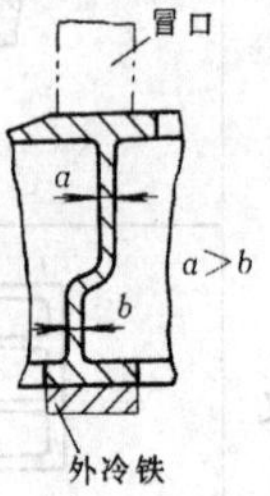	对于两端壁较厚的铸钢件断面，为创造顺序凝固条件，应使$a \geqslant b$，并在底部设置外冷铁，形成上下温度梯度有利于顺序补缩，消除缩孔、缩松
气孔与夹渣	水平面过大	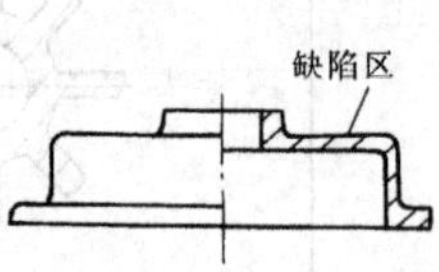 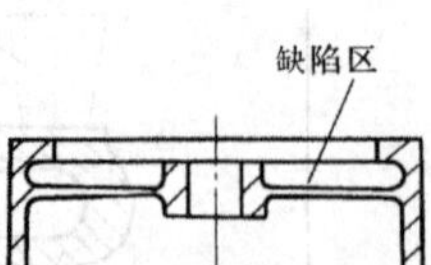	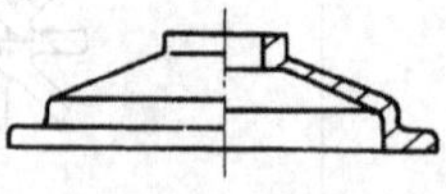 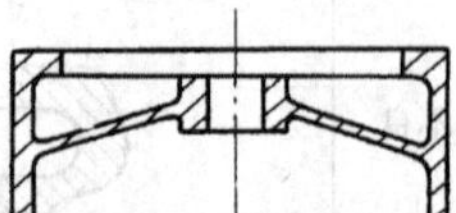	尽量减少较大的水平平面，尽可能采用斜平面，便于金属中夹杂物和气体上浮排除，并减少内应力 铸孔的轴线应与起模方向一致

（续）

<table>
<tr><th rowspan="2">铸件缺陷形式</th><th rowspan="2">注意事项</th><th colspan="2">图例</th><th rowspan="2">改进措施</th></tr>
<tr><th>改进前</th><th>改进后</th></tr>
<tr><td rowspan="2">气孔与夹渣</td><td rowspan="2">水平面过大</td><td>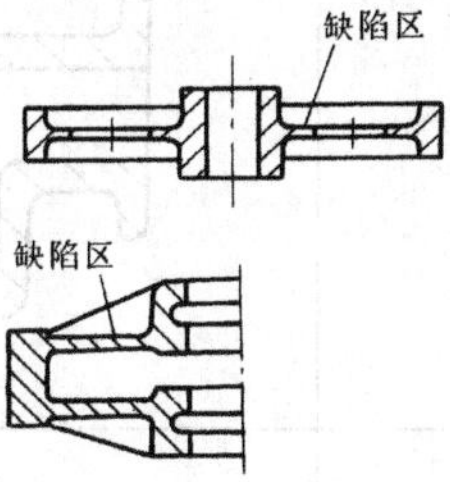</td><td>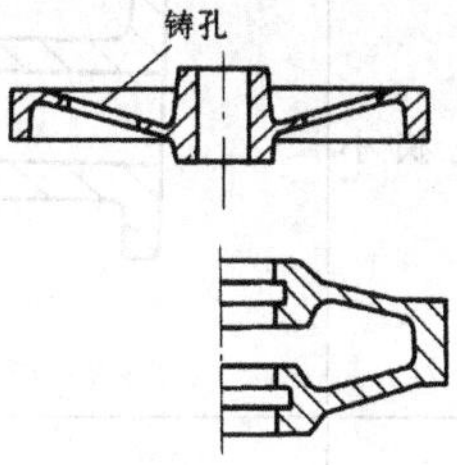</td><td>尽量减少较大的水平平面，尽可能采用斜平面，便于金属中夹杂物和气体上浮排除，并减少内应力
铸孔的轴线应与起模方向一致</td></tr>
<tr><td>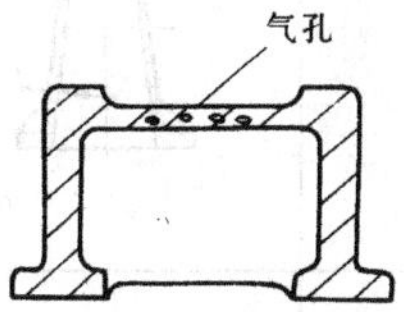</td><td>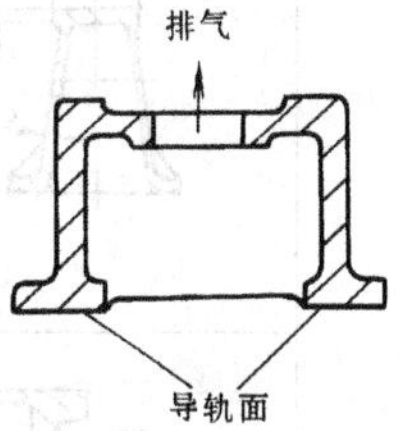</td><td>避免薄壁和大面积封闭，使气体能充分排出；浇注时，重要面（如导轨面）应在下部，以便金属补给</td></tr>
<tr><td rowspan="3">烧结粘砂</td><td rowspan="2">避免小凹槽</td><td>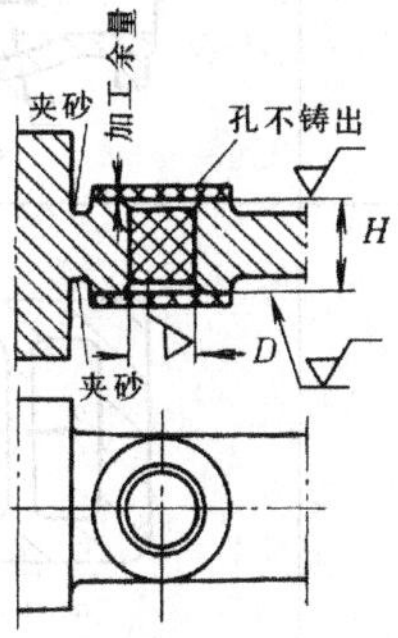</td><td>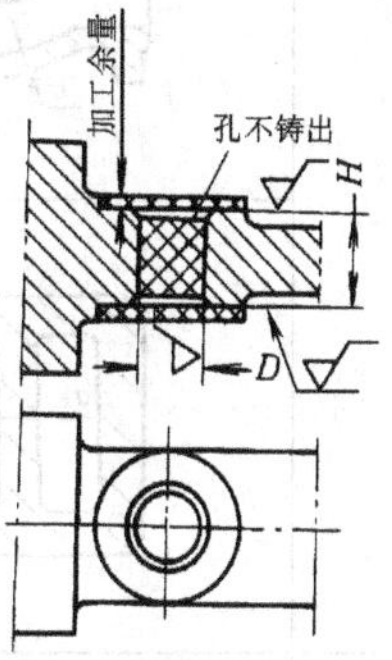</td><td rowspan="2">改进前，小凹槽容易掉砂，造成铸件夹砂</td></tr>
<tr><td>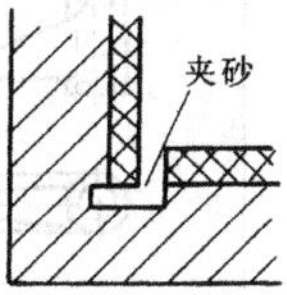</td><td>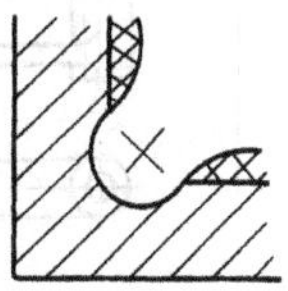</td></tr>
<tr><td>避免尖角</td><td>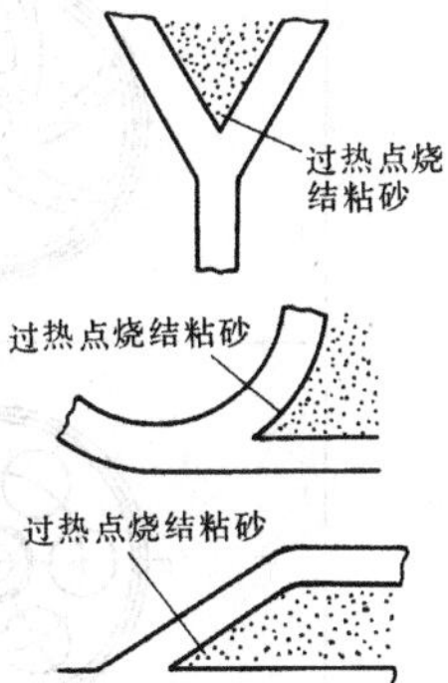</td><td>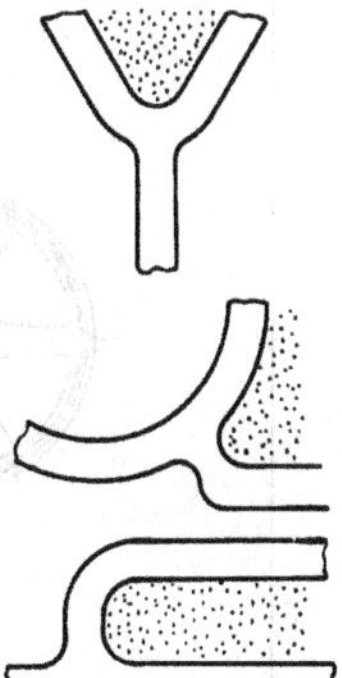</td><td>避免尖角的泥芯或砂型</td></tr>
</table>

（续）

铸件缺陷形式	注意事项	图例		改进措施
		改进前	改进后	
烧结粘砂	避免狭小内腔	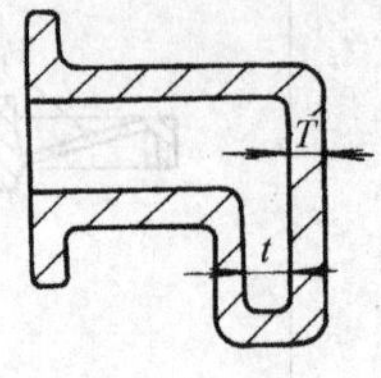 $t \leqslant 2T$	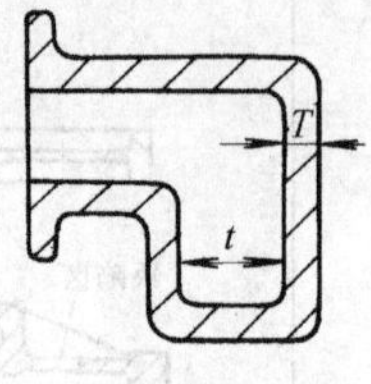 $t > 2T$	避免狭小的内腔
裂纹	内壁过厚	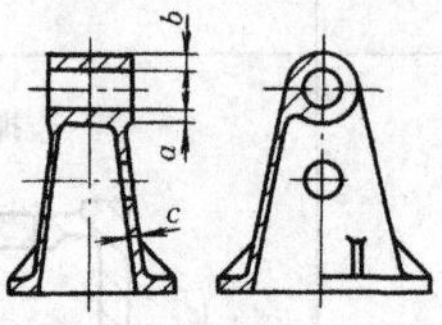 $a \geqslant b$	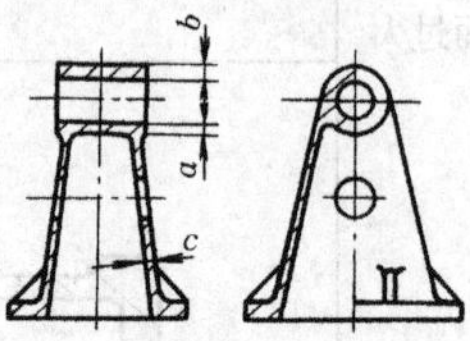 $a < b$	铸件内壁的厚度应略小于铸件外壁的厚度，使整个铸件均匀冷却
		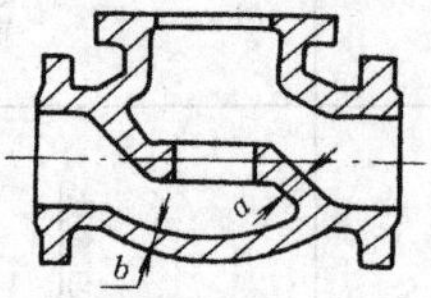 $a \geqslant b$	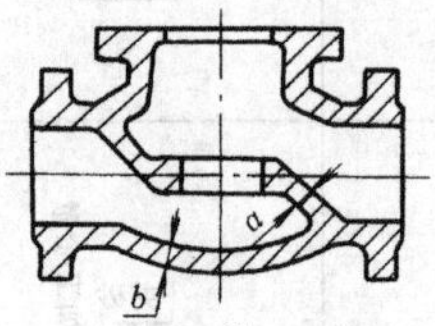 $a < b$	
		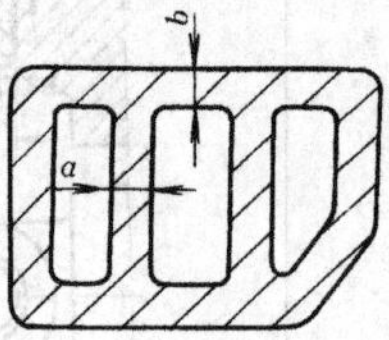 $a \geqslant b$	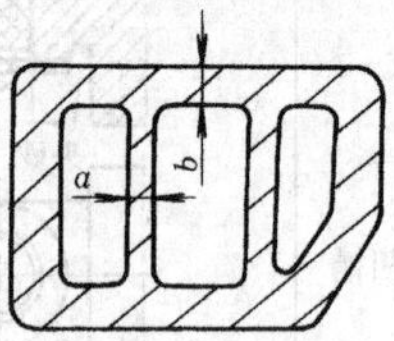 $a = (0.7 \sim 0.9)b$	
	截面突变	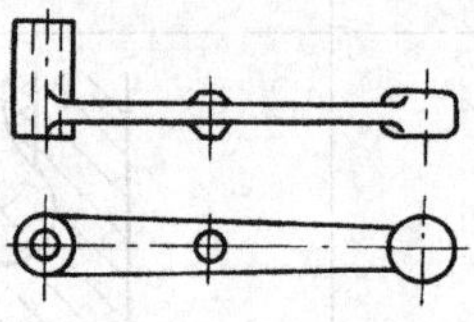	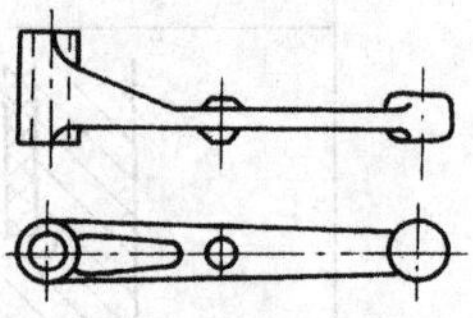	突变截面应有缓和过渡结构
	收缩受阻		 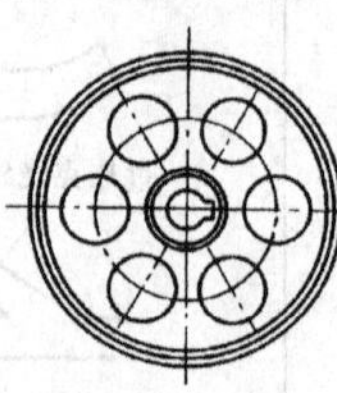	铸件应避免阻碍收缩的结构，较大的飞轮、带轮、齿轮的轮辐可做成弯曲的辐条或带孔的辐板

（续）

铸件缺陷形式	注意事项	图例		改进措施
		改进前	改进后	
裂纹	收缩受阻	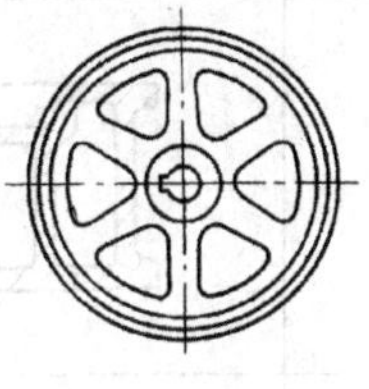		大型轮类铸件，可在轮毂处留出缝隙（$a\approx$ 30mm），以防止裂纹
		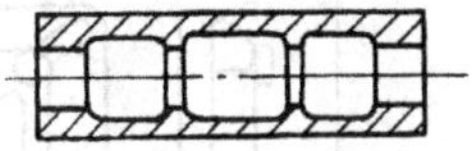	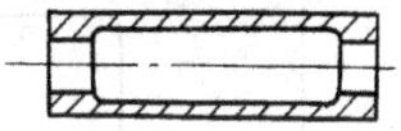	没有肋的框型内腔冷却时均能自由收缩
	过渡圆角太小	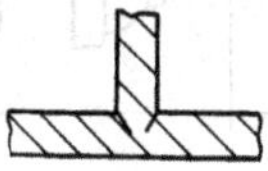	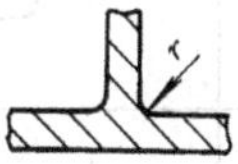	避免锐角连接，采用圆弧过渡
		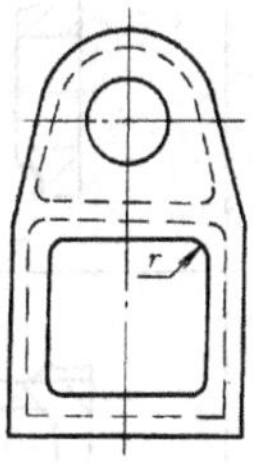	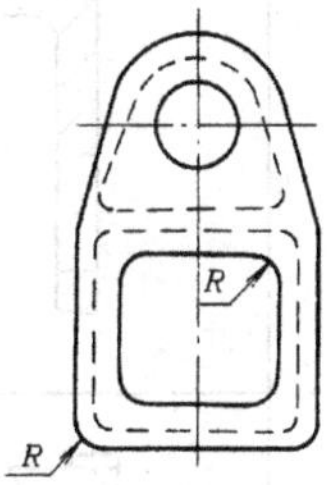 方孔：$<200\times200$mm $R=10\sim15$mm $>200\times200$mm $R=15\sim20$mm	铸件方形窗孔四角处的圆角半径不应太小
变形	截面形状不合理			为防止细长件和大的平板件在收缩时挠曲变形，应正确选择零件的截面形状（如对称截面）和合理的设置加强肋
		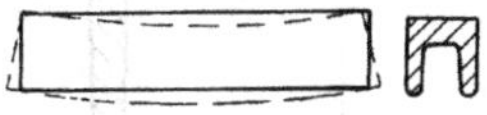	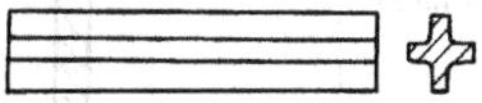	
		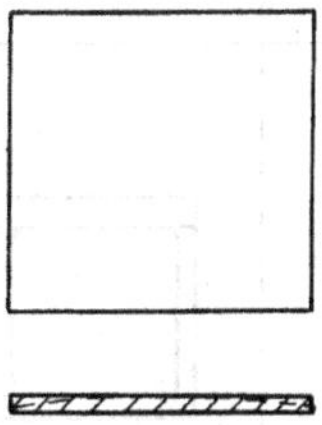	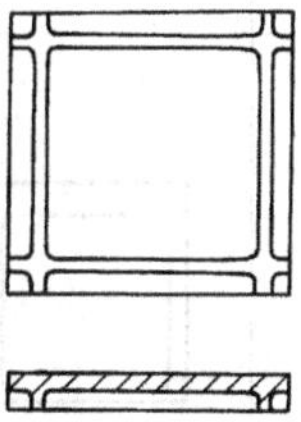	
		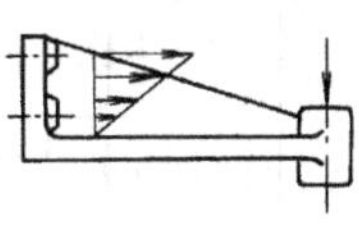	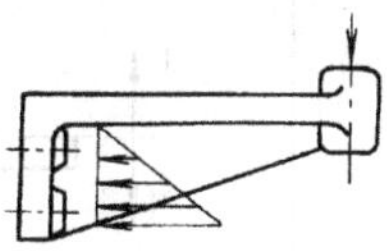	铸件抗压强度大于抗弯强度和抗拉强度，设计中应合理利用

（续）

铸件缺陷形式	注意事项	图例 改进前	图例 改进后	改进措施
	缺少加强肋	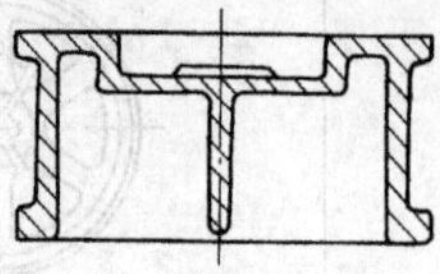	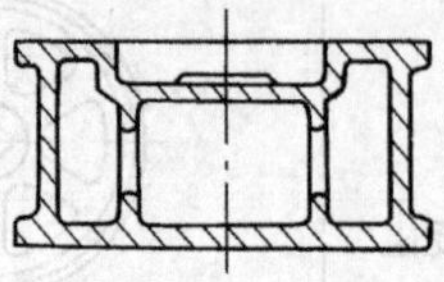	不用增加壁厚而用合理增加加强肋的方法来提高零件刚性
变形		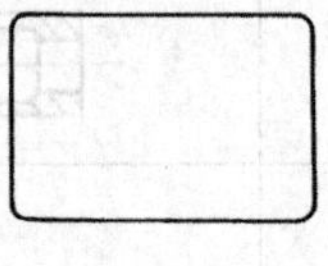	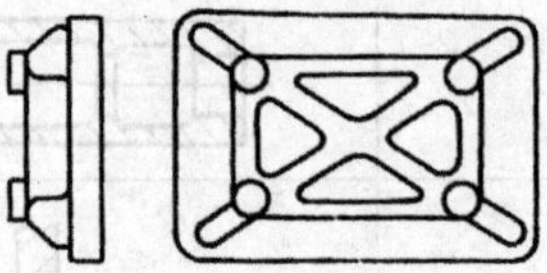	大而薄的壁冷却时易扭曲，应采用加强肋
	缺少凸台	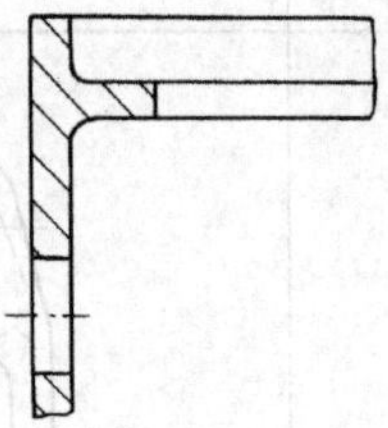	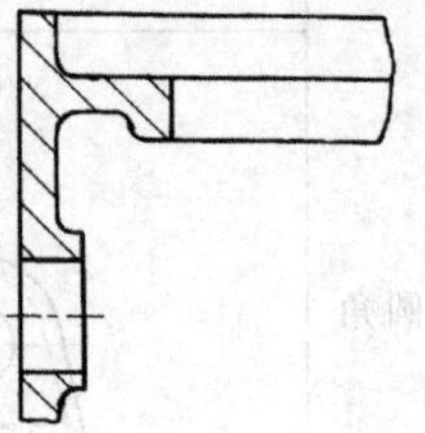	孔洞周沿增加凸边可加大刚性
渗漏	错用撑钉	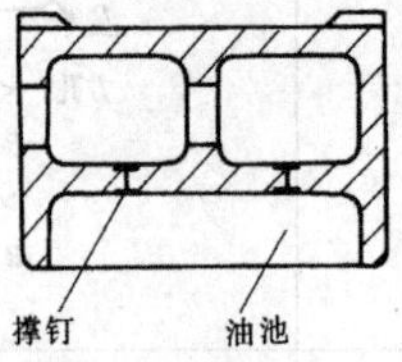	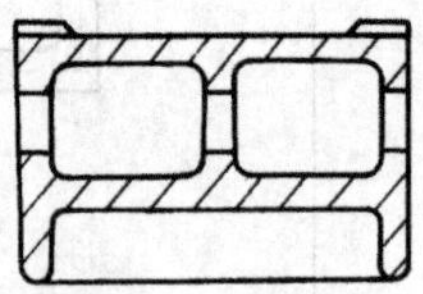	液体容器部分避免用撑钉，以防渗漏；右图的泥芯，可在两端固定，不用撑钉
损伤	突出部分薄弱	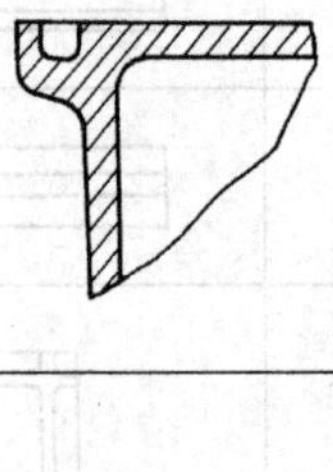	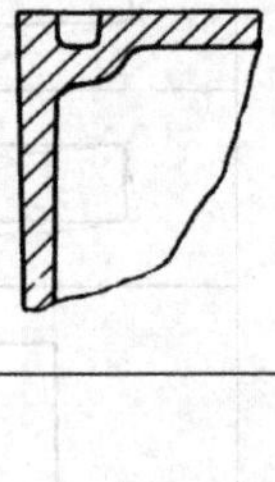	避免大铸件有薄的突出部分(易损坏)
错箱	铸件在两砂箱	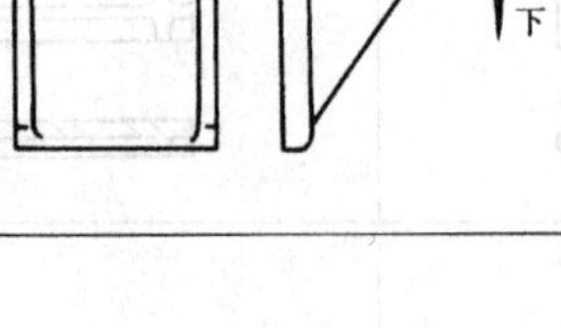	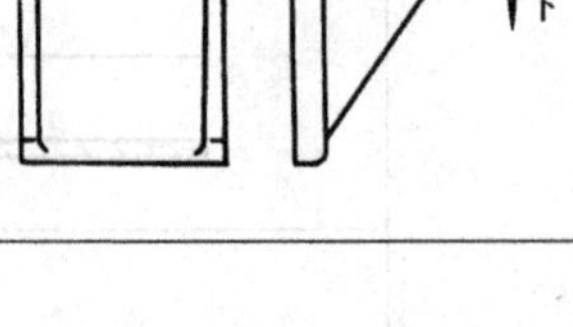	尽量使铸件在一个砂箱中形成，以避免因错箱而造成尺寸误差和影响外形美观
		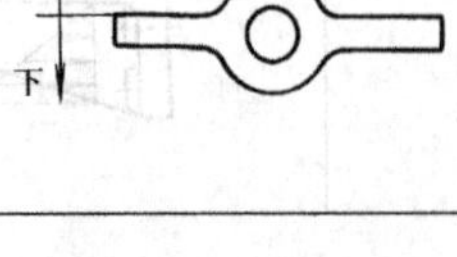	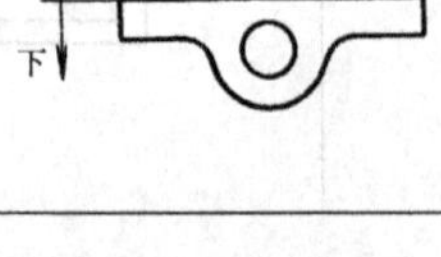	

（续）

铸件缺陷形式	注意事项	图例 改进前	图例 改进后	改进措施
	内腔过小	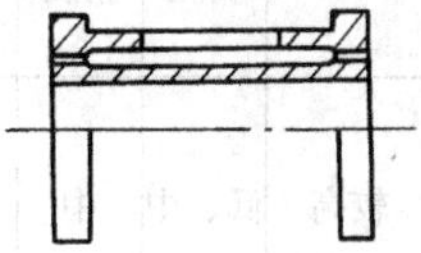	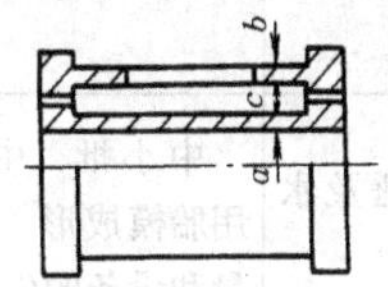	铸件两壁之间的型芯厚度一般应不小于两边壁厚的总和（$c>a+b$），以免两壁熔接在一起
形状与尺寸不合格	凸台过小	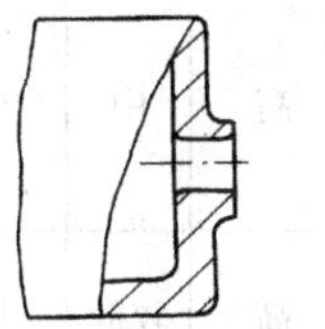	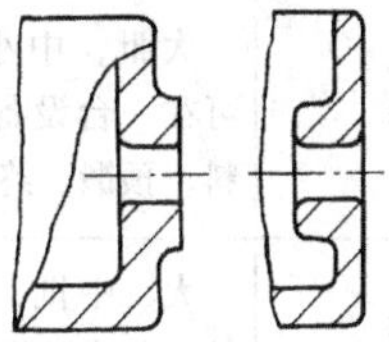	大件中部凸台位置尺寸不易保证，铸造偏差较大；应考虑将凸台尺寸加大，或移至内部
	凸台过小	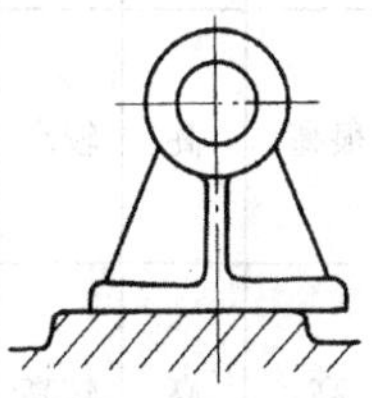	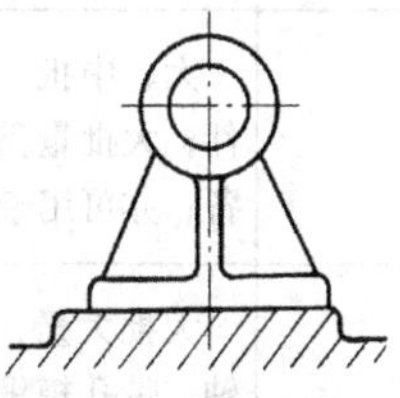	凸台应大于支座的底面，以保证装配位置和外观整齐

3　锻件结构设计工艺性

3.1　锻造方法与金属材料的可锻性

3.1.1　各种锻造方法及其特点

锻造方法有许多种（表 4.4-28），一般可分为自由锻造、模型锻造（模锻）、特种锻造三类。

自由锻造所用设备和工具通用性强、操作简单，锻件质量可以很大，但工人劳动强度大、生产效率低，锻件形状简单、精度低，消耗金属较多，因此，它主要适用单件小批量生产。

模锻生产效率高，锻件精度高，可以锻出形状复杂的零件，与自由锻相比，金属消耗可大大减少，但模锻成本高，锻件重量受限制，所以，它主要应用于大批大量生产，见表 4.4-29。

特种锻造是新发展起来的先进锻造方法，它包括精密锻造、粉末锻造、多向模锻、辊锻、镦锻、挤压等成形工艺。它可以锻出许多类型、形状复杂、少切削甚至无切削的大小零件，这是降低材料消耗、提高劳动生产率的重要途径，这些工艺都应用于大批大量生产中。

表 4.4-28　锻造方法及其适用性

加工方法	使用设备	特点及适用范围	生产率	设备费用	锻件精度	模具质量要求	模具寿命	机械化及自动化	劳动条件	对环境的影响
自由锻	手工锻	单件、小批，小型锻件		很低	低				差	
	3t 以下自由锻锤	单件、小批，小型锻件	中	低	低			较难	差	振动噪声
	3t 以上自由锻锤	单件、小批，中型锻件	中	中	低			较难	差	振动噪声
	12500kN 以下自由锻水压机	单件、小批，中型锻件	中	高	低			较易	较好	
	12500～120000kN 自由锻水压机	单件、小批，大型及特大型锻件		很高	低			较易	较好	

（续）

加工方法		使用设备	特点及适用范围	生产率	设备费用	锻件精度	模具质量要求	模具寿命	机械化及自动化	劳动条件	对环境的影响
胎模锻		利用自由锻锤及水压机	中小批，中小型锻件。用胎模成形，提高锻件质量和设备的生产效率	较高	低、中	中	低	低	较难	差	
模锻		有砧座模锻锤	大批，中小型模锻件；可在一台设备上拔长、聚料、预锻、终锻	高	中	中	高	中	较难	差	振动噪声
		无砧座模锻锤	大、中批，中小型模锻件；单模膛模锻	高	较低	中	高	中	较难	较差	噪声
		热模锻压力机	大、中批，中小型模锻件；大批量需配备制坯设备；亦可用于精密模锻	很高	高	较高	较高	较高	易	好	
		平锻机	大批大量，适用于法兰轴、带孔模锻件；多模膛模锻	高	高	较高	高	较高	易（水平分模）	较好	噪声
		螺旋压力机	大、中批，中小型模锻件；一般是单模膛模锻；可进行精密模锻；大型精密模锻件用液压螺旋压力机	较高	较高	高	高	中	较易	好	噪声
		高速锤	中、小批，单模膛模锻；用于锻制低塑性合金锻件和薄壁高肋复杂模锻件	中	中	高	高	较低	较难		噪声
		多向模锻水压机	大批，可锻制不同方向具有多孔腔的复杂模锻件	中	高	高	高	高	易	较好	
		模锻水压机	小批，锻制大型非铁合金模锻件	中	很高	高	高	高	较易		
精密锻造		精密锻轴机	大批，锻制空心和实心阶梯轴	中	高	高	高	中	较易		噪声
挤压	冷挤	冷挤压力机	大批大量，钢及非铁合金小型零件	高	高	高	高	高	较易	好	
	温热挤	机械压力机 螺旋压力机 液压机	大批大量，挤压不锈钢、轴承钢零件以及非铁合金的坯料	高	高	较高	高	中	较易	好	

（续）

加工方法		使用设备	特点及适用范围	生产率	设备费用	锻件精度	模具质量要求	模具寿命	机械化及自动化	劳动条件	对环境的影响
镦锻		多工位冷镦机	大批大量生产标准件	很高	高	高	高	高	易	好	噪声
镦锻		多工位热镦机	大批大量生产轴承环、齿轮、汽车锻件	很高	高	较高	高	高	易	好	噪声
镦锻		电热镦机	大批大量生产大头螺杆锻件	高	中	中	中	高	易	好	
轧锻	纵轧	二辊或三辊轧机	成批大量。可改制坯料，轧等截面或周期截面坯料。冷轧或热轧	高		中			易		
轧锻	辊锻	辊锻机	大批大量，辊锻扳手、叶片等。亦可用于模锻前制坯	高	中	中	高	高	易	好	
轧锻	楔形模横轧	平板式、辊式、行星式楔形横轧机	大批大量，可轧锻圆形变截面零件，如带台阶、锥面或球面的轴类件以及双联齿轮坯等	高	高	高	高	高	易	好	
轧锻	螺旋孔型斜轧	二辊或三辊斜轧机	大批大量，生产钢球、丝杆等	高	高	高	高	高	易	好	
轧锻	仿形斜轧	三辊仿形斜轧机	大批大量，生产实心或空心台阶轴、纺锭杆等	高	高	高	中	高	易	好	
轧锻	辗扩	扩孔机	大批大量，生产大、小环形锻件	高	中	高	中	高	易	好	
轧锻	齿轮轧制	齿轮轧机	大批大量，热轧后冷轧，可大大提高精度	高	高		高		易	好	
轧锻	摆动辗压	摆动辗压机	中、小批生产盘类、轴对称类锻件。要求配备制坯设备。可热辗、温辗和冷辗	中	高	高	高	中	较易	好	

表4.4-29　各种锻造方法的应用范围

锻造方法	自由锻	胎模锻	锤上模锻	压力机上模锻	平锻机上顶锻
示意图	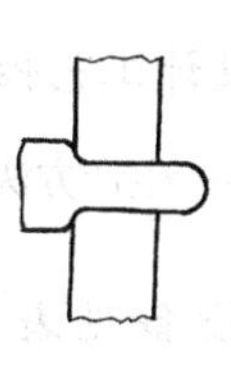	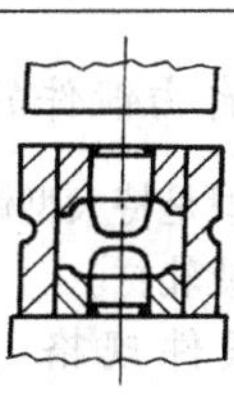	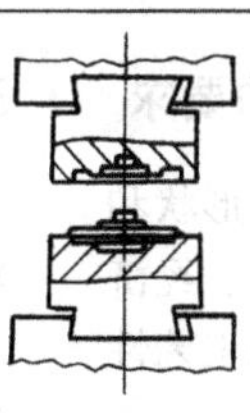	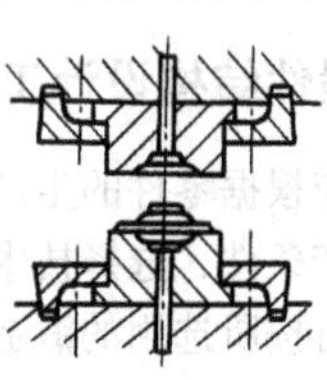	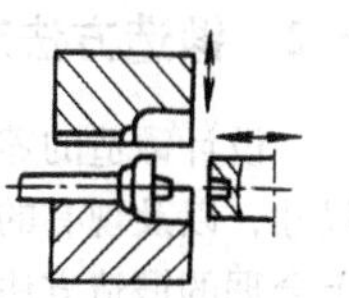
零件形状	只能锻出简单形状。精度低、表面状态差。除要求很低的尺寸和表面外，零件的形状和尺寸需通过切削加工来达到	可锻出复杂的形状（压力机上模锻最优，锤上模锻次之，胎模锻再次之）。尺寸精度较高，表面状态较好。在零件的非配合部分，可以保留毛坯面（黑皮）。黑皮部分的尺寸精度要求，不应超过规定标准。形状（模锻斜度、圆角半径、肋的高度比、腹板厚度等）应适应工艺要求			用以锻造带实心或空心头部的杆形零件。尺寸精度较高，表面状态较好

（续）

锻造方法	自由锻	胎模锻	锤上模锻	压力机上模锻	平锻机上顶锻
锻造范围	5t自由锻锤可锻出350～700kg的钢锻件 120000kN自由锻水压机可锻出150t以上的钢锻件	一般锻造50kg以下的钢锻件 用大型自由锻水压机可能锻出重达500kg的钢胎模锻件	5t模锻锤可锻投影面积达$1250cm^2$的钢模锻件；16t模锻锤可锻$4000cm^2$的钢模锻件 100t·m的无砧模锻锤可锻投影面积达$10000cm^2$的钢模锻件	40000kN热模锻压力机可锻投影面积达$650cm^2$的钢模锻件 120000kN压力机可锻$2000cm^2$的钢锻件	10000kN平锻机可顶锻$\phi140mm$钢棒料。31500kN平锻机可顶锻$\phi270mm$钢棒料
适合批量	单件、小批	中、小批	大、中批		大批

3.1.2 金属材料的可锻性

金属材料的可锻性是指金属材料在受锻压后，可改变自己的形状而又不产生破裂的性能。

碳钢随含碳量的增加可锻性下降。低碳钢可锻性最好，锻后一般不需热处理；高碳钢则较差，当碳的质量分数达2.2%时，就很难锻造。

低合金钢的可锻性近似于中碳钢。合金钢中随某些降低金属塑性的合金元素的增加可锻性下降，高合金钢锻造困难。

各种有色金属合金的可锻性都较好，类似于低碳钢。

在设计可锻性较差金属锻件时，应力求形状简单，截面尽量均匀。常用金属材料热锻时的成形特性见表4.4-30。

表4.4-30 常用金属材料热锻时的成形特性

序号	材料类别	热锻工艺特性	对锻件形状的影响
1	$w(C) \leq 0.65\%$的碳素钢及低合金结构钢	塑性高，变形抗力比较低，锻造温度范围宽	锻件形状可复杂，可以锻出较高的肋、较薄的腹板和较小的圆角半径
2	$w(C) > 0.65\%$的碳素钢，中合金的高强度钢、工具模具钢、轴承钢，以及铁素体或马氏体不锈钢等	有良好塑性，但变形抗力大，锻造温度范围比较窄	锻件形状尽量简化，最好不带薄的辐板、高的肋，锻件的余量、圆角半径、公差等应加大
3	高合金钢（合金的质量分数高于20%）和高温合金、莱氏体钢等	塑性低，变形抗力很大，锻造温度范围窄，锻件对晶粒度或碳化物大小分布等项指标要求高	用一般锻造工艺时，锻件形状要简单，截面尺寸变化要小；最好采用挤压、多向模锻等提高塑性的工艺方法，锻压速度要合适
4	铝合金	大多数具有高塑性，变形抗力低，仅为碳钢的1/2左右，变形温度为350～500℃	与序号1相近
5	镁合金	大多数具有良好塑性，变形抗力低，变形温度在500℃以下，希望在速度较低的液压机和压力机上加工	与序号1相近
6	钛合金	大多数具有高塑性，变形抗力比较大，锻造温度范围比较窄	与序号1、2相近；由于热导率低，锻件截面要求均匀，以减少内应力
7	铜与铜合金	绝大部分塑性高，变形抗力较低，变形温度低于950℃，但锻造温度范围窄，工序要求少（因温度容易下降），除青铜和高锌黄铜外，应在速度较高的设备上锻造	可获得复杂形状的锻件

注：$w(C)$为碳的质量分数。

3.2 锻造方法对锻件结构设计工艺性的要求

设计锻造的零件应根据零件的生产批量、形状和尺寸，以及现有的生产条件，选择技术上可行、经济上合理的锻造方法，再按所选用的锻造方法的工艺性要求，进行零件的结构设计。

3.2.1 自由锻件的结构设计工艺性

自由锻是特大型锻件的唯一生产方法，它的原材料为锭料或轧材。

1）锻件规格与锻造设备见表4.4-31、表4.4-32。

2）自由锻件结构设计工艺性见表4.4-33。

表4.4-31 锻锤锻造能力范围①

锻锤吨位/t		5	3	1	0.75	0.40	0.15
锻件特征		最大锻造能力					
	D	350	280	180	150	80	40
	m②	1500	800	250	80	30	6

（续）

锻锤吨位/t		5	3	1	0.75	0.40	0.15
锻件特征		最大锻造能力					
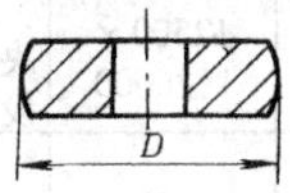	D	750	550	380	300	200	150
	m	700	400	100	50	20	5
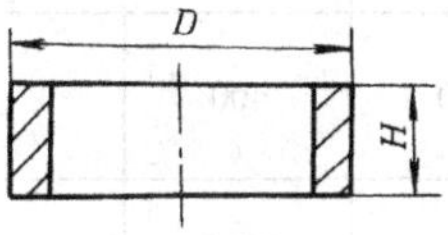	D	1000	650	400	300	200	150
	H	280	200	150	80	60	40
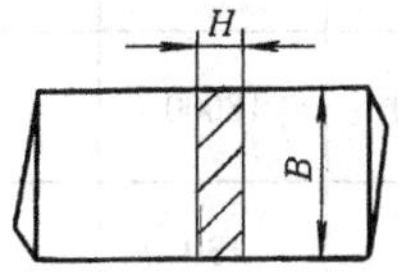	B	500	450	250	180	130	70
	$H\geqslant$	70	50	30	20	10	7
	m	700	400	150	40	18	4
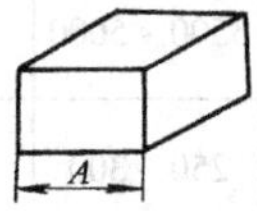	A	400	300	200	160	110	80
	m	500	210	65	32	10	4
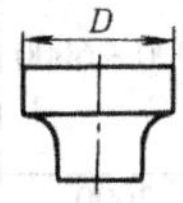	D	550	450	350	220	140	60
	m	350	250	80	40	15	4
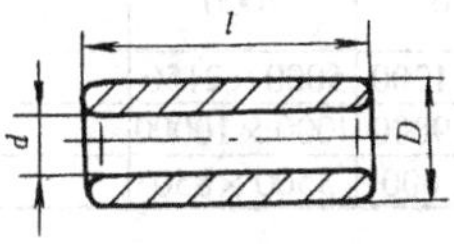	D	450	330	220	150	120	
	d	140 ~ 250	100 ~ 150	80 ~ 120	60 ~ 100	50 ~ 80	
	l	700	500	350	250	200	
参考数据	最大行程	1500	1450	1000	835	700	410
	砧面尺寸	710 × 400	600 × 330	410 × 230	345 × 130	265 × 100	200 × 58
	生产能力/$kg \cdot h^{-1}$	500	400	140	100	60	15

① 各长度尺寸单位均为 mm。
② m—锻件质量（kg）。

表 4.4-32　水压机锻造能力范围①

水压机吨位/t		800	1250	2500	3150	6000	12000	备注
锻件特征		最大锻造能力						
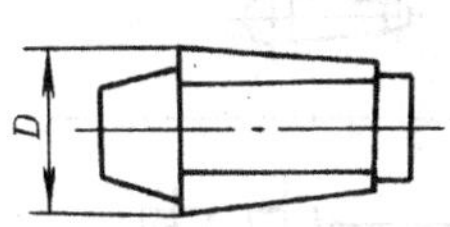	D	740	900	1360	1450	2000	3000	
	m_t②	7	12	45	50	130	300	主要取决于起重设备
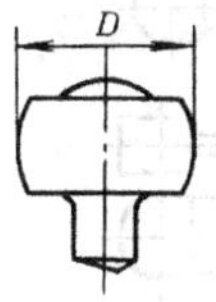	D	800	1100	1600	1800	2600	3200	
	m_t	2.5	6	24	30	60 ~ 90	150 ~ 230	矮胖锭质量可适当增加

（续）

水压机吨位/t		800	1250	2500	3150	6000	12000	备注
锻件特征		最大锻造能力						
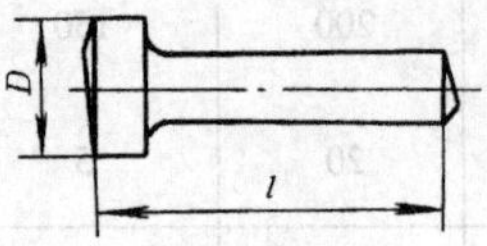	$D\times l$	ϕ500×4500	ϕ750×14000	ϕ1000×16000	ϕ1350×18000	ϕ1900×20000	ϕ2500×26000	长度取决于辅助设备
	m③	4	7	25	30	80	150	
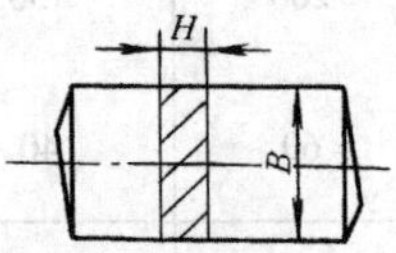	$H\geqslant$	100	125	140	150	200	400	
	B	800	1000	1400	1500	2200	3700	
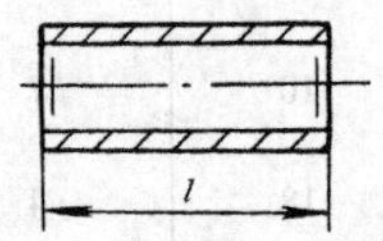	l	2500	4000	6500	10000	16000	18000	
	m	1.5	3.5	14	20	40	130	
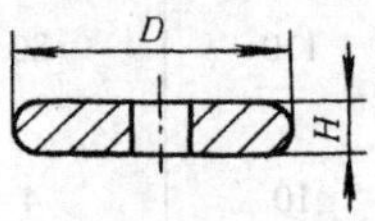	D	1000	1200	1800	2000	2500	3500~5000	
	H	80~100	100~120	100~150	130~150	180~200	250~300	
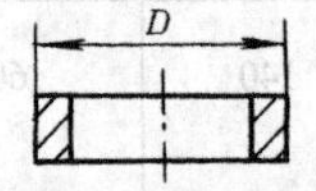	D	1200	1600	2200	2600	3800	5000~6000	
参考数据	活动横梁最大行程	1000	1250	1800	2000	2580	3000	
参考数据	活动横梁底面与工作台面最大距离	2000	2680	3400	3800	6110	7000	
参考数据	立柱护套间净距	1400×540	1800×600	2710×910	2900×1400	4100×1200	5000×2150	
参考数据	工作台面尺寸	1200×2000	1500×3000	2000×5000	2000×6000	3400×9000	4000×10000	
参考数据	砧面尺寸	850×240	1050×300	1400×450	1500×500	2300×600	3500×850	

① 各长度尺寸单位均为mm。

② m_t—所用钢锭质量（t）。

③ m—锻件质量（t）。

表4.4-33　自由锻件结构设计工艺性

序号	注意事项	图例	
		改进前	改进后
1	避免锥形和楔形	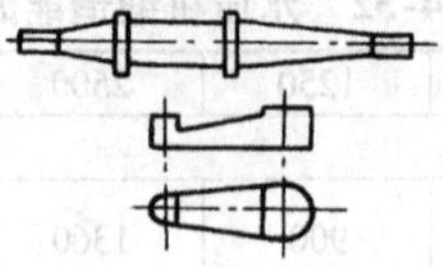	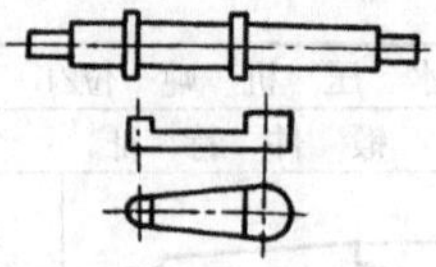
2	圆柱形表面与其他曲面交接时，应力求简化	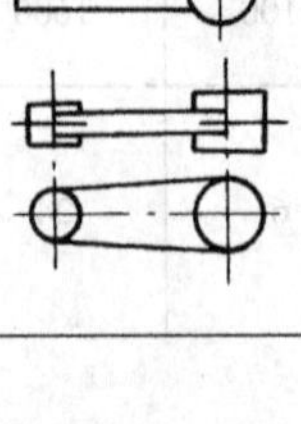	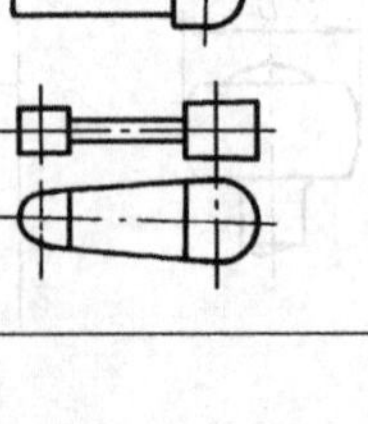

（续）

序号	注意事项	图例 改进前	图例 改进后
3	避免肋、工字形截面等复杂形状	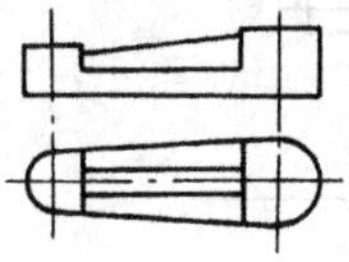	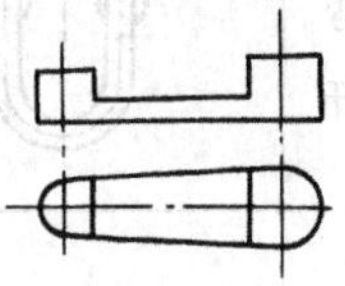
4	避免形状复杂的凸台及叉形件内凸台	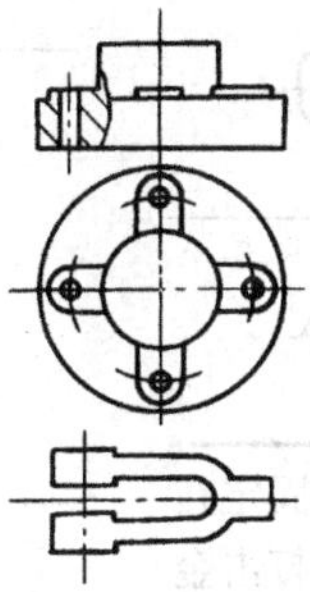	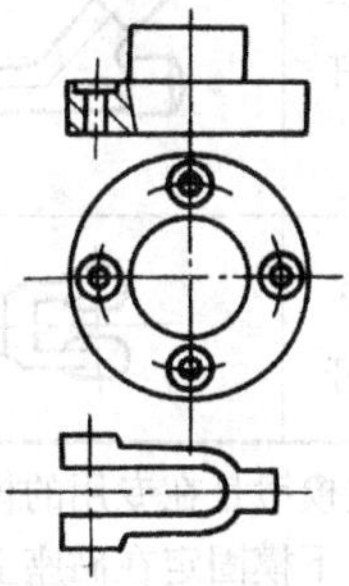
5	形状复杂或具有骤变的横截面的零件，必须改为锻件组合或焊接结构	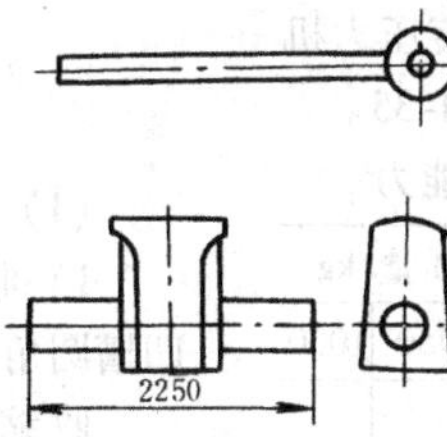	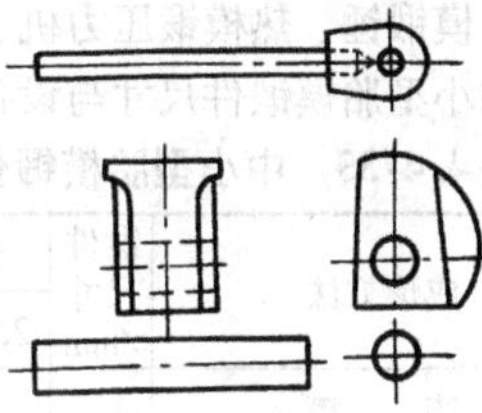

3.2.2　模锻件的结构设计工艺性

模锻可分为胎模锻和固定模锻。

胎模锻是在普通自由锻锤上进行的，下模放在砧座上，将坯料放在下模中，合模后用锤头打击上模，使金属充满模膛（表4.4-29）。锻件种类见表4.4-34所示。

表4.4-34　胎模锻件类别

锻件类别		简图
圆轴类	台阶轴	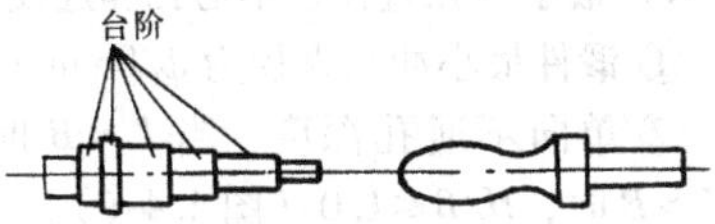
圆轴类	法兰轴	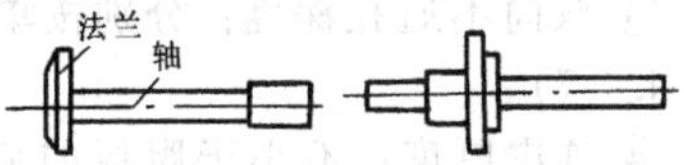
圆盘类	法兰	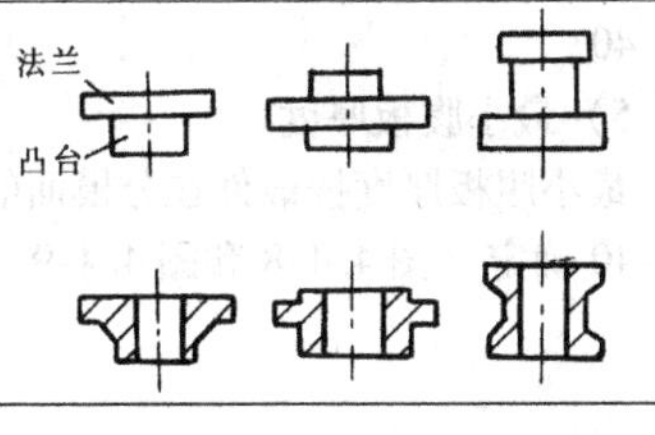

（续）

锻件类别		简图
圆盘类	齿轮	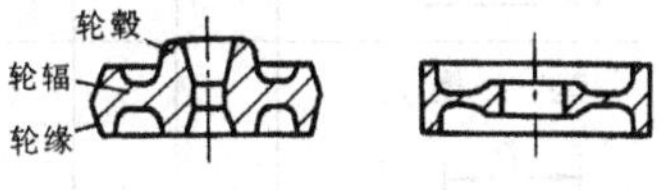
圆盘类	杯筒	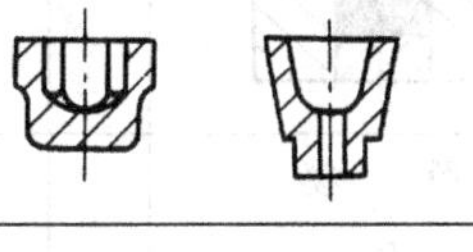
圆环类	环	
圆环类	套	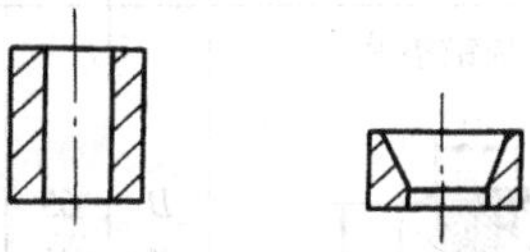
杆叉类	直杆	

（续）

锻件类别		简图
杆叉类	弯杆	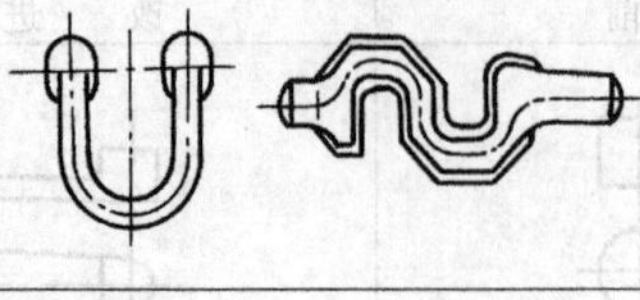
	枝杆	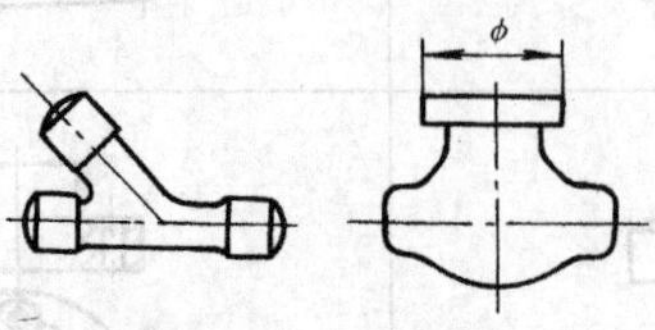
	叉杆	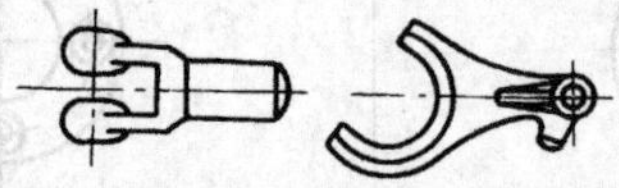

固定模锻是在专用的模锻锤上进行，上模固定在锤头上，下模固定在砧座上，锤头带动上模来打击金属，使金属受压充满模膛（表4.4-29）。常用模锻设备有：模锻锤、热模锻压力机、平锻机、螺旋压力机等。中小型胎模锻件尺寸与设备能力见表4.4-35。

表4.4-35　中小型胎模锻件尺寸与设备能力

成形方法	锻件尺寸/mm	空气锤落下部分质量/kg				
		250	400	560	750	1000
摔　模 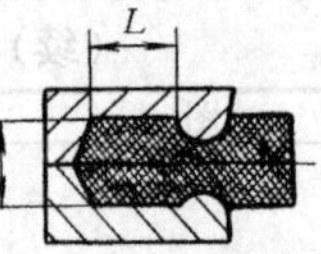	D×L	60×80	80×90	90×120	100×150	120×180
垫　模 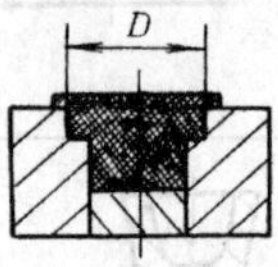	D	120	140	160	180	220
跳　模 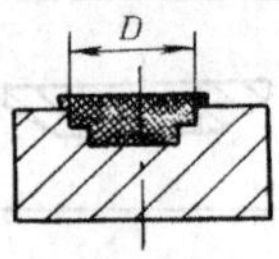	D	65	75	85	100	120
顶镦垫模 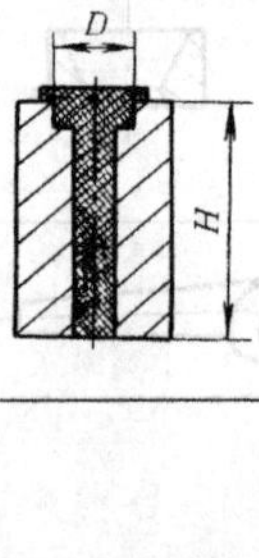	D×H	65×250	100×320	120×380	140×450	160×500

（续）

成形方法	锻件尺寸/mm	空气锤落下部分质量/kg				
		250	400	560	750	1000
套　模 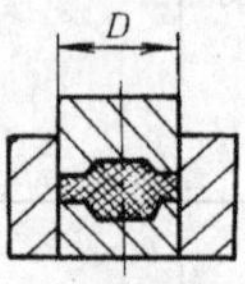	D	80	130	155	175	200
合　模 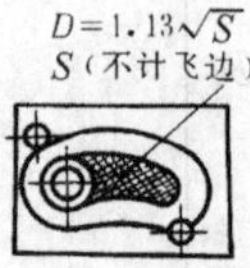	D	60	75	90	110	130

注：1. 表中锻件尺寸系指一火成形（或制坯后一火焖形）时的上限尺寸；若增加火次，锻件尺寸可以增大或选用较小锻锤。

2. 摔模 L 受砧宽限制；顶镦垫模 H 受锤头有效打击行程限制。

（1）模锻件的结构要素（JB/T 9177—2015）

1）收缩截面、多台阶截面、齿轮轮辐、曲轴的凹槽圆角半径

收缩截面（图4.4-2a），多台阶截面（图4.4-2b），齿轮轮辐（图4.4-2c），曲轴（图4.4-2d）的最小内外凹槽圆角 r_A、r_1 按所在凸肩高度。分别查表4.4-36和表4.4-37。

2）最小底厚

最小底厚尺寸 S_B（图4.4-3）按直径和宽度查表4.4-38确定。

3）最小壁厚、肋宽及肋端圆角半径

最小壁厚 S_W、肋宽 S_R 及肋端圆角半径 r_{RK}（图4.4-4）按壁高 h_W 和肋高 h_R 查表4.4-39确定。

4）最小冲孔直径、不通孔和连皮厚度

① 锻件最小冲孔直径为 ϕ20mm（图4.4-5）。

② 单向不通孔深度：当 $L=B$ 时，$H/B \leqslant 0.7$；当 $L>B$ 时，$H/B \leqslant 1.0$（图4.4-6）。

③ 双向不通孔深度：分别按单向不通孔确定（图4.4-7）。

④ 连皮厚度：不小于腹板的最小厚度，见表4.4-40。

5）最小腹板厚度

最小腹板厚度按锻件在分模面的投影面积，查表4.4-40确定（图4.4-8和图4.4-9）。

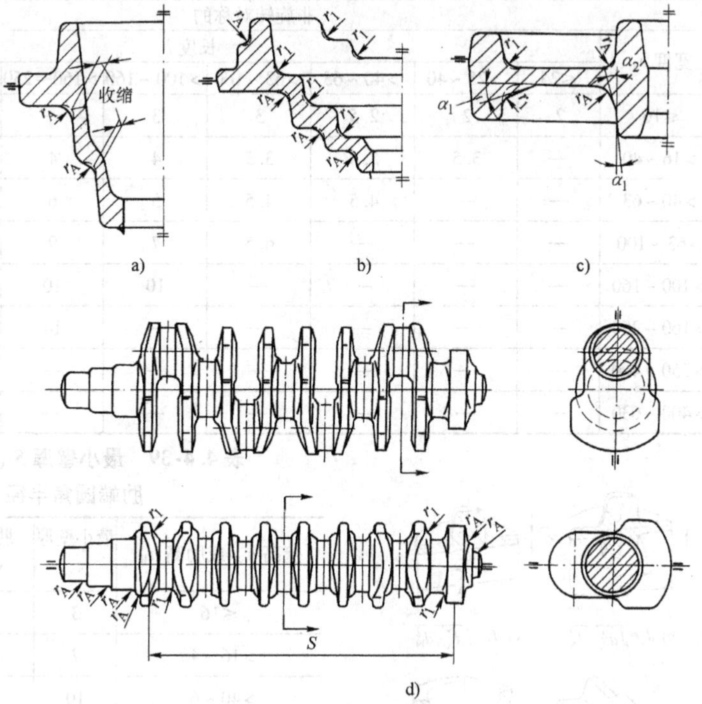

图 4.4-2　拐角圆角半径

表 4.4-36　内凹槽圆角 r_A　（mm）

所在的凸肩高度	锻件的最大直径或高度							
	≤25	>25~40	>40~63	>63~100	>100~160	>160~250	>250~400	>400~630
≤16	2.5	3	4	5	7	9	11	12
>16~40	3	4	5	7	9	11	13	15
>40~63	—	5	7	9	10	12	14	18
>63~100	—	—	10	12	14	16	18	22
>100~160	—	—	—	16	18	20	23	29
>160~250	—	—	—	—	22	25	29	36

表 4.4-37　外凹槽圆角 r_1　（mm）

所在的凸肩高度	锻件的最大直径或高度							
	≤25	>25~40	>40~63	>63~100	>100~160	>160~250	>250~400	>400~630
≤16	3.5	4	5	6	8	10	12	14
>16~40	5	7	9	10	12	14	16	18
>40~63	—	10	12	14	16	18	20	23
>63~100	—	—	16	18	20	23	25	30
>100~160	—	—	—	22	25	29	32	36
>160~250	—	—	—	—	32	36	46	60

表 4.4-38　最小底厚 S_B　(mm)

旋转对称的		非旋转对称的								
直径 d_1	最小底厚 S_B	宽度 b_4	长度 l							
			≤25	>25~40	>40~63	>63~100	>100~160	>160~250	>250~400	>400~630
≤20	2	≤16	2	2	2.5	3	3	—	—	—
>20~50	3.5	>16~40	—	3.5	3.5	3.5	4	4	6	6
>50~80	4	>40~63	—	—	4.5	4.5	5	6	7	9
>80~125	6	>63~100	—	—	—	6.5	7	9	9	11
>125~200	9	>100~160	—	—	—	—	10	10	12	14
>200~315	14	>160~250	—	—	—	—	—	14	16	19
>315~500	20	>250~400	—	—	—	—	—	—	20	23
>500~800	30	>400~630	—	—	—	—	—	—	—	29

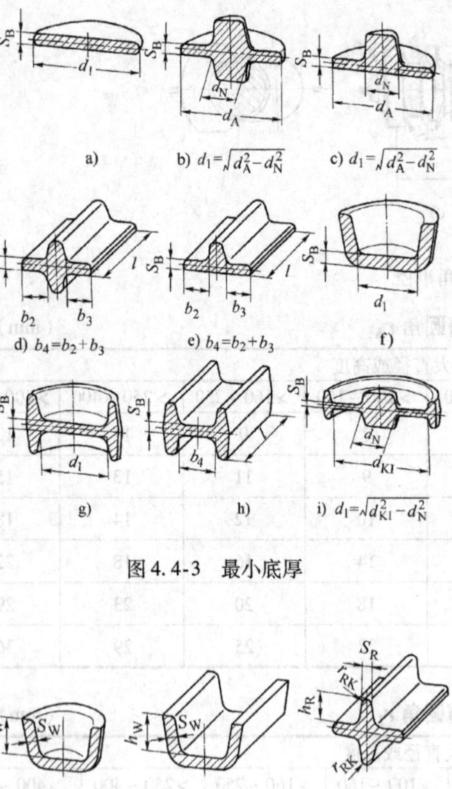

图 4.4-3　最小底厚

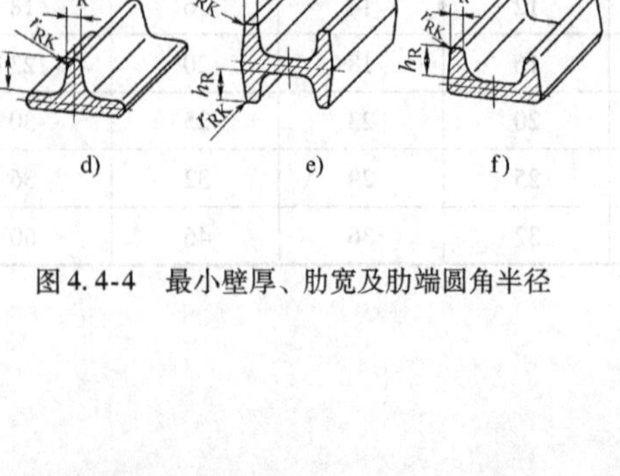

图 4.4-4　最小壁厚、肋宽及肋端圆角半径

表 4.4-39　最小壁厚 S_W、肋宽 S_R 及肋端圆角半径 r_{RK}　(mm)

壁高 h_W 或肋高 h_R	最小壁厚 S_W	肋宽 S_R	肋端圆角半径 r_{RK}
≤16	3	3	1.5
>16~40	7	7	3.5
>40~63	10	10	5
>63~100	18	18	8
>100~160	29	—	—

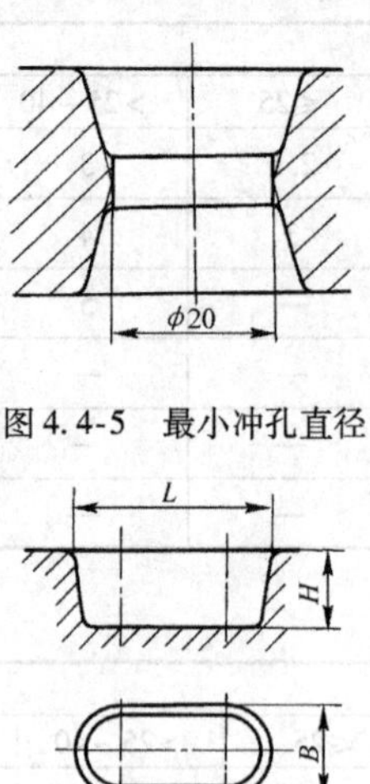

图 4.4-5　最小冲孔直径

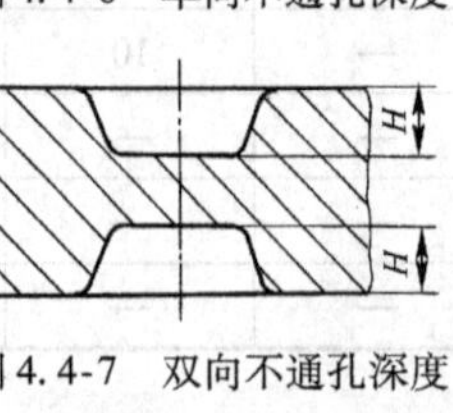

图 4.4-6　单向不通孔深度

图 4.4-7　双向不通孔深度

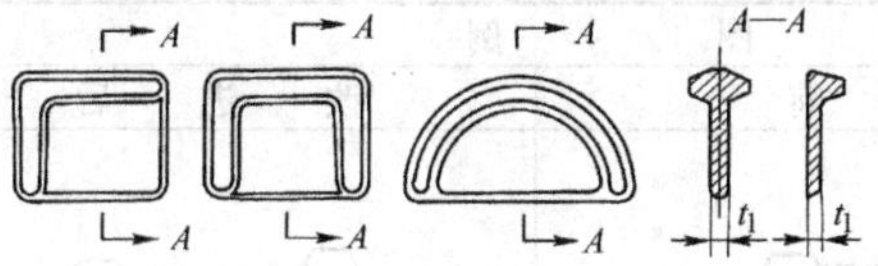

图 4.4-8　无限制腹板厚度

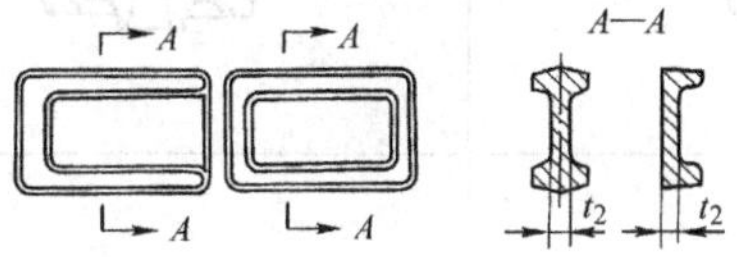

图 4.4-9　有限制腹板厚度

（2）锻件尺寸标注及其测量法

1）垂直于分模面的尺寸标注及其测量法

锻件垂直于分模面的尺寸，其标注及其测量法与一般零件相同。

2）平行于分模面的尺寸标注及其测量法

锻件平行于分模面的尺寸，除特殊注明者外，一律按理论交点标注（图 4.4-10），此交点在锻件上的位置用移动一段距离（$k \times r$）的方法确定。系数 k 值按表 4.4-41 确定，表中 α 或 β 为模锻斜度（以角度计）。

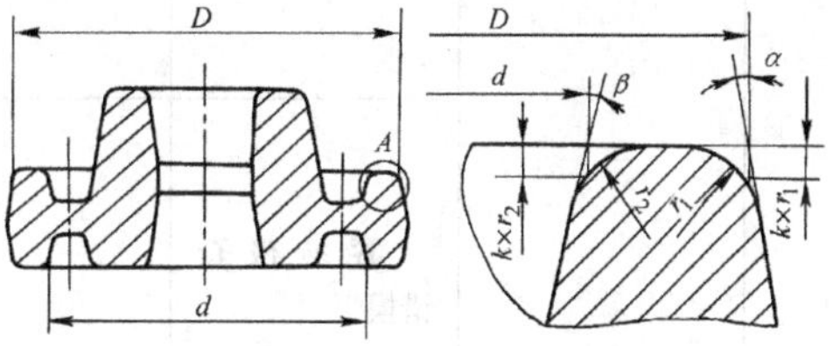

图 4.4-10　分模面尺寸标注

表 4.4-40　最小腹板的厚度　（mm）

锻件在分模面上的投影面积 /cm^2	无限制腹板 t_1	有限制腹板 t_2	锻件在分模面上的投影面积 /cm^2	无限制腹板 t_1	有限制腹板 t_2
≤25	3	4	>800～1000	12	14
>25～50	4	5	>1000～1250	14	16
>50～100	5	6	>1250～1600	16	18
>100～200	6	8	>1600～2000	18	20
>200～400	8	10	>2000～2500	20	22
>400～800	10	12			

注：表列 t_1 和 t_2 允许根据设备、工艺条件协商变动。

表 4.4-41　系数 k 值表

α 或 β	k	α 或 β	k
0°00′	1.000	5°00′	0.600
0°15′	0.907	7°00′	0.534
0°30′	0.868	10°00′	0.456
1°00′	0.815	12°00′	0.413
1°30′	0.774	15°00′	0.359
3°00′	0.685		

注：$k=1-\sqrt{1-\cot^2\theta}$　式中 $\theta=\frac{\alpha+90°}{2}$ 或 $\theta=\frac{\beta+90°}{2}$。

3.3　模锻件结构设计的注意事项（见表 4.4-42）

表 4.4-42　模锻件结构设计的注意事项

序号	注意事项		图例 改进前	图例 改进后
1	合理设计分模面	金属容易充满模腔	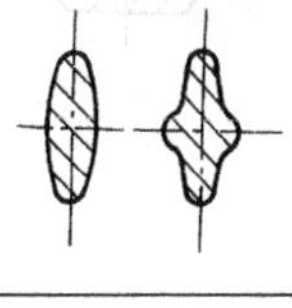	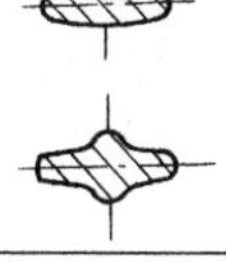

（续）

序号	注意事项		图例 改进前	图例 改进后
1	合理设计分模面	简化模具制造	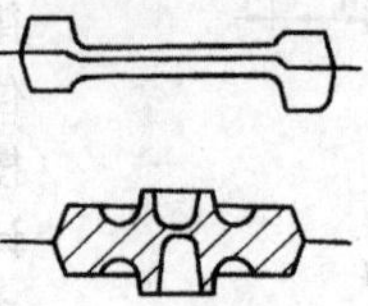	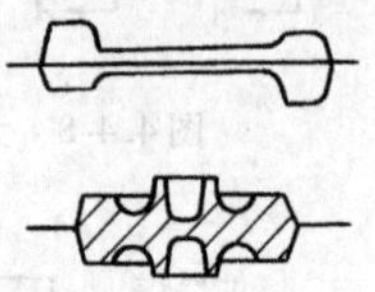
		容易检查错模	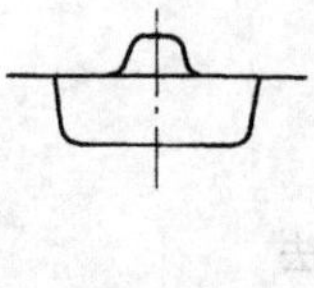	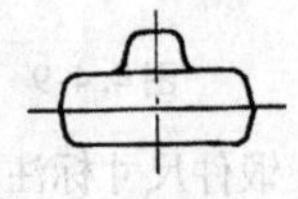
		平衡模锻错移力	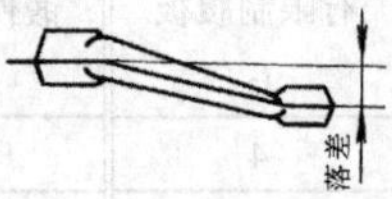	
		能干净切除飞边	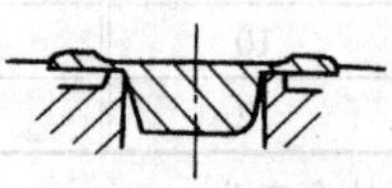	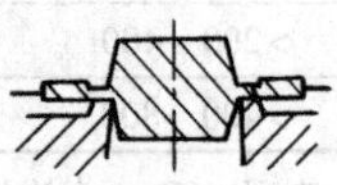
		锻件流线合乎要求	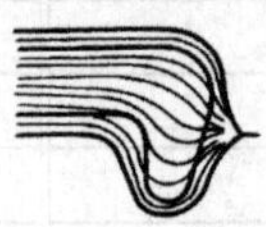	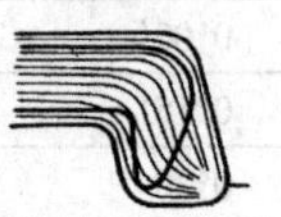
2	便于脱模	锻件截面适于脱模 注：图中涂黑处需加工去掉	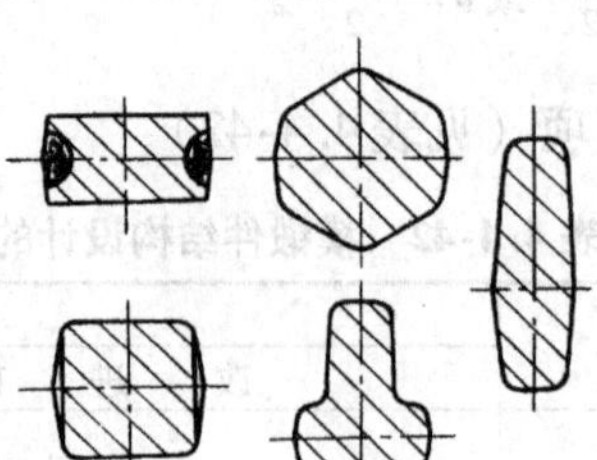	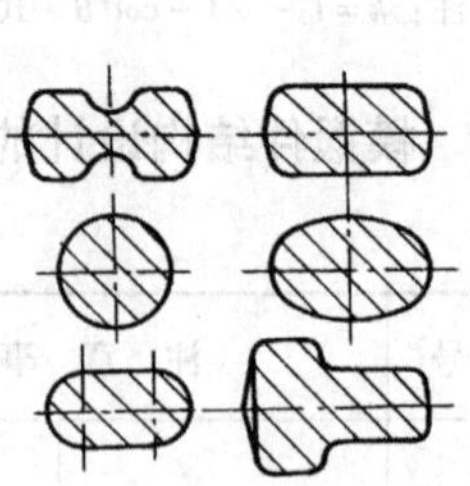

（续）

序号	注意事项		图例	
			改进前	改进后
3	适当的圆角半径	圆角过小，模具易出现裂纹，寿命低 圆角过大，机械加工余量过大	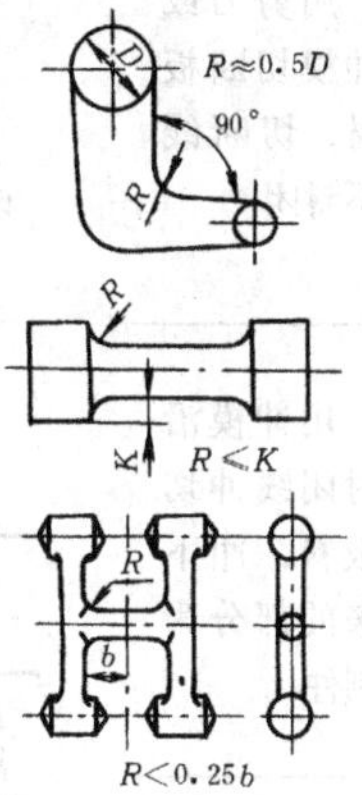	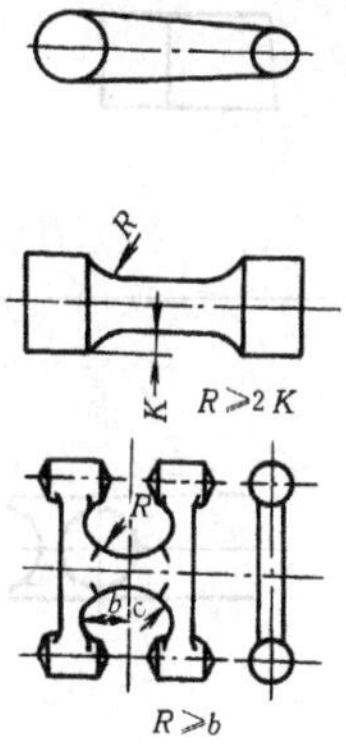
4	简化模具设计与制造	形状对称的零件可设计为同一种零件	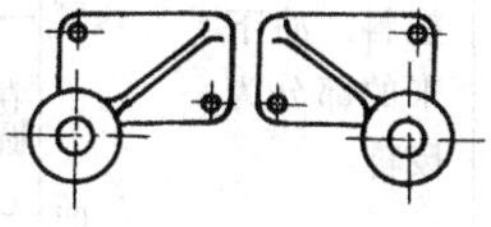	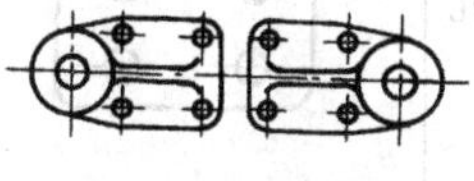
		零件应尽量设计成对称结构	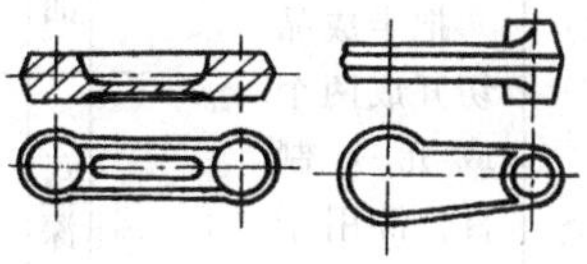	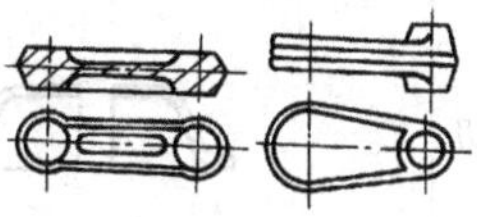
		薄而高的肋不能直接锻出	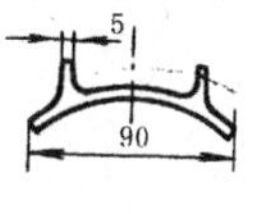	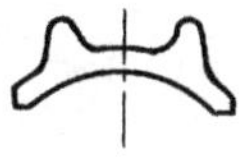
5	减少模锻劳动量	大直径薄凸缘模锻困难		

4　冲压件结构设计工艺性

4.1　冲压方法和冲压材料的选用

4.1.1　冲压的基本工序

冲压的基本工序可分为分离工序（见表4.4-43）、成形工序（见表4.4-44）两类。

表 4.4-43　分离工序分类

工序名称	简图	特点及常用范围
切断		用剪刀或冲模切断板材，切断线不封闭
落料	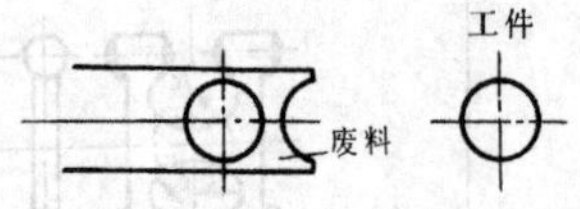	用冲模沿封闭线冲切板料，冲下来的部分为制件
冲孔	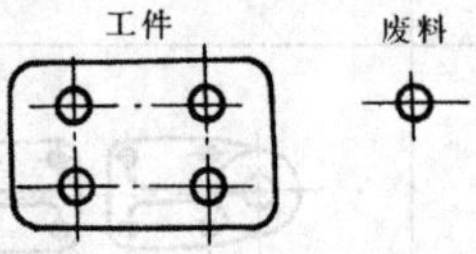	用冲模沿封闭线冲切板料，冲下来的部分为废料
剖切	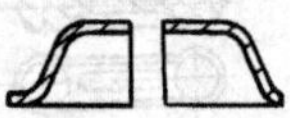	把半成品切开成两个或几个制件，常用于成双冲压
切口	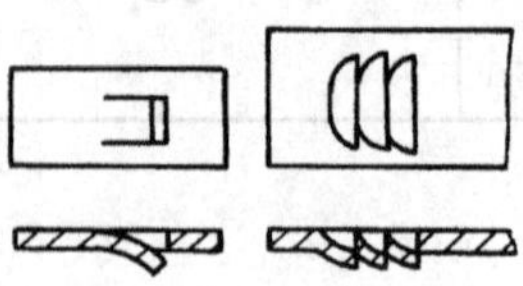	在坯料上沿不封闭线冲出缺口，切口部分发生弯曲，如通风板

（续）

工序名称	简图	特点及常用范围
切边	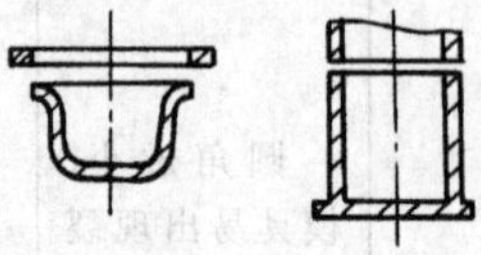	将制件的边缘部分切掉

表 4.4-44　成形工序分类

工序名称		简图	特点及常用范围
弯曲	弯曲		把板料弯成一定的形状
	卷圆		把板料端部卷圆，如合页
	扭曲		把制件扭转成一定角度
拉深	拉深	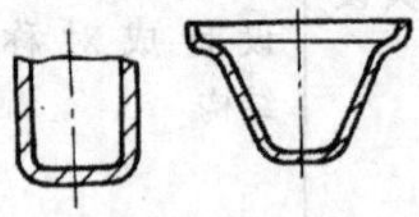	把平板形坯料制成空心制件，壁厚基本不变
	变薄拉深	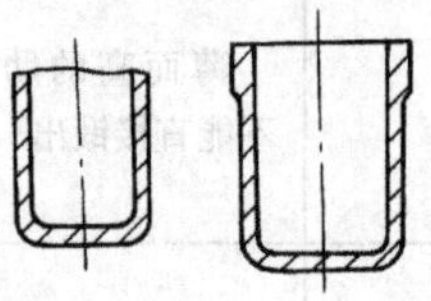	把空心制件拉深成侧壁比底部薄的制件
成形	翻孔		把制件上有孔的边缘翻出边缘
	翻边	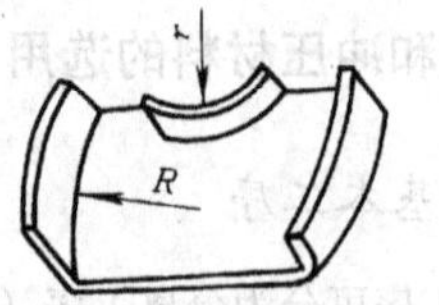	把制件的外缘翻起成圆弧或曲线状的竖立边缘

（续）

工序名称		简　　图	特点及常用范围
成形	扩口	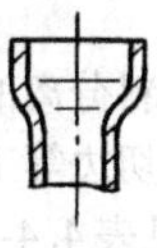	把空心制件的口部扩大，常用于管子
	缩口	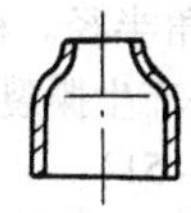	把空心制件的口部缩小
	滚弯	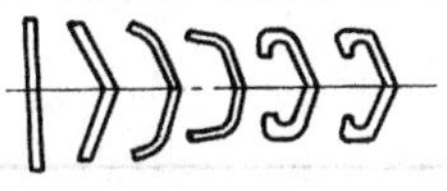	通过一系列轧辊把平板卷料滚弯成复杂形状
	起伏	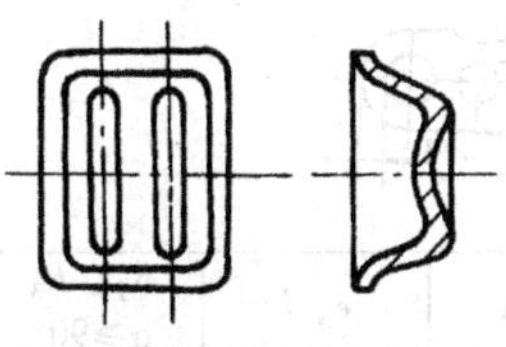	在制件上压出肋条，花纹或文字，在起伏处的整个厚度上都有变形
	卷边	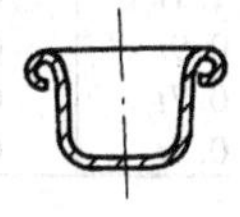	把空心件的边缘卷成一定形状
	胀形	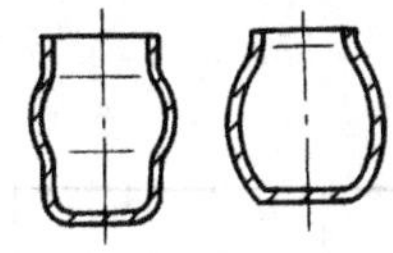	使制件的一部分凸起，呈凸肚形
	旋压	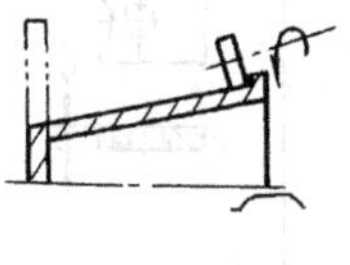	把平板形坯料用小滚轮旋压出一定形状（分变薄与不变薄两种）

（续）

工序名称		简　　图	特点及常用范围
成形	整形	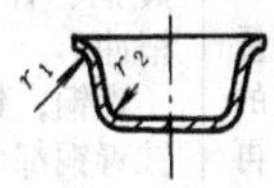	把形状不太准确的制件校正成形，如获得小的 r 等
	校平	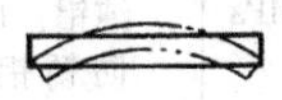	校正制件的平面度
	压印		在制件上压出文字或花纹，只在制件厚度的一个平面上有变形

4.1.2　冲压材料的选用

冲压零件所用的材料，不仅要适合零件在机器中的工作条件，而且要适合冲压过程中材料变形特点及变形程度所决定的制造工艺要求，即应具有足够的强度及较高的可塑性。

（1）选用原则

1）对于拉深及复杂弯曲件，应选用成形性好的材料。

2）对于弯曲件，应考虑材料的纤维方向。

3）在保证产品质量的前提下，尽量降低所使用的材料的价格。用薄料代替厚料；用钢铁材料代替非铁材料；充分利用边角余料，以降低成本。

4）考虑后继工序的要求，如冲压后需焊接、涂漆、镀膜处理的零件，应选用酸洗钢板。

（2）冲压用的材料（见表 4.4-45、表 4.4-46）

表 4.4-45　冲压件对材料的要求

冲压件类别	材料力学性能			常用材料
	抗拉强度 R_m /MPa	断后伸长率 A（%）	硬度 HRW	
平板冲裁件	<637	1～5	84～96	Q195，电工硅钢
冲裁件 弯曲件（以圆角半径 $R>2t$ 作 90°垂直于轧制方向的弯曲）	<490	4～14	76～85	Q195，Q275，40，45，65Mn
浅拉深件 成形件 弯曲件（以圆角半径 $R>0.5t$ 作 90°垂直于轧制方向的弯曲）	<412	13～27	64～74	Q215，Q235，15，20
深拉深件 弯曲件（以圆角半径 $R<0.5t$ 作任意方向 180°的弯曲）	<363	24～36	52～64	08F，08，10F，10
复杂拉深件 弯曲件（以圆角半径 $R<0.5t$ 作任意方向 180°的弯曲）	<324	33～45	38～52	08Al，08F

注：表中 t 为板料厚度。

表 4.4-46　适用于精冲的材料

钢铁材料	非铁材料
普通碳素结构钢： Q195～Q275 优质碳素结构钢： 05，08，10～60［含碳量（质量分数）超过0.4%的碳钢，须经球化退火后再精冲］ 低合金钢和合金钢（经球化退火后 R_m < 588MPa 的均可精冲） 不锈钢及经球化退火的合金工具钢也可精冲	黄铜：（H62、H68、H70、H80），锡黄铜、铝黄铜、镍黄铜均可进行精冲； 青铜，锡青铜，铝青铜，铍青铜都可精冲； 铜：T1、T2、T3 无氧铜：TU1，TU2 纯铝：1070A～8A06 防锈铝：5A01～5A06，5B05 等经淬火时效处理，在时效期内均可精冲

4.2　冲压件结构设计的基本参数

4.2.1　冲裁件

冲裁是利用冲模使材料分离的冲压工艺，它是切断、落料、冲孔、切口、切边等工序的总称。

1）冲裁的最小尺寸见表 4.4-47～表 4.4-49。

2）精冲件的最小圆角半径。精冲件轮廓不应有尖角，否则尖角处材料易产生撕裂，致使凸模极易损坏（见表 4.4-50、表 4.4-51）。

3）精冲件最小槽宽与槽边距见表 4.4-52、表 4.4-53。

表 4.4-47　冲裁最小尺寸

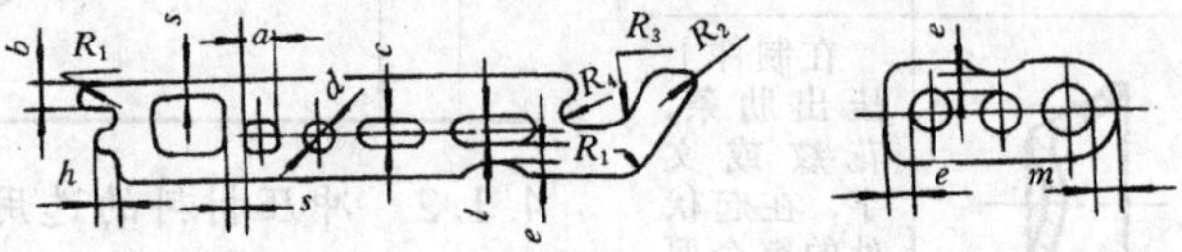

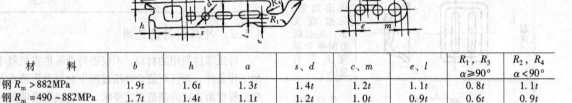

材　　料	b	h	a	s、d	c、m	e、l	R_1，R_3 $\alpha \geqslant 90°$	R_2，R_4 $\alpha < 90°$
钢 R_m > 882MPa	1.9t	1.6t	1.3t	1.4t	1.2t	1.1t	0.8t	1.1t
钢 R_m = 490～882MPa	1.7t	1.4t	1.1t	1.2t	1.0t	0.9t	0.6t	0.9t
钢 R_m < 490MPa	1.5t	1.2t	0.9t	1.0t	0.8t	0.7t	0.4t	0.7t
黄铜、铜、铝、锌	1.3t	1.0t	0.7t	0.8t	0.6t	0.5t	0.2t	0.5t

注：1. t 为材料厚度。
2. 若冲裁件结构无特殊要求，应采用大于表中所列数值。
3. 当采用整体凹模时，冲裁件轮廓应避免清角。

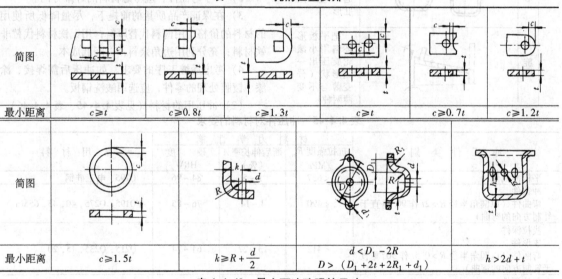

表 4.4-48　孔的位置安排

简图	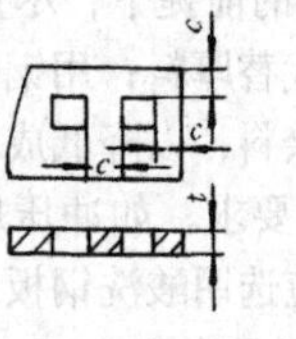	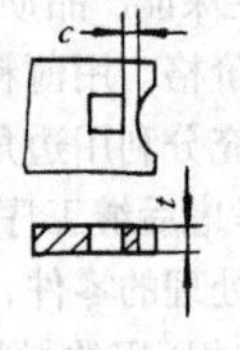	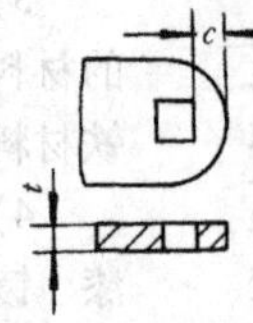	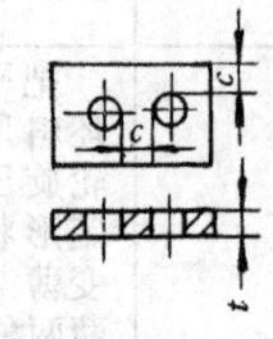	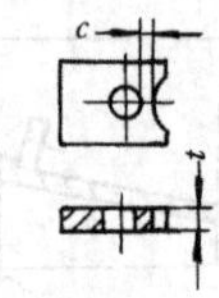	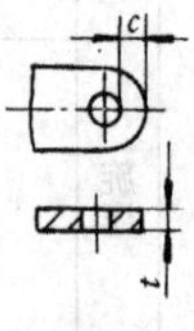
最小距离	$c \geqslant t$	$c \geqslant 0.8t$	$c \geqslant 1.3t$	$c \geqslant t$	$c \geqslant 0.7t$	$c \geqslant 1.2t$
简图		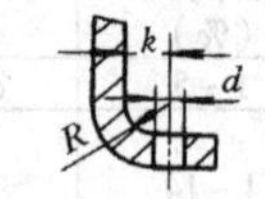	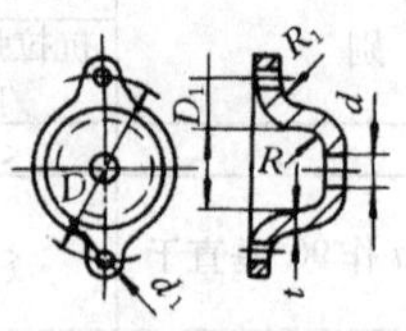		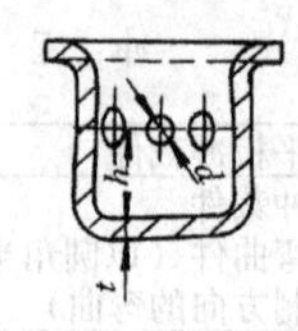	
最小距离	$c \geqslant 1.5t$	$k \geqslant R+\dfrac{d}{2}$	$d < D_1-2R$ $D >(D_1+2t+2R_1+d_1)$		$h > 2d+t$	

表 4.4-49　最小可冲孔眼的尺寸

材　　料	圆孔直径	方孔边长	长方孔	长圆孔
			短边（径）长	
钢（R_m > 686MPa）	1.5t	1.3t	1.2t	1.1t
钢（R_m > 490～686MPa）	1.3t	1.2t	1t	0.9t
钢（R_m ≤ 490MPa）	1t	0.9t	0.8t	0.7t
黄铜、纯铜	0.9t	0.8t	0.7t	0.6t

（续）

材料	圆孔直径	方孔边长	长方孔	长圆孔
			短边（径）长	
铝、锌	0.8	0.7	0.6	0.5
胶木、胶布板	0.7	0.6	0.5	0.4
纸板	0.6	0.5	0.4	0.3

注：当板厚 <4mm 时可以冲出垂直孔，而当板厚 >4～5mm 时，则孔的每边须做出 6°～10°的斜度。

表 4.4-50　精冲件的最小圆角半径　　（mm）

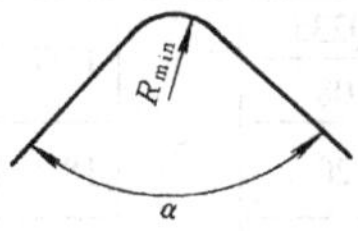

料厚	工件轮廓角度 α			
	30°	60°	90°	120°
1	0.4	0.2	0.1	0.05
2	0.9	0.45	0.23	0.15
3	1.5	0.75	0.35	0.25
4	2	1	0.5	0.35
5	2.6	1.3	0.7	0.5
6	3.2	1.6	0.85	0.65
8	4.6	2.5	1.3	1
10	7	4	2	1.5
12	10	6	3	2.2
14	15	9	4.5	3
15	18	11	6	4

注：上表数值适用于抗拉强度低于 441MPa 的材料。强度高于此值应按比例增加。

表 4.4-51　各种材料精冲时的尺寸极限

抗拉强度 R_m /MPa	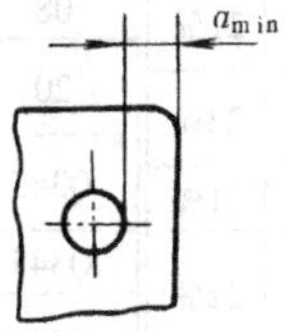 a_{min}	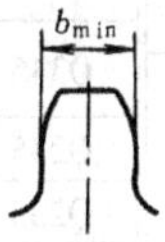 b_{min}	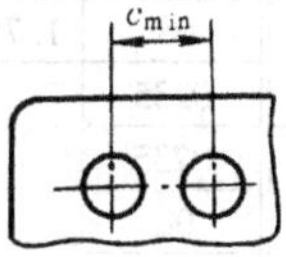 c_{min}	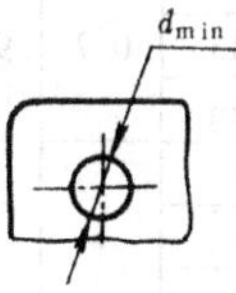 d_{min}
147	（0.25～0.35）t	（0.3～0.4）t	（0.2～0.3）t	（0.3～0.4）t
294	（0.35～0.45）t	（0.4～0.45）t	（0.3～0.4）t	（0.45～0.55）t
441	（0.5～0.55）t	（0.55～0.65）t	（0.45～0.5）t	（0.65～0.7）t
588	（0.7～0.75）t	（0.75～0.8）t	（0.6～0.65）t	（0.85～0.9）t

注：1. 薄料取上限，厚料取下限。

2. t 为材料厚度。

表 4.4-52　冲裁件最小许可宽度与材料的关系

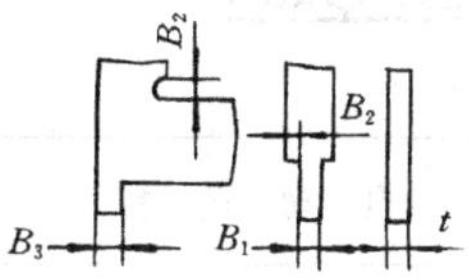

材料	最小值		
	B_1	B_2	B_3
中等硬度的钢	1.25t	0.8t	1.5t
高碳钢和合金钢	1.65t	1.1t	2t
有色合金	t	0.6t	1.2t

表 4.4-53　精冲件最小相对槽宽 e/t

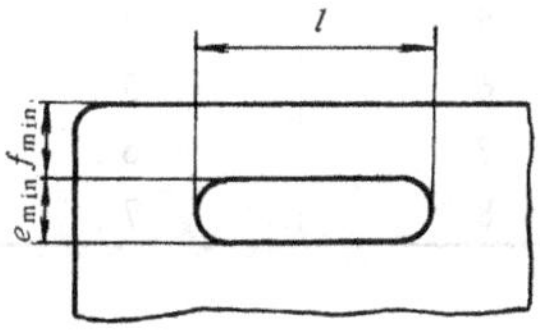

料厚 t /mm	槽长 l /mm												
	2	4	6	8	10	15	20	40	60	80	100	150	200
1	0.69	0.78	0.82	0.84	0.88	0.94	0.97						
1.5	0.62	0.72	0.75	0.78	0.82	0.87	0.90						
2	0.58	0.67	0.70	0.73	0.77	0.83	0.86	1					
3		0.62	0.65	0.68	0.71	0.76	0.79	0.92	0.98				
4		0.60	0.63	0.65	0.68	0.74	0.76	0.88	0.94	0.97	1		
5			0.62	0.64	0.67	0.73	0.75	0.86	0.92	0.95	0.97		
8				0.63	0.66	0.71	0.73	0.85	0.9	0.93	0.95	1	
10						0.68	0.71	0.80	0.85	0.87	0.88	0.93	0.96
12							0.70	0.79	0.84	0.86	0.87	0.92	0.95
15							0.69	0.78	0.83	0.85	0.86	0.90	0.93

注：最小槽边距 $f_{min}=(1.1\sim1.2)e_{min}$。

4）冲裁间隙及冲裁时合理搭边值见表4.4-54和表4.4-55。

表4.4-54　冲裁间隙

材料牌号	料厚/mm	合理间隙（径向双面）最小	合理间隙（径向双面）最大
08	0.05	无间隙	
	0.1		
08	0.2		
50			
08	0.22		
08	0.3		
50			
08	0.4		
65Mn			
08	0.5	8%	12%
65Mn			
35			
08	0.6	8%	12%
08	0.7	9%	13%
65Mn			
09Mn			
08	0.8	9%	13%
20			
65Mn			
09Mn			
Q345			

材料牌号	料厚/mm	合理间隙（径向双面）最小	合理间隙（径向双面）最大
Q235	0.9	10%	14%
08			
65Mn			
09Mn			
08	1	10%	14%
09Mn			
08	1.2	11%	15%
09Mn			
Q235	1.5	11%	15%
Q235			
08			
20			
09Mn			
16Mn			
08	1.75	12%	18%
Q235	2	12%	18%
Q235			
08			
10			
20		13%	19%
09Mn		12%	18%
16Mn		13%	19%

材料牌号	料厚/mm	合理间隙（径向双面）最小	合理间隙（径向双面）最大
50	2.1	13%	19%
Q235	2.5	14%	20%
Q235			
08			
20		15%	21%
09Mn		14%	20%
Q345		15%	21%
08	2.75	14%	20%
Q235	3	15%	21%
08			
20		16%	22%
09Mn		15%	21%
Q345		16%	22%
Q235	3.5	15%	21%
Q235	4	16%	22%
08			
20		17%	23%
Q345			

材料牌号	料厚/mm	合理间隙（径向双面）最小	合理间隙（径向双面）最大
Q235	4.5	16%	22%
08			
20		17%	23%
Q345		15%	21%
Q235	5	17%	23%
08			
20		18%	24%
Q345		15%	21%
08	5.5	17%	23%
Q345		14%	20%
Q235	6	18%	24%
08			
20		19%	25%
Q345		14%	20%
Q345	6.5	14%	20%
Q345	8	15%	21%
Q345	12	11%	15%

表4.4-55　冲裁时合理搭边值　（mm）

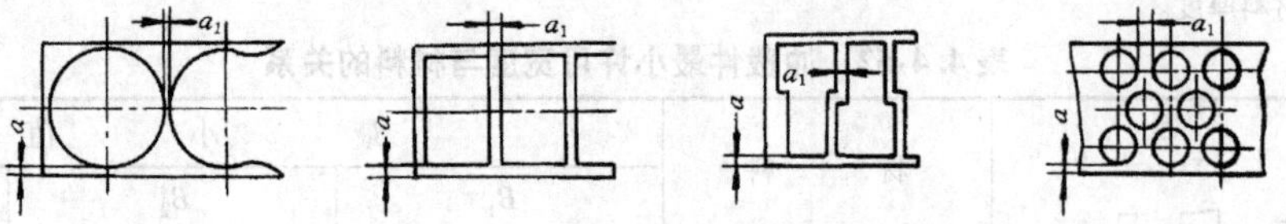

料厚	手送料 圆形 a		非圆形 a		往复送料 a		自动送料 a	
	a	a_1	a	a_1	a	a_1	a	a_1
≤1	1.5	1.5	2	1.5	3	2	3	2
>1~2	2	1.5	2.5	2	3.5	2.5		
>2~3	2.5	2	3	2.5	4	3.5		
>3~4	3	2.5	3.5	3	5	4	4	3
>4~5	4	3	5	4	6	5	5	4
>5~6	5	4	6	5	7	6	6	5
>6~8	6	5	7	6	8	7	7	6
>8	7	6	8	7	9	8	8	7

注：非金属材料（皮革、纸板、石棉等）的搭边值应比金属大1.5~2倍。

4.2.2 弯曲件

1）板件最小弯曲圆角半径和弯曲件尾部弯出长度分别见表4.4-56和表4.4-57。

表 4.4-56　板件最小弯曲圆角半径（为厚度 t 的倍数）

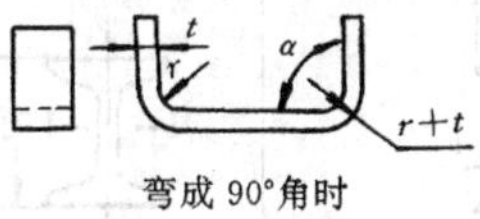

弯成 90°角时

材　料	垂直于轧制纹路	与轧制纹路成45°	平行轧制纹路
08，10，Q195，Q215	0.3	0.5	0.8
15，20，Q235	0.5	0.8	1.3
30，40，Q235	0.8	1.2	1.5
45，50，Q275	1.2	1.8	3.0
25CrMnSi，30CrMnSi	1.5	2.5	4.0
软黄铜和铜	0.3	0.45	0.8
半硬黄铜	0.5	0.75	1.2
铝	0.35	0.5	1.0
硬铝合金	1.5	2.5	4.0

注：弯曲角度 α 缩小时，还需乘上系数 K。当 $90° > \alpha > 60°$ 时，$K = 1.1 \sim 1.3$，当 $60° > \alpha > 45°$ 时，$K = 1.3 \sim 1.5$。

表 4.4-57　弯曲件尾部弯出长度

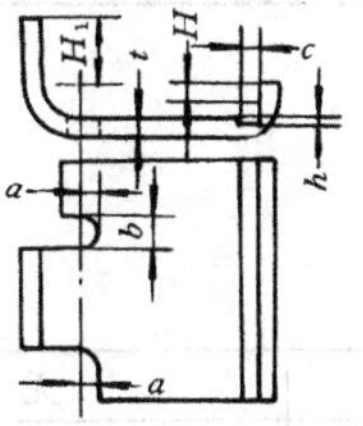

$H_1 > 2t$（弯出零件圆角中心以上的长度）

$H < 2t$

$b > t$

$a > t$

$c = 3 \sim 6$mm

$h =$（0.1～0.3）t 且不小于3mm

2）型材弯曲半径见表4.4-58～表4.4-61，角钢的截切、破口尺寸见表4.4-62和表4.4-63。

表 4.4-58　扁钢、圆钢弯曲的推荐尺寸　（mm）

扁　钢　平　面　弯　曲

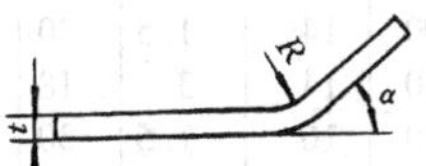

t	2	3	4	5	6	7	8	10	12	14	16	18	20
R	3		5			8		10		15		20	
α	7°,15°,20°,30°,40°,45°,50°,60°,70°,75°,80°,90°												

扁　钢　侧　面　弯　曲

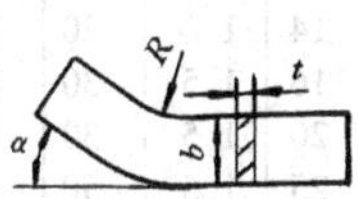

t	2	3	4	5	6	7	8	10	12	14	16	18	20
b	15～40								40～70				
R	30								50				
α	7°,15°,20°,30°,40°,45°,50°,60°,70°,75°,80°,90°												

圆　钢　弯　曲

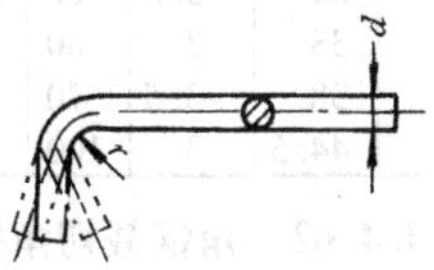

d	6	8	10	12	14	16	18	20	25	28	30
$r_{(最小)}$	4		6		8		10		12	15	
$r_{(一般)}$	$=d$										

圆　钢　弯　钩　环

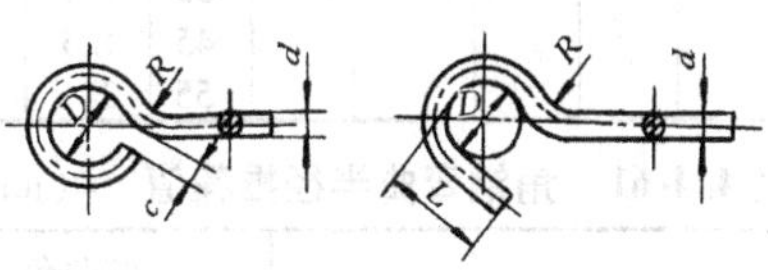

d	D	c（小于）	R	l
6	8～14	6	5～8	14～26
8	10～18	6	5～10	27～36
10	10～20	8	5～10	30～40
12	12～24	10	5～12	36～48
14	12～28	12	8～15	40～56
16	16～32	16	8～15	48～64
18	18～36	20	10～20	54～72

1. 直径 D 由下列尺寸系列中选择：8，10，12，14，16，18，20，22，24，28，32，36mm。
2. 半径 R 在5，8，10，12，15，20mm 各数值选择，应约等于 $\frac{D}{2}$。

圆　钢　弯　小　钩

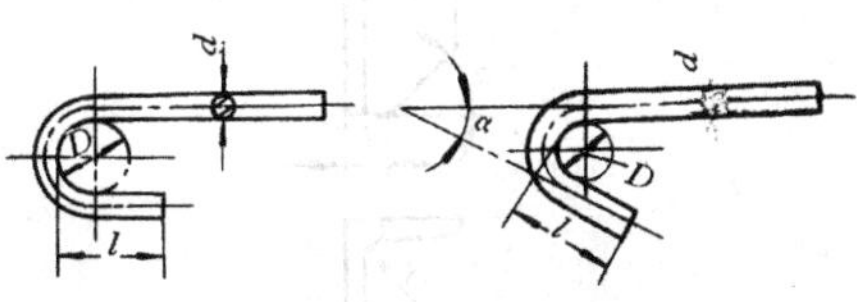

$\alpha = 45°$ 或 $75°$　$l = 3d$

$D = 2d$；其尺寸最好从下列尺寸系列中选择：

8，10，12，14，16，18，20，22，24，28，32，36，40mm

表 4.4-59　型钢最小弯曲半径

	型	钢				
弯曲条件	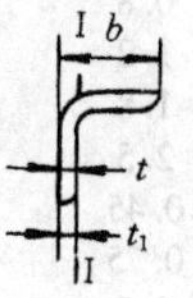	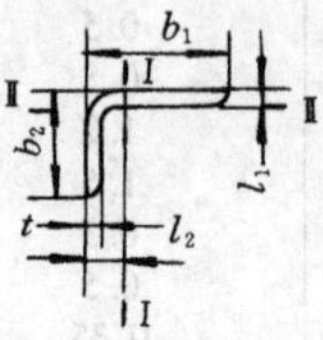		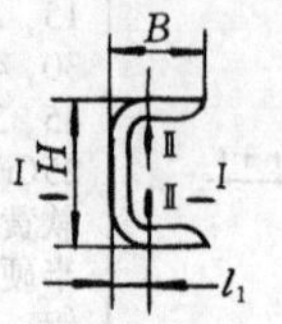		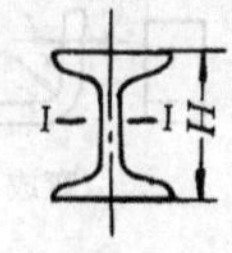
作为弯曲的轴线	Ⅰ—Ⅰ	Ⅰ—Ⅰ	Ⅱ—Ⅱ	Ⅰ—Ⅰ	Ⅱ—Ⅱ	Ⅰ—Ⅰ
轴线位置	$l_1=0.95t$	$l_2=1.12t$	$l_1=0.8t$	—	$l_1=1.15t$	—
最小弯曲半径	$R=5(b-0.95t)$	$R=5(b_2-1.12t)$	$R=5(b_1-0.8t)$	$R=2.5H$	$R=4.5B$	$R=2.5H$

表 4.4-60　管子最小弯曲半径　　(mm)

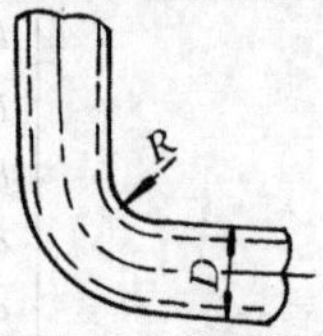

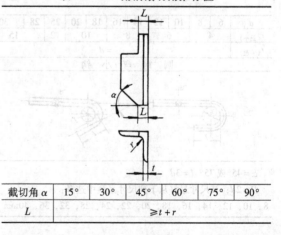

硬聚氯乙烯管			铝管			纯铜与黄铜管			焊接钢管				无缝钢管					
D	壁厚 t	R	D	壁厚 t	R	D	壁厚 t	R	D	壁厚 t	R 热	R 冷	D	壁厚 t	R	D	壁厚 t	R
12.5	2.25	30	6	1	10	5	1	10	13.5		40	80	6	1	15	45	3.5	90
15	2.25	45	8	1	15	6	1	10	17		50	100	8	1	15	57	3.5	110
25	2	60	10	1	15	7	1	15	21.25	2.75	65	130	10	1.5	20	57	4	150
25	2	80	12	1	20	8	1	15	26.75	2.75	80	160	12	1.5	25	76	4	180
32	3	110	14	1	20	10	1	15	33.5	3.25	100	200	14	1.5	30	89	4	220
40	3.5	150	16	1.5	30	12	1	20	42.25	3.25	130	250	14	3	18	108	4	270
51	4	180	20	1.5	30	14	1	20	48	3.5	150	290	16	1.5	30	133	4	340
65	4.5	240	25	1.5	50	15	1	30	60	3.5	180	360	18	1.5	40	159	4.5	450
76	5	330	30	1.5	60	16	1.5	30	75.5	3.75	225	450	18	3	28	159	6	420
90	6	400	40	1.5	80	18	1.5	30	88.5	4	265	530	20	1.5	40	194	6	500
114	7	500	50	2	100	20	1.5	30	114	4	340	680	22	3	50	219	6	500
140	8	600	60	2	125	24	1.5	40					25	3	50	245	6	600
166	8	800				25	1.5	40					32	3	60	273	8	700
						28	1.5	50					32	3.5	60	325	8	800
						35	1.5	60					38	3	80	371	10	900
						45	1.5	80					38	3.5	70	426	10	1000
						55	2	100					44.5	3	100			

表 4.4-61　角钢弯曲半径推荐值　　(mm)

简图	弯曲角 α 7°~30°	40°~60°	70°~90°
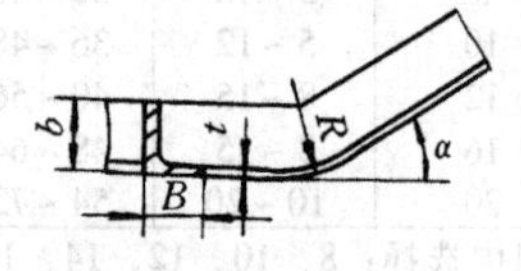	$R=150$	$R=100$	$R=50$
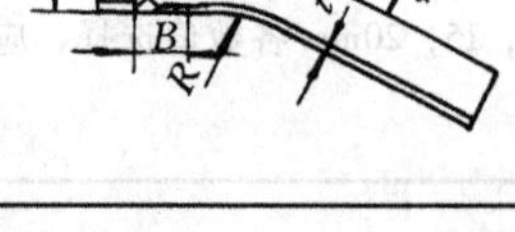	$R=50$	$R=30$	$R=15$

表 4.4-62　角钢截切角推荐值

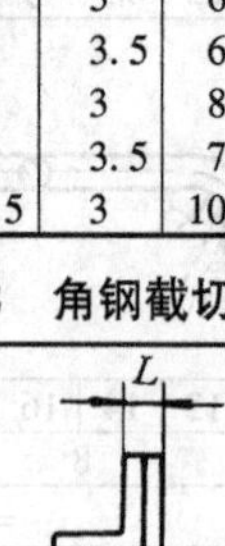

截切角 α	15°	30°	45°	60°	75°	90°
L	$\geqslant t+r$					

表4.4-63　角钢破口弯曲 c 值　(mm)

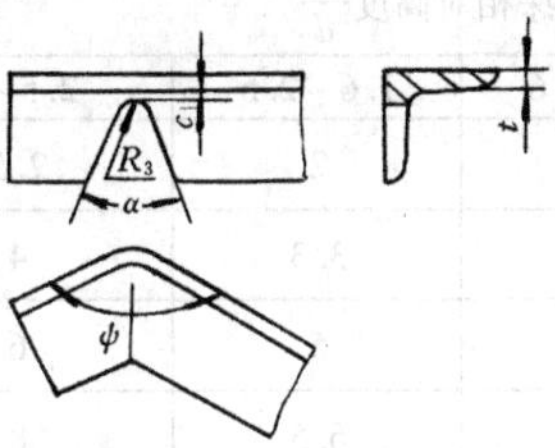

截切角 α	角钢厚度 t 3	4	5	6	7	8	9	10	12
<30°	6	9	11	15	16	17	18	19	21
>30°~60°	6	7	8	11	12	14	15	16	18
>60°~90°	5	6	7	9	10	11	12	13	15
>90°	4	5	6	7	8	9	10	11	13

截切角 $\alpha = 180° - \psi$

4.2.3　拉深件（见表4.4-64～表4.4-70）

表4.4-64　箱形零件的圆角半径、法兰边宽度和工件高度

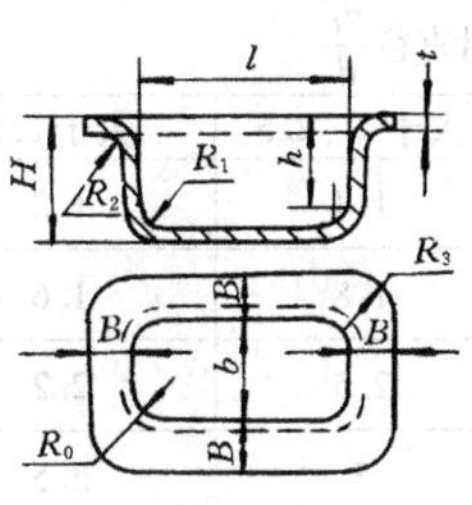

	材料	圆角半径	材料厚度 t/mm <0.5	>0.5~3	>3~5
R_1、R_2	软钢	R_1	(5~7) t	(3~4) t	(2~3) t
		R_2	(5~10) t	(4~6) t	(2~4) t
	黄铜	R_1	(3~5) t	(2~3) t	(1.5~2.0) t
		R_2	(5~7) t	(3~5) t	(2~4) t
$\frac{H}{R_0}$ 当 $R_0>0.14B$ $R_1 \geqslant 1$	材料		比值		
	酸洗钢		4.0~4.5	当 $\frac{H}{R_0}$ 需大于左列数值时，则应采用多次拉深工序	
	冷拉钢、铝、黄铜、铜		5.5~6.5		
B	$\leqslant R_2+$ (3~5) t				
R_3	$\geqslant R_0+B$				

表4.4-65　有凸缘筒形件第一次拉深的许可相对高度 $\frac{h_1}{d_1}$

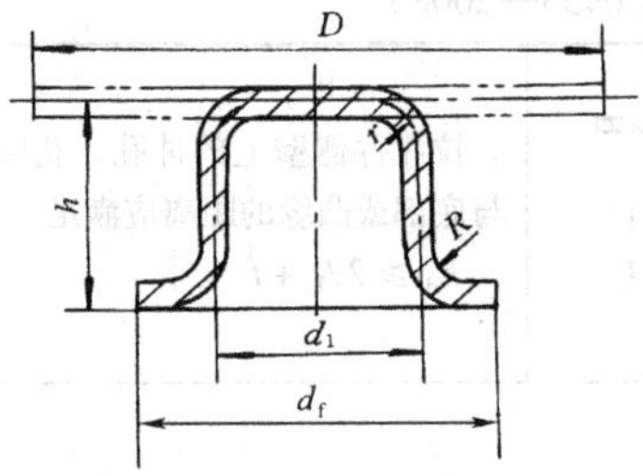

凸缘相对直径 $\frac{d_f}{d_1}$	坯料相对厚度 $\frac{t}{D}\times 100$ >0.06~0.2	>0.2~0.5	>0.5~1	>1~1.5	>1.5
≤1.1	0.45~0.52	0.50~0.62	0.57~0.70	0.60~0.82	0.75~0.90
>1.1~1.3	0.40~0.47	0.45~0.53	0.50~0.60	0.56~0.72	0.65~0.80
>1.3~1.5	0.35~0.42	0.40~0.48	0.45~0.53	0.50~0.63	0.58~0.70
>1.5~1.8	0.29~0.35	0.34~0.39	0.37~0.44	0.42~0.53	0.48~0.58
>1.8~2	0.25~0.30	0.29~0.34	0.32~0.38	0.36~0.46	0.42~0.51
>2~2.2	0.22~0.26	0.25~0.29	0.27~0.33	0.31~0.40	0.35~0.45
>2.2~2.5	0.17~0.21	0.20~0.23	0.22~0.27	0.25~0.32	0.28~0.35
>2.5~2.8	0.13~0.16	0.15~0.18	0.17~0.21	0.19~0.24	0.22~0.27

注：材料为钢08、10。

表4.4-66　无凸缘筒形件的许可相对高度 h/d

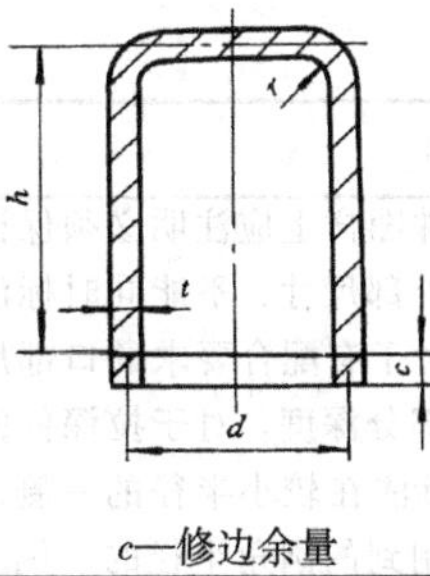

c—修边余量

拉深次数	坯料相对厚度 $\frac{t}{D}\times 100$ 0.1~0.3	0.3~0.6	0.6~1.0	1.0~1.5	1.5~2.0
1	0.45~0.52	0.5~0.62	0.57~0.70	0.65~0.84	0.77~0.94
2	0.83~0.96	0.94~1.13	1.1~1.36	1.32~1.6	1.54~1.88
3	1.3~1.6	1.5~1.9	1.8~2.3	2.2~2.8	2.7~3.5
4	2.0~2.4	2.4~2.9	2.9~3.6	3.5~4.3	4.3~5.6
5	2.7~3.3	3.3~4.1	4.1~5.2	5.1~6.6	6.6~8.9

注：1. 适用08、10钢。

2. 表中大的数值，适用于第一次拉深中有大的圆角半径（$r=8t\sim15t$），小的数值适用于小的圆角半径（$r=4t\sim8t$）。

表 4.4-67　无凸缘拉深件的修边余量 c　（mm）

简　图	拉深高度 h	拉深相对高度 $\frac{h}{d}$			
		0.5～0.8	0.8～1.6	1.6～2.5	2.5～4
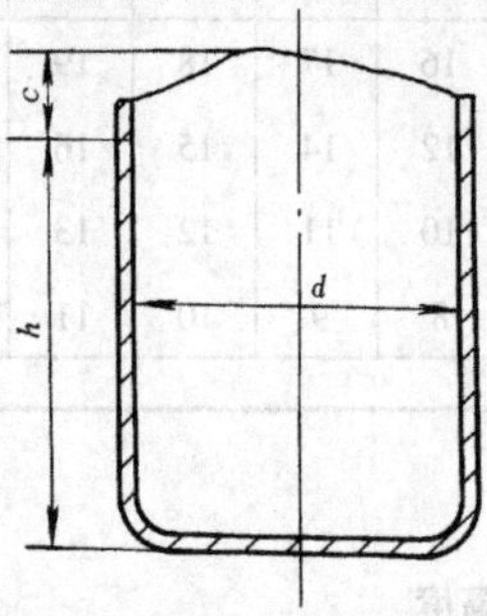	<25	1.2	1.6	2	2.5
	25～50	2	2.5	3.3	4
	50～100	3	3.8	5	6
	100～150	4	5	6.5	8
	150～200	5	6.3	8	10
	200～250	6	7.5	9	11
	>250	7	8.5	10	12

表 4.4-68　有凸缘拉深件的修边余量 $c/2$　（mm）

简　图	凸缘直径 d_f	凸缘的相对直径 $\frac{d_f}{d}$			
		～1.5	大于1.5～2	大于2～2.5	大于2.5
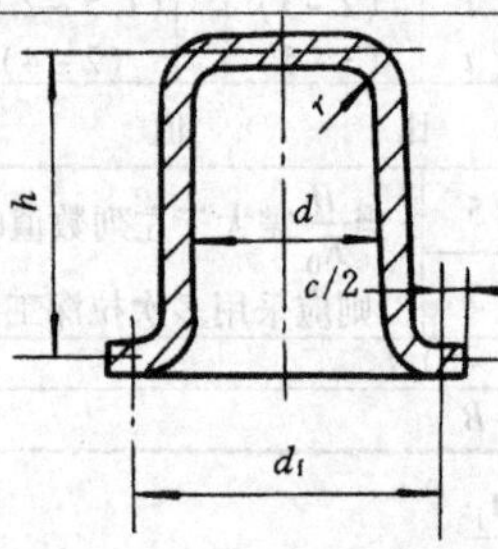	<25	1.8	1.6	1.4	1.2
	25～50	2.5	2	1.8	1.6
	50～100	3.5	3	2.5	2.2
	100～150	4.3	3.6	3	2.5
	150～200	5	4.2	3.5	2.7
	200～250	5.5	4.6	3.8	2.8
d_f—制件凸缘外径	>250	6	5	4	3

表 4.4-69　圆形拉深件的孔径和孔距（摘自 JB/T 6959—2008）

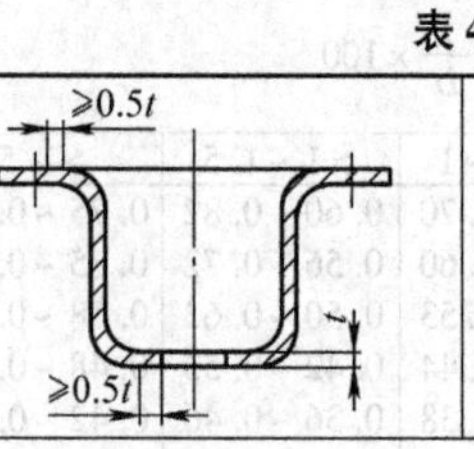	拉深件底部及凸缘口的冲孔的边缘与工件圆角半径的切点之间的距离不应小于0.5t	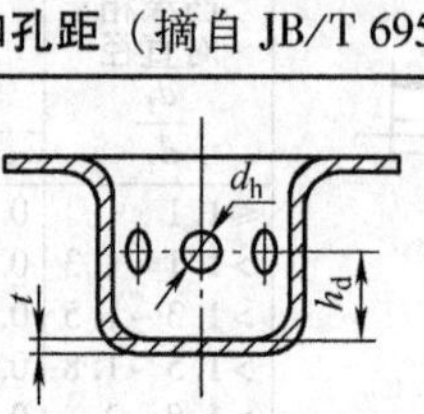	拉深件侧壁上的冲孔，孔中心与底部或凸缘的距离应满足 $h_d \geqslant 2d_h + t$
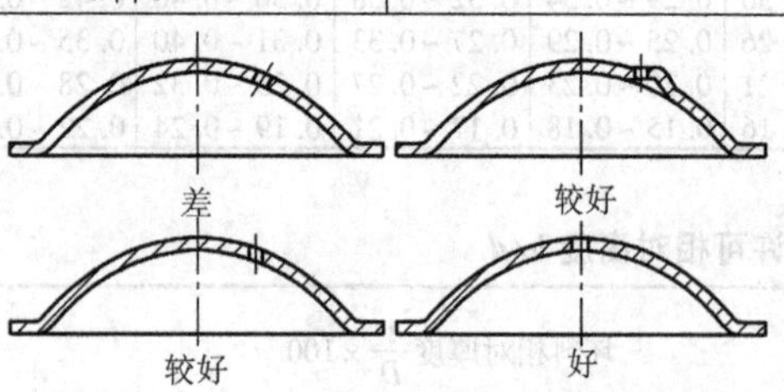	拉深件上的孔位应设置在与主要结构面（凸缘面）同一平面上，或使孔壁垂直于该平面以使冲孔与修边同时在一道工序中完成		

表 4.4-70　拉深件的尺寸注法（摘自 JB/T 6959—2008）

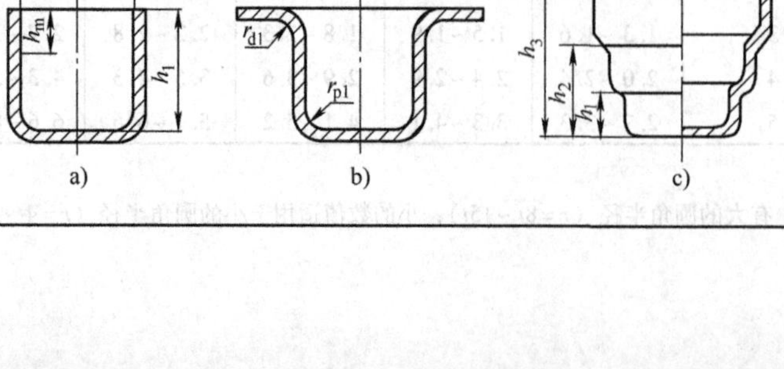	在拉深件图样上应注明必须保证的内腔尺寸或外部尺寸，不能同时标注内外形尺寸。对于有配合要求的口部尺寸应标注配合部分深度。对于拉深件的圆角半径，应标注在较小半径的一侧，即模具能够控制到的圆角半径的一侧。有台阶的拉深件，其高度尺寸应以底部为基准进行标注

4.2.4　成形件（见表 4.4-71 ~ 表 4.4-78）

表 4.4-71　内孔一次翻边的参考尺寸

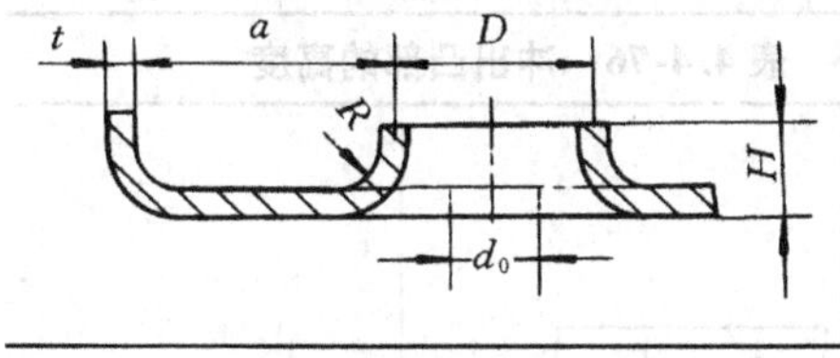	翻边直径（中径）D	由 结 构 给 定
	翻边圆角半径 R	$R \geqslant 1 + 1.5t$
	翻边系数 K	软钢 $K \geqslant 0.70$ 黄铜 H62（$t = 0.5 \sim 6$）$K \geqslant 0.68$ 铝（$t = 0.5 \sim 5$）$K \geqslant 0.70$
	翻边高度 H	$H = \frac{D}{2}(1 - K) + 0.43R + 0.72t$
	翻边孔至外缘的距离 a	$a >（7 \sim 8）t$

注：1. 翻边系数 $K = d_0/D$。

2. 若翻边高度较高，一次翻边不能满足要求时，可采用拉深、翻边复合工艺。

3. 翻边后孔壁减薄，如变薄量有特殊要求，应予注明。

表 4.4-72　缩口时直径缩小的合理比例

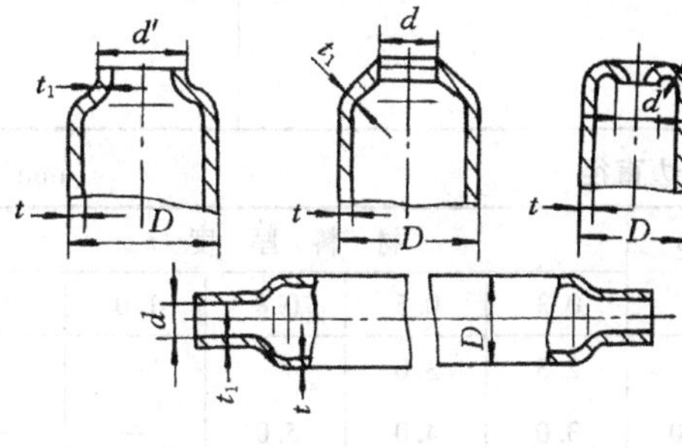	$\frac{D}{t} \leqslant 10$ 时；$d \geqslant 0.7D$
	$\frac{D}{t} > 10$ 时；$d = (1 - k) D$ 钢制件：$k = 0.1 \sim 0.15$ 铝制件：$k = 0.15 \sim 0.2$
	箍压部分壁厚将增加 $t_1 = t\sqrt{\frac{D}{d}}$

表 4.4-73　加强肋的形状、尺寸及适宜间距

半 圆 形 肋	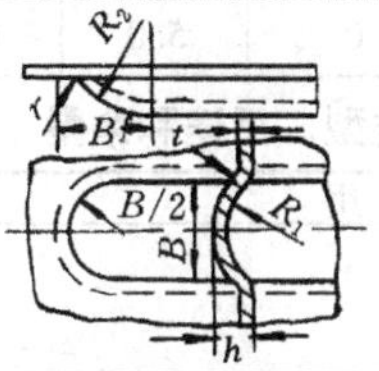	尺　　寸	h	B	r	R_1	R_2
		最小允许尺寸	$2t$	$7t$	t	$3t$	$5t$
		一般尺寸	$3t$	$10t$	$2t$	$4t$	$6t$
梯 形 肋	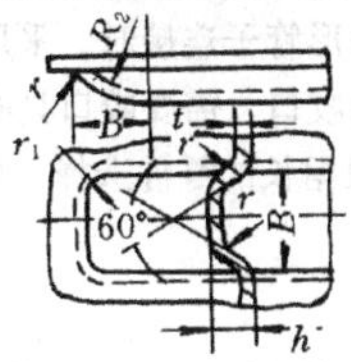	尺　　寸	h	B	r	r_1	R_2
		最小允许尺寸	$2t$	$20t$	t	$4t$	$24t$
		一般尺寸	$3t$	$30t$	$2t$	$5t$	$32t$
加强肋之间及加强肋与边缘之间的适宜距离	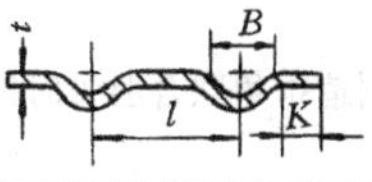	$l \geqslant 3B$ $K \geqslant (3 \sim 5)\ t$					

注：t 为钢板厚度。

表 4.4-74　角部加强肋　（mm）

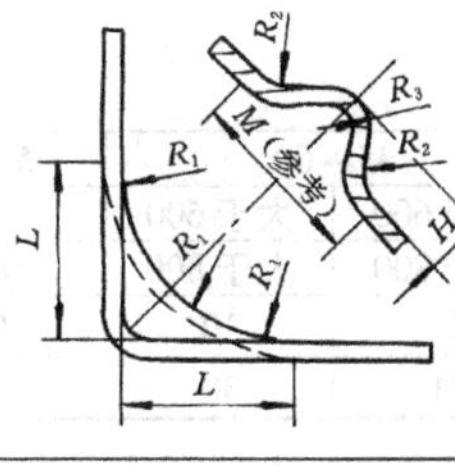

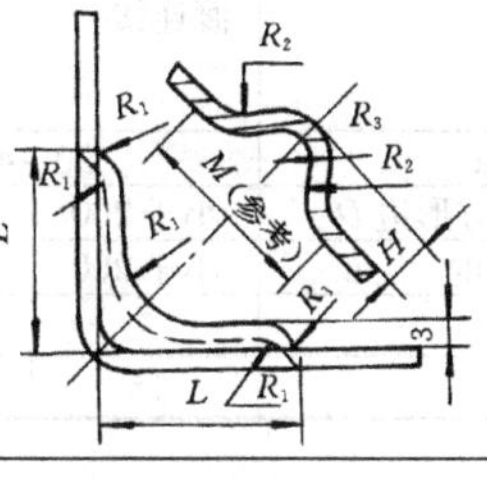

（续）

L	形　式	R_1	R_2	R_3	H	M（参考）	间距
12.5	A	6	9	5	3	18	65
20	A	8	16	7	5	29	75
30	B	9	22	8	7	38	90

表 4.4-75　加强窝的间距及其至外缘的距离

（mm）

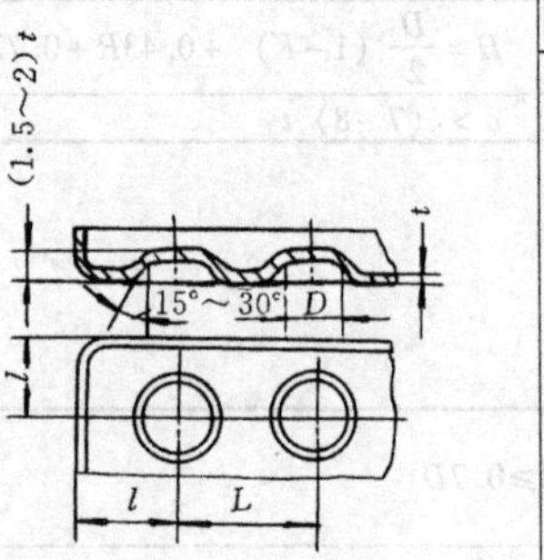

D	L	l
6.5	10	6
8.5	13	7.5
10.5	15	9
13	18	11
15	22	13
18	26	16
24	34	20
31	44	26
36	51	30
43	60	35
48	68	40
55	78	45

表 4.4-76　冲出凸部的高度

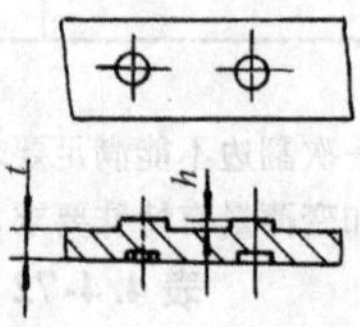

$h=(0.25\sim0.35)\,t$ 超出这个范围，凸部容易脱落

表 4.4-77　最小卷边直径

（mm）

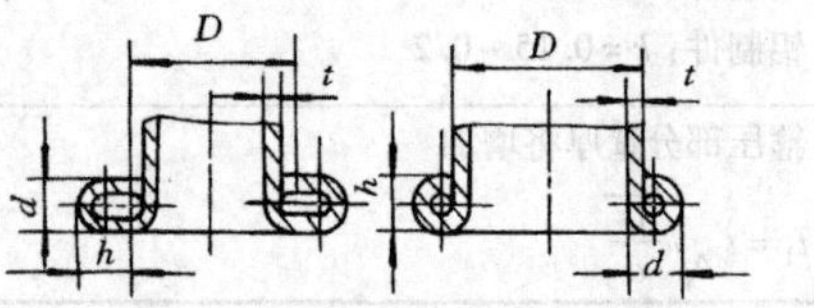

$d>1.4t$

d—卷边直径

工件直径 D	材料厚度 t 0.3	0.5	0.8	1.0	2.0
<50	2.5	3.0	—	—	—
>50～100	3.0	4.0	5.0	—	—
>100～200	4.0	5.0	6.0	7.0	8.0
>200	5.0	6.0	7.0	8.0	9.0

表 4.4-78　铁皮咬口类型、用途和余量

咬口类型		用途
1 型 光面咬口 普通咬口	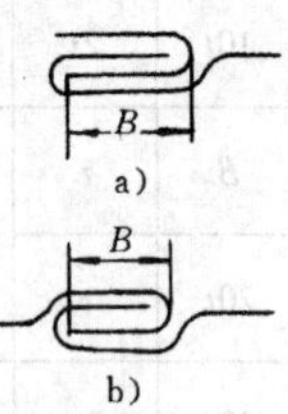	圆柱形、圆锥形和长方形管子连接时，采用1型咬口，咬口需附着在平面上或需要有气密性时使用光面咬口，需要咬口具有一定强度时才使用普通咬口。连接长度不同时，尺寸 B 可根据长的零件选择，但两个零件的尺寸 B 应相同
2 型 折角咬口	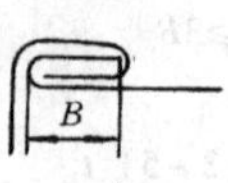	折角咬口（2型）在制造折角联合肘管时使用
3 型 过渡咬口	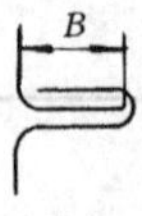	过渡咬口（3型）在连接接管、肘管和从圆过渡到另一些截面时，用作各种过渡连接

钢板的强度/MPa		30～40		45～60		65～80	90～100
零件极限尺寸/mm	直径或方形边 D	小于200	大于200	小于600	大于600	大于600	在一切情况下
	长　度　L	小于200	大于200	小于800	大于800	大于800	在一切情况下
接头长度 B/mm		5	7	7	10	10	14
咬口裕量 $3B$/mm		15	21	21	30	30	42

4.3　冲压件结构设计的注意事项

冲压件结构设计的注意事项见表4.4-79。

表4.4-79　冲压件结构设计的注意事项

类型	注意事项		图例 改进前	图例 改进后
落料件	节约金属	合理设计工件形状，以利于节省材料	 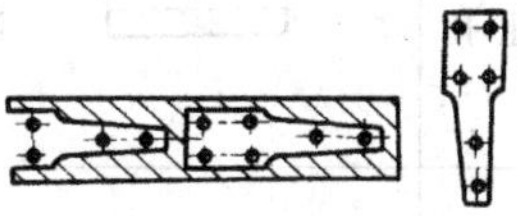	 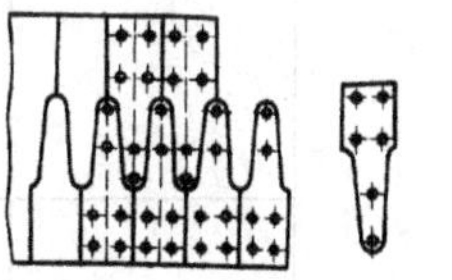
	避免尖角	工件如有细长尖角，易产生飞边或塌角	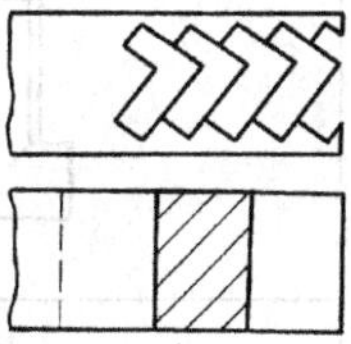	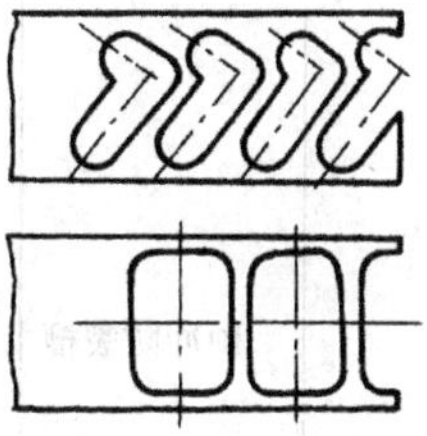
	工件不宜过窄	工件太窄，冲模制造困难且寿命短	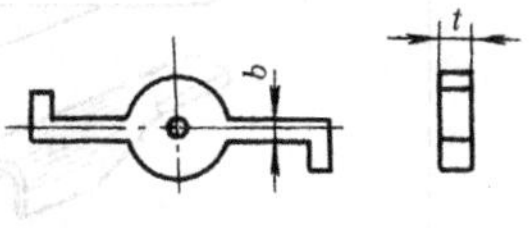 $b=0.6t$	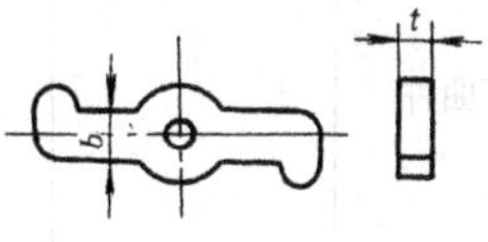 $b>(1\sim1.2)t$
	开口槽不宜过窄		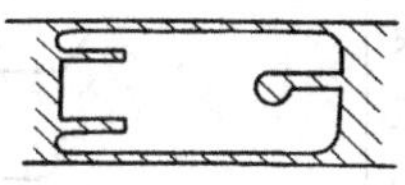	
	圆弧边与过渡边不宜相切	节约金属和避免咬边	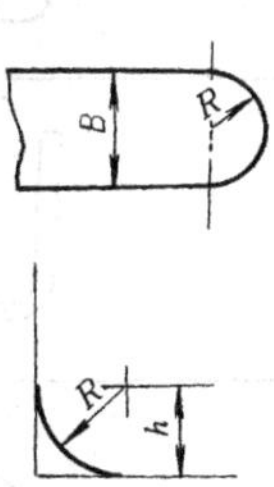	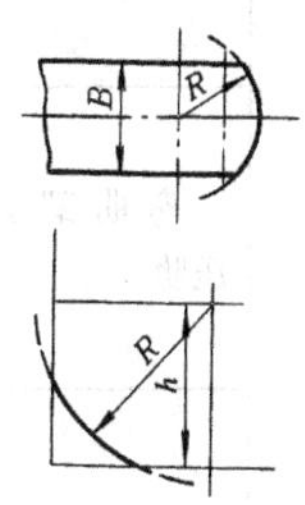
切口件	切口处应有斜度	避免工件从凹模中退出时舌部与凹模内壁摩擦	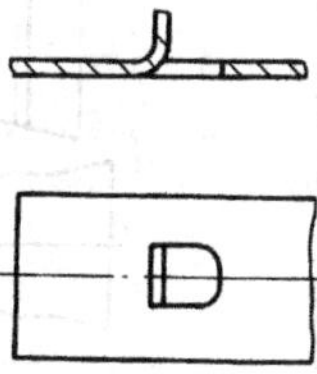	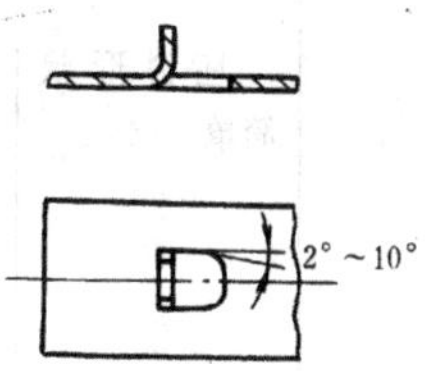

（续）

序号	注意事项		图例 改进前	图例 改进后
弯曲件	弯曲处切口	窄料小半径弯曲时，为防止弯曲处变宽，工件弯曲处应有切口	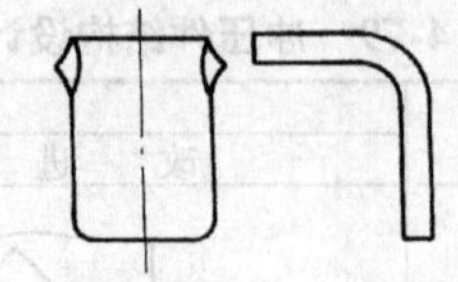	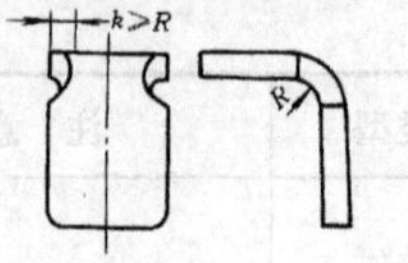
	预冲月牙槽	弯曲带孔的工件时，如孔在弯曲线附近，可预冲出月牙槽或孔，以防止孔变形	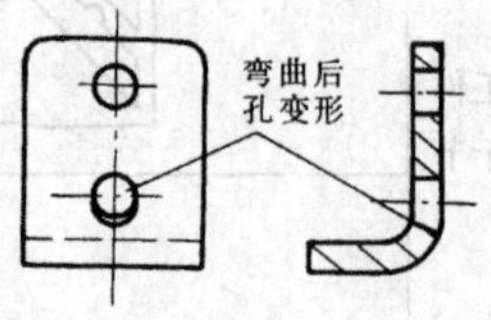	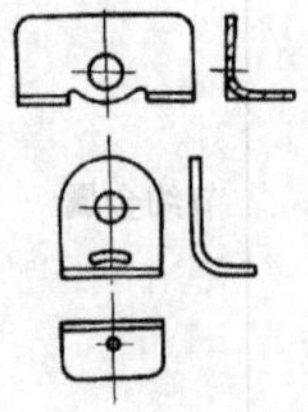
	预冲防裂槽	在局部弯曲时，预冲防裂槽或外移弯曲线，以免交界处撕裂	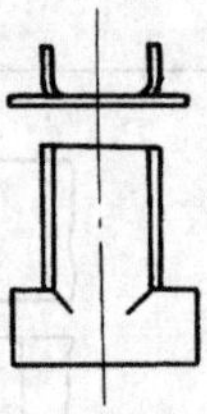	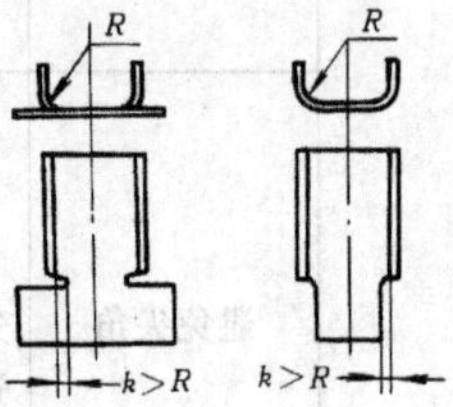
			毛坯 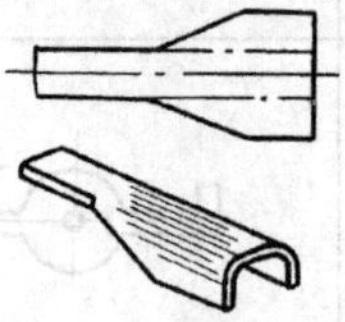	毛坯 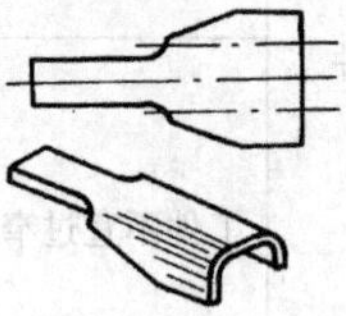
	形状尽量对称	弯曲件形状尽量对称，否则工件受力不均，不易达到预定尺寸	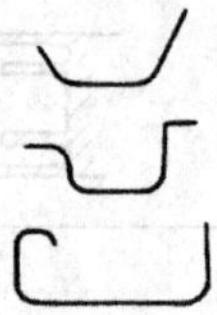	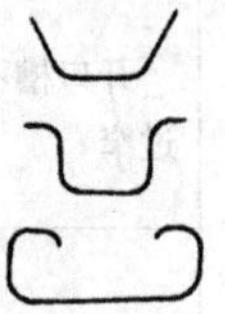
	弯曲部分压肋	可增加工件刚度，减小回弹	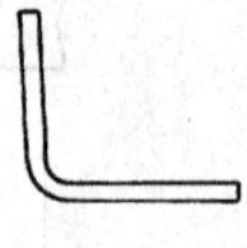	
	坯料形状简单	工件外形利于简化展开料形状	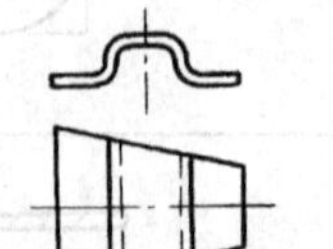	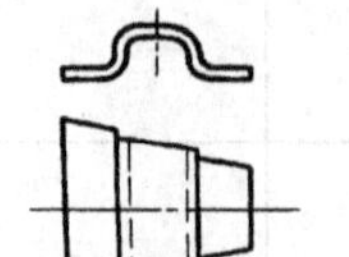

（续）

序　号	注　意　事　项		图例：改　进　前	图例：改　进　后
弯曲件	弯曲部分进行预切	防止弯曲部分起皱	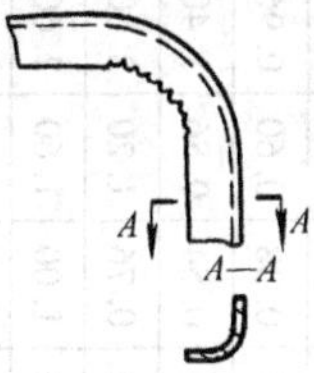	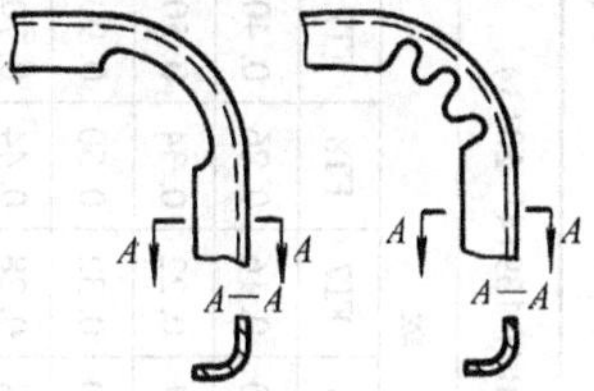
	增加支承孔刚度	为保证弯曲后支承孔同轴，在弯曲时翻出短边	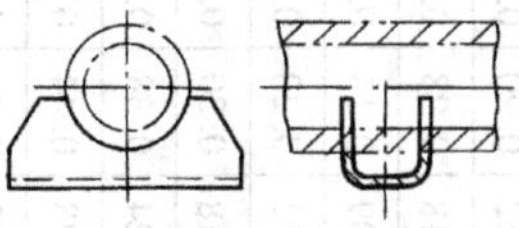	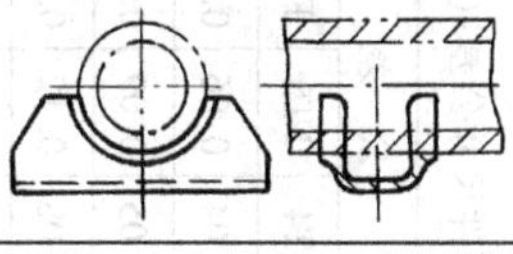
拉深件	形状尽量简单并对称	圆筒形、锥形、球形、非回转体、空间曲面，成形难度依次增加	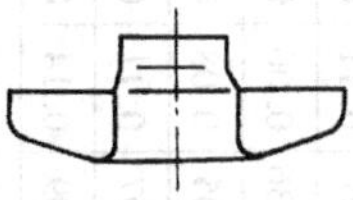	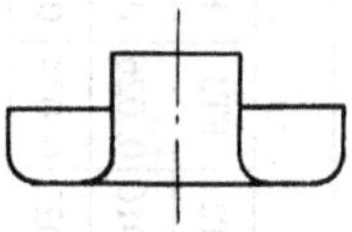
	法兰边宽度应一致	拉深困难，需增加工序，金属消耗大	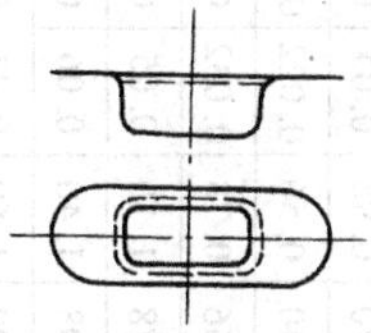	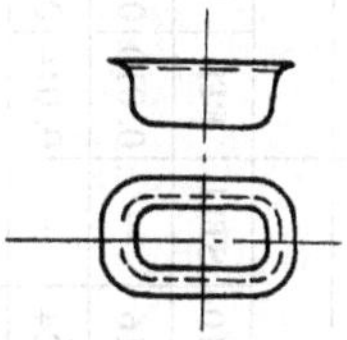
	法兰边直径过大	拉深困难	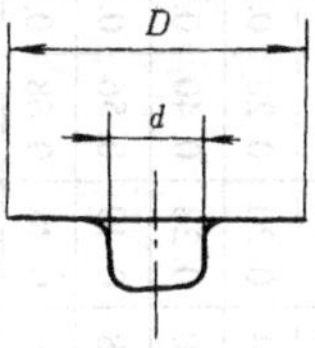 $D>2.5d$	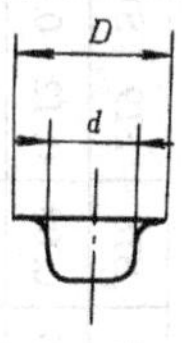 $D<1.5d$
起伏件	压肋应与零件外形相近或对称	压肋与零件外形相近	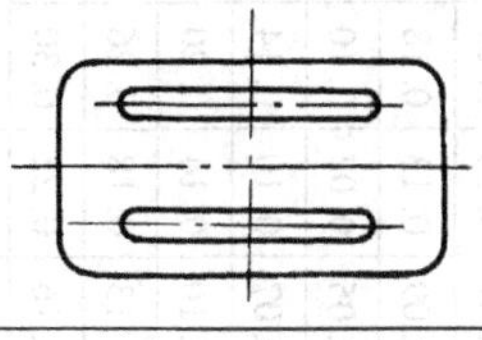	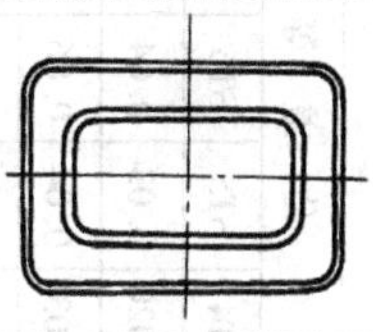
		压肋应对称		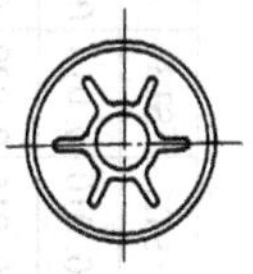
组合冲压件	以冲压件代替锻件	制造简单、精度高	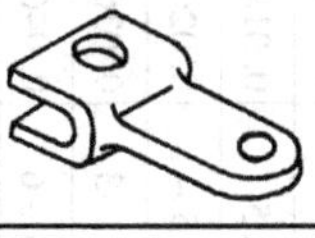	

4.4　冲压件的尺寸和角度公差、形状和位置未注公差（GB/T 13914、13915、13916—2013）、未注公差尺寸的极限偏差（GB/T 15055—2007）

4个标准均适用于金属材料冲压件，非金属材料冲压件可参照执行，见表4.4-80～表4.4-88。

表 4.4-80 平冲压件和成形冲压件尺寸公差

（mm）

公称尺寸	板材厚度	平冲压件尺寸公差（GB/T 13914—2013）											成形冲压件尺寸公差（GB/T 13914—2013）									
		公差等级											公差等级									
		ST1	ST2	ST3	ST4	ST5	ST6	ST7	ST8	ST9	ST10	ST11	FT1	FT2	FT3	FT4	FT5	FT6	FT7	FT8	FT9	FT10
>0~1	0.5	0.008	0.010	0.015	0.020	0.03	0.04	0.06	0.08	0.12	0.16	—	0.010	0.016	0.026	0.04	0.06	0.10	0.16	0.26	0.40	0.60
	>0.5~1	0.010	0.015	0.020	0.03	0.04	0.06	0.08	0.12	0.16	0.24	—	0.014	0.022	0.034	0.05	0.09	0.14	0.22	0.34	0.50	0.90
	>1~1.5	0.015	0.020	0.03	0.04	0.06	0.08	0.12	0.16	0.24	0.34	—	0.020	0.030	0.05	0.08	0.12	0.20	0.32	0.50	0.90	1.40
>1~3	0.5	0.012	0.018	0.026	0.036	0.05	0.07	0.10	0.14	0.20	0.28	0.40	0.016	0.026	0.04	0.07	0.11	0.18	0.28	0.44	0.70	1.00
	>0.5~1	0.018	0.026	0.036	0.05	0.07	0.10	0.14	0.20	0.28	0.40	0.56	0.022	0.036	0.06	0.09	0.14	0.24	0.38	0.60	0.90	1.40
	>1~3	0.026	0.036	0.05	0.07	0.10	0.14	0.20	0.28	0.40	0.56	0.78	0.032	0.05	0.08	0.12	0.20	0.34	0.54	0.86	1.20	2.00
	>3~4	0.034	0.05	0.07	0.09	0.13	0.18	0.26	0.36	0.50	0.70	0.98	0.04	0.07	0.11	0.18	0.28	0.44	0.70	1.10	1.80	2.80
>3~10	0.5	0.018	0.026	0.036	0.05	0.07	0.10	0.14	0.20	0.28	0.40	0.56	0.022	0.036	0.06	0.09	0.14	0.24	0.38	0.60	0.96	1.40
	>0.5~1	0.026	0.036	0.05	0.07	0.10	0.14	0.20	0.28	0.40	0.56	0.78	0.032	0.05	0.08	0.12	0.20	0.34	0.54	0.86	1.40	2.20
	>1~3	0.036	0.05	0.07	0.10	0.14	0.20	0.28	0.40	0.56	0.78	1.10	0.05	0.07	0.11	0.18	0.30	0.48	0.76	1.20	2.00	3.20
	>3~6	0.046	0.06	0.09	0.13	0.18	0.26	0.36	0.48	0.68	0.98	1.40	0.06	0.09	0.14	0.24	0.38	0.60	1.00	1.60	2.60	4.00
	>6	0.06	0.08	0.11	0.16	0.22	0.30	0.42	0.60	0.84	1.20	1.60	0.07	0.11	0.18	0.28	0.44	0.70	1.10	1.80	2.80	4.40
>10~25	0.5	0.026	0.036	0.05	0.07	0.10	0.14	0.20	0.28	0.40	0.56	0.78	0.030	0.05	0.08	0.12	0.20	0.32	0.50	0.80	1.20	2.00
	>0.5~1	0.036	0.05	0.07	0.10	0.14	0.20	0.28	0.40	0.56	0.78	1.10	0.04	0.07	0.11	0.18	0.28	0.46	0.72	1.10	1.80	2.80
	>1~3	0.05	0.07	0.10	0.14	0.20	0.28	0.40	0.56	0.78	1.10	1.50	0.06	0.10	0.16	0.26	0.40	0.64	1.00	1.60	2.60	4.00
	>3~6	0.06	0.09	0.13	0.18	0.26	0.36	0.50	0.70	1.00	1.40	2.00	0.08	0.12	0.20	0.32	0.50	0.80	1.20	2.00	3.20	5.00
	>6	0.08	0.12	0.16	0.22	0.32	0.44	0.60	0.88	1.20	1.60	2.40	0.10	0.14	0.24	0.40	0.62	1.00	1.60	2.60	4.00	6.40
>25~63	0.5	0.036	0.05	0.07	0.10	0.14	0.20	0.28	0.40	0.56	0.78	1.10	0.04	0.06	0.10	0.16	0.26	0.40	0.64	1.00	1.60	2.60
	>0.5~1	0.05	0.07	0.10	0.14	0.20	0.28	0.40	0.56	0.78	1.10	1.50	0.06	0.09	0.14	0.22	0.36	0.58	0.90	1.40	2.20	3.60
	>1~3	0.07	0.10	0.14	0.20	0.28	0.40	0.56	0.78	1.10	1.50	2.10	0.08	0.12	0.20	0.32	0.50	0.80	1.20	2.00	3.20	5.00
	>3~6	0.09	0.12	0.18	0.26	0.36	0.50	0.70	0.98	1.40	2.00	2.80	0.10	0.16	0.26	0.40	0.66	1.00	1.60	2.60	4.00	6.40
	>6	0.11	0.16	0.22	0.30	0.44	0.60	0.86	1.20	1.60	2.20	3.00	0.11	0.18	0.28	0.46	0.76	1.20	2.00	3.20	5.00	8.00
>63~160	0.5	0.04	0.06	0.09	0.12	0.18	0.26	0.36	0.50	0.70	0.98	1.40	0.05	0.08	0.14	0.22	0.36	0.56	0.90	1.40	2.20	3.60
	>0.5~1	0.06	0.09	0.12	0.18	0.26	0.36	0.50	0.70	0.98	1.40	2.00	0.07	0.12	0.19	0.30	0.48	0.78	1.20	2.00	3.20	5.00
	>1~3	0.09	0.12	0.18	0.26	0.36	0.50	0.70	0.98	1.40	2.00	2.80	0.10	0.16	0.26	0.42	0.68	1.10	1.80	2.80	4.40	7.00

（续）

公称尺寸	板材厚度	平冲压件尺寸公差（GB/T 13914—2013） 公差等级 ST1	ST2	ST3	ST4	ST5	ST6	ST7	ST8	ST9	ST10	ST11	成形冲压件尺寸公差（GB/T 13914—2013） 公差等级 FT1	FT2	FT3	FT4	FT5	FT6	FT7	FT8	FT9	FT10
>63～160	>3～6	0.12	0.16	0.24	0.32	0.46	0.64	0.90	1.30	1.80	2.60	3.60	0.14	0.22	0.34	0.54	0.88	1.40	2.20	3.40	5.60	9.00
	>6	0.14	0.20	0.28	0.40	0.56	0.78	1.10	1.50	2.10	2.90	4.20	0.15	0.24	0.38	0.62	1.00	1.60	2.60	4.00	6.60	10.00
>160～400	0.5	0.06	0.09	0.12	0.18	0.26	0.36	0.50	0.70	0.98	1.40	2.00	—	0.10	0.16	0.26	0.42	0.70	1.10	1.80	2.80	4.40
	>0.5～1	0.09	0.12	0.18	0.26	0.36	0.50	0.70	1.00	1.40	2.00	2.80	—	0.14	0.24	0.38	0.62	1.00	1.60	2.60	4.00	6.40
	>1～3	0.12	0.18	0.26	0.36	0.50	0.70	1.00	1.40	2.00	2.80	4.00	—	0.22	0.34	0.54	0.88	1.40	2.20	3.40	5.60	9.00
	>3～6	0.16	0.24	0.32	0.46	0.64	0.90	1.30	1.80	2.60	3.60	4.80	—	0.28	0.44	0.70	1.10	1.80	2.80	4.40	7.00	11.00
	>6	0.20	0.28	0.40	0.56	0.78	1.10	1.50	2.10	2.90	4.20	5.80	—	0.34	0.54	0.88	1.40	2.20	3.40	5.60	9.00	14.00
>400～1000	0.5	0.09	0.12	0.18	0.24	0.34	0.48	0.66	0.94	1.30	1.80	2.60	—	—	0.24	0.38	0.62	1.00	1.60	2.60	4.00	6.60
	>0.5～1	—	0.18	0.24	0.34	0.48	0.66	0.94	1.30	1.80	2.60	3.60	—	—	0.34	0.54	0.88	1.40	2.20	3.40	5.60	9.00
	>1～3	—	0.24	0.34	0.48	0.66	0.94	1.30	1.80	2.60	3.60	5.00	—	—	0.44	0.70	1.10	1.80	2.80	4.40	7.00	11.00
	>3～6	—	0.32	0.45	0.62	0.88	1.20	1.60	2.40	3.40	4.60	6.60	—	—	0.56	0.90	1.40	2.20	3.40	5.60	9.00	14.00
	>6	—	0.34	0.48	0.70	1.00	1.40	2.00	2.80	4.00	5.60	7.80	—	—	0.62	1.00	1.60	2.60	4.00	6.40	10.00	16.00
>1000～6300	0.5	—	—	0.26	0.36	0.50	0.70	0.98	1.40	2.00	2.80	4.00										
	>0.5～1	—	—	0.36	0.50	0.70	0.98	1.40	2.00	2.80	4.00	5.60										
	>1～3	—	—	0.50	0.70	0.98	1.40	2.00	2.80	4.00	5.60	7.80										
	>3～6	—	—	—	0.90	1.20	1.60	2.20	3.20	4.40	6.20	8.00										
	>6	—	—	—	1.00	1.40	1.90	2.60	3.60	5.20	7.20	10.00										

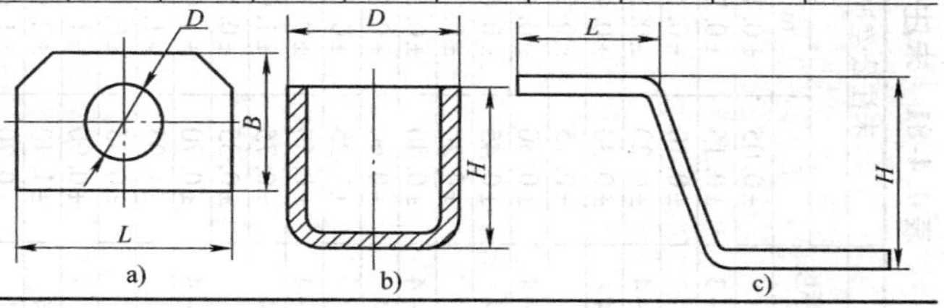

注：1. 平冲压件是经平面冲裁工序加工而成形的冲压件。成形冲压件是经弯曲、拉深及其他成形方法加工而成的冲压件。
2. 平冲压件尺寸公差适用于平冲压件，也适用于成形冲压件上经冲裁工序加工而成的尺寸。
3. 平冲压件、成形冲压件尺寸的极限偏差按下述规定选取。
（1）孔（内形）尺寸的极限偏差取表中给出的公差数值，冠以“+”作为上偏差，下偏差为0。
（2）轴（外形）尺寸的极限偏差取表中给出的公差数值，冠以“-”作为下偏差，上偏差为0。
（3）孔中心距、孔边距、弯曲、拉深与其他成形方法而成的长度、高度及未注公差尺寸的极限偏差，取表中给出的公差值的一半，冠以“±”号分别作为上、下偏差。
4. 公称尺寸 *B*、*D*、*L*、*H* 选用示例见表中图 a、b、c。

表4.4-81　未注公差（冲裁、成形）尺寸的极限偏差　（mm）

公称尺寸	材料厚度	未注公差冲裁尺寸的极限偏差 公差等级 f	m	c	v	未注公差成形尺寸的极限偏差 公差等级 f	m	c	v
>0.5～3	1	±0.05	±0.10	±0.15	±0.20	±0.15	±0.20	±0.35	±0.50
	>1～3	±0.15	±0.20	±0.30	±0.40	±0.30	±0.45	±0.60	±1.00
>3～6	1	±0.10	±0.15	±0.20	±0.30	±0.20	±0.30	±0.50	±0.70
	>1～4	±0.20	±0.30	±0.40	±0.55	±0.40	±0.60	±1.00	±1.60
	>4	±0.30	±0.40	±0.60	±0.80	±0.55	±0.90	±1.40	±2.20
>6～30	1	±0.15	±0.20	±0.30	±0.40	±0.25	±0.40	±0.60	±1.00
	>1～4	±0.30	±0.40	±0.55	±0.75	±0.50	±0.80	±1.30	±2.00
	>4	±0.45	±0.60	±0.80	±1.20	±0.80	±1.30	±2.00	±3.20
>30～120	1	±0.20	±0.30	±0.40	±0.55	±0.30	±0.50	±0.80	±1.30
	>1～4	±0.40	±0.55	±0.75	±1.05	±0.60	±1.00	±1.60	±2.50
	>4	±0.60	±0.80	±1.10	±1.50	±1.00	±1.60	±2.50	±4.00
>120～400	1	±0.25	±0.35	±0.50	±0.70	±0.45	±0.70	±1.10	±1.80
	>1～4	±0.50	±0.70	±1.00	±1.40	±0.90	±1.40	±2.20	±3.50
	>4	±0.75	±1.05	±1.45	±2.10	±1.30	±2.00	±3.30	±5.00
>400～1000	1	±0.35	±0.50	±0.70	±1.00	±0.55	±0.90	±1.40	±2.20
	>1～4	±0.70	±1.00	±1.40	±2.00	±1.10	±1.70	±2.80	±4.50
	>4	±1.05	±1.45	±2.10	±2.90	±1.70	±2.80	±4.50	±7.00
>1000～2000	1	±0.45	±0.65	±0.90	±1.30	±0.80	±1.30	±2.00	±3.30
	>1～4	±0.90	±1.30	±1.80	±2.50	±1.40	±2.20	±3.50	±5.50
	>4	±1.40	±2.00	±2.80	±3.90	±2.00	±3.20	±5.00	±8.00
>2000～4000	1	±0.70	±1.00	±1.40	±2.00				
	>1～4	±1.40	±2.00	±2.80	±3.90				
	>4	±1.80	±2.60	±3.60	±5.00				

注：对于0.5mm及0.5mm以下的尺寸应标公差。

表4.4-82　未注公差（冲裁、成形）圆角半径的极限偏差（摘自GB/T 15055—2007）（mm）

<table>
<tr><th colspan="6">冲裁圆角半径的极限偏差</th><th colspan="2">成形圆角半径</th></tr>
<tr><th rowspan="2">公称尺寸</th><th rowspan="2">材料厚度</th><th colspan="4">公差等级</th><th rowspan="2">公称尺寸</th><th rowspan="2">极限偏差</th></tr>
<tr><th>f</th><th>m</th><th>c</th><th>v</th></tr>
<tr><td rowspan="2">>0.5～3</td><td>≤1</td><td colspan="2">±0.15</td><td colspan="2">±0.20</td><td rowspan="2">≤3</td><td rowspan="2">+1.00
−0.30</td></tr>
<tr><td>>1～4</td><td colspan="2">±0.30</td><td colspan="2">±0.40</td></tr>
<tr><td rowspan="2">>3～6</td><td>≤4</td><td colspan="2">±0.40</td><td colspan="2">±0.60</td><td rowspan="2">>3～6</td><td rowspan="2">+1.50
−0.50</td></tr>
<tr><td>>4</td><td colspan="2">±0.60</td><td colspan="2">±1.00</td></tr>
<tr><td rowspan="2">>6～30</td><td>≤4</td><td colspan="2">±0.60</td><td colspan="2">±0.80</td><td rowspan="2">>6～10</td><td rowspan="2">+2.50
−0.80</td></tr>
<tr><td>>4</td><td colspan="2">±1.00</td><td colspan="2">±1.40</td></tr>
<tr><td rowspan="2">>30～120</td><td>≤4</td><td colspan="2">±1.00</td><td colspan="2">±1.20</td><td rowspan="2">>10～18</td><td rowspan="2">+3.00
−1.00</td></tr>
<tr><td>>4</td><td colspan="2">±2.00</td><td colspan="2">±2.40</td></tr>
<tr><td rowspan="2">>120～400</td><td>≤4</td><td colspan="2">±1.20</td><td colspan="2">±1.50</td><td rowspan="2">>18～30</td><td rowspan="2">+4.00
−1.50</td></tr>
<tr><td>>4</td><td colspan="2">±2.40</td><td colspan="2">±3.00</td></tr>
<tr><td rowspan="2">>400</td><td>≤4</td><td colspan="2">±2.00</td><td colspan="2">±2.40</td><td rowspan="2">>30</td><td rowspan="2">+5.00
−2.00</td></tr>
<tr><td>>4</td><td colspan="2">±3.00</td><td colspan="2">±3.50</td></tr>
</table>

表4.4-83　尺寸公差等级的选用（摘自GB/T 13914—2013）

<table>
<tr><th rowspan="2"></th><th rowspan="2">加工方法</th><th rowspan="2">尺寸类型</th><th colspan="11">公　差　等　级</th></tr>
<tr><th>ST1</th><th>ST2</th><th>ST3</th><th>ST4</th><th>ST5</th><th>ST6</th><th>ST7</th><th>ST8</th><th>ST9</th><th>ST10</th><th>ST11</th></tr>
<tr><td rowspan="12">平冲压件</td><td rowspan="4">精密冲裁</td><td>外形</td><td>—</td><td>—</td><td>—</td><td>—</td><td>—</td><td></td><td></td><td></td><td></td><td></td><td></td></tr>
<tr><td>内形</td><td>—</td><td>—</td><td>—</td><td>—</td><td></td><td></td><td></td><td></td><td></td><td></td><td></td></tr>
<tr><td>孔中心距</td><td>—</td><td>—</td><td>—</td><td>—</td><td></td><td></td><td></td><td></td><td></td><td></td><td></td></tr>
<tr><td>孔边距</td><td></td><td></td><td></td><td>—</td><td>—</td><td>—</td><td></td><td></td><td></td><td></td><td></td></tr>
<tr><td rowspan="4">普通冲裁</td><td>外形</td><td></td><td>—</td><td>—</td><td>—</td><td>—</td><td>—</td><td>—</td><td>—</td><td>—</td><td>—</td><td>—</td></tr>
<tr><td>内形</td><td></td><td>—</td><td>—</td><td>—</td><td>—</td><td>—</td><td>—</td><td>—</td><td>—</td><td>—</td><td>—</td></tr>
<tr><td>孔中心距</td><td></td><td>—</td><td>—</td><td>—</td><td>—</td><td>—</td><td>—</td><td>—</td><td>—</td><td>—</td><td>—</td></tr>
<tr><td>孔边距</td><td></td><td></td><td></td><td>—</td><td>—</td><td>—</td><td>—</td><td>—</td><td>—</td><td>—</td><td>—</td></tr>
<tr><td rowspan="4">成形冲压平面冲裁</td><td>外形</td><td></td><td></td><td></td><td></td><td>—</td><td>—</td><td>—</td><td>—</td><td>—</td><td>—</td><td>—</td></tr>
<tr><td>内形</td><td></td><td></td><td></td><td>—</td><td>—</td><td>—</td><td>—</td><td>—</td><td>—</td><td>—</td><td>—</td></tr>
<tr><td>孔中心距</td><td></td><td></td><td></td><td>—</td><td>—</td><td>—</td><td>—</td><td>—</td><td>—</td><td>—</td><td>—</td></tr>
<tr><td>孔边距</td><td></td><td></td><td></td><td></td><td></td><td>—</td><td>—</td><td>—</td><td>—</td><td>—</td><td>—</td></tr>
</table>

（续）

	加工方法	尺寸类型	公差等级										
			ST1	ST2	ST3	ST4	ST5	ST6	ST7	ST8	ST9	ST10	ST11
成形冲压件	拉深	直径											
		高度											
	带凸缘拉深	直径											
		高度											
	弯曲	长度											
	其他成形方法	直径											
		高度											
		长度											

表 4.4-84　角度公差（摘自 GB/T 13915—2013）

	公差等级	短边尺寸 /mm						
		≤10	>10~25	>25~63	>63~160	>160~400	>400~1000	>1000~2500
冲压件冲裁角度	AT1	0°40′	0°30′	0°20′	0°12′	0°5′	0°4′	—
	AT2	1°	0°40′	0°30′	0°20′	0°12′	0°6′	0°4′
	AT3	1°20′	1°	0°40′	0°30′	0°20′	0°12′	0°6′
	AT4	2°	1°20′	1°	0°40′	0°30′	0°20′	0°12′
	AT5	3°	2°	1°30′	1°	0°40′	0°30′	0°20′
	AT6	4°	3°	2°	1°30′	1°	0°40′	0°30′
冲压件弯曲角度	公差等级	短边尺寸 /mm						
		≤10	>10~25	>25~63	>63~160	>160~400	>400~1000	>1000
	BT1	1°	0°40′	0°30′	0°16′	0°12′	0°10′	0°8′
	BT2	1°30′	1°	0°40′	0°20′	0°16′	0°12′	0°10′
	BT3	2°30′	2°	1°30′	1°15′	1°	0°45′	0°30′
	BT4	4°	3°	2°	1°30′	1°15′	1°	0°45′
	BT5	6°	4°	3°	2°30′	2°	1°30′	1°

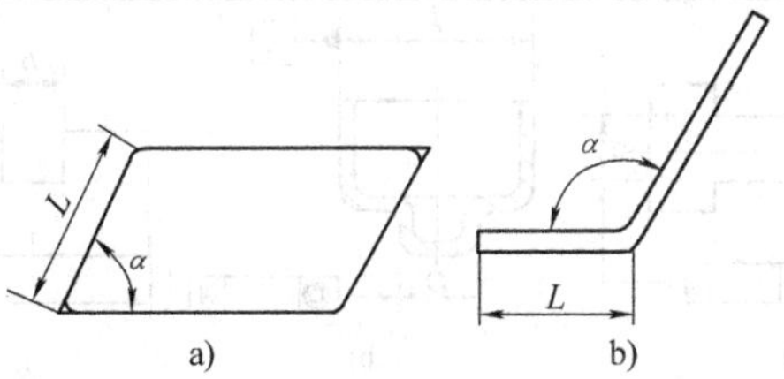

a)　　b)

注：1. 冲压件冲裁角度：在平冲压件或成形冲压件的平面部分，经冲裁工序加工而成的角度。
2. 冲压件弯曲角度：经弯曲工序加工而成的冲压件的角度。
3. 冲压件冲裁角度与弯曲角度的极限偏差按下述规定选取。
1）依据使用的需要选用单向偏差。
2）未注公差的角度极限偏差，取表中给出的公差值的一半，冠以“±”号分别作为上、下偏差。
4. 冲压件冲裁角度及弯曲角度公差应选择短边作为主参数，短边 L 尺寸选用示例见表中图。

表 4.4-85　未注公差（冲裁、弯曲）角度的极限偏差（摘自 GB/T 15055—2007）　（mm）

	公差等级	短边长度						
		≤10	>10~25	>25~63	>63~160	>160~400	>400~1000	>1000~2500
冲裁	f	±1°00′	±0°40′	±0°30′	±0°20′	±0°15′	±0°10′	±0°06′
	m	±1°30′	±1°00′	±0°45′	±0°30′	±0°20′	±0°15′	±0°10′
	c	±2°00′	±1°30′	±1°00′	±0°40′	±0°30′	±0°20′	±0°15′
	v							
弯曲	公差等级	短边长度						
		≤10	>10~25	>25~63	>63~160	>160~400	>400~1000	>1000
	f	±1°15′	±1°00′	±0°45′	±0°35′	±0°30′	±0°20′	±0°15′
	m	±2°00′	±1°30′	±1°00′	±0°45′	±0°35′	±0°30′	±0°20′
	c	±3°00′	±2°00′	±1°30′	±1°15′	±1°00′	±0°45′	±0°30′
	v							

表4.4-86　角度公差等级选用（摘自GB/T 13915—2013）

	材料厚度/mm	公差等级					
		AT1	AT2	AT3	AT4	AT5	AT6
冲压件冲裁角度	≤2	——	——	——	——	——	——
	>2~4		——	——	——	——	——
	>4			——	——	——	——
	材料厚度/mm	公差等级					
		BT1	BT2	BT3	BT4	BT5	BT6
冲压件弯曲角度	≤2	——	——	——	——	——	——
	>2~4		——	——	——	——	——
	>4			——	——	——	——

表4.4-87　直线度、平面度未注公差（摘自GB/T 13916—2013）　（mm）

本标准适用于金属材料冲压件，非金属材料冲压件可参照执行。

直线度、平面度未注公差

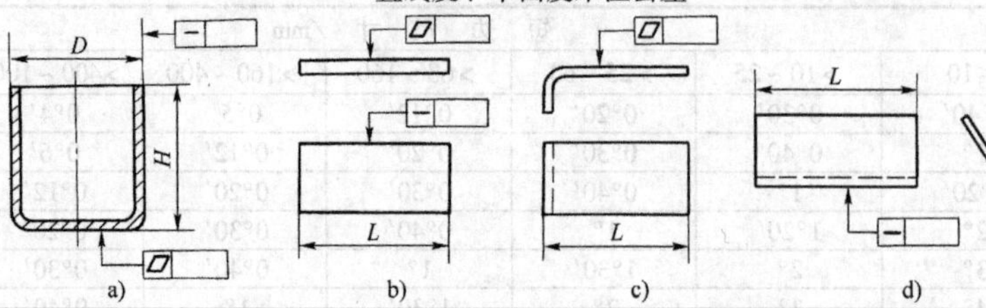

公差等级	主参数（L、H、D）						
	≤10	>10~25	>25~63	>63~160	>160~400	>400~1000	>1000
f	0.06	0.10	0.15	0.25	0.40	0.60	0.90
m	0.12	0.20	0.30	0.50	0.80	1.20	1.80
c	0.25	0.40	0.60	1.00	1.60	2.50	4.00
v	0.50	0.80	1.20	2.00	3.20	5.00	8.00

注：冲压件的直线度、平面度未标注公差值均分为f（精密级）、m（中等级）、c（粗糙级）、v（最粗级）。

表4.4-88　同轴度、对称度未注公差（摘自GB/T 13916—2013）　（mm）

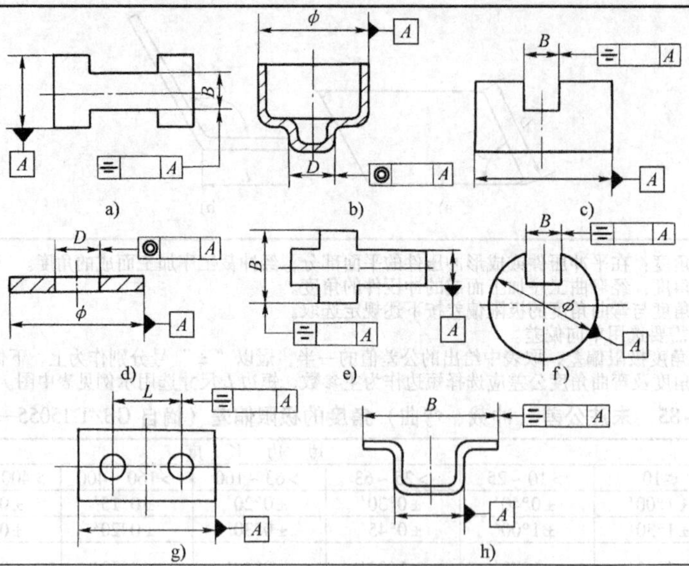

公差等级	主参数（B、D、L）							
	≤3	>3~10	>10~25	>25~63	>63~160	>160~400	>400~1000	>1000
f	0.12	0.20	0.30	0.40	0.50	0.60	0.80	1.00
m	0.25	0.40	0.60	0.80	1.00	1.20	1.60	2.00
c	0.50	0.80	1.20	1.60	2.00	2.50	3.20	4.00
v	1.00	1.60	2.50	3.20	4.00	5.00	6.50	8.00

注：冲压件的同轴度、对称度未标注公差值均分为f（精密级）、m（中等级）、c（粗糙级）、v（最粗级）。

冲压件的圆度、圆柱度、平行度、垂直度、倾斜度未标注公差不分公差等级。

圆度未标公差值应不大于相应的尺寸公差值。

圆柱度未标公差由三部分组成：圆度、直线度和相对素线的平行度公差，而每一项公差均由其标注公差或未标注公差控制，采用包容要求。

平行度未标注公差值等于尺寸公差值或平面（直线）度公差值，两者以较大值为准。

垂直度、倾斜度未标注公差值由角度公差和直线度公差值分别控制。

5　焊接件结构设计工艺性

5.1　焊接方法及其应用

5.1.1　焊接方法的分类、特点及应用

根据焊接过程中接头状态，焊接方法可归纳为熔焊、压力焊和钎焊3个基本类型，见表4.4-89。

5.1.2　常用金属材料的适用焊接方法

常用金属材料的适用焊接方法见表4.4-90。

表4.4-89　焊接方法分类、特点及应用

类别	焊接方法				特点	应用		设备费
熔焊	电弧焊	涂药焊条电弧焊			具有灵活、机动，适用性广泛，可进行全位置焊接，设备简单、耐用性好、维护费用低等优点。但劳动强度大，质量不够稳定，焊接质量决定于操作者水平	在单件、小批、修配加工中广泛应用，适于焊接3mm以上的碳钢、低合金钢、不锈钢和铜、铝等非铁合金		少
熔焊	电弧焊	焊剂层下电弧焊（埋弧焊）			生产率高，比焊条电弧焊提高5~10倍，焊接质量高且稳定，节省金属材料，改善劳动条件	在大量生产中适用于长直、环形或垂直位置的横焊缝，能焊接碳钢、合金钢以及某些铜合金等中等或厚壁结构		中
熔焊	电弧焊	气体保护焊	惰性气体	非熔化极（钨极氩弧焊）	气体保护充分，热量集中，熔池较小，焊接速度快，热影响区较窄，焊接变形小，电弧稳定，飞溅小，焊缝致密，表面无熔渣，成形美观，明弧便于操作，易实现自动化，但限于室内焊接	最适于焊接易氧化的铜、铝、钛及其合金，锆、钽、钼等稀有金属，以及不锈钢、耐热钢等	对>50mm厚板不适用	少
熔焊	电弧焊	气体保护焊	惰性气体	熔化极（金属极氩弧焊）			对<3mm薄板不适用	中
熔焊	电弧焊	气体保护焊	二氧化碳气体保护焊		成本低，为埋弧和焊条电弧焊的40%左右，质量较好，生产率高，操作性能好，但大电流时飞溅较大，成形不够美观，设备较复杂	广泛应用于造船、机车车辆、起重机、农业机械中的低碳钢和低合金钢结构		中
熔焊	电弧焊	气体保护焊	窄间隙气保护电弧焊		高效率的熔化极电弧焊，节省金属，但仅限于垂直位置焊缝	应用于碳钢、低合金钢、不锈钢，耐热钢、低温钢等，以及厚壁结构		
熔焊	电渣焊				生产率高，任何厚度可不开坡口一次焊成，焊缝金属比较纯净，但热影响区比其他焊法都宽，晶粒粗大，易产生过热组织，焊后需进行正火处理以改善其性能	应用于碳钢、合金钢，以及大型和重型结构，如水轮机、水压机、轧钢机等的全焊或组合结构的制造，常用于35~400mm壁厚结构		大
熔焊	气　焊				火焰温度和性质可以调节，比弧焊热源的热影响区宽，但热量不如电弧集中，生产率比较低	应用于薄壁结构和小件的焊接，可焊钢、铸铁、铝、铜及其合金、硬质合金等		少
熔焊	等离子弧焊				除具有氩弧焊特点外，还由于等离子弧能量密度大，弧柱温度高，穿透能力强，能一次焊透双面成形。此外，电流小到0.1A时，电弧仍能稳定燃烧，并保持良好的挺度和方向性	广泛应用于铜合金、合金钢、钨、钼、钴、钛等金属的焊接，如钛合金的导弹壳体、波纹管及膜盒，微型电容器、电容器的外壳封接，以及飞机和航天装置上的一些薄壁容器的焊接		

（续）

类别	焊接方法	特　　点	应　　用	设备费
熔焊	电子束焊接	在真空中焊接，无金属电极沾污，可保证焊缝金属的高纯度，表面平滑无缺陷；热源能量密度大、熔深大、焊速快、热影响区小，不产生变形，可防止难熔金属焊接时产生裂纹和泄漏。焊接时一般不添加金属，参数可在较宽范围内调节、控制灵活	用于焊接从微型的电子电路组件、真空膜盒、钼箔蜂窝结构、原子能燃料原件到大型的导弹外壳，以及异种金属、复合结构件等。由于设备复杂，造价高，使用维护技术要求高，焊件尺寸受限制等，其应用范围受一定限制	大
	激光（束）焊接	辐射能量放出迅速，生产率高，可在大气中焊接，不需真空环境和保护气体；能量密度很高，热量集中、时间短，热影响区小；焊接不需与工件接触；焊接异种材料比较容易，但设备有效系数低、功率较小，焊接厚度受限	特别适用于焊接微型精密、排列非常密集、对受热敏感的焊件，除焊接一般的薄壁搭接外，还可焊接细的金属线材以及导线和金属薄板的搭接，如集成电路内、外引线，仪表游丝等的焊接	
压焊	电阻焊：点　焊；缝　焊	低压大电流，生产率高，变形小，限于搭接。不需添加焊接材料，易于实现自动化，设备较一般熔化焊复杂，耗电量大，缝焊过程中分流现象较严重	点焊主要用于焊接各种薄板冲压结构及钢筋，目前广泛用于汽车制造、飞机、车厢等轻型结构，利用悬挂式点焊枪可进行全位焊接。缝焊主要用于制造油箱等要求密封的薄壁结构	大
	电阻焊：接触对焊；闪光对焊	接触（电阻）对焊，焊前对被焊工件表面清理工作要求较高，一般仅用于断面简单直径小于20mm和强度要求不高的工件，而闪光焊对工件表面焊前无需加工，但金属损耗多	闪光对焊用于重要工件的焊接，可焊异种金属（铝-钢、铝-铜等），从直径0.01mm金属丝到面积约20000mm² 的金属棒，如刀具、钢筋、钢轨等	
	摩擦焊	接头组织致密，表面不易氧化，质量好且稳定，可焊金属范围较广，可焊异种金属，焊接操作简单、不需添加焊接材料，易实现自动控制，生产率高，设备简单，电能消耗少	广泛用于圆形工件及管子的对接，如大直径铜铝导线的连接，管-板的连接	
	气压焊	利用火焰将金属加热到熔化状态后加外力使其连接在一起	用于连接圆形、长方形截面的杆件与管子	中
	扩散焊	焊件紧密贴合，在真空或保护气氛中，在一定温度和压力下保持一段时间，使接触面之间的原子相互扩散完成焊接的一种压焊方法，焊接变形小	接头的力学性能高；可焊接性能差别大的异种金属，可用来制造双层和多层复合材料，可焊形状复杂的互相接触的面与面，代替整锻	
	高频焊	热能高度集中，生产率高，成本低，焊缝质量稳定，焊件变形小，适于连续性高速生产	适于生产有缝金属管，可焊低碳钢、工具钢、铜、铝、钛、镍、异种金属等	
	爆炸焊	爆炸焊接好的双金属或多种金属材料，结合强度高，工艺性好，焊后可经冷、热加工。操作简单，成本低	适于各种可塑性金属的焊接	
钎焊	软钎焊；硬钎焊	焊件加热温度低、组织和力学性能变化很小，变形也小，接头平整光滑，工件尺寸精确。软钎焊接头强度较低，硬钎焊接头强度较高。焊前工件需清洗、装配要求较严	应用于机械、仪表、航空、空间技术所用装配中，如电真空器件、导线、蜂窝和夹层结构、硬质合金刀具等	少

表4.4-90 常用金属材料适用的焊接方法

焊接方法	铁	碳钢					铸钢		铸铁			低合金钢											不锈钢			耐热合金		轻金属								铜合金					锆
	纯铁	低碳钢	中碳钢	高碳钢	工具钢	含铜钢	碳素铸钢	高锰钢	灰铸铁	可锻铸铁	合金铸铁	镍钢	镍铜钢	锰钼钢	碳素钼钢	镍铬钢	铬钼钢	铬镍钼钢	镍钼钢	铬钢	铬钒钢	锰钢	铬钢M型	铬钢F型	铬镍钢A型	耐热超合金	高镍合金	纯铝	铝合金①	铝合金②	纯镁	镁合金	纯钛	钛合金①	钛合金②	纯铜	黄铜	磷青铜	铝青铜	镍青铜	铌
焊条电弧焊	A	A	A	A	B	A	A	B	B	B	B	A	A	A	A	A	A	B	B	A	A	A	A	A	A	A	A	B	B	B	D	D	D	D	D	B	B	B	B	B	D
埋弧焊	A	A	A	B	B	A	A	B	D	D	D	A	A	A	A	A	A	A	B	B	A	A	A	A	A	A	A	D	D	D	D	D	D	D	D	C	D	C	D	D	D
CO_2焊	B	A	A	C	D	C	A	B	D	D	D	C	C	C	C	C	C	C	C	C	C	C	C	B	B	B	C	D	D	D	D	D	D	D	D	C	C	C	C	C	D
氩弧焊	C	B	B	B	B	B	B	B	B	B	B	B	—	—	—	—	B	B	A	—	—	B	A	A	A	A	A	A	A	B	A	A	A	A	B	A	A	A	A	A	B
电渣焊	A	A	A	B	C	A	A	A	B	B	B	D	D	D	D	D	D	D	D	D	D	B	C	C	C	C	C	D	D	D	D	D	D	D	D	D	D	D	D	D	D
气电焊	A	A	A	B	C	A	A	A	B	B	B	D	D	B	B	D	D	D	D	D	D	B	B	B	B	C	C	D	D	D	D	D	D	D	D	D	D	D	D	D	D
氧乙炔焊	A	A	A	B	A	A	A	B	A	B	A	A	A	A	A	A	A	B	B	A	A	A	B	B	A	A	A	A	A	B	B	B	D	D	D	B	B	C	C	C	D
气压焊	A	A	A	A	A	A	B	D	D	D	D	A	A	B	B	A	A	A	B	A	A	B	B	B	A	B	B	C	C	C	C	C	D	D	D	C	C	C	C	C	D
点、缝焊	A	A	B	D	D	A	B	B	D	D	D	A	A	A	—	D	D	D	D	D	D	D	C	A	A	A	A	A	A	A	A	A	A	B	B	C	C	C	C	C	B
闪光对焊	A	A	A	A	B	A	A	B	D	D	D	A	A	A	A	A	A	B	B	A	A	A	B	A	A	A	A	A	A	A	A	A	D	D	D	C	C	C	C	C	D
铝热焊	A	A	A	A	B	B	A	B	B	B	A	B	B	B	B	B	B	B	B	B	B	B	D	D	D	D	D	D	D	D	D	D	D	D	D	D	D	D	D	D	D
电子束焊	A	A	A	A	A	A	A	A	C	C	C	A	A	A	A	A	A	A	A	A	A	A	A	A	A	A	A	A	A	A	B	B	A	A	A	B	B	B	B	B	B
钎焊	A	A	B	B	B	B	B	B	C	C	C	B	B	B	B	B	B	B	B	B	B	B	C	C	B	C	B	B	B	C	B	C	C	D	D	B	B	B	B	B	C

注：A—最适用；B—适用；C—稍适用；D—不适用。

① 铝、钛合金为非热处理型。

② 铝、钛合金为热处理型。

5.2 焊接结构的设计原则

5.2.1 焊接性

焊接性是指采用一定的焊接工艺方法、工艺参数及结构形式条件下获得优质焊接接头的难易程度。

(1) 钢的焊接性

一般认为碳的质量分数<0.25%的碳钢及碳质量分数<0.18%的合金钢焊接性良好。在设计重要焊接结构时，选择焊接材料，必须经过仔细的焊接性试验。在设计中还必须结合结构的复杂程度、刚度、焊接方法，以及采用的焊条及焊接的工艺条件等因素去考虑钢材的焊接性。

常用钢材的焊接性见表4.4-91。

表4.4-91 常用钢材的焊接性

钢号	焊接性			特点
	等级	合金元素总含量	含碳量	
		概略指标（质量分数，%）		
Q195，Q215，Q235 08，10，15，20，25；ZG25 Q345，16MnCu，Q390 15MnTi，Q295，09Mn2Si，20Mn 15Cr，20Cr，15CrMn 06Cr13，12Cr18Ni9，17Cr18Ni9，06Cr18Ni11Ti	Ⅰ （良好）	1以下	0.25以下	在任何普通生产条件下都能焊接，没有工艺限制，对于焊接前后的热处理及焊接热规范没有特殊要求。焊接后的变形容易校正。厚度大于20mm，结构刚度很大时要预热 低合金钢预热及焊后热处理。12Cr18Ni9需预热焊后高温退火。要做到焊缝成形好，表面粗糙度好，才能很好地保证耐腐蚀性
		1~3	0.20以下	
		3以上	0.18以下	

（续）

钢　号	焊接性 等级	合金元素总含量	含碳量	特　点
		概略指标（质量分数，%）		
Q255，Q275 30，35，ZG230-450 30Mn，18MnSi，20CrV，20CrMo，30Cr，20CrMnSi，20CrMoA，12CrMoA，22CrMo，Cr11MoV，12Cr13，12CrMo，14MnMoVB，Cr25Ti，15CrMo，12CrMoV	Ⅱ（一般）	1以下	0.25～0.35	形成冷裂倾向小，采用合理的焊接热规范可以得到满意的焊接性能。在焊接复杂结构和厚板时，必须预热
		1～3	0.20～0.30	
		3以上	0.18～0.25	
Q275 35，40，45 40Mn，35Mn2，40Mn2，20Cr，40Cr，35SiMn，30CrMnSi，30Mn2，35CrMoA，25Cr2MoVA，30CrMoSiA，20Cr13，Cr6SiMo，Cr18Si2	Ⅲ（较差）	1以上	0.35～0.45	在通常情况下，焊接时有形成裂纹的倾向，焊前应预热，焊后应热处理，只有有限的焊接热规范可能获得较好的焊接性能
		1～3	0.30～0.40	
		3以上	0.28～0.38	
Q275 50，55，60，65，85 50Mn60Mn，65Mn，45Mn2，50Mn2，50Cr，30CrMo，40CrSi，35CrMoV，38CrMnAlA，35SiMnA，35CrMoVA，30Cr2MoVA，30Cr13，40Cr13，42Cr9Si2，60Si2CrA，50CrVA，30W4Cr2VA	Ⅳ（不好）	1以下	0.45以上	焊接时很容易形成裂纹，但在采用合理的焊接规范、预热和焊后热处理的条件下，这些钢也能够焊接
		1～3	0.40以上	
		3以下	0.38以上	

（2）铸铁的焊接性

铸铁的焊接性见表4.4-92。焊接铸铁要比焊低碳钢困难得多，这里介绍的焊接性，只是就它们本身比较而言。

表4.4-92　铸铁的焊接性

焊接金属	焊接性	焊接方法与焊接接头的特点		备　注
灰铸铁	良　好	电弧冷焊	采用铸铁焊条焊接。加工性一般，易出现裂纹，只适于小中型工件中较小缺陷的焊补，如小砂眼、小气孔及小裂缝等	复杂铸件均应整体加热，简单零件用焊炬局部加热即可
			采用铜钢焊条焊接。加工性较差，抗裂纹性好，强度较高，能承受较大静荷及一定动载荷，能基本满足焊缝致密性要求。对复杂的、刚度大的焊件不宜采用	
			采用镍铜焊条焊接。加工性好，强度较低，用于刚度不大、预热有困难的焊件上	
		铸铁焊条气焊	加工性良好，接头具有与工件相近的机械性能与颜色，焊补处刚度大，结构复杂时，易出现裂纹，适于焊补刚度不大、结构不复杂、待加工尺寸不大的焊件的缺陷	
		铸铁焊条热焊及半热焊	加工性、致密性都好，内应力小，不易出现裂纹，接头具有与母材相近的强度，但生产率低，主要用于修复，焊后需加工，对承受较大静载荷、动载荷、要求致密性等的复杂结构中，大的缺陷且工件壁较厚时，用电弧焊，中小缺陷且工件较薄用气焊	
		铸铁焊条电渣焊补	加工性、强度及紧密性良好，但在焊补复杂及刚度大的工件时，易发生裂纹	
可锻铸铁				
球墨铸铁	较　差	焊条电弧焊	采用低碳钢焊条焊接。容易产生裂纹	
			采用镍铁焊条冷焊焊接。加工性良好，接头具有与母材相等的强度	
		气焊	用于接头质量要求高的中小型缺陷的修补	
白口铸铁	很　难			硬度高，脆性大，容易出现裂纹

（3）有色金属的焊接性

有色金属的焊接性见表4.4-93。有色金属要比焊低碳钢困难得多，这里介绍的焊接性，只是就它们本身比较而言。

（4）异种金属间的焊接性

异种金属间的焊接性见表4.4-94。

5.2.2　结构刚度和减振能力

一般钢材比铸铁的减振能力都低，故有较高要求的铸铁件（如机床床身等）不能简单地按许用应力计算其截面，必须考虑其刚度和减振能力。

5.2.3　应力集中

焊接结构截面变化大，过渡区较陡，圆角较小处，易引起较大的应力集中。在动载和低温条件下工作的高强度钢结构件，在设计和施工过程中，尤需采用措施以减少应力集中。

表4.4-93　有色金属的焊接性

焊接金属	焊接性	焊接方法与焊接接头的特点	备　注
铜	一　般	通常采用气焊和氩弧焊并选好用焊丝以达到焊接要求的焊接接头	大的复杂的铸件，焊前需预热
黄铜（Cu-Zn）	良　好		薄的轧制黄铜板不需预热，大的复杂的结构、厚板需预热。铸造黄铜工件需全部或局部预热
硅青铜，磷青铜			
锡青铜，铝青铜	较　差		主要用于焊补铸件，焊前需预热，焊后应缓慢冷却
纯铝1060　1050A 1035　1200	良　好		
铝镁5A03 5A04 5A06			
锰铝	一　般		
硬铝	较　差		焊缝>18mm容易出现裂纹
Al-Zn-Mg-Cu 高强度铝合金	很　难		结晶裂缝倾向大

表4.4-94　异种金属间的焊接性

被焊材料牌号	气　焊	氢原子焊	二氧化碳保护焊	手工电弧焊	氩弧焊
20+30CrMnSiA	△	△	△	△	△
20+30CrMnSiNi2A	—	△	—	△	△
30CrMnSiA+30CrMnSiNi2A	—	△	—	△	△
3A21+5A02（LF21+LF2）	△	—	—	—	△
3A21+5A03（LF21+LF3）	—	—	—	—	△
3A21+ZL-101（LF21+ZL-101）	△	—	—	—	△
5A03+5A06（LF3+LF6）	—	—	—	—	△

注：“△”——表示可以焊接。

5.2.4　焊接残余应力和变形

拉伸残余应力会降低结构的强度，变形会引起结构尺寸、精度变化，为此需恰当地设计结构，使之有利于降低焊接残余应力和变形。

5.2.5　焊接接头性能的不均匀性

在焊接热作用下，焊缝和热影响区的成分、组织和性能都不同于母材。故在选择焊接材料、焊接方法、制定焊接工艺时，应保证接头性能达到设计要求。

5.2.6　应尽量减少和排除焊接缺陷

在设计中应考虑便于焊接操作，为减少焊接缺陷创造条件。焊缝布置应避开高应力区。重要焊缝必须进行无损检测。

5.3　焊接接头的形式

5.3.1　焊接接头的特点

电弧焊焊接接头由焊缝、热影响区和母材3部分构成。焊缝的加热温度>1500℃，凝固后为铸态结晶，呈分层柱状晶结构，晶粒比较粗大。热影响区比较复杂，加热温度在300～1250℃，温度高处，晶粒粗大化，温度低处，晶粒细化。母材为未受热影响的基本金属。

5.3.2　接头形式及选用

焊接接头是焊接结构最基本的部分，接头设计应根据结构形状、强度要求、工件厚度、焊接性、焊后变形大小、焊条消耗量、坡口加工难易程度等各方面因素综合考虑决定。

接头的基本形式有对接、搭接、丁字接和十字接、角接与边接等，见图4.4-11。

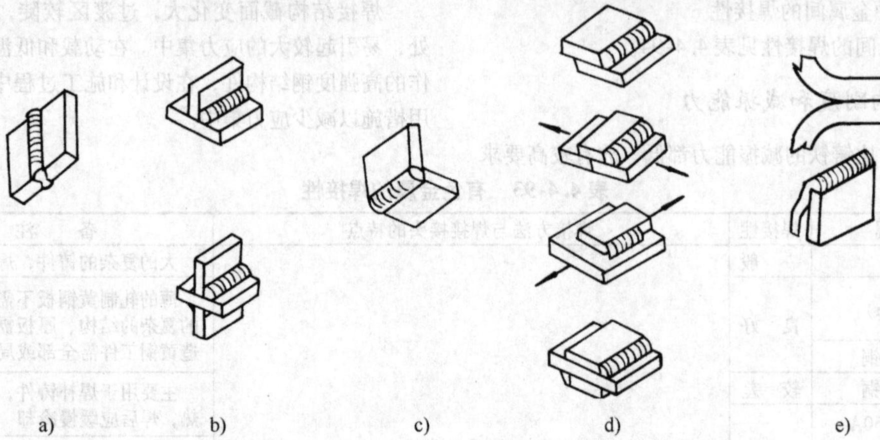

图4.4-11　焊接接头的基本形式
a）对接　b）丁字接和十字接　c）角接　d）搭接　e）边接

对接接头受力较均匀，也是用得最多的一种，对重要受力焊缝应尽量选用。搭接接头因两工件不在同一平面上，受力时产生附加弯矩，而且消耗金属量也较大，一般应尽量避免采用。但搭接接头不需开坡口，装配时尺寸要求不高，对有些受力不大的平面连接，采用搭接接头可减少工作量。丁字接头及角接接头受力情况都较对接接头复杂些，但接头成直角连接时，必须采用这类接头。边接是两个或两个以上平行或近于平行的结构单元边缘之间的接头，它的特点是不需要填充金属。

5.4　焊缝坡口的基本形式与尺寸

5.4.1　坡口参数的确定

坡口参数包括：坡口角，根部间隙、钝边和坡口面角度等。

坡口角：坡口角为20°～60°，坡口角小则需要的焊缝金属量少，但它需满足焊条能接近接头根部并保证多层焊道侧壁很好熔化。

根部间隙：间隙过小根部熔化困难，加上必须使用小直径焊条，焊接过程减慢。间隙过大需用更多的焊缝金属量，增加成本和增大变形倾向。

钝边：是指在预加工边缘上保留最小限度熔透金属的附加厚度，焊接时金属量通过它导向间隙。当用垫板焊接时不需钝边。

坡口面角度（斜边角）：它影响根部间隙、接头可接近性和整个焊缝横截面的熔化质量。

5.4.2　碳钢、低合金钢的焊条电弧焊、气焊及气体保护焊焊缝坡口的基本形式与尺寸（见表4.4-95）

表4.4-95（1）　单面对接焊坡口（摘自GB/T 985.1—2008）　（mm）

序号	母材厚度 t	坡口/接头种类	基本符号	横截面示意图	尺寸：坡口角 α 或坡口面角 β	尺寸：间隙 b	尺寸：钝边 c	尺寸：坡口深度 h	适用的焊接方法	焊缝示意图	备注
1	≤2	卷边坡口	八	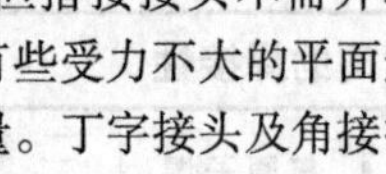	—	—	—	—	3 111 141 512	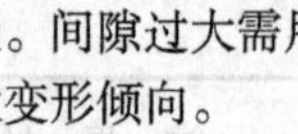	通常不添加焊接材料

（续）

序号	母材厚度 t	坡口/接头种类	基本符号	横截面示意图	尺寸：坡口角 α 或坡口面角 β	尺寸：间隙 b	尺寸：钝边 c	尺寸：坡口深度 h	适用的焊接方法	焊缝示意图	备注
2	≤4	I形坡口	‖	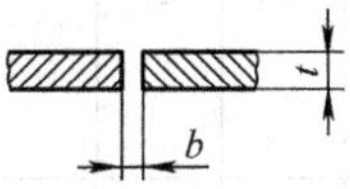	—	$\approx t$	—	—	3 111 141		—
	$3<t\le 8$					$3\le b\le 8$			13		必要时加衬垫
						$\approx t$			141①		
	≤15					≤1② 0			52		
3	≤100	I形坡口（带衬垫）	—	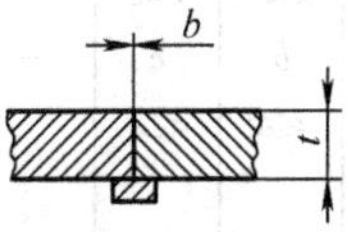	—	—	—	—	51	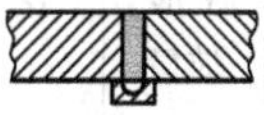	—
		I形坡口（带锁底）	—	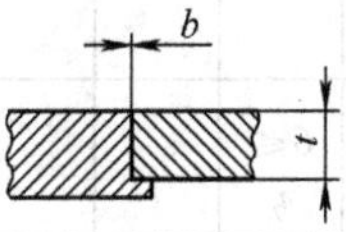						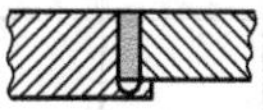	
4	$3<t\le 10$	V形坡口	V	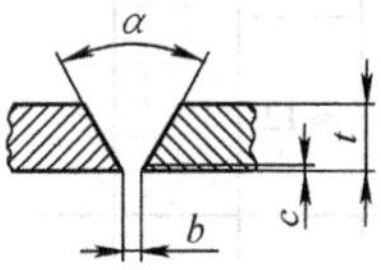	$40°\le\alpha\le 60°$	≤4	≤2	—	3 111 13 141	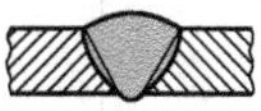	必要时加衬垫
	$8<t\le 12$				$6°\le\alpha\le 8°$	—			52②		
5	>16	陡边坡口	⊻	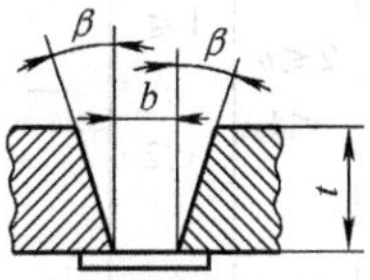	$5°\le\beta\le 20°$	$5\le b\le 15$	—	—	111 13	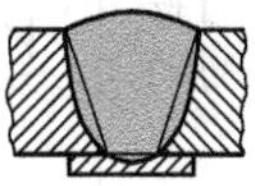	带衬垫
6	$5\le t\le 40$	V形坡口（带钝边）	Y	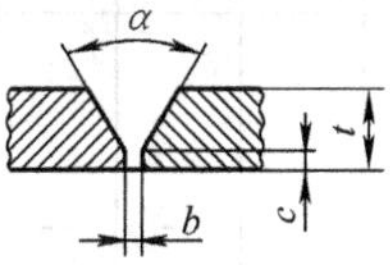	$\alpha\approx 60°$	$1\le b\le 4$	$2\le c\le 4$	—	111 13 141	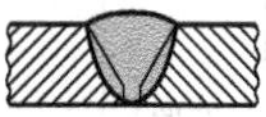	—
7	>12	U-V形组合坡口	Ỷ	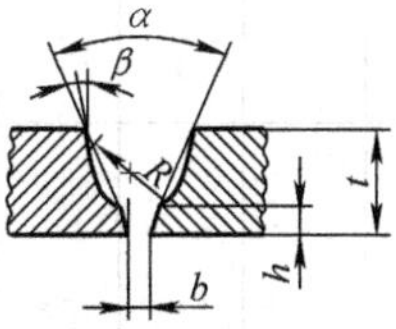	$60°\le\alpha\le 90°$ $8°\le\beta\le 12°$	$1\le b\le 3$	—	≈4	111 13 141	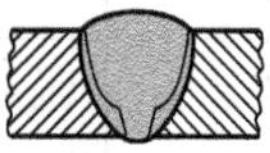	$6\le R\le 9$
8	>12	V-V形组合坡口	⩔	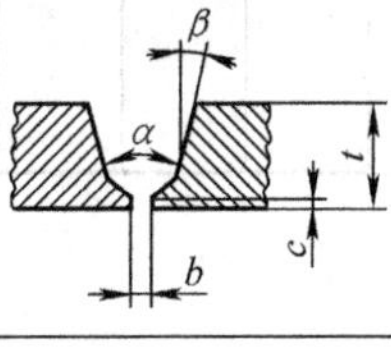	$60°\le\alpha\le 90°$ $10°\le\beta\le 15°$	$2\le b\le 4$	>2	—	111 13 141	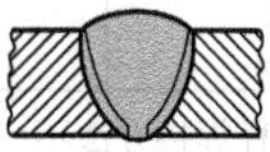	—

（续）

序号	母材厚度 t	坡口/接头种类	基本符号	横截面示意图	尺寸				适用的焊接方法	焊缝示意图	备注
					坡口角 α 或坡口面角 β	间隙 b	钝边 c	坡口深度 h			
9	>12	U形坡口		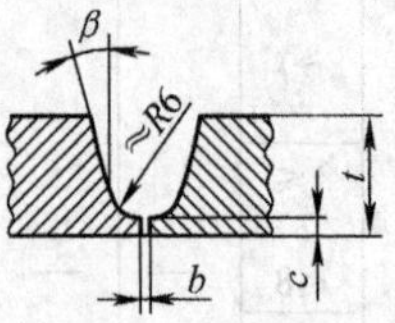	8°≤β≤12°	≤4	≤3	—	111 13 141	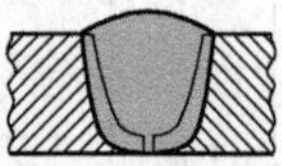	—
10	3<t≤10	单边V形坡口		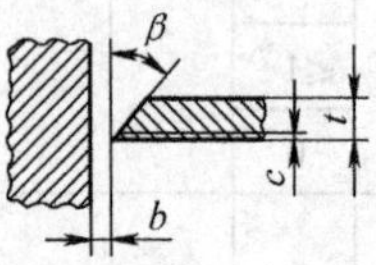 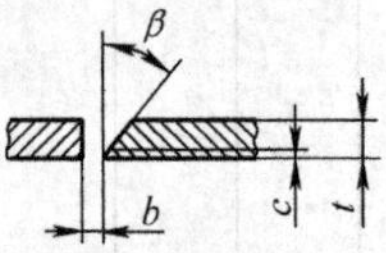	35°≤β≤60°	2≤b≤4	1≤c≤2	—	111 13 141	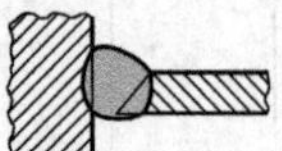 	—
11	>16	单边陡边坡口		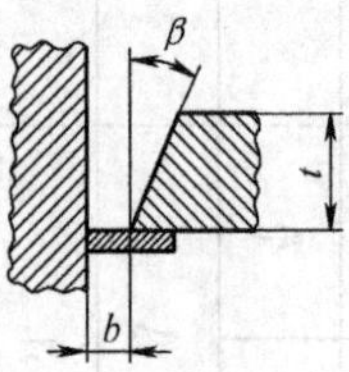	15°≤β≤60°	6≤b≤12 ≈12	—	—	111 13 141	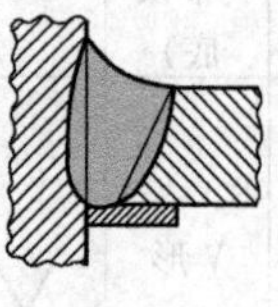	带衬垫
12	>16	J形坡口		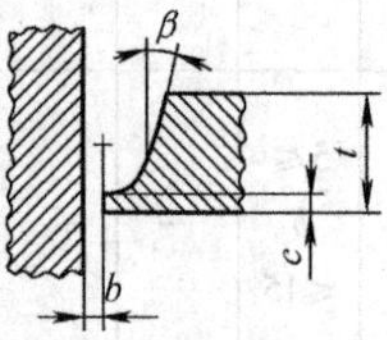	10°≤β≤20°	2≤b≤4	1≤c≤2	—	111 13 141	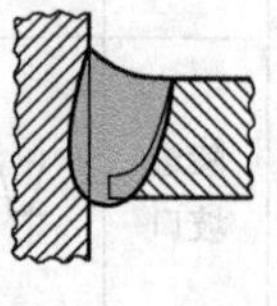	—
13	≤15 ≤100	T形接头		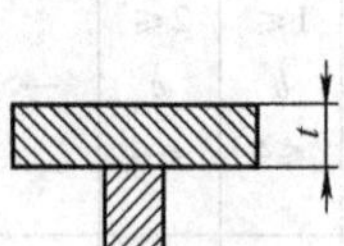	—	—	—	—	52 51	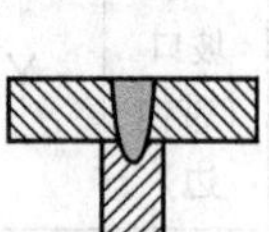	—
14	≤15 ≤100	T形接头		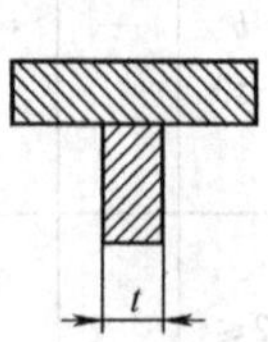	—	—	—	—	52 51	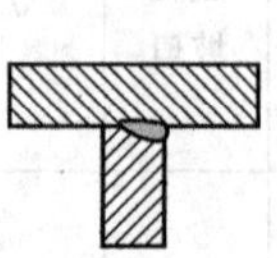	—

① 该种焊接方法不一定适用于整个工件厚度范围的焊接。

② 需要添加焊接材料。

表 4.4-95（2）　双面对接焊坡口（摘自 GB/T 985.1—2008）　　（mm）

序号	母材厚度 t	坡口/接头种类	基本符号	横截面示意图	尺寸：坡口角 α 或坡口面角 β	尺寸：间隙 b	尺寸：钝边 c	尺寸：坡口深度 h	适用的焊接方法	焊缝示意图	备注
1	≤8	I 形坡口	‖	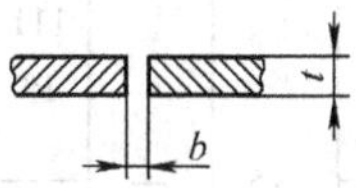	—	≈t/2	—	—	111 141 13		—
	≤15					0			52		
2	3≤t≤40	V 形坡口		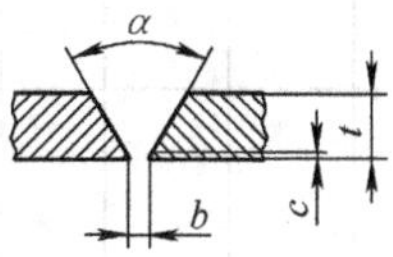	α≈60°	≤3	≤2	—	111 141	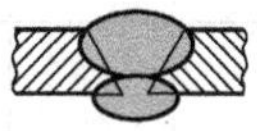	封底
					40°≤α≤60°				13		
3	>10	带钝边 V 形坡口		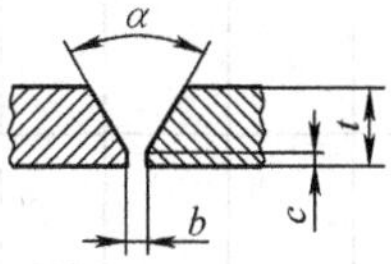	α≈60°	1≤b≤3	2≤c≤4	—	111 141	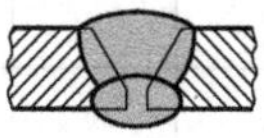	特殊情况下可适用更小的厚度和气保焊方法。注明封底
					40°≤α≤60°				13		
4	>10	双 V 形坡口（带钝边）		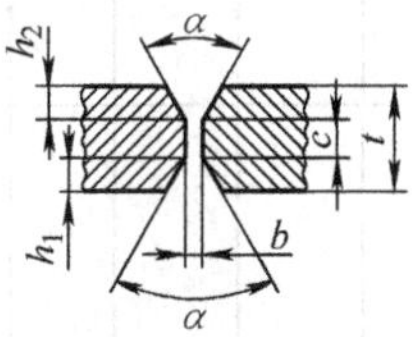	α≈60°	1≤b≤4	2≤c≤6	$h_1=h_2=\frac{t-c}{2}$	111 141	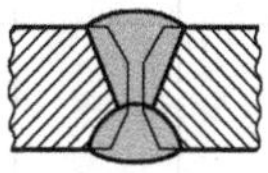	—
					40°≤α≤60°				13		
5	>10	双 V 形坡口		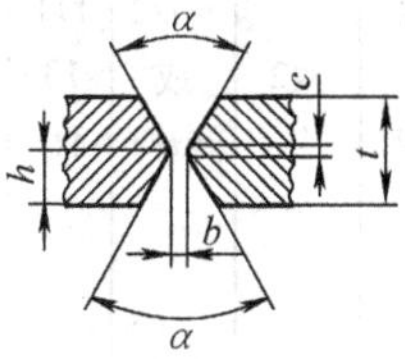	α≈60°	1≤b≤3	≤2	≈t/2	111 141	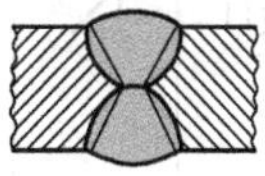	—
					40°≤α≤60°				13		
		非对称双 V 形坡口		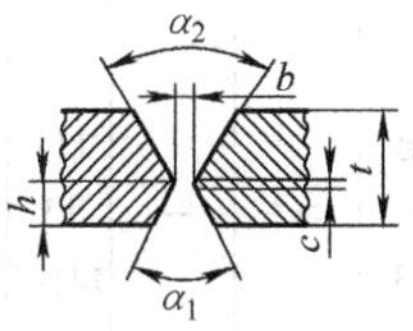	α_1≈60° α_2≈60°			≈t/3	111 141	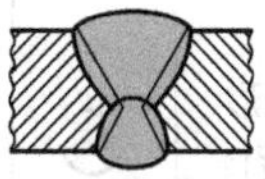	—
					40°≤α_1≤60° 40°≤α_2≤60°				13		

（续）

序号	母材厚度 t	坡口/接头种类	基本符号	横截面示意图	尺寸：坡口角 α 或坡口面角 β	尺寸：间隙 b	尺寸：钝边 c	尺寸：坡口深度 h	适用的焊接方法	焊缝示意图	备注
6	>12	U形坡口		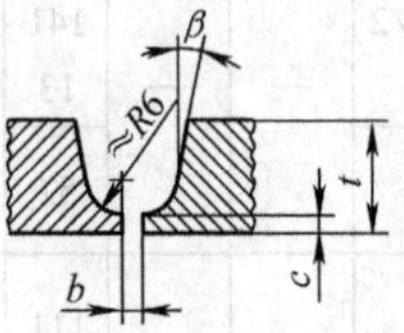	$8° \leqslant \beta \leqslant 12°$	$1 \leqslant b \leqslant 3$ $\leqslant 3$	≈5	—	111 13 141①	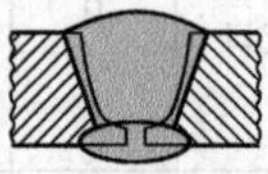	封底
7	≥30	双U形坡口		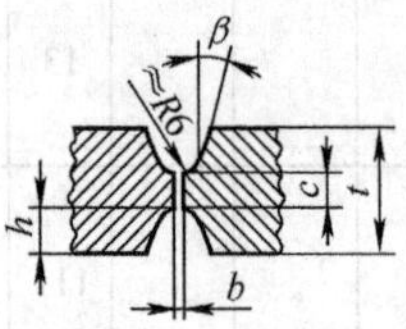	$8° \leqslant \beta \leqslant 12°$	≤3	≈3	$\approx \frac{t-c}{2}$	111 13 141①	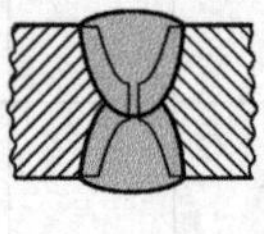	可制成与V形坡口相似的非对称坡口形式
8	$3 \leqslant t \leqslant 30$	单边V形坡口		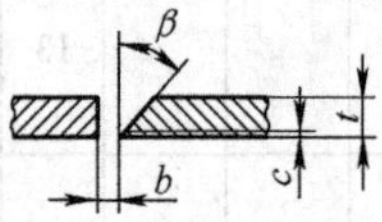	$35° \leqslant \beta \leqslant 60°$	$1 \leqslant b \leqslant 4$	≤2	—	111 13 141①	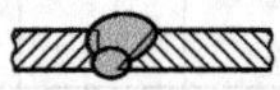	封底
9	>10	K形坡口		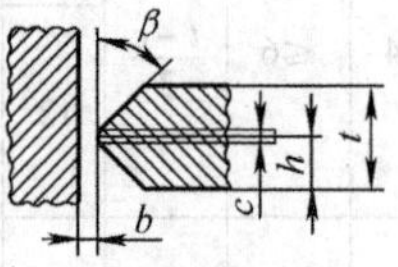 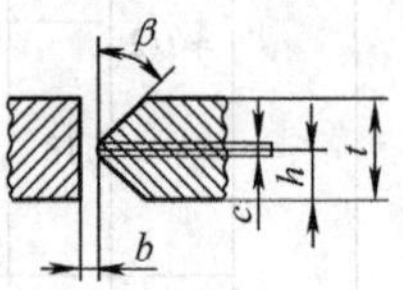	$35° \leqslant \beta \leqslant 60°$	$1 \leqslant b \leqslant 4$	≤2	$\approx t/2$ 或 $\approx t/3$	111 13 141①	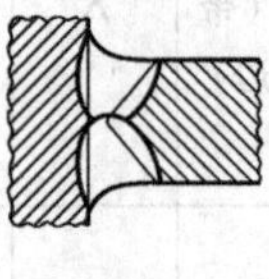 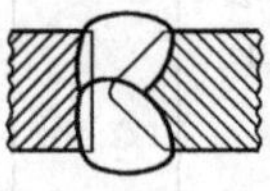	可制成与V形坡口相似的非对称坡口形式
10	>16	J形坡口		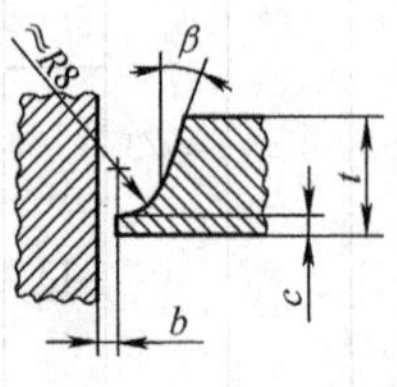	$10° \leqslant \beta \leqslant 20°$	$1 \leqslant b \leqslant 3$	≥2	—	111 13 141①	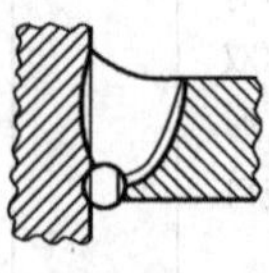	封底

（续）

序号	母材厚度 t	坡口/接头种类	基本符号	横截面示意图	尺寸				适用的焊接方法	焊缝示意图	备注
					坡口角 α 或坡口面角 β	间隙 b	钝边 c	坡口深度 h			
11	>30	双J形坡口	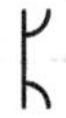	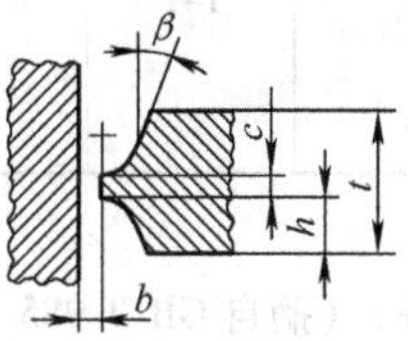	$10° \leqslant \beta \leqslant 20°$	≤3	≥2	$\frac{t-c}{2}$	111 13 141①	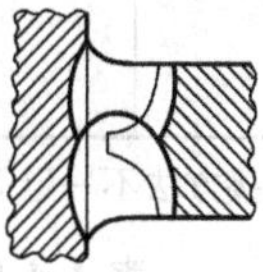	可制成与V形坡口相似的非对称坡口形式
							<2	$\approx t/2$			
12	≤25	T形接头		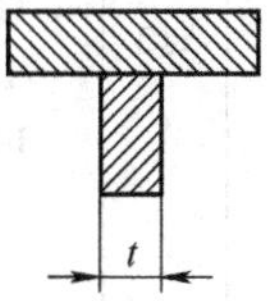	—	—	—	—	52		—
	≤170								51		

① 该种焊接方法不一定适用于整个工件厚度范围的焊接。

表 4.4-95（3）　角焊缝的接头形式（单面焊）（摘自 GB/T 985.1—2008）　（mm）

序号	母材厚度 t	接头形式	基本符号	横截面示意图	尺寸		适用的焊接方法①	焊缝示意图
					角度 α	间隙 b		
1	$t_1>2$ $t_2>2$	T形接头		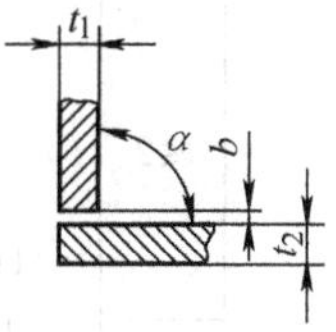	$70° \leqslant \alpha \leqslant 100°$	≤2	3 111 13 141	
2	$t_1>2$ $t_2>2$	搭接		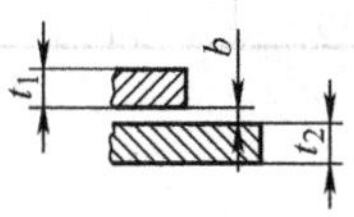	—	≤2	3 111 13 141	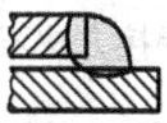

（续）

序号	母材厚度 t	接头形式	基本符号	横截面示意图	尺寸 角度 α	尺寸 间隙 b	适用的焊接方法①	焊缝示意图
3	$t_1>2$ $t_2>2$	角接		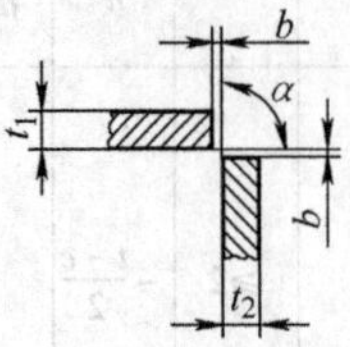	$60°\leqslant\alpha\leqslant120°$	$\leqslant2$	3 111 13 141	

① 这些焊接方法不一定适用于整个工件厚度范围的焊接。

表4.4-95（4）　角焊缝的接头形式（双面焊）（摘自GB/T 985.1—2008）　（mm）

序号	母材厚度 t	接头形式	基本符号	横截面示意图	尺寸 角度 α	尺寸 间隙 b	适用的焊接方法①	焊缝示意图
1	$t_1>3$ $t_2>3$	角接	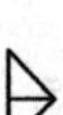	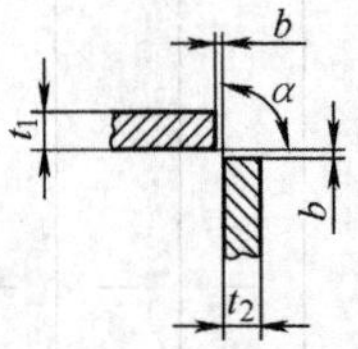	$70°\leqslant\alpha\leqslant100°$	$\leqslant2$	3 111 13 141	
2	$t_1>2$ $t_2>5$	角接		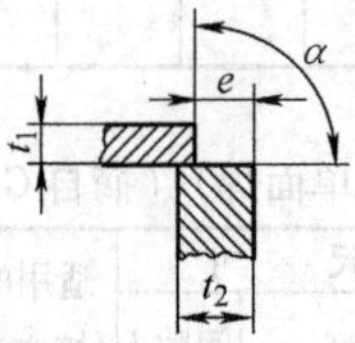	$60°\leqslant\alpha\leqslant120°$		3 111 13 141	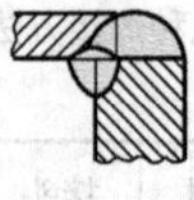
3	$2\leqslant t_1\leqslant4$ $2\leqslant t_2\leqslant4$	T形接头		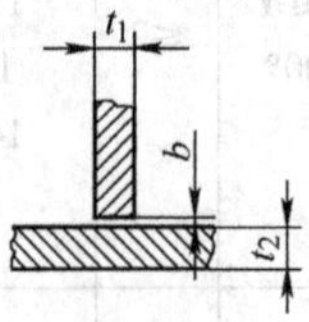	—	$\leqslant2$	3 111 13 141	
	$t_1>4$ $t_2>4$					—		

① 这些焊接方法不一定适用于整个工件厚度范围的焊接。

5.4.3　碳钢、低合金钢埋弧焊焊缝坡口的形式与尺寸（见表4.4-96）

表 4.4-96(1)　单面对接焊坡口（摘自 GB/T 985.2—2008）　（mm）

序号	工件厚度 t	焊缝 名称	焊缝 基本符号	焊缝示意图	坡口形式和尺寸 横截面示意图	坡口角 α 或坡口面角 β	间隙 b、圆弧半径 R	钝边 c	坡口深度 h	焊接位置	备　注
1	$3\leqslant t\leqslant 12$	平对接焊缝	||		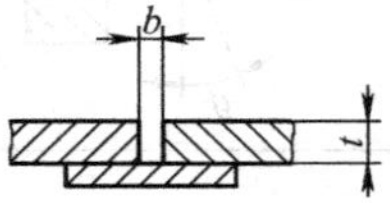	—	$b\leqslant 0.5t$ 最大 5	—	—	PA	带衬垫，衬垫厚度至少：5mm 或 $0.5t$
2	$10\leqslant t\leqslant 20$	V 形焊缝	V	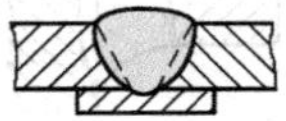	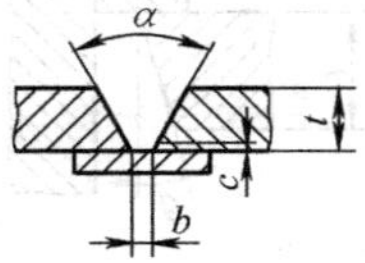	$30°\leqslant\alpha\leqslant 50°$	$4\leqslant b\leqslant 8$	$c\leqslant 2$	—	PA	带衬垫，衬垫厚度至少：5mm 或 $0.5t$
3	$t>20$	陡边 V 形焊缝		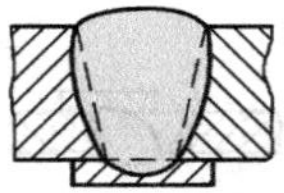	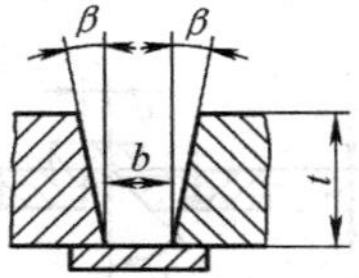	$4°\leqslant\beta\leqslant 10°$	$16\leqslant b\leqslant 25$	—	—	PA	带衬垫，衬垫厚度至少：5mm 或 $0.5t$
4	$t>12$	双 V 形组合焊缝		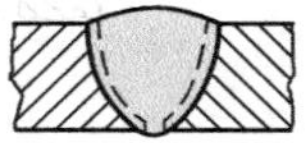	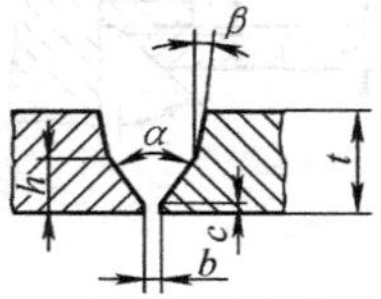	$60°\leqslant\alpha\leqslant 70°$ $4°\leqslant\beta\leqslant 10°$	$1\leqslant b\leqslant 4$	$0\leqslant c\leqslant 3$	$4\leqslant h\leqslant 10$	PA	根部焊道可采用合适的方法焊接
5	$t\geqslant 12$	U-V 形组合焊缝		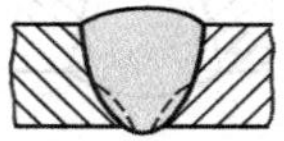	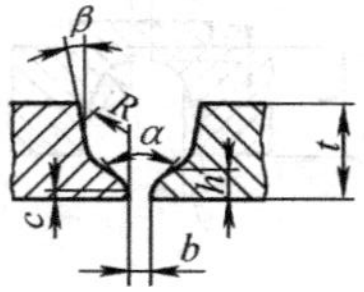	$60°\leqslant\alpha\leqslant 70°$ $4°\leqslant\beta\leqslant 10°$	$1\leqslant b\leqslant 4$ $5\leqslant R\leqslant 10$	$0\leqslant c\leqslant 3$	$4\leqslant h\leqslant 10$	PA	根部焊道可采用合适的方法焊接

6	$t \geqslant 30$	U 形焊缝		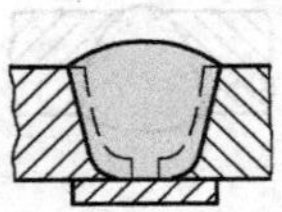	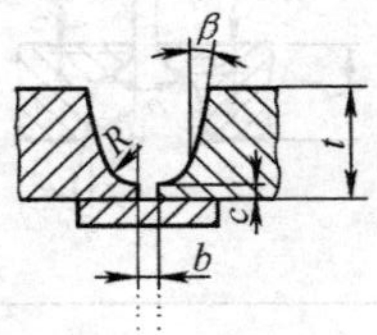	$4° \leqslant \beta \leqslant 10°$	$1 \leqslant b \leqslant 4$ $5 \leqslant R \leqslant 10$	$2 \leqslant c \leqslant 3$	—	PA	带衬垫，衬垫厚度至少：5mm 或 0.5t
7	$3 \leqslant t \leqslant 16$	单边 V 形焊缝		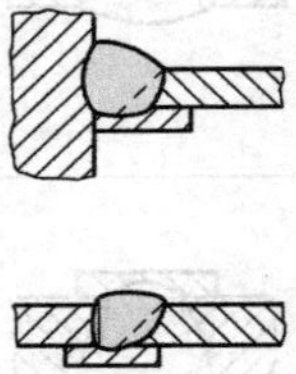	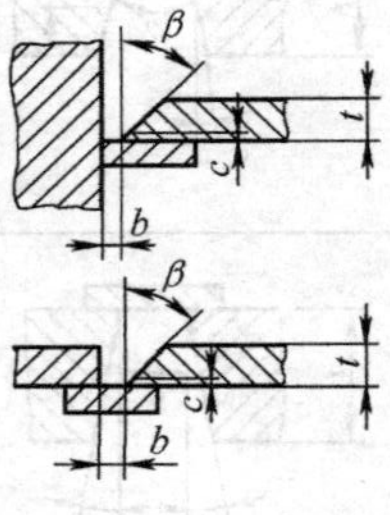	$30° \leqslant \beta \leqslant 50°$	$1 \leqslant b \leqslant 4$	$c \leqslant 2$	—	PA PB	带衬垫，衬垫厚度至少：5mm 或 0.5t
8	$t \geqslant 16$	单边陡边 V 形焊缝		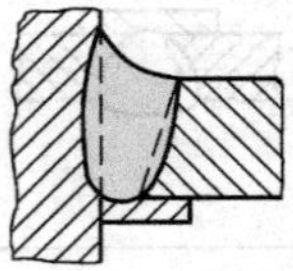	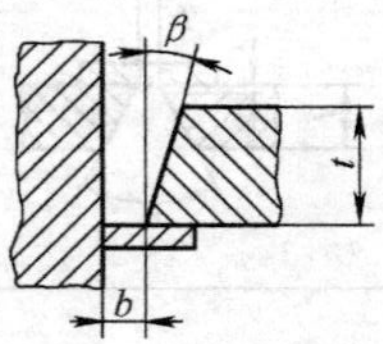	$8° \leqslant \beta \leqslant 10°$	$5 \leqslant b \leqslant 15$	—	—	PA PB	带衬垫，衬垫厚度至少：5mm 或 0.5t
9	$t \geqslant 16$	J 形焊缝		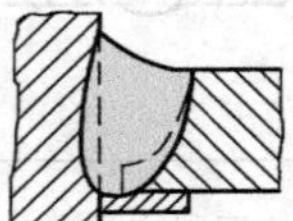	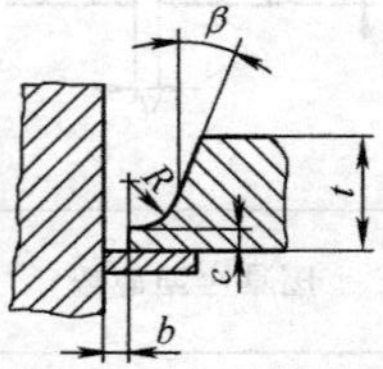	$4° \leqslant \beta \leqslant 10°$	$2 \leqslant b \leqslant 4$ $5 \leqslant R \leqslant 10$	$2 \leqslant c \leqslant 3$	—	PA PB	带衬垫，衬垫厚度至少：5mm 或 0.5t

注：衬垫的选择和使用应结合具体工况条件决定。

表 4.4-96(2)　双面对接焊坡口（摘自 GB/T 985.2—2008）

（mm）

序号	焊缝 工件厚度 t	焊缝 名称	焊缝 基本符号	焊缝 焊缝示意图	坡口形式和尺寸 横截面示意图	坡口形式和尺寸 坡口角 α 或坡口面角 β	坡口形式和尺寸 间隙 b、圆弧半径 R	坡口形式和尺寸 钝边 c	坡口形式和尺寸 坡口深度 h	焊接位置	备　注
1	$3 \leqslant t \leqslant 20$	平对接焊缝			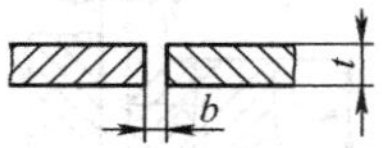	—	$b \leqslant 2$	—	—	PA	间隙应符合公差要求
2	$10 \leqslant t \leqslant 35$	带钝边V形焊缝/封底			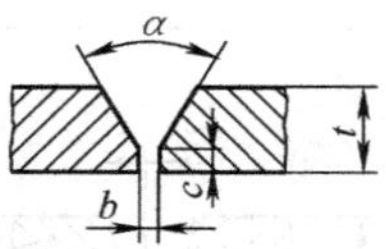	$30° \leqslant \alpha \leqslant 60°$	$b \leqslant 4$	$4 \leqslant c \leqslant 10$	—	PA	根部焊道可用其他方法焊接
3	$10 \leqslant t \leqslant 20$	V形焊缝/平对接焊缝			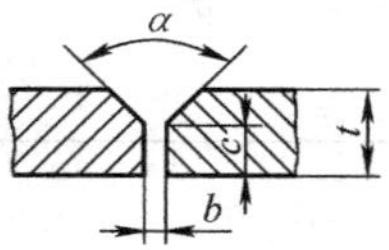	$60° \leqslant \alpha \leqslant 80°$	$b \leqslant 4$	$5 \leqslant c \leqslant 15$	—	PA	根部焊道可用其他方法焊接
4	$t \geqslant 16$	带钝边的双V形焊缝		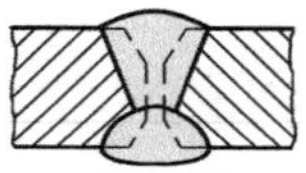	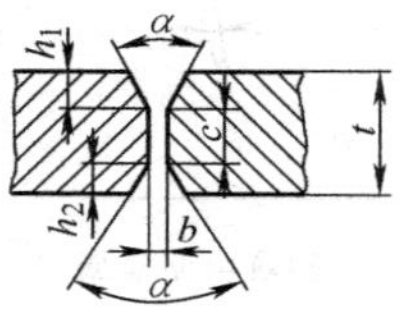	$30° \leqslant \alpha \leqslant 70°$	$b \leqslant 4$	$4 \leqslant c \leqslant 10$	$h_1 = h_2$	PA	—

（续）

序号	工件厚度 t	焊缝 名称	基本符号	焊缝示意图	坡口形式和尺寸 横截面示意图	坡口角 α 或坡口面角 β	间隙 b、圆弧半径 R	钝边 c	坡口深度 h	焊接位置	备注
5	$t \geqslant 30$	U形焊缝/封底焊缝		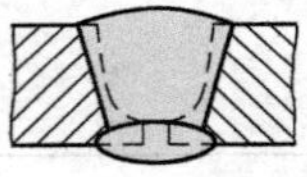	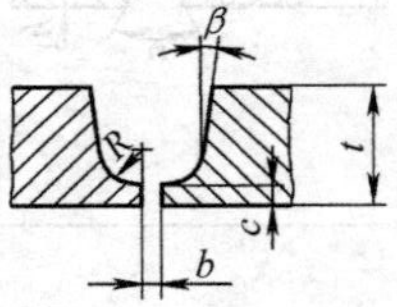	$5° \leqslant \beta \leqslant 10°$	$b \leqslant 4$ $5 \leqslant R \leqslant 10$	$4 \leqslant c \leqslant 10$	—	PA	—
6	$t \geqslant 50$	双U形焊缝		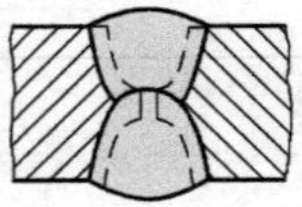	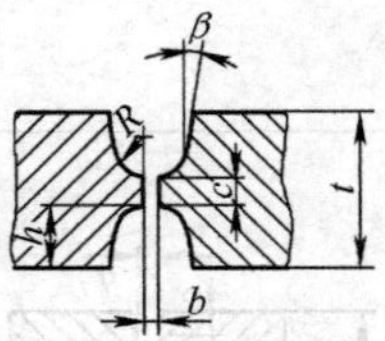	$5° \leqslant \beta \leqslant 10°$	$b \leqslant 4$ $5 \leqslant R \leqslant 10$	$4 \leqslant c \leqslant 10$	$h = 0.5(t-c)$	PA	与双V形对称坡口相似，这种坡口可制成对称的形式
7	$t \geqslant 12$	带钝边的K形焊缝		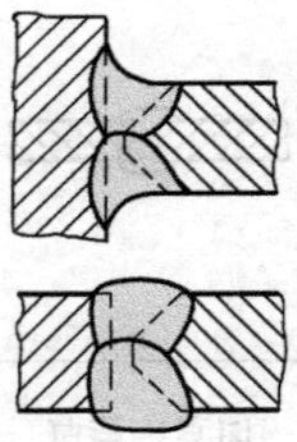	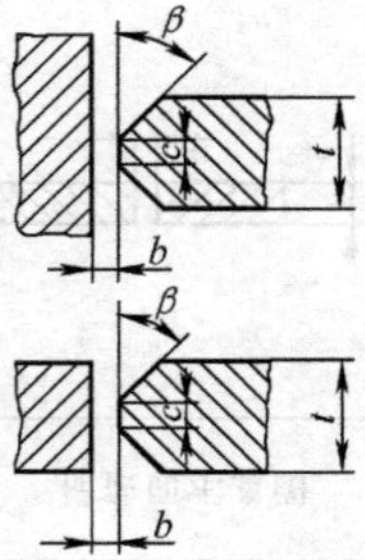	$30° \leqslant \beta \leqslant 50°$	$b \leqslant 4$	$4 \leqslant c \leqslant 10$	—	PA PB	与双V形对称坡口相似，这种坡口可制成对称的形式 必要时可进行打底焊

8	$t \geqslant 20$	J形焊缝/封底焊缝		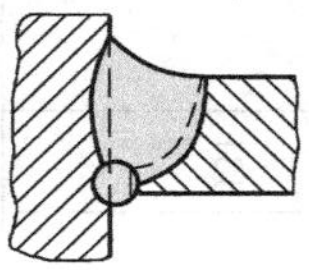	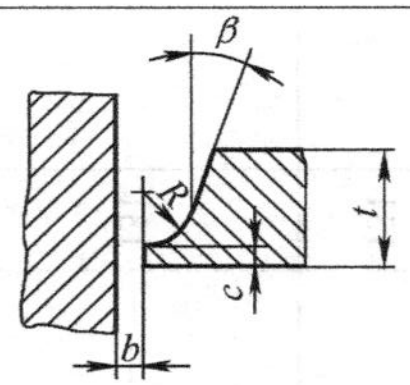	$5° \leqslant \beta \leqslant 10°$	$b \leqslant 4$ $5 \leqslant R \leqslant 10$	$4 \leqslant c \leqslant 10$	—	PA PB	必要时可进行打底焊接
9	$t < 12$	单边V形焊缝		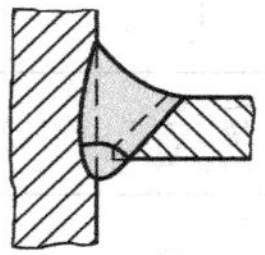	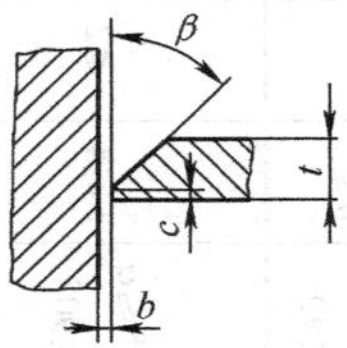	$30° \leqslant \beta \leqslant 50°$	$b \leqslant 4$	$c \leqslant 2$	—	PA PB	必要时可进行打底焊接
10	$t \geqslant 30$	双面J形焊缝		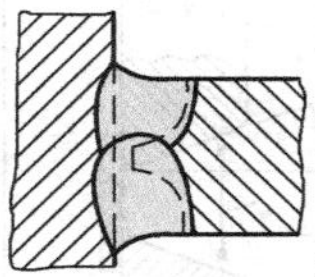	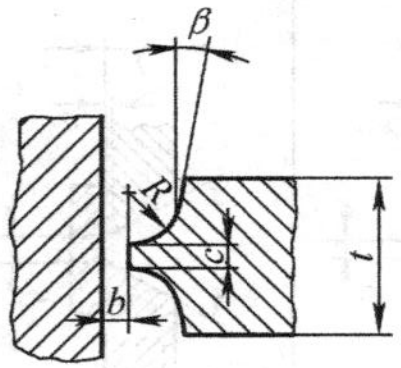	$5° \leqslant \beta \leqslant 10°$	$b \leqslant 4$ $5 \leqslant R \leqslant 10$	$2 \leqslant c \leqslant 7$	—	PA PB	与双V形对称坡口相似，这种坡口可制成对称的形式 必要时可进行打底焊
11	$t \leqslant 12$	双面J形焊缝	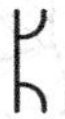	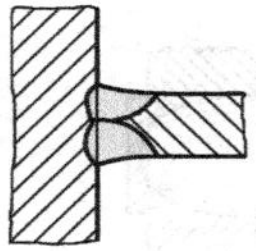	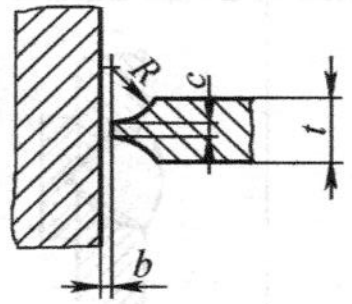	—	$b \leqslant 2$ $5 \leqslant R \leqslant 10$	$2 \leqslant c \leqslant 3$	—	PA PB	单道焊坡口
12	$t > 12$	双面J形焊缝	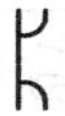	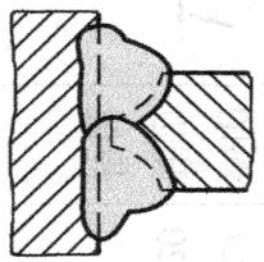	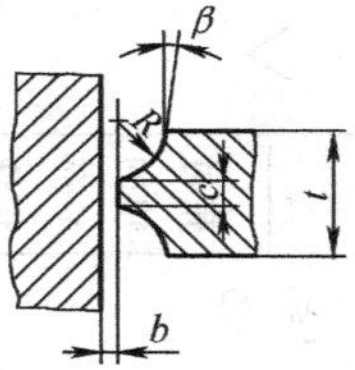	$5° \leqslant \beta \leqslant 10°$	$b \leqslant 4$ $5 \leqslant R \leqslant 10$	$2 \leqslant c \leqslant 7$	—	PA PB	多道焊坡口 必要时可进行打底焊接

5.4.4　铝合金气体保护焊焊缝坡口形式与尺寸（见表4.4-97）

表4.4-97（1）　单面对接焊坡口（摘自GB/T 985.3—2008）　　(mm)

焊缝				坡口形式及尺寸						适用的焊接方法②	备注
序号	工件厚度 t	名称	基本符号①	焊缝示意图	横截面示意图	坡口角 α 或坡口面角 β	间隙 b	钝边 c	其他尺寸		
1	$t\leqslant2$	卷边焊缝	⋀		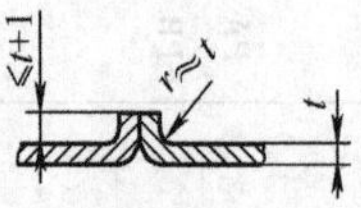	—	—	—	—	141	
2	$t\leqslant4$	I形焊缝	‖		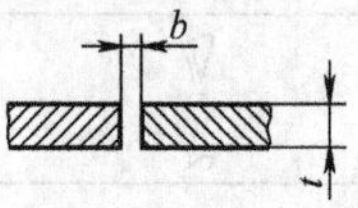	—	$b\leqslant2$	—	—	141	建议根部倒角
2	$2\leqslant t\leqslant4$	带衬垫的I形焊缝	‖	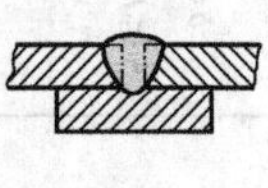	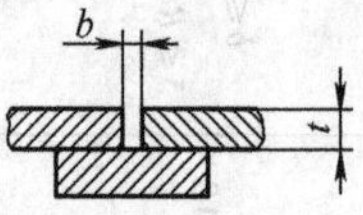	—	$b\leqslant1.5$	—	—	131	
3	$3\leqslant t\leqslant5$	V形焊缝	V		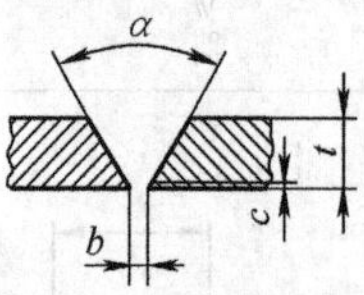	$\alpha\geqslant50°$	$b\leqslant3$	$c\leqslant2$	—	141	
						$60°\leqslant\alpha\leqslant90°$	$b\leqslant2$			131	
3	$3\leqslant t\leqslant5$	带衬垫的V形焊缝	V	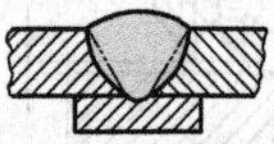	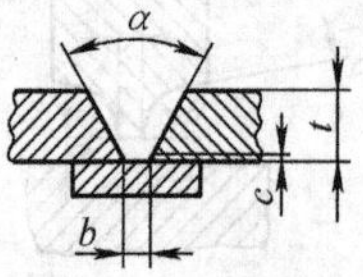	$60°\leqslant\alpha\leqslant90°$	$b\leqslant4$	$c\leqslant2$	—	131	
4	$8\leqslant t\leqslant20$	带衬垫的陡边焊缝	⊻	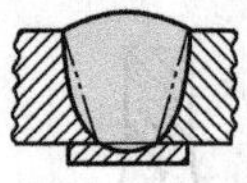	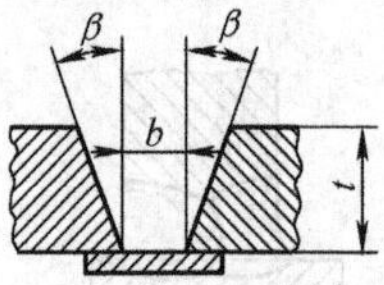	$15°\leqslant\beta\leqslant20°$	$3\leqslant b\leqslant10$	—	—	131	
5	$3\leqslant t\leqslant15$	带钝边V形焊缝	Y	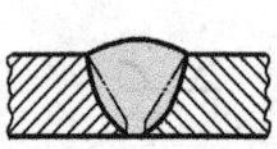	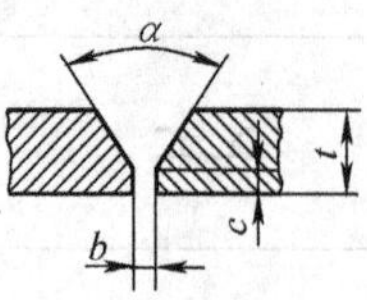	$\alpha\geqslant50°$	$b\leqslant2$	$c\leqslant2$	—	131 141	
5	$6\leqslant t\leqslant25$	带钝边V形焊缝（带衬垫）	Y		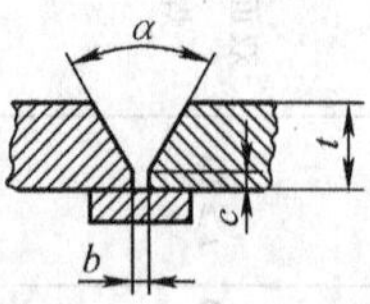	$\alpha\geqslant50°$	$4\leqslant b\leqslant10$	$c=3$	—	131	

（续）

序号	工件厚度 t	名称	基本符号①	焊缝示意图	横截面示意图	坡口角 α 或坡口面角 β	间隙 b	钝边 c	其他尺寸	适用的焊接方法②	备注
6	板 $t \geqslant 12$ 管 $t \geqslant 5$	带钝边U形焊缝		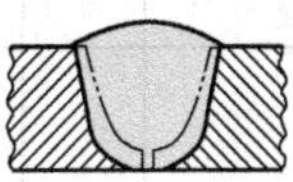	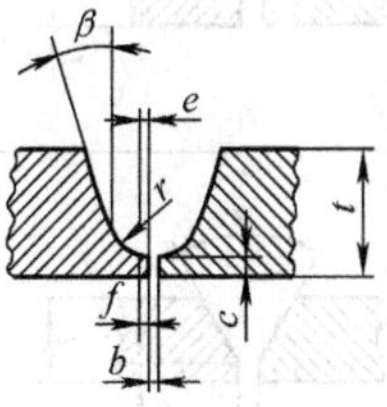	$15° \leqslant \beta \leqslant 20°$	$b \leqslant 2$	$2 \leqslant c \leqslant 4$	$4 \leqslant r \leqslant 6$ $3 \leqslant f \leqslant 4$ $0 \leqslant e \leqslant 4$	141	
	$5 \leqslant t \leqslant 30$					$15° \leqslant \beta \leqslant 20°$	$1 \leqslant b \leqslant 3$	$2 \leqslant c \leqslant 4$		131	根部焊道建议采用TIG焊（141）
7	$4 \leqslant t \leqslant 10$	单边V形焊缝			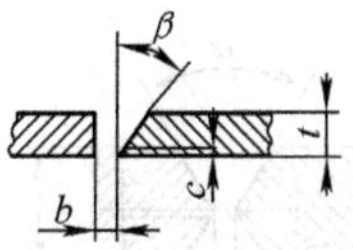	$\beta \geqslant 50°$	$b \leqslant 3$	$c \leqslant 2$	—	131 141	
	$3 \leqslant t \leqslant 20$	带衬垫单边V形焊缝		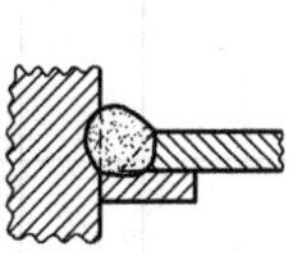 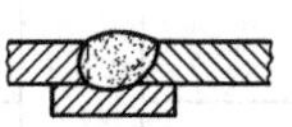	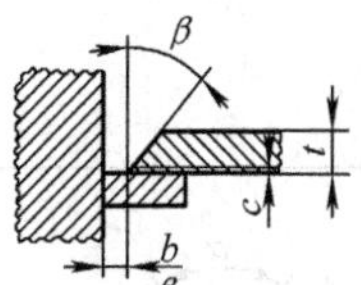 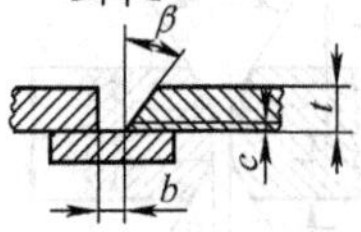	$50° \leqslant \beta \leqslant 70°$	$b \leqslant 6$	$c \leqslant 2$	—	131 141	
8	$2 \leqslant t \leqslant 20$	锁底焊缝	—		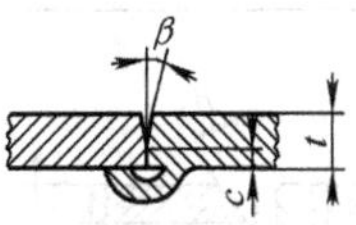	$20° \leqslant \beta \leqslant 40°$	$b \leqslant 3$	$1 \leqslant c \leqslant 3$	—	131 141	
9	$6 \leqslant t \leqslant 40$	锁底焊缝	—		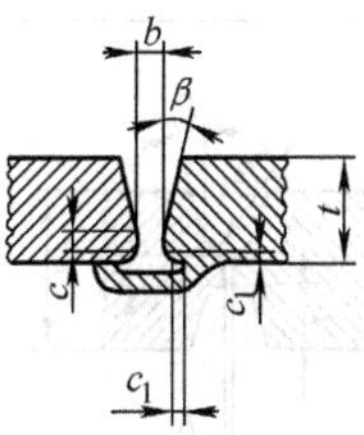	$10° \leqslant \beta \leqslant 20°$	$0 \leqslant b \leqslant 3$	$2 \leqslant c \leqslant 3$	$c_1 \geqslant 1$	131 141	

① 基本符号参见 GB/T 324。

② 焊接方法代号参见 GB/T 5185。

表4.4-97（2）　双面对接焊坡口（摘自 GB/T 985.3—2008）　（mm）

序号	工件厚度 t	焊缝 名称	焊缝 基本符号①	焊缝 焊缝示意图	坡口形式及尺寸 横截面示意图	坡口角 α 或坡口面角 β	间隙 b	钝边 c	其他尺寸	适用的焊接方法②	备注
1	$6 \leqslant t \leqslant 20$	I形焊缝			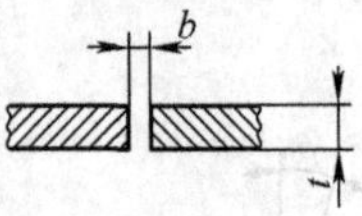	—	$b \leqslant 6$	—	—	131 141	
2	$6 \leqslant t \leqslant 15$	单钝边V形焊缝封底		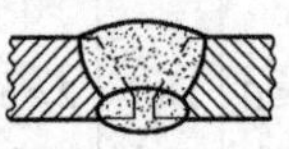	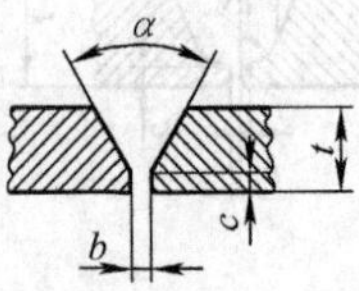	$\alpha \geqslant 50°$	$b \leqslant 3$	$2 \leqslant c \leqslant 4$	—	141 131	
3	$6 \leqslant t \leqslant 15$	双面V形焊缝		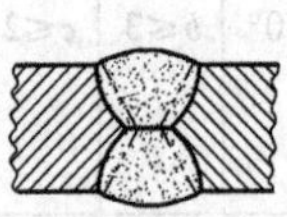	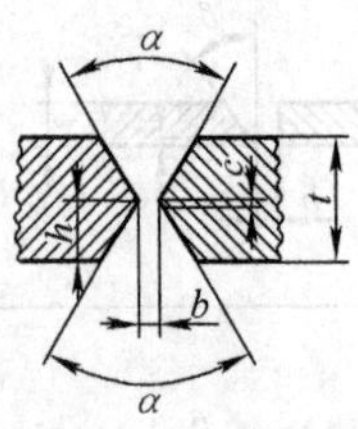	$\alpha \geqslant 60°$	$b \leqslant 3$	$c \leqslant 2$	—	141	
	$t > 15$					$\alpha \geqslant 70°$				131	
4	$6 \leqslant t \leqslant 15$	带钝边双面V形焊缝		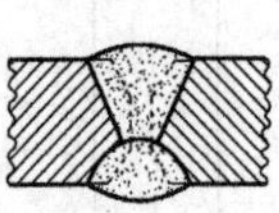	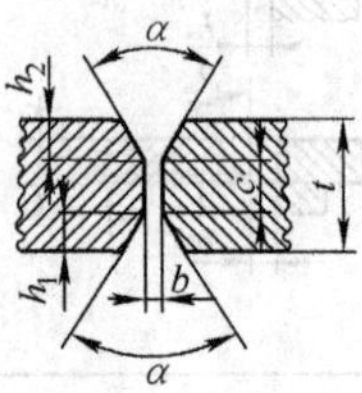	$\alpha \geqslant 50°$		$2 \leqslant c \leqslant 4$	$h_1 = h_2$	141	
	$t > 15$					$60° \leqslant \alpha \leqslant 70°$		$2 \leqslant c \leqslant 6$		131	
5	$3 \leqslant t \leqslant 15$	单边V形焊缝封底		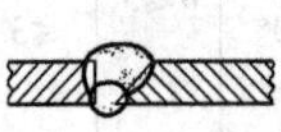	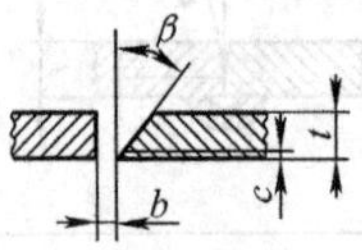	$\beta \geqslant 50°$	$b \leqslant 3$	$c \leqslant 2$	—	141 131	
6	$t \geqslant 15$	带钝边双面U形焊缝		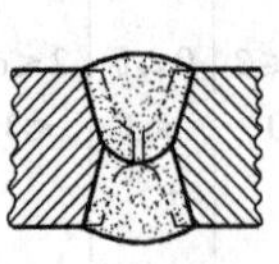	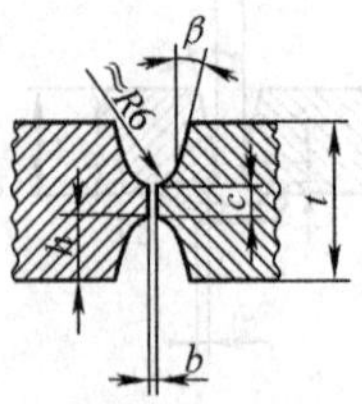	$15° \leqslant \beta \leqslant 20°$		$2 \leqslant c \leqslant 4$	$h = 0.5(t - c)$	131	

① 基本符号参见 GB/T 324。

② 焊接方法代号参见 GB/T 5185。

表 4.4-97（3）　T 形接头坡口（摘自 GB/T 985.3—2008）　（mm）

焊缝				坡口形式及尺寸					适用的焊接方法②	备注
序号	工件厚度 t	名称	基本符号①	焊缝示意图	横截面示意图	坡口角 α 或坡口面角 β	间隙 b	钝边 c	其他尺寸		
1	—	单面角焊缝		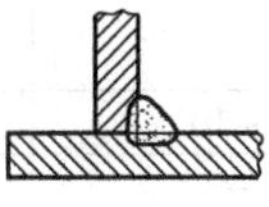	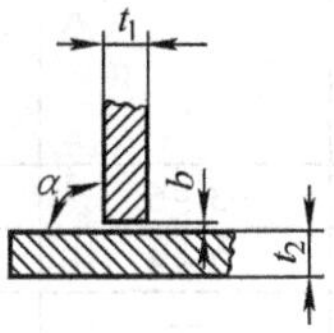	$\alpha=90°$	$b\leqslant2$	—	—	141 131	
2	—	双面角焊缝		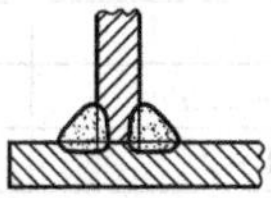	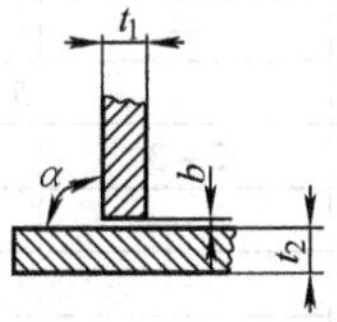	$\alpha=90°$	$b\leqslant2$	—	—	141 131	
3	$t_1\geqslant5$	单 V 形焊缝		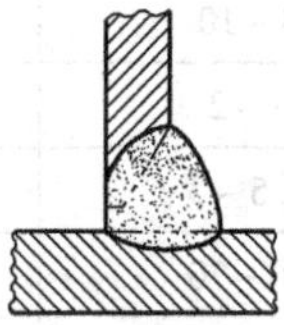	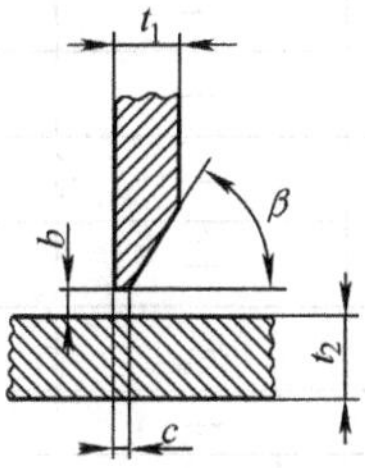	$\beta\geqslant50°$	$b\leqslant2$	$c\leqslant2$	$t_2\geqslant5$	141 131	
4	$t_1\geqslant8$	双 V 形焊缝		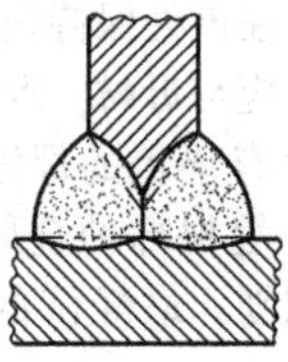	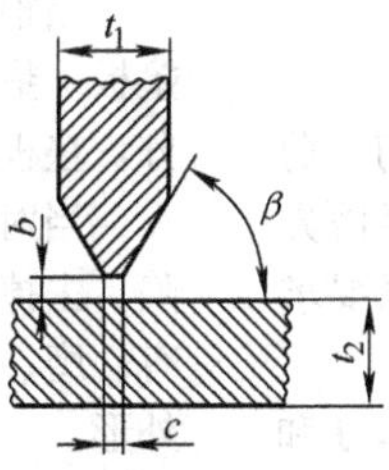	$\beta\geqslant50°$	$b\leqslant2$	$c\leqslant2$	$t_2\geqslant8$	141 131	采用双人双面同时焊接工艺时，坡口尺寸可适当调整

① 基本符号参见 GB/T 324。

② 焊接方法代号参见 GB/T 5185。

5.4.5　铜及铜合金焊接坡口形状及尺寸（见表4.4-98）

表4.4-98　铜及铜合金焊接坡口形式及尺寸　（mm）

<table>
<tr><td colspan="3">坡口形式</td><td>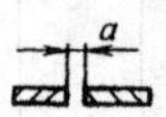</td><td></td><td>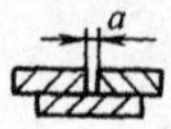</td><td colspan="2">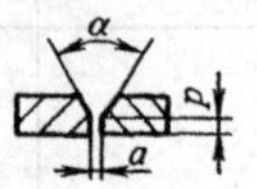</td><td>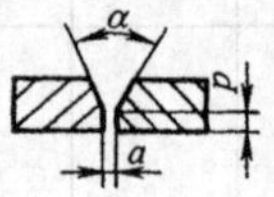</td><td>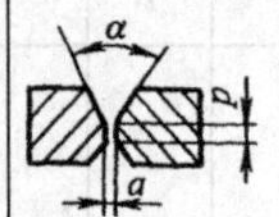</td></tr>
<tr><td rowspan="24">坡口尺寸</td><td rowspan="4">氧乙炔焊</td><td>板厚</td><td>1~3</td><td>3~6</td><td>3~6</td><td colspan="2">5~10</td><td>10~15</td><td>15~25</td></tr>
<tr><td>间隙 a</td><td>1~1.5</td><td>1~2</td><td>3~4</td><td colspan="2">1~3</td><td>2~3</td><td>2~3</td></tr>
<tr><td>钝边 p</td><td>—</td><td>—</td><td>—</td><td colspan="2">1.5~3</td><td>1.5~3</td><td>1~3</td></tr>
<tr><td>角度 α(°)</td><td>—</td><td>—</td><td>—</td><td colspan="4">60~80</td></tr>
<tr><td rowspan="4">焊条电弧焊</td><td>板厚</td><td>—</td><td>—</td><td>—</td><td colspan="2">5~10</td><td>—</td><td>10~20</td></tr>
<tr><td>间隙 a</td><td>—</td><td>—</td><td>—</td><td colspan="2">0~2</td><td>—</td><td>0~2</td></tr>
<tr><td>钝边 p</td><td>—</td><td>—</td><td>—</td><td colspan="2">1~3</td><td>—</td><td>1.5~2</td></tr>
<tr><td>角度 α(°)</td><td>—</td><td>—</td><td>—</td><td colspan="2">60~70</td><td>—</td><td>60~80</td></tr>
<tr><td rowspan="4">碳弧焊</td><td>板厚</td><td>3~5</td><td>—</td><td colspan="3">5~10</td><td>—</td><td>10~20</td></tr>
<tr><td>间隙 a</td><td>2~2.5</td><td>—</td><td>2~3</td><td colspan="2">2~2.5</td><td>—</td><td>2~2.5</td></tr>
<tr><td>钝边 p</td><td>—</td><td>—</td><td>3~4</td><td colspan="2">1~2</td><td>—</td><td>1.5~2</td></tr>
<tr><td>角度 α(°)</td><td>—</td><td>—</td><td>—</td><td colspan="4">60~80</td></tr>
<tr><td rowspan="4">钨极手工氩弧焊</td><td>板厚</td><td>3</td><td>—</td><td>—</td><td colspan="2">6</td><td>12~18</td><td>>24</td></tr>
<tr><td>间隙 a</td><td>0~1.5</td><td>—</td><td>—</td><td colspan="4">0~1.5</td></tr>
<tr><td>钝边 p</td><td>—</td><td>—</td><td>—</td><td colspan="2">1.5</td><td colspan="2">1.5~3</td></tr>
<tr><td>角度 α(°)</td><td>—</td><td>—</td><td>—</td><td colspan="2">70~80</td><td colspan="2">80~90</td></tr>
<tr><td rowspan="4">熔化极自动氩弧焊</td><td>板厚</td><td>3~4</td><td>6</td><td>—</td><td colspan="2">8~10</td><td>12</td><td>—</td></tr>
<tr><td>间隙 a</td><td>1</td><td>2.5</td><td>—</td><td colspan="2">1~2</td><td>1~2</td><td>—</td></tr>
<tr><td>钝边 p</td><td>—</td><td>—</td><td>—</td><td colspan="2">2.5~3</td><td>2~3</td><td>—</td></tr>
<tr><td>角度 α(°)</td><td>—</td><td>—</td><td>—</td><td colspan="2">60~70</td><td>70~80</td><td>—</td></tr>
<tr><td rowspan="4">埋弧自动焊</td><td>板厚</td><td>3~4</td><td>5~6</td><td>—</td><td>8~10</td><td>12~16</td><td>21~25</td><td>≥20</td></tr>
<tr><td>间隙 a</td><td>1</td><td>2.5</td><td>—</td><td>2~3</td><td>2.5~3</td><td>1~3</td><td>1~2</td></tr>
<tr><td>钝边 p</td><td>—</td><td>—</td><td>—</td><td colspan="2">3~4</td><td>4</td><td>2</td></tr>
<tr><td>角度 α(°)</td><td>—</td><td>—</td><td>—</td><td>60~70</td><td>70~80</td><td>80</td><td>60~65</td></tr>
</table>

5.4.6　接头坡口的制作

焊接接头预加工方法有：机械加工、铲切、剪切、磨削、气割、气刨和空气碳弧切割等。最经济方法的选择，取决于原材料类型、截面特性、质量要求和现有设备条件。

斜边和V形坡口用气割较易制作，应用广泛。J和U形坡口需用机械加工或空气碳弧切割，成本较高。若有刨边机采用J或U形接头，可减少焊缝金属需要量。

当使用双面坡口接头，根部间隙非常大的时候，为防止熔穿，需用垫片。在用垫片时，接头另一面在焊接之前必须进行背刨，至出现无缺陷的光泽金属。

当根部间隙过大，且需从一面进行焊接时，应用垫板。垫板常在该处保持到焊后变成接头总体的一部分。垫板材料应与母材一致。

当对接没有垫板的焊缝，为排除钝边处熔化缺陷，去掉在焊缝根部的金属，需采用背刨。背刨法有：磨、铲和刨。最经济的方法是刨，可获得理想外形。

为焊接U形坡口，在一定条件下，得应用刨削预加工前的装配和定位。

5.5　焊接件结构设计应注意的问题（见表4.4-99）

表 4.4-99　焊接件结构设计应注意的问题

序号	注意事项	图例：改进前	图例：改进后	说明
1	节省原料	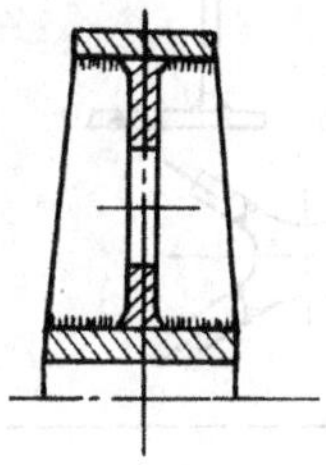	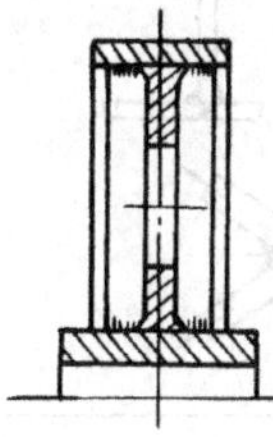	用钢板焊制零件时，尽量使所用板料形状规范，以减少下料时产生边角废料
		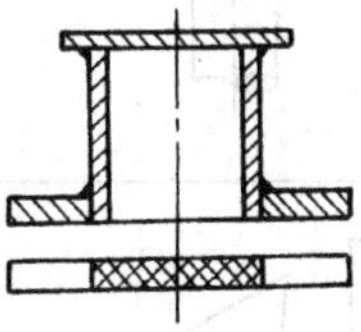	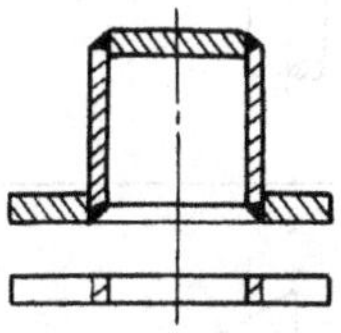	设计时设法搭配各零件的尺寸，使有些板料可以采用套料剪裁的方法制造，原设计底板冲下的圆板为废料，改进后，可以利用这块圆板制成零件顶部的圆板，废料大为减少
2	减少焊接工作量	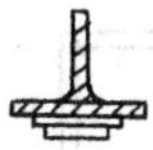		减少拼焊的毛坯数，用一块厚板代替几块薄板
		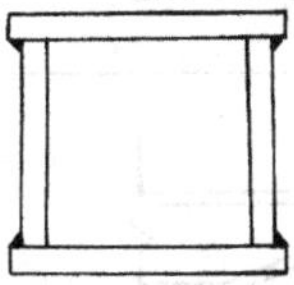		用钢板焊接的零件，如改为先将钢板弯曲成一定形状再进行焊接较好
3	焊缝位置应便于操作	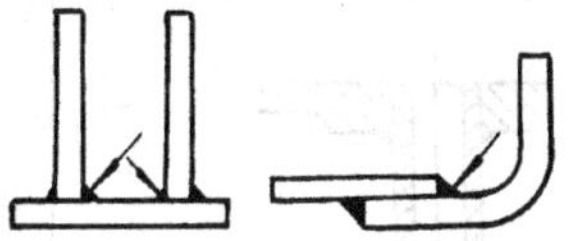	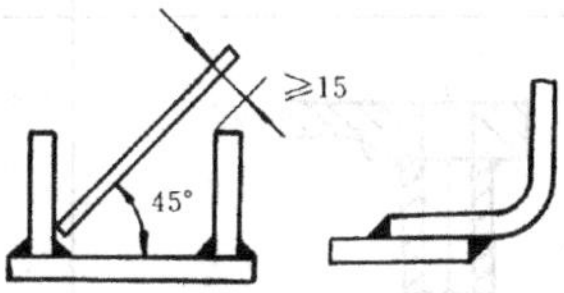	手工焊要考虑焊条操作空间
		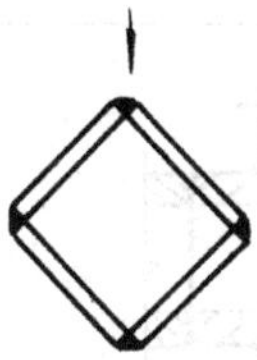	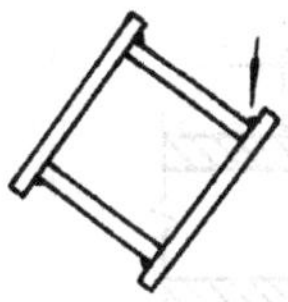	自动焊应考虑接头处便于存放焊剂
		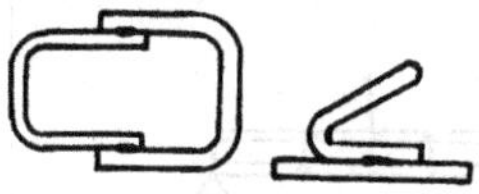	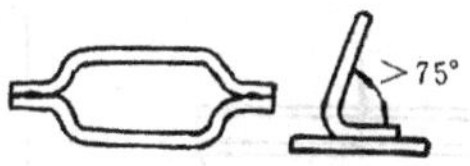	点焊应考虑电极伸入方便

（续）

序号	注意事项	图例		说明
		改进前	改进后	
4	焊缝位置布置应有利于减少焊接应力与变形	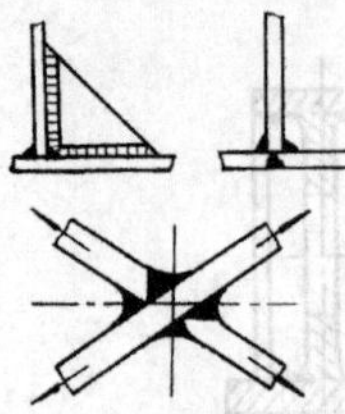	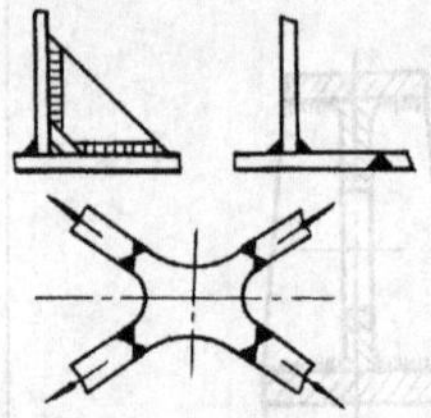	焊缝应避免过分密集或交叉
		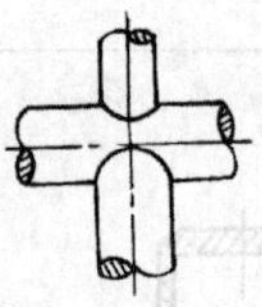	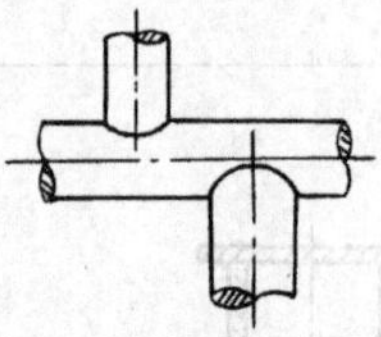	不要让热影响区相距太近
		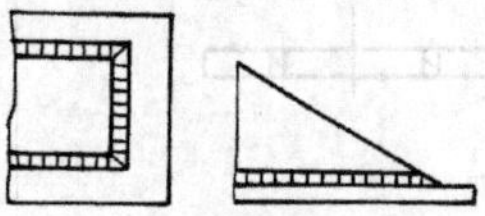	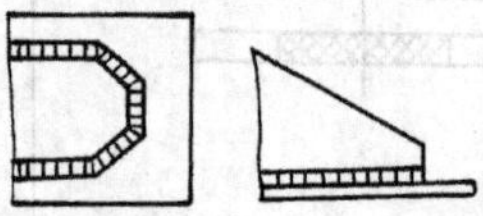	焊接端部应去除锐角
		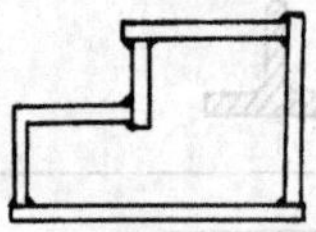	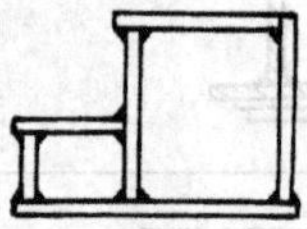	焊接件设计应具有对称性，焊缝布置与焊接顺序也应对称
		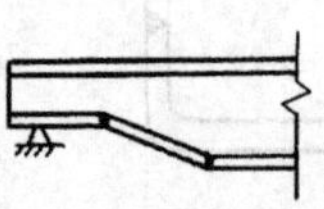	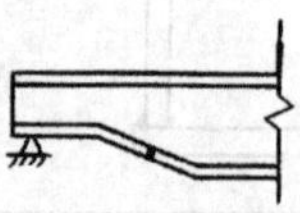	断面转折处不应布置焊缝
5	注意焊缝受力	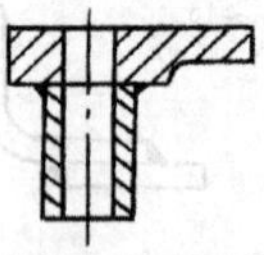	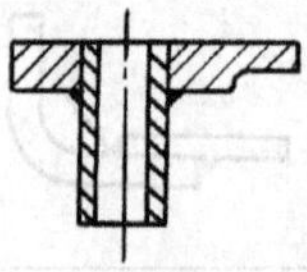	套管与板的连接，应将套管插入板孔
		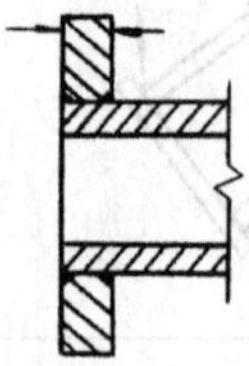	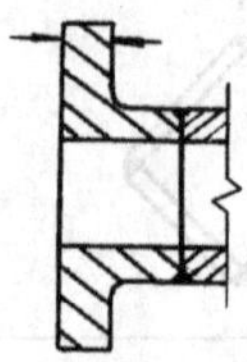	焊缝应避免受剪力
		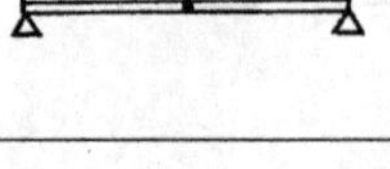	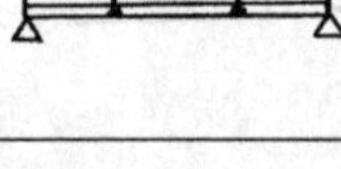	焊缝应避免集中载荷

（续）

序号	注意事项	图例 改进前	图例 改进后	说明
6	焊缝应避开加工面	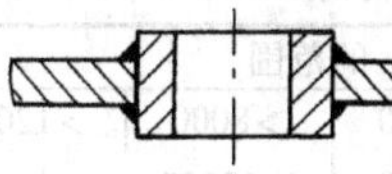	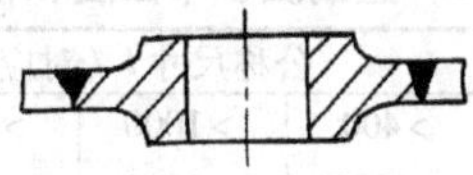	加工面应距焊缝远些
		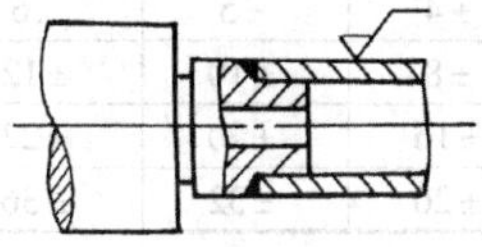	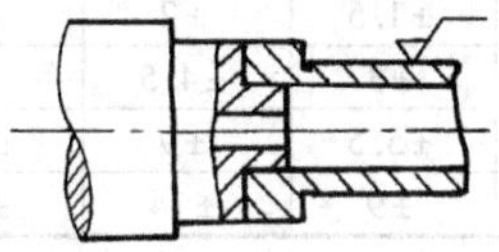	焊缝不应在加工表面上
7	不同厚度工件焊接	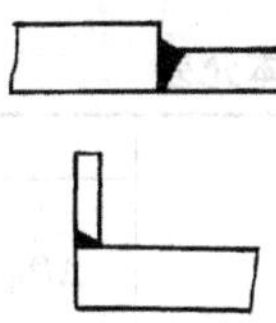	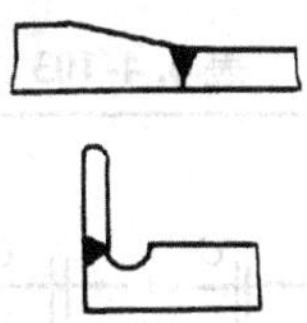	接头应平滑过渡

5.6 焊接件的几何尺寸公差和形状公差

5.6.1 线性尺寸公差（见表4.4-100）

表4.4-100 线性尺寸公差（摘自GB/T 19804—2005） （mm）

公差等级	公称尺寸 L 的范围 2～30	>30～120	>120～400	>400～1000	>1000～2000	>2000～4000	>4000～8000	>8000～12000	>12000～16000	>16000～20000	>20000
	公差 t										
A	±1	±1	±1	±2	±3	±4	±5	±6	±7	±8	±9
B	±1	±2	±2	±3	±4	±6	±8	±10	±12	±14	±16
C	±1	±3	±4	±6	±8	±11	±14	±18	±21	±24	±27
D	±1	±4	±7	±9	±12	±16	±21	±27	±32	±36	±40

5.6.2 角度尺寸公差（见表4.4-101）

表4.4-101 角度尺寸公差（摘自GB/T 19804—2005）

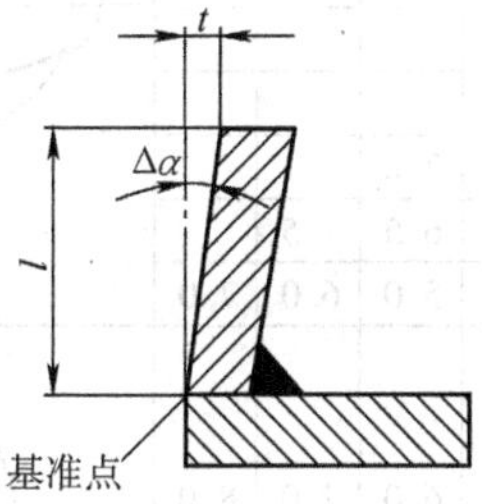

（续）

公差等级	公称尺寸 l（工件长度或短边长度）范围/mm 0～400	>400～1000	>1000
	以角度表示的公差 $\Delta\alpha$（°）		
A	±20′	±15′	±10′
B	±45′	±30′	±20′
C	±1°	±45′	±30′
D	±1°30′	±1°15′	±1°
	以长度表示的公差 t/mm·m^{-1}		
A	±6	±4.5	±3
B	±13	±9	±6
C	±18	±13	±9
D	±26	±22	±18

注：t 为 $\Delta\alpha$ 的正切值，它可由短边的长度计算得出，以mm/m计，即每米短边长度内所允许的偏差值。

5.6.3　直线度、平面度和平行度公差

表4.4-102规定的直线度、平面度及平行度公差既适用于焊件、焊接组装件或焊接构件的所有尺寸，也适用于图样上标注的尺寸。

表4.4-102　直线度、平面度和平行度公差（摘自GB/T 19804—2005）　　（mm）

公差等级	公称尺寸 l（对应表面的较长边）的范围									
	>30~120	>120~400	>400~1000	>1000~2000	>2000~4000	>4000~8000	>8000~12000	>12000~16000	>16000~20000	>20000
	公差 t									
E	±0.5	±1	±1.5	±2	±3	±4	±5	±6	±7	±8
F	±1	±1.5	±3	±4.5	±6	±8	±10	±12	±14	±16
G	±1.5	±3	±5.5	±9	±11	±16	±20	±22	±25	±25
H	±2.5	±5	±9	±14	±18	±26	±32	±36	±40	±40

5.6.4　焊前弯曲成形的筒体允差（见表4.4-103）

表4.4-103　焊前弯曲成形的筒体允差　　（mm）

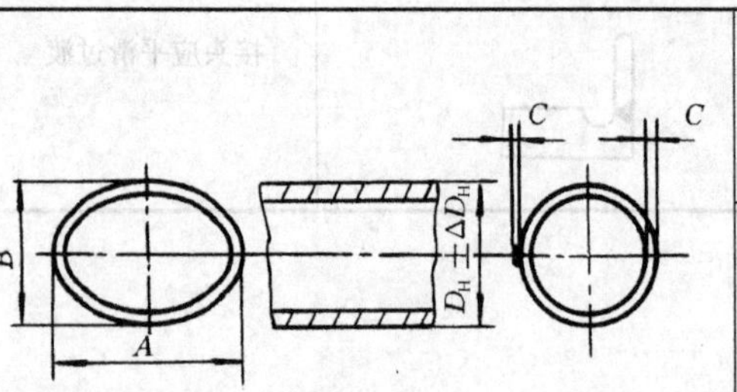

外径 D_H	ΔD_H	公差：当筒体壁厚为下列数值时的圆度 ≤30	公差：当筒体壁厚为下列数值时的圆度 >30	公差：弯角 C
≤1000	±5	8	5	3
>1000~1500	±7	11	7	4
>1500~2000	±9	14	9	4
>2000~2500	±11	17	11	5
>2500~3000	±13	20	13	5
>3000	±15	23	15	6

5.6.5　焊前管子的弯曲半径、圆度公差及允许波纹度（见表4.4-104）

表4.4-104　焊前管子的弯曲半径、圆度公差及允许的波纹深度　　（mm）

公差名称		管子外径 30	38	51	60	70	83	102	108	125	150	200	示意图
弯曲半径 R 的公差	R=75~125	±2	±2	±3	±3	±4							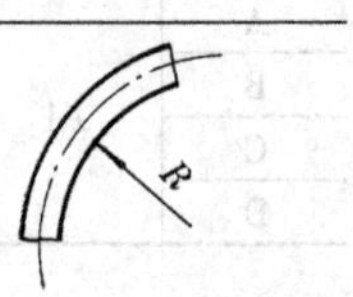
	R=160~300	±1	±1	±2	±2	±3							
	R=400						±5	±5	±5	±5	±5	±5	
	R=500~1000						±4	±4	±4	±4	±4	±4	
	R>1000						±3	±3	±3	±3	±3	±3	
在弯曲半径处的圆度 a 或 b	R=75	3.0											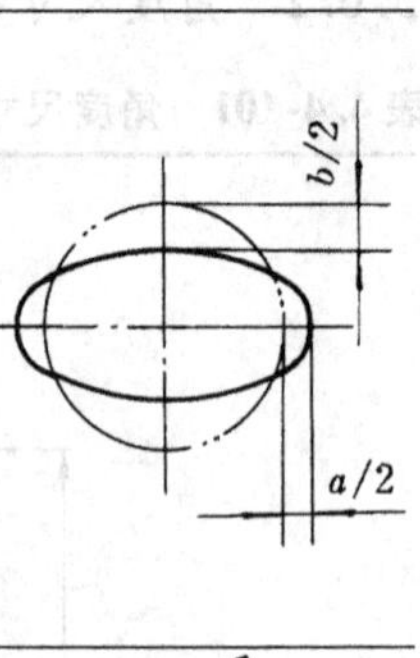
	R=100	2.5	3.1										
	R=125	2.3	2.6	3.6									
	R=160	1.7	2.1	3.2									
	R=200		1.7	2.8	3.6								
	R=300		1.6	2.6	3.0	4.6	5.8						
	R=400				2.4	3.3	5.0	7.2	8.1				
	R=500				1.8	3.4	4.2	6.2	7.0	7.6			
	R=600				1.5	2.3	3.4	5.1	5.9	6.5	7.5		
	R=700				1.2	1.9	2.5	3.6	4.4	5.0	6.0	7.0	
弯曲处的波纹深度 a'		—	1.0	1.5	1.5	2.0	3.0	4.0	5.0	6.0	7.0	8.0	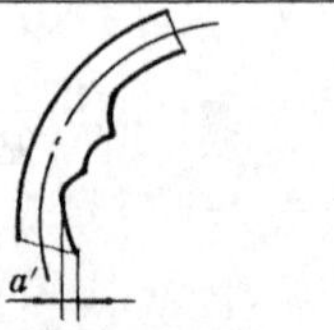

5.7 焊接质量检验

质量检验贯穿于产品从设计到成品的整个过程中，必须确保质量检验过程中所用检验方法的合理性、检验仪器的可靠性和检验人员的技术水平。焊后的产品要运用各种检验方法检查接头的致密性、物理性能、力学性能、金相组织、化学成分、耐蚀性、外表尺寸和焊接缺陷。

焊接缺陷可分为外部缺陷和内部缺陷。外部缺陷包括：余高尺寸不合要求、焊瘤、咬边、弧坑、电弧烧伤、表面气孔、表面裂纹、焊接变形和翘曲等。内部缺陷包括：裂纹、未焊透、未熔合、夹渣和气孔等。焊接缺陷中危害性最大的是裂纹，其次是未焊透、未熔合、夹渣、气孔和组织缺陷等。

焊接缺陷的检验方法分破坏性检验和非破坏性检验（也称无损检验）两大类。非破坏性检验方法有外观检查、致密性检验、受压容器整体强度试验、渗透性检验、射线检验、磁力探伤、超声波探伤、全息探伤、中子探伤、液晶探伤、声发射探伤和物理性能测定等。破坏性检验方法有机械性能试验、化学分析和金相试验等。

正确选用检验方法，不但能彻底查清缺陷的性质、大小和位置，而且可以找出缺陷的产生原因，从而避免缺陷的再度出现。

6 金属切削加工件结构设计工艺性

6.1 金属材料的可加工性

金属材料的可加工性指金属经过切削加工成为合乎要求的工件的难易程度。到目前为止，还不能用材料的某一种性能全面地表示出材料的可加工性。目前生产中最常用的是以刀具寿命为60min的切削速度 v_{60} 来表示。v_{60} 愈高，表示材料的可加工性愈好，并以 R_m = 600MPa 的 45 钢的 v_{60} 作为基准，简写为 $(v_{60})_j$。其他材料的 v_{60} 和 $(v_{60})_j$ 的比值 $K=\frac{v_{60}}{(v_{60})_j}$ 叫作相对加工性。常用材料的相对加工性见表4.4-105。

根据金属的力学性能分析，硬度在170～230HBW时，可加工性比较好。硬度过高，难以加工，且造成刀具磨损快；硬度过低，则易形成长的切屑缠绕，造成刀具发热和磨损，零件表面粗糙。材料塑性增加，ψ = 50%～60% 时，可加工性也显著下降。

影响钢、铁可加工性的因素及铜、铝合金加工的特点见表4.4-106。

表4.4-105 常用材料的相对加工性

可加工性等级	各种材料的加工性质		相对加工性 K	代表性的材料
1	很容易加工	一般有色金属	8～20	铝镁合金、5-5-5 铜铅合金
2	易加工	易切削钢	2.5～3	自动机钢（R_m = 400～500MPa）
3		较易切削钢	1.6～2.5	30 钢正火（R_m = 500～580MPa）
4	普通	一般碳钢及铸铁	1.0～1.5	45 钢、灰铸铁
5		稍难切削材料	0.7～0.9	85 轧制、20Cr13 调质（R_m = 850MPa）
6	难加工	较难切削材料	0.5～0.65	65Mn 调质（R_m = 950～1000MPa）、易切削不锈钢
7		难切削材料	0.15～0.5	不锈钢
8		很难切削材料	0.04～0.14	耐热合金钢、钛合金

表4.4-106 影响钢、铁可加工性的因素及铜、铝合金加工的特点

材料	影响因素	可加工性	影响因素	可加工性
钢	力学性能	硬度：170～230HBW 时最好，>300HBW时显著下降，≈400HBW 时很差 塑性：ψ = 50%～60%时显著下降	轧制方法	w(C) < 0.3% 时，冷轧或冷拔比热轧好 w(C) 为 0.3%～0.4% 的中碳钢时，冷轧与热轧差不多 w(C) > 0.4% 的高碳钢时，热轧比冷轧好

（续）

材　料	影响因素	可　加　工　性	影响因素		可　加　工　性
钢	力学性能	w(C)为0.25%～0.35%时最好；当w(C)<0.2%时，w(Mn)=1.5%最好；w(Ni)>8%时加工更困难；w(Mo)为0.15%～0.40%时稍提高可加工性，当淬火钢硬度为>350HBW时，加入一些Mo可提高其可加工性 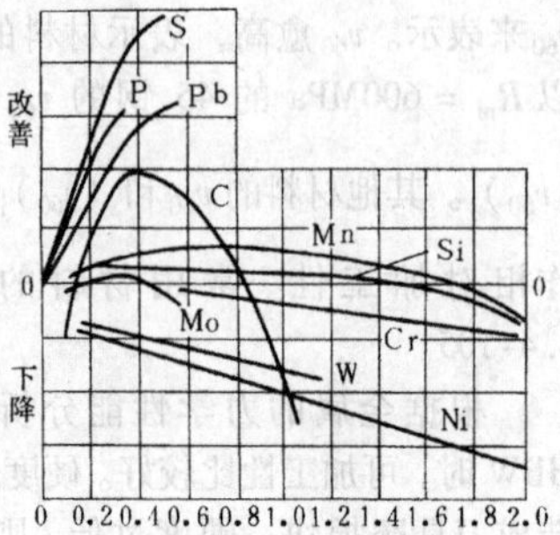 钢中化学成分含量（质量分数，%）	金相组织	铁素体	塑性很大的铁素体钢，可加工性很差，切削前一般经过冷轧或冷拔提高可加工性
				珠光体	w(C)>0.6%时，粒状珠光体比片状珠光体好，低碳钢以断续细网状的片状珠光体为好
				索氏体、托氏体	二者都比珠光体硬，可加工性稍差
				马氏体	更硬，更差
				奥氏体	软而韧，加工硬化厉害，导热性差易粘刀，可加工性很差
			冶炼方法	转炉钢	含硫、磷较高，可加工性最好
				平炉钢	含硫、磷较低，可加工性较差
				电炉钢	含硫、磷最低，可加工性最差
			热处理	退火	可加工性提高
				正火、淬火	提高低碳钢的可加工性
铸铁	硬度一般虽然不高，但是其热导率较差，并含有碳化铁及其他坚硬的杂质，且切下的切屑是崩碎的，所以刃口附近的较小面积上的温度梯度较大，并且集中地受到一些硬质点的摩擦，因此其可加工性同样应综合多方面因素来考虑				
	化学成分	C、Si、Al、Ni、Cu、Ti：提高。适当含量是w(Si)0.1%～0.2%，w(Ni)0.1%～3.0%，w(Ti)0.05%～0.10%，w(Mo)0.5%～2.0% Cr、V、Mn、Co、S、P等：超过某种限度时就降低，其含量不宜大于w(Cr) 1.0%，w(V) 0.5%，w(Mn)1.5%，w(P)0.14%	金相组织		自由石墨（显微粒度15～40μm）：提高，但石墨颗粒太大表面粗糙度值变大 自由铁素体（显微粒度215～270μm）：一般铸件中约占10%，可加工性提高 珠光体（显微粒度300～390μm）：可加工性一般 针状组织（显微粒度400～495μm）：可加工性略降低 磷铁共晶体（P10%＋Fe%）（显微粒度600～1200μm）：存在于w(P)>0.1%的铸铁中，一般当其在铸铁中的相对密度<5%时，影响不大，再多就降低 自由碳化物（显微粒度1000～2300μm）：很硬，降低可加工性
	热处理	退火使硬度下降15%～30%，可提高切削速度30%～80%			
铜、铝合金	铜合金： 1. 强度、硬度比钢低，可加工性好 2. 青铜比较硬脆，切削时与灰铸铁类似；黄铜比较韧软，切削时与低碳钢有些相同，但较易获得良好的表面粗糙度 3. 黄铜容易产生“扎刀”的问题 4. 除车削某些青铜外，刀具使用寿命比钢、铁高 5. 装夹容易引起变形 6. 线胀系数比钢、铁大，加工发热，尺寸精度较难控制		铝合金： 1. 强度、硬度比铜更低，可加工性更好，但车螺纹容易“崩扣” 2. 加工时容易粘刀，形成积屑瘤，表面粗糙度变差 3. 组织不够致密，很难获得较好的表面粗糙度 4. 除车铸造硅铝合金外，刀具使用寿命一般都较高（禁止使用陶瓷刀具） 5. 装夹和加工时容易引起变形，工件表面也易碰伤或划伤 6. 线胀系数比铜更大，影响尺寸精度更突出		

6.2　金属切削加工件的一般标准

6.2.1　标准尺寸（见表4.4-107）

表 4.4-107　标准尺寸（摘自 GB/T2822—2005）　　（mm）

R 系列			R′系列		
R10	R20	R40	R′10	R′20	R′40
1.00	1.00		1.0	1.0	
	1.12			**1.1**	
1.25	1.25		**1.2**	**1.2**	
	1.40			1.4	
1.60	1.60		1.6	1.6	
	1.80			1.8	
2.00	2.00		2.0	2.0	
	2.24			**2.2**	
2.50	2.50		2.5	2.5	
	2.80			2.8	
3.15	3.15		**3.0**	**3.0**	
	3.55			**3.5**	
4.00	4.00		4.0	4.0	
	4.50			4.5	
5.00	5.00		5.0	5.0	
	5.60			**5.5**	
6.30	6.30		**6.0**	**6.0**	
	7.10			**7.0**	
8.00	8.00		8.0	8.0	
	9.00			9.0	
10.00	10.00		10.0	10.0	
	11.2			**11**	
12.5	12.5	12.5	**12**	**12**	12
		13.2			**13**
	14.0	14.0		14	14
		15.0			15
16.0	16.0	16.0	16	16	16
		17.0			17
	18.0	18.0		18	18
		19.0			19
20.0	20.0	20.0	20	20	20
		21.2			**21**
	22.4	22.4		**22**	**22**
		23.6			**24**
25.0	25.0	25.0	25	25	25
		26.5			**26**
	28.0	28.0		28	28
		30.0			30
31.5	31.5	31.5	**32**	**32**	**32**
		33.5			**34**
	35.5	35.5		**36**	**36**
		37.5			**38**
40.0	40.0	40.0	40	40	40
		42.5			**42**
	45.0	45.0		45	45
		47.5			**48**
50.0	50.0	50.0	50	50	50
		53.0			53
	56.0	56.0		56	56
		60.0			60
63.0	63.0	63.0	63	63	63

R 系列			R′系列		
R10	R20	R40	R′10	R′20	R′40
		67.0			67
	71.0	71.0		71.0	71
		75.0			75
80.0	80.0	80.0	80	80	80
		85.0			85
	90.0	90.0		90	90
		95.0			95
100.0	100.0	100.0	100	100	100
		106			**105**
	112	112		**110**	**110**
		118			**120**
125	125	125	125	125	125
		132			**130**
	140	140		140	140
		150			150
160	160	160	160	160	160
		170			170
	180	180		180	180
		190			190
200	200	200	200	200	200
		212			**210**
	224	224		**220**	**220**
		236			**240**
250	250	250	250	250	250
		265			**260**
	280	280		280	280
		300			300
315	315	315	**320**	**320**	**320**
		335			**340**
	355	355		**360**	**360**
		375			**380**
400	400	400	400	400	400
		425			**420**
	450	450		450	450
		475			**480**
500	500	500	500	500	500
		530			530
	560	560		560	560
		600			600
630	630	630	630	630	630
		670			670
	710	710		710	710
		750			750
800	800	800	800	800	800
		850			850
	900	900		900	900
		950			950
1000	1000	1000	1000	1000	1000
		1060			

R 系列		
R10	R20	R40
	1120	1120
		1180
1250	1250	1250
		1320
	1400	1400
		1500
1600	1600	1600
		1700
	1800	1800
		1900
2000	2000	2000
		2120
	2240	2240
		2360
2500	2500	2500
		2650
	2800	2800
		3000
3150	3150	3150
		3350
	3550	3550
		3750
4000	4000	4000
		4250
	4500	4500
		4750
5000	5000	5000
		5300
	5600	5600
		6000
6300	6300	6300
		6700
	7100	7100
		7500
8000	8000	8000
		8500
	9000	9000
		9500
10000	10000	10000
		10600
	11200	11200
		11800
12500	12500	12500
		13200
	14000	14000
		15000
16000	16000	16000
		17000
	18000	18000
		19000
20000	20000	20000

注：1. “标注尺寸”为直径、长度、高度等系列尺寸。
2. R′系列中的黑体字，为 R 系列相应各项优先数的化整值。
3. 选择尺寸时，优先选用 R 系列，按照 R10、R20、R40 顺序。如必须将数值圆整，可选择相应的 R′系列，应按照 R′10、R′20、R′40 顺序选择。

6.2.2　圆锥的锥度与锥角系列（见表4.4-108、表4.4-109）

表4.4-108　一般用途圆锥的锥度与锥角（摘自 GB/T 157—2001）

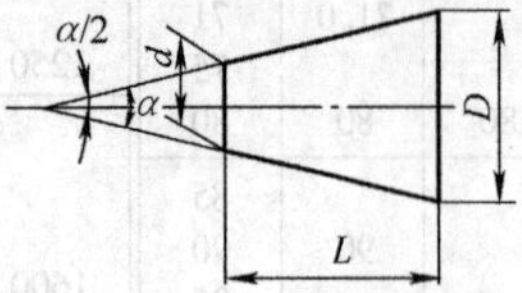

锥度 $C=\frac{D-d}{L}=2\tan\frac{\alpha}{2}$

基本值		推算值				应用举例
		圆锥角 α			锥度 C	
系列1	系列2	(°)(′)(″)	(°)	rad		
120°				2.094395	1:0.288675	螺纹孔的内倒角，填料盒内填料的锥度
90°				1.570796	1:0.500000	沉头螺钉头，螺纹倒角，轴的倒角
	75°	—	—	1.308997	1:0.651613	车床顶尖，中心孔
60°		—	—	1.047198	1:0.866025	车床顶尖，中心孔
45°		—	—	0.785398	1:1.207107	轻型螺旋管接口的锥形密合
30°		—	—	0.523599	1:1.866025	摩擦离合器
1:3		18°55′28.7″	18.924644°	0.330297	—	有极限转矩的摩擦圆锥离合器
1:5		11°25′16.3″	11.421186°	0.199337	—	易拆机件的锥形连接，锥形摩擦离合器
	1:6	9°31′38.2″	9.522783°	0.166282	—	
	1:7	8°10′16.4″	8.171234°	0.142615	—	重型机床顶尖，旋塞
	1:8	7°9′9.6″	7.152669°	0.124838	—	联轴器和轴的圆锥面连接
1:10		5°43′29.3″	5.724810°	0.099917	—	受轴向力及横向力的锥形零件的接合面，电动机及其他机械的锥形轴端
	1:12	4°46′18.8″	4.771888°	0.083285	—	固定球及滚子轴承的衬套
	1:15	3°49′5.9″	3.818305°	0.066642	—	受轴向力的锥形零件的接合面，活塞与活塞杆的连接
1:20		2°51′51.1″	2.864192°	0.049990	—	机床主轴锥度，刀具尾柄，米制锥度铰刀，圆锥螺栓
1:30		1°54′34.9″	1.909683°	0.033330	—	装柄的铰刀及扩孔钻
1:50		1°8′45.2″	1.145877°	0.019999	—	圆锥销，定位销，圆锥销孔的铰刀
1:100		0°34′22.6″	0.572953°	0.010000	—	承受陡振及静变载荷的不需拆开的连接机件
1:200		0°17′11.3″	0.286478°	0.005000	—	承受陡振及冲击变载荷的需拆开的零件，圆锥螺栓
1:500		0°6′62.5″	0.114592°	0.002000	—	

注：系列1中120°~1:3的数值近似按R10/2优先数系列，1:5~1:500按R10/3优先数系列（见 GB/T 321）。

表4.4-109　特殊用途圆锥的锥度与锥角（摘自 GB/T 157—2001）

基本值	圆锥角 α		锥度 C	应用举例	基本值	圆锥角 α		应用举例
18°30′	—	—	1:3.070115	纺织工业	1:18.779	3°3′1.2″	3.050335°	贾各锥度 No.3
11°54′	—	—	1:4.797451		1:19.264	2°58′24.9″	2.973573°	贾各锥度 No.6
8°40′	—	—	1:6.598442		1:20.288	2°49′24.8″	2.823550°	贾各锥度 No.0
7°40′	—	—	1:7.462208		1:19.002	3°0′52.4″	3.014554°	莫氏锥度 No.5
7:24	16°35′39.4″	16.594290°	1:3.428571	机床主轴，工具配合	1:19.180	2°59′11.7″	2.936590°	莫氏锥度 No.6
1:9	6°21′34.8″	6.359660°	—	电池接头	1:19.212	2°58′53.8″	2.981618°	莫氏锥度 No.0
1:16.666	3°26′12.7″	3.436853°	—	医疗设备	1:19.254	2°58′30.4″	2.975117°	莫氏锥度 No.4
1:12.262	4°40′12.2″	4.670042°	—	贾各锥度 No.2	1:19.922	2°52′31.4″	2.875402°	莫氏锥度 No.3
1:12.972	4°24′52.9″	4.414696°	—	贾各锥度 No.1	1:20.020	2°51′40.8″	2.861332°	莫氏锥度 No.2
1:15.748	3°38′13.4″	3.637067°	—	贾各锥度 No.33	1:20.047	2°51′26.9″	2.857480°	莫氏锥度 No.1

莫氏和米制锥度系列见表 4. 4-110。

表 4. 4-110　莫氏和米制锥度（附斜度对照）

圆锥号数		锥　度 $C=2\tan(\alpha/2)$	锥角 α	斜角 $\alpha/2$	斜度 $\tan(\alpha/2)$	圆锥号数		锥　度 $C=2\tan(\alpha/2)$	锥角 α	斜角 $\alpha/2$	斜度 $\tan(\alpha/2)$
莫氏	0	1∶19. 212 = 0. 05205	2°58′54″	1°29′27″	0. 026	米制	4	1∶20 = 0. 05	2°51′51″	1°25′56″	0. 025
	1	1∶20. 047 = 0. 04988	2°51′26″	1°25′43″	0. 0249		6	1∶20 = 0. 05	2°51′51″	1°25′56″	0. 025
	2	1∶20. 020 = 0. 04995	2°51′41″	1°25′50″	0. 025		80	1∶20 = 0. 05	2°51′51″	1°25′56″	0. 025
	3	1∶19. 922 = 0. 05020	2°52′32″	1°26′16″	0. 0251		100	1∶20 = 0. 05	2°51′51″	1°25′56″	0. 025
	4	1∶19. 254 = 0. 05194	2°58′31″	1°29′15″	0. 026		120	1∶20 = 0. 05	2°51′51″	1°25′56″	0. 025
	5	1∶19. 002 = 0. 05263	3°00′53″	1°30′26″	0. 0263		140	1∶20 = 0. 05	2°51′51″	1°25′56″	0. 025
	6	1∶19. 180 = 0. 05214	2°59′12″	1°29′36″	0. 0261		160	1∶20 = 0. 05	2°51′51″	1°25′56″	0. 025
	7	1∶19. 231 = 0. 052	2°58′36″	1°29′18″	0. 026		200	1∶20 = 0. 05	2°51′51″	1°25′56″	0. 025

注：1. 米制圆锥号数表示圆锥的大端直径，如 80 号米制圆锥，它的大端直径即为 80mm。

2. 莫氏锥度目前在钻头及铰刀的锥柄、车床零件等应用较多。

6. 2. 3　棱体的角度与斜度（见表 4. 4-111、表 4. 4-112）

表 4. 4-111　棱体的角度和斜度（摘自 GB/T 4096—2001）

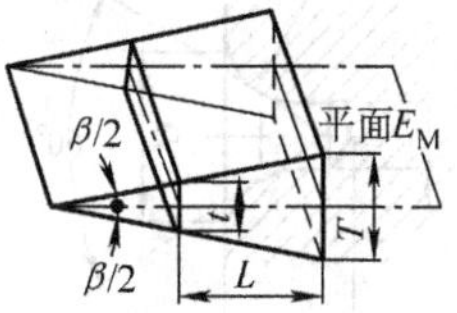

棱体比率 $C_p=\dfrac{T-t}{L}$

$C_p=2\tan\dfrac{\beta}{2}=1:\dfrac{1}{2}\cot\dfrac{\beta}{2}$

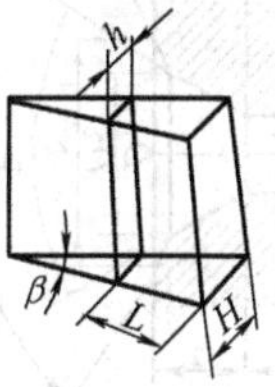

棱体斜度 $S=\dfrac{H-h}{L}$

$S=\tan\beta=1:\cot\beta$

	基本值			推算值		
	系列 1	系列 2	S	C_p	S	β
一般用途	120°	—	—	1∶0. 288675	—	
	90°	—	—	1∶0. 500000	—	
	—	75°	—	1∶0. 651613	1∶0. 267949	
	60°	—	—	1∶0. 866025	1∶0. 577350	
	45°	—	—	1∶1. 207107	1∶1. 000000	
	—	40°	—	1∶1. 373739	1∶1. 191754	
	30°	—	—	1∶1. 866025	1∶1. 732051	
	20°	—	—	1∶2. 835641	1∶2. 747477	
	15°	—	—	1∶3. 797877	1∶3. 732051	
	—	10°	—	1∶5. 715026	1∶5. 671282	
	—	8°	—	1∶7. 150333	1∶7. 115370	
	—	7°	—	1∶8. 174928	1∶8. 144346	
	—	6°	—	1∶9. 540568	1∶9. 514364	
	—	—	1∶10	—	—	5°42′38″
	5°	—	—	1∶11. 451883	1∶11. 430052	

	基本值			推算值		
	系列 1	系列 2	S	C_p	S	β
一般用途	—	4°	—	1∶14. 318127	1∶14. 300666	
	—	3°	—	1∶19. 094230	1∶19. 081137	
	—	—	1∶20	—	—	2°51′44. 7″
	—	2°	—	1∶28. 644982	1∶28. 636253	—
	—	—	1∶50	—	—	1°8′44. 7″
	—	1°	—	1∶57. 294327	1∶57. 289962	—
	—	—	1∶100	—	—	0°34′25. 5″
	—	0°30′	—	1∶114. 590832	1∶114. 588650	—
	—	—	1∶200	—	—	0°17′11. 3″
	—	—	1∶500	—	—	0°6′52. 5″

说明：优先选用系列 1，当不能满足需要时，选用系列 2

特殊用途	V 形体	角度 β	108°	C_p	1∶0. 3632713	S	
	V 形体		72°		1∶0. 6881910		
	燕尾体		55°		1∶0. 9604911		1∶0. 700207
	燕尾体		50°		1∶1. 0722535		1∶0. 839100

表 4.4-112　标准角度

第一系列	第二系列	第三系列	第一系列	第二系列	第三系列	第一系列	第二系列	第三系列	第一系列	第二系列	第三系列	第一系列	第二系列	第三系列
0°	0°	0°			4°			18°			55°			110°
		0°15′	5°	5°	5°		20°	20°	60°	60°	60°	120°	120°	120°
	0°30′	0°30′			6°			22°30′			65°			135°
		0°45′			7°			25°			72°		150°	150°
	1°	1°			8°	30°	30°	30°		75°	75°			165°
		1°30′			9°			36°			80°	180°	180°	180°
	2°	2°		10°	10°			40°			85°			270°
		2°30′			12°	45°	45°	45°	90°	90°	90°	360°	360°	360°
	3°	3°	15°	15°	15°			50°			100°			

注：1. 本标准为一般用途的标准角度，不适用于由特定尺寸或参数所确定的角度以及工艺和使用上有特殊要求的角度。
2. 选用时优先选用第一系列，其次是第二系列，最后是第三系列。
3. 该表不属于 GB/T 4096—2001 的内容仅供参考。

6.2.4　中心孔（见表 4.4-113、表 4.4-114）

表 4.4-113　60°中心孔（摘自 GB/T 145—2001）　　（mm）

A型　不带护锥中心孔

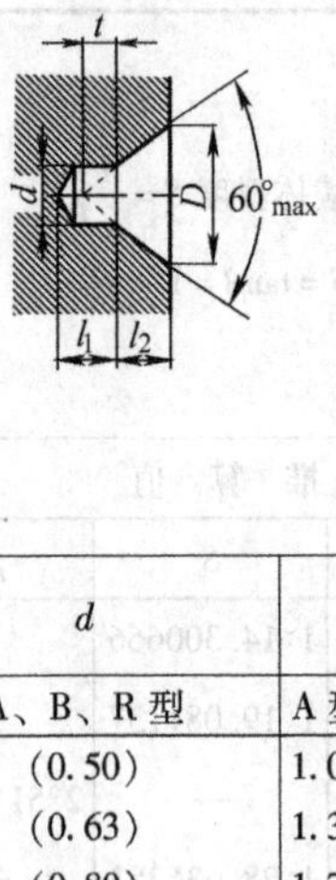

B型　带护锥的中心孔

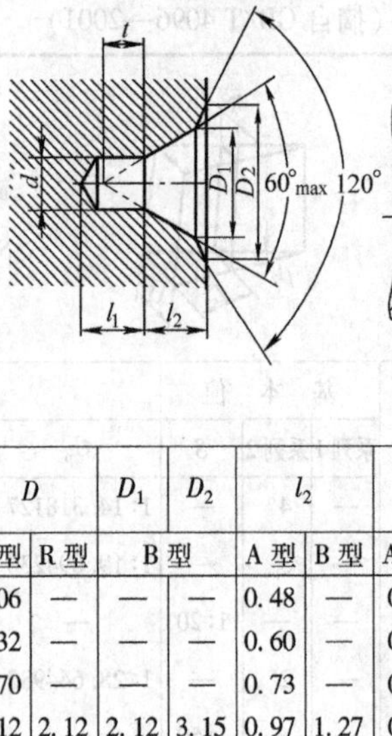

C型　带螺纹的中心孔

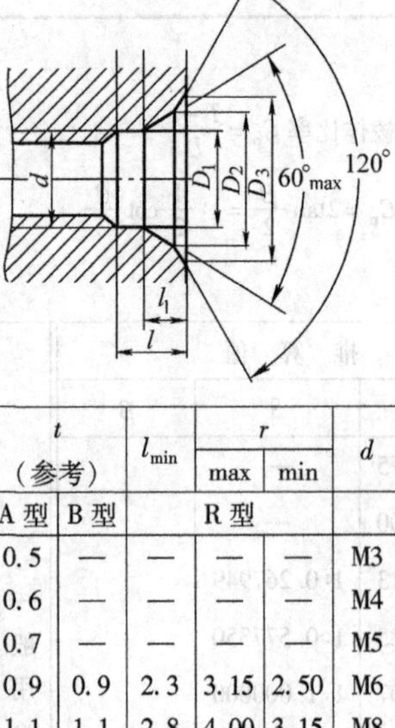

R型　弧形中心孔

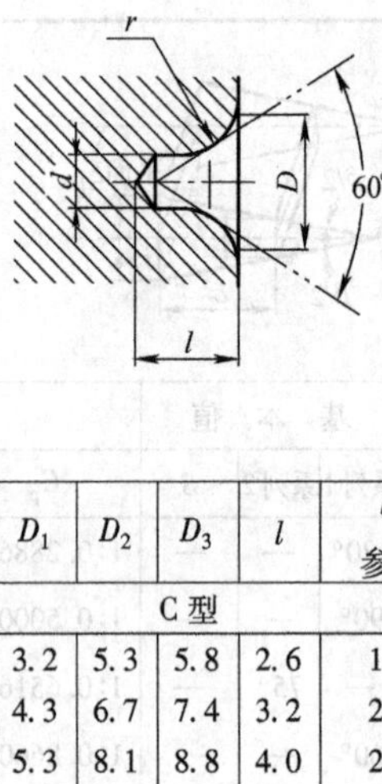

d	D		D_1	D_2	l_2		t（参考）		l_{min}	r max	r min	d	D_1	D_2	D_3	l	l_1 参考
A、B、R 型	A 型	R 型	B 型		A 型	B 型	A 型	B 型	R 型			C 型					
(0.50)	1.06	—	—	—	0.48	—	0.5	—	—	—	—	M3	3.2	5.3	5.8	2.6	1.8
(0.63)	1.32	—	—	—	0.60	—	0.6	—	—	—	—	M4	4.3	6.7	7.4	3.2	2.1
(0.80)	1.70	—	—	—	0.73	—	0.7	—	—	—	—	M5	5.3	8.1	8.8	4.0	2.4
1.00	2.12	2.12	2.12	3.15	0.97	1.27	0.9	0.9	2.3	3.15	2.50	M6	6.4	9.6	10.5	5.0	2.8
(1.25)	2.65	2.65	2.65	4.00	1.21	1.60	1.1	1.1	2.8	4.00	3.15	M8	8.4	12.2	13.2	6.0	3.3
1.60	3.35	3.35	3.35	5.00	1.52	1.99	1.4	1.4	3.5	5.00	4.00	M10	10.5	14.9	16.3	7.5	3.8
2.00	4.25	4.25	4.25	6.30	1.95	2.54	1.8	1.8	4.4	6.30	5.00	M12	13.0	18.1	19.8	9.5	4.4
2.50	5.30	5.30	5.30	8.00	2.42	3.20	2.2	2.2	5.5	8.00	6.30	M16	17.0	23.0	25.3	12.0	5.2
3.15	6.70	6.70	6.70	10.00	3.07	4.03	2.8	2.8	7.0	10.00	8.00	M20	21.0	28.4	31.3	15.0	6.4
4.00	8.50	8.50	8.50	12.50	3.90	5.05	3.5	3.5	8.9	12.50	10.00	M24	26.0	34.2	38.0	18.0	8.0
(5.00)	10.60	10.60	10.60	16.00	4.85	6.41	4.4	4.4	11.2	16.00	12.50						
6.30	13.20	13.20	13.20	18.00	5.98	7.36	5.5	5.5	14.0	20.00	16.00						
(8.00)	17.00	17.00	17.00	22.40	7.79	9.36	7.0	7.0	17.9	25.00	20.00						
10.00	21.20	21.20	21.20	28.00	9.70	11.66	8.7	8.7	22.5	31.50	25.00						

注：1. 括号内尺寸尽量不用。
2. A、B 型中尺寸 l_1 取决于中心钻的长度，即使中心孔重磨后再使用，此值不应小于 t 值。
3. A 型同时列出了 D 和 l_2 尺寸，B 型同时列出了 D_2 和 l_2 尺寸，制造厂可分别任选其中一个尺寸。

表 4.4-114　75°、90°中心孔（JB/ZQ 4236—2006、JB/ZQ 4237—2006）　（mm）

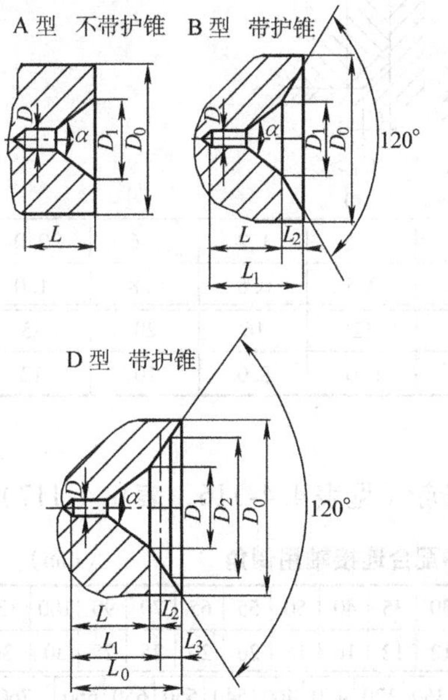

α	规格 D	D_1	D_2	L	L_1	L_2	L_3	L_0	选择中心孔的参考数据：毛坯轴端直径（min）D_0	选择中心孔的参考数据：毛坯质量（max）/kg
75°（摘自JB/ZQ 4236—2006）	3	9		7	8	1			30	200
	4	12		10	11.5	1.5			50	360
	6	18		14	16	2			80	800
	8	24		19	21	2			120	1500
	12	36		28	30.5	2.5			180	3000
	20	60		50	53	3			260	9000
	30	90		70	74	4			360	20000
	40	120		95	100	5			500	35000
	45	135		115	121	6			700	50000
	50	150		140	148	8			900	80000
90°（摘自JB/ZQ 4237—2006）	14	56	77	36	38.5	2.2	6	44.5	250	5000
	16	64	85	40	42.5	2.5	6	48.5	300	10000
	20	80	108	50	53	3	8	61	400	20000
	24	96	124	60	64	4	8	72	500	30000
	30	120	155	80	84	4	10	94	600	50000
	40	160	195	100	105	5	10	115	800	80000
	45	180	222	110	116	6	12	128	900	100000
	50	200	242	120	128	8	12	140	1000	150000

注：1. 中心孔的选择：中心孔的尺寸主要根据毛坯轴端直径 D_0 和零件毛坯总质量（如轴上装有齿轮、齿圈及其他零件等）来选择。若毛坯总质量超过表中 D_0 相对应的质量时，则依据毛坯质量确定中心孔尺寸。

2. 当加工零件毛坯总质量超过5000kg时，一般宜选择B型中心孔。

3. D型中心孔是属于中间形式，在制造时要考虑到在机床上加工去掉余量"L_3"以后，应与B型中心孔相同。

4. 中心孔的表面粗糙度按用途自行规定。

6.2.5　零件的倒圆、倒角（见表4.4-115）

表 4.4-115　零件倒圆与倒角（摘自 GB/T 6403.4—2008）　（mm）

一般机械切削加工零件的外角和内角的倒圆和倒角及倒角形式如图a所示，其尺寸系列值如下表

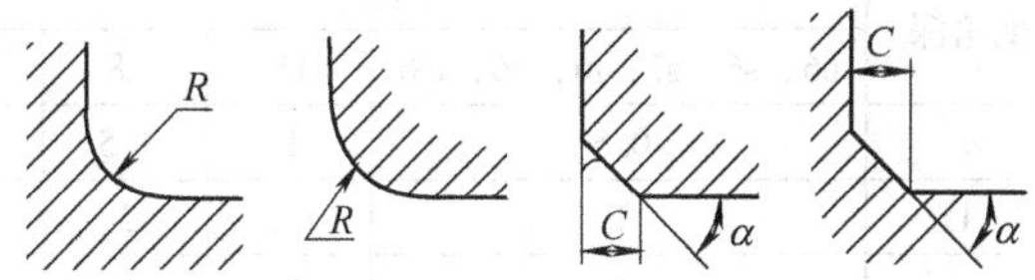

α 一般采用45°，也可采用30°或60°

a)

R，C 系列	0.1	0.2	0.3	0.4	0.5	0.6	0.8	1.0	1.2	1.6	2.0	2.5	3.0
	4.0	5.0	6.0	8.0	10	12	16	20	25	32	40	50	—

各种直径对应的 C，R										
	ϕ	<3	>3~6	>6~10	>10~18	>18~30	>30~50	>50~80	>80~120	>120~180
	C 或 R	0.2	0.4	0.6	0.8	1.0	1.6	2.0	2.5	3.0
	ϕ	>180~250	>250~320	>320~400	>400~500	>500~630	>630~800	>800~1000	>1000~1250	>1250~1600
	C 或 R	4.0	5.0	6.0	8.0	10	12	16	20	25

（续）

内角、外角分别为倒圆、倒角（倒角为45°）的四种装配方式（见图b、c、d、e），R_1、C_1 为正偏差；R、C 为负偏差。且图d内角倒角 C_{max} 与外角倒圆 R_1 有下表的关系

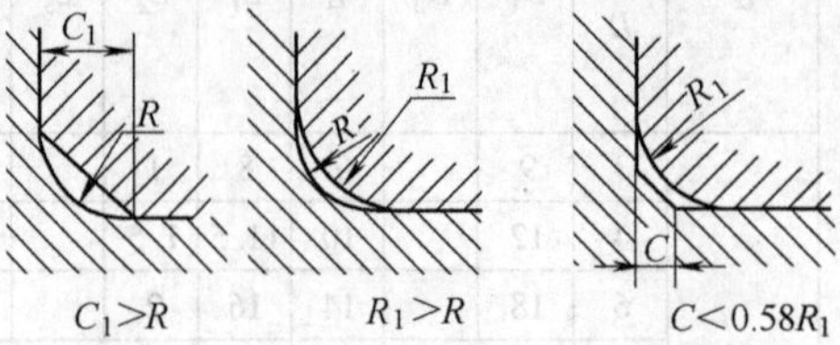

$C_1>R$　b)　　$R_1>R$　c)　　$C<0.58R_1$　d)　　$C_1>C$　e)

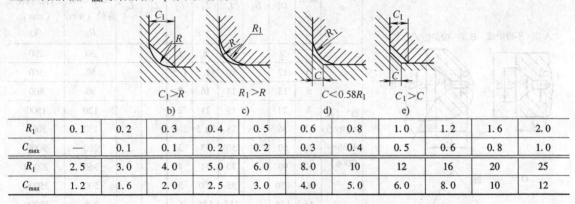

R_1	0.1	0.2	0.3	0.4	0.5	0.6	0.8	1.0	1.2	1.6	2.0
C_{max}	—	0.1	0.1	0.2	0.2	0.3	0.4	0.5	0.6	0.8	1.0
R_1	2.5	3.0	4.0	5.0	6.0	8.0	10	12	16	20	25
C_{max}	1.2	1.6	2.0	2.5	3.0	4.0	5.0	6.0	8.0	10	12

6.2.6　圆形零件自由表面过渡圆角半径和静配合连接轴用倒角（见表4.4-116、表4.4-117）

表4.4-116　圆形零件自由表面过渡圆角半径和静配合连接轴用倒角　（mm）

圆角半径

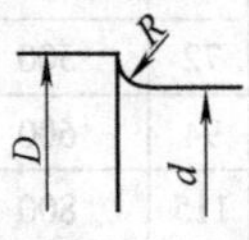

$D-d$	2	5	8	10	15	20	25	30	35	40	50	55	65	70	90	100	130
R	1	2	3	4	5	8	10	12	12	16	16	20	20	25	25	30	30
$D-d$	140	170	180	220	230	290	300	360	370	450	460	540	550	650	660	760	
R	40	40	50	50	60	60	80	80	100	100	125	125	160	160	200	200	

静配合连接轴倒角

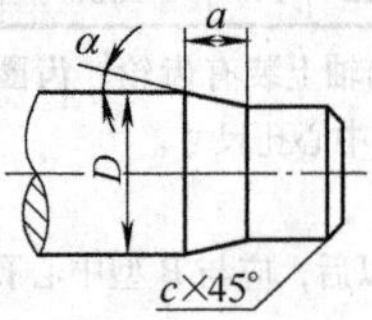

D	≤10	>10~18	>18~30	>30~50	>50~80	>80~120	>120~180	>180~260	>260~360	>360~500
a	1	1.5	2	3	5	5	8	10	10	12
c	0.5	1	1.5	2	2.5	3	4	5	6	8
α	30°				10°					

注：尺寸 $D-d$ 是表中数值的中间值时，则按较小尺寸来选取 R。例如 $D-d=98$，则按90选 $R=25$。

表4.4-117　过渡配合、静配合嵌入倒角　（mm）

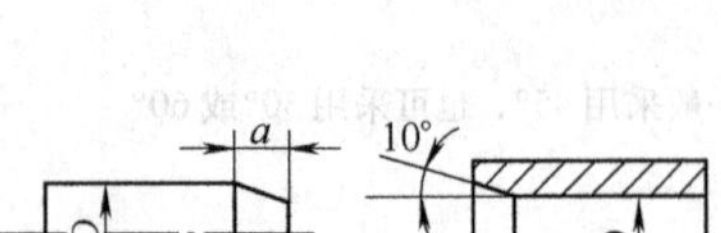

D	倒角深	配合			
		u6，s6，s7，r6，n6，m6	t7	u8	z8
≤50	a	0.5	1	1.5	2
	A	1	1.5	2	2.5
50~100	a	1	2	2	3
	A	1.5	2.5	2.5	3.5
100~250	a	2	3	4	5
	A	2.5	3.5	4.5	6
250~500	a	3.5	4.5	7	8.5
	A	4	5.5	8	10

6.2.7　球面半径（见表 4.4-118）

表 4.4-118　球面半径（摘自 GB/T 6403.1—2008）　（mm）

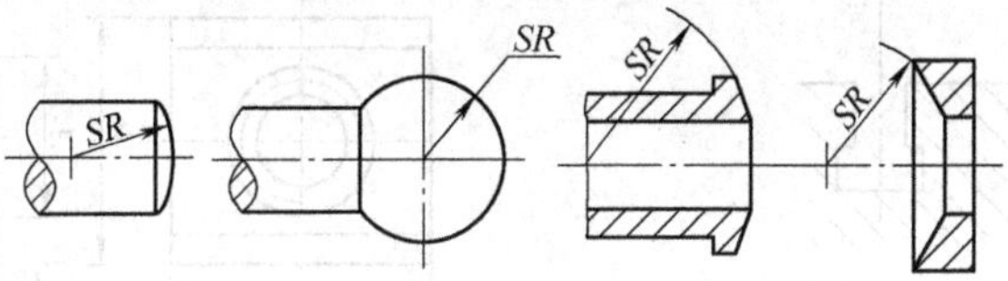

系列												
系列	1	0.2	0.4	0.6	1.0	1.6	2.5	4.0	6.0	10	16	20
	2	0.3	0.5	0.8	1.2	2.0	3.0	5.0	8.0	12	18	22
	1	25	32	40	50	63	80	100	125	160	200	250
	2	28	36	45	56	71	90	110	140	180	220	280
	1	320	400	500	630	800	1000	1250	1600	2000	2500	3200
	2	360	450	560	710	900	1100	1400	1800	2200	2800	

6.2.8　燕尾槽（见表 4.4-119）

表 4.4-119　燕尾槽（JB/ZQ 4241—2006）　（mm）

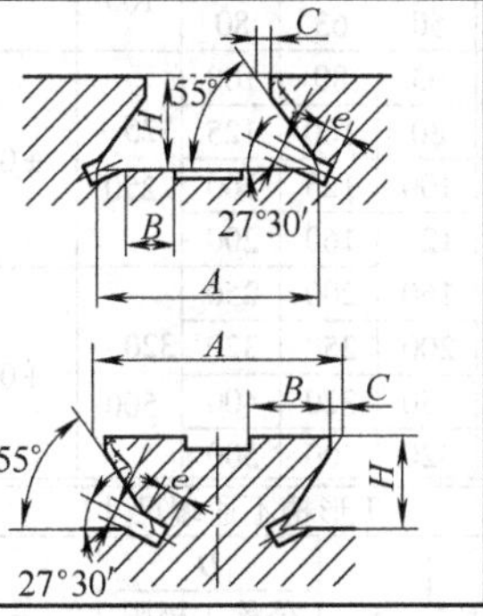

A	40～65	50～70	60～90	80～125	100～160	125～200	160～250	200～320	250～400	320～500
B	12	16	20	25	32	40	50	65	80	100
C	1.5～5									
e	2		3				4			
f	2		3				4			
H	8	10	12	16	20	25	32	40	50	65

注：1. “*A*” 的系列为：40，45，50，55，60，65，70，80，90，100，110，125，140，160，180，200，225，250，280，320，360，400，450，500。

2. “*C*” 为推荐值。

6.2.9　T 形槽（见表 4.4-120）

表 4.4-120　T 形槽（摘自 GB/T 158—1996）　（mm）

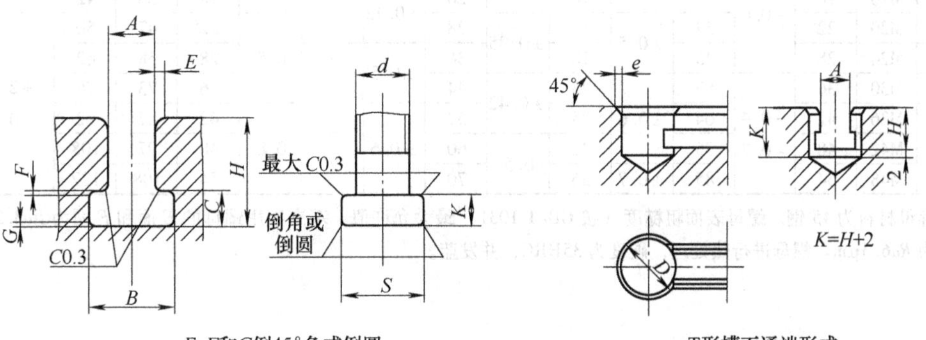

E、*F* 和 *G* 倒 45°角或倒圆　　T 形槽不通端形式

（续）

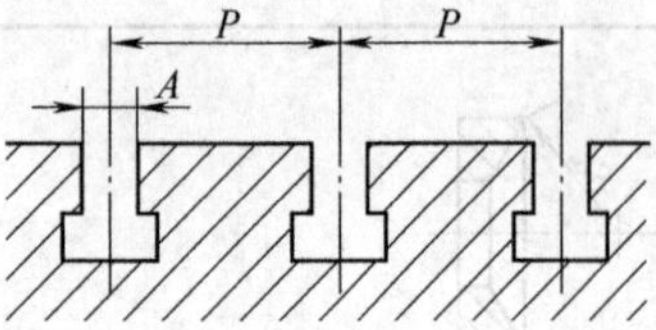

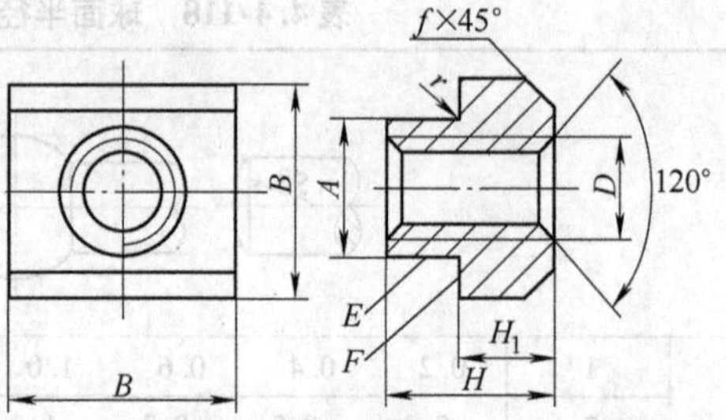

T形槽用螺母

T形槽										螺栓头部			T形槽间距 P				T形槽间距偏差	
A	B		C		H		E	F	G	d	S	K					间距 P	极限偏差
公称尺寸	最小尺寸	最大尺寸	最小尺寸	最大尺寸	最小尺寸	最大尺寸	最大尺寸	最大尺寸	最大尺寸	公称尺寸	最大尺寸	最大尺寸						
5	10	11	3.5	4.5	8	10				M4	9	3		20	25	32	20	±0.2
6	11	12.5	5	6	11	13				M5	10	4		25	32	40	25	
8	14.5	16	7	8	15	18	1	0.6	1	M6	13	6		32	40	50	32～100	±0.3
10	16	18	7	8	17	21				M8	15	6		40	50	63		
12	19	21	8	9	20	25				M10	18	7	(40)	50	63	80		
14	23	25	9	11	23	28			1.6	M12	22	8	(50)	63	80	100	125～250	±0.5
18	30	32	12	14	30	36	1.6			M16	28	10	(63)	80	100	125		
22	37	40	16	18	38	45		1		M20	34	14	(80)	100	125	160		
28	46	50	20	22	48	56			2.5	M24	43	18	100	125	160	200		
36	56	60	25	28	61	71				M30	53	23	125	160	200	250	320～500	±0.8
42	68	72	32	35	74	85	2.5	1.6	4	M36	64	28	160	200	250	320		
48	80	85	36	40	84	95		2	6	M42	75	32	200	250	320	400		
54	90	95	40	44	94	106				M48	85	36	250	320	400	500		

T形槽宽度 A	T形槽用螺母尺寸											T形槽不通端尺寸				
	D	A		B		H_1		H		f	r	宽度 A	K	D		e
	公称尺寸	公称尺寸	极限偏差	公称尺寸	极限偏差	公称尺寸	极限偏差	公称尺寸	极限偏差	最大尺寸	最大尺寸			公称尺寸	极限偏差	
5	M4	5	−0.3 −0.5	9	±0.29	3	±0.2	6.5	±0.29	1	0.3	5	12	15	+1 0	0.5
6	M5	6		10		4		8				6	15	16		
8	M6	8		13		6	±0.24	10		1.6		8	20	20		
10	M8	10		15	±0.35	6		12				10	23	22	+1.5 0	1
12	M10	12		18		7		14	±0.35	2.5		12	27	28		
14	M12	14	−0.3 −0.6	22	±0.42	8	±0.29	16			0.4	14	30	32		
18	M16	18		23		10		20				18	38	42		1.5
22	M20	22		34	±0.5	14		28	±0.42			22	47	50		
28	M24	28		43		18	±0.35	36	±0.5	4	0.5	28	58	62		
36	M30	36		53		23		44				36	73	76	+2 0	2
42	M36	42	−0.4 −0.7	64	±0.6	28	±0.42	52		6		42	87	92		
48	M42	48		75		32	0.5	60	±0.6		0.8	48	97	108		
54	M48	54		85	±0.7	36		70				54	108	122		

注：螺母材料为45钢。螺母表面粗糙度（按GB/T 1031）最大允许值，基准槽用螺母的E面和F面为$Ra3.2\mu m$；其余为$Ra6.3\mu m$。螺母进行热处理，硬度为35HRC，并发蓝。

6.2.10　弧形槽端部半径（见表4.4-121）

表4.4-121　弧形槽端部半径　（mm）

花键槽	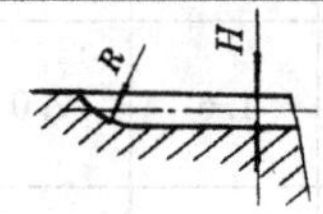	铣切深度 H		5	10	12	25
		铣切宽度 B		4	4	5	10
		R		20～30	30～37.5	37.5	55
弧形键槽（摘自半圆键槽铣刀 GB/T 1127—2007）	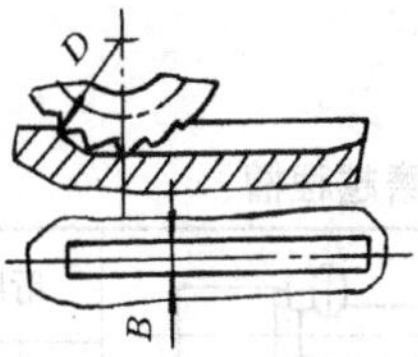	键公称尺寸 $B \times d$	铣刀 D	键公称尺寸 $B \times d$	铣刀 D	键公称尺寸 $B \times d$	铣刀 D
		1×4	4.5	3×16	16.5	6×22	22.5
		1.5×7	7.5	4×16		6×25	25.5
		2×7		5×16		8×28	28.5
		2×10	10.5	4×19	19.5	10×32	32.5
		2.5×10		5×19			
		3×13	13.5	5×22	22.5		

注：d 是铣削键槽时键槽弧形部分的直径。

6.2.11　砂轮越程槽（见表4.4-122）

表4.4-122　砂轮越程槽（摘自 GB/T 6403.5—2008）　（mm）

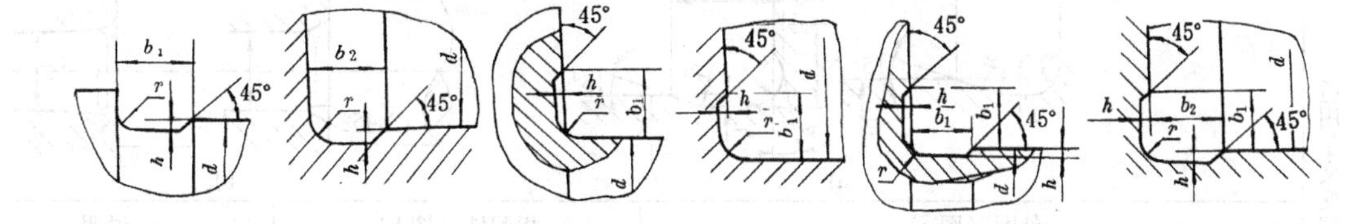

a）磨外圆　b）磨内圆　c）磨外端面　d）磨内端面　e）磨外圆及端面　f）磨内圆及端面

回转面及端面砂轮越程槽									
b_1	0.6	1.0	1.6	2.0	3.0	4.0	5.0	8.0	10
b_2	2.0	3.0		4.0		5.0		8.0	10
h	0.1	0.2		0.3	0.4		0.6	0.8	1.2
r	0.2	0.5		0.8	1.0		1.6	2.0	3.0
d	～10			>10～50		>50～100		>100	

注：1. 越程槽内二直线相交处，不允许产生尖角。
2. 越程槽深度 h 与圆弧半径 r，要满足 $r<3h$。

燕尾导轨砂轮越程槽

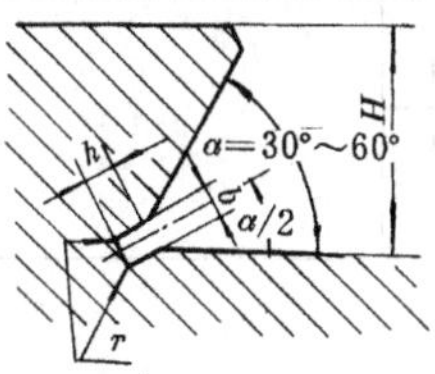

g）

H	<5	6	8	10	12	16	20	25	32	40	50	63	80
b、h	1	2		3			4			5			6
r	0.5	0.5		1.0			1.6			1.6			2.0

矩形导轨砂轮越程槽

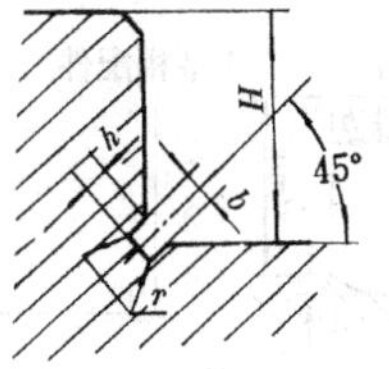

h）

H	8	10	12	16	20	25	32	40	50	63	80	100
b	2				3				5		8	
h	1.6				2.0				3.0		5.0	
r	0.5				1.0				1.6		2.0	

（续）

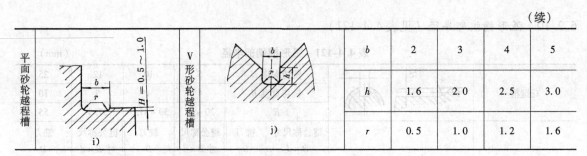

平面砂轮越程槽	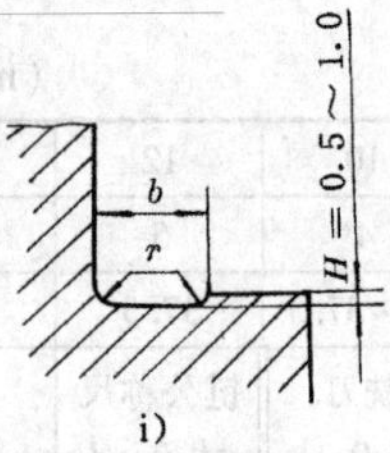 i)	V形砂轮越程槽	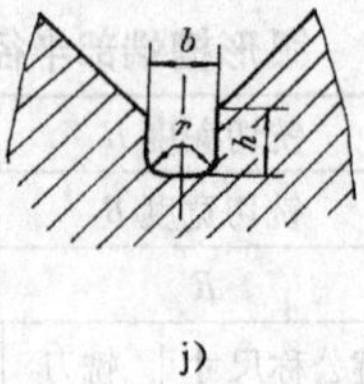 j)	b	2	3	4	5
				h	1.6	2.0	2.5	3.0
				r	0.5	1.0	1.2	1.6

6.2.12　刨切、插切、珩磨越程槽（见表4.4-123）

表4.4-123　刨切、插切、珩磨越程槽　（mm）

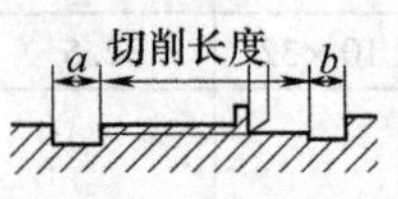	龙门刨　$a+b=100\sim200$	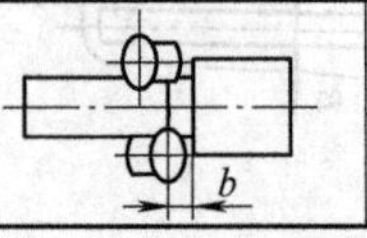	珩磨内圆 $b>30$
	牛头刨床、立刨床　$a+b=50\sim75$		珩磨外圆 $b=6\sim8$
	大插床50~100，小插床10~12		

6.2.13　退刀槽（见表4.4-124）

表4.4-124　退刀槽（摘自JB/ZQ 4238—2006）（mm）

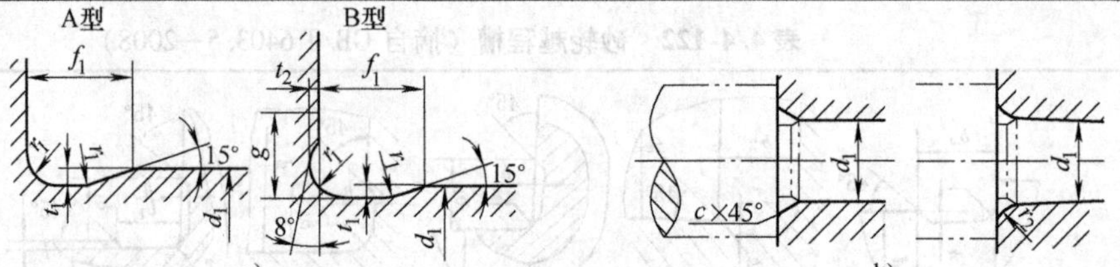

a)　　b)

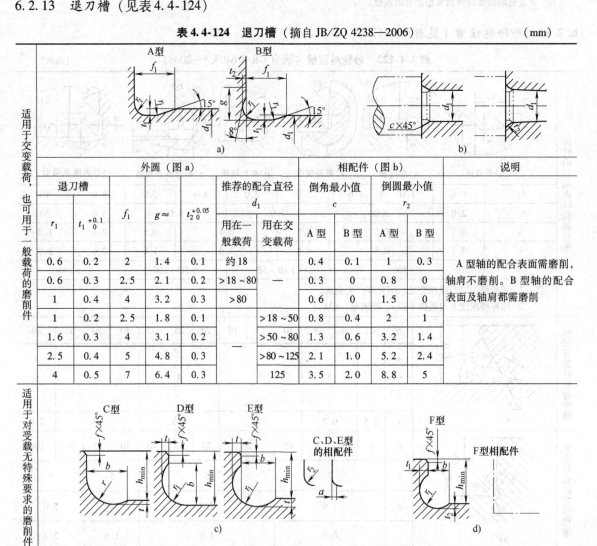

适用于交变载荷，也可用于一般载荷的磨削件	外圆（图a）					相配件（图b）						说明
	退刀槽		f_1	$g\approx$	$t_{2\,0}^{+0.05}$	推荐的配合直径 d_1		倒角最小值 c		倒圆最小值 r_2		
	r_1	$t_{1\,0}^{+0.1}$				用在一般载荷	用在交变载荷	A型	B型	A型	B型	
	0.6	0.2	2	1.4	0.1	约18		0.4	0.1	1	0.3	A型轴的配合表面需磨削，轴肩不磨削。B型轴的配合表面及轴肩都需磨削
	0.6	0.3	2.5	2.1	0.2	>18~80	—	0.3	0	0.8	0	
	1	0.4	4	3.2	0.3	>80		0.6	0	1.5	0	
	1	0.2	2.5	1.8	0.1		>18~50	0.8	0.4	2	1	
	1.6	0.3	4	3.1	0.2	—	>50~80	1.3	0.6	3.2	1.4	
	2.5	0.4	5	4.8	0.3		>80~125	2.1	1.0	5.2	2.4	
	4	0.5	7	6.4	0.3		125	3.5	2.0	8.8	5	

适用于对受载无特殊要求的磨削件

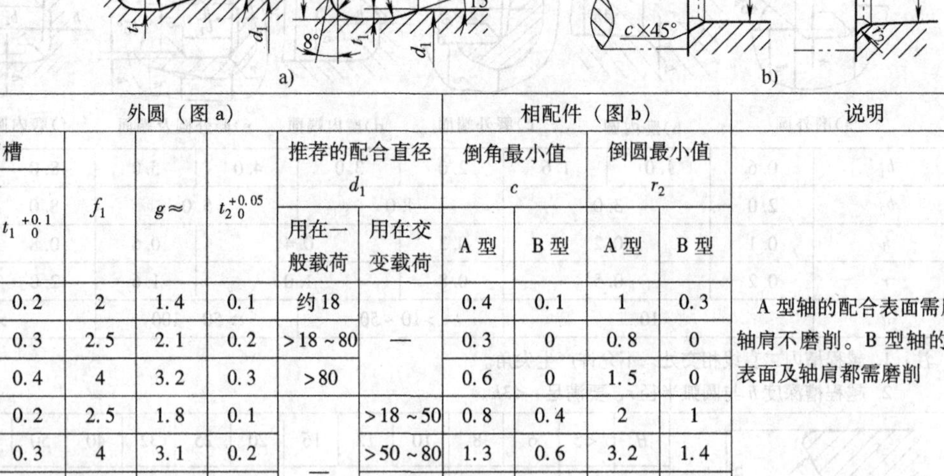

c)　　d)

（续）

类别	轴（图c）						相配件（孔）				轴（图d）					
	h_{min}	r_1	t	b C、D型	b E型	f_{max}	a	偏差	r_2	偏差	h_{min}	r_1	t_1	t_2	b	f_{max}
适用于对受载无特殊要求的磨削件	2.5	1.0	0.25	1.6	1.1	0.2	1	+0.6	1.2	+0.6	4	1.0	0.4	0.25	1.2	0.2
	4	1.6	0.25	2.4	2.2	0.2	1.6	+0.6	2.0	+0.6	5	1.6	0.6	0.4	2.0	
	6	2.5	0.25	3.6	3.4	0.2	2.5	+1.0	3.2	+1.0	8	2.5	1.0	0.6	3.2	
	10	4.0	0.4	5.7	5.3	0.4	4.0	+1.0	5.0	+1.0	12.5	4.0	1.6	1.0	5.0	0.4
	16	6.0	0.4	8.1	7.7	0.4	6.0	+1.6	8.0	+1.6	20	6.0	2.5	1.6	8.0	
	25	10.0	0.6	13.4	12.8	0.4	10.0	+1.6	12.5	+1.6	30	10.0	4.0	2.5	12.5	
	40	16.0	0.6	20.3	19.7	0.6	16.0	+2.5	20.0	+2.5	r_1 =10 不适用于精整辊					
	60	25.0	1.0	32.1	31.1	0.6	25.0	+2.5	32.0	+2.5						
	C型轴的配合表面需磨削，轴肩不磨削；D型轴的配合表面不磨削，轴肩需磨削；E型轴的配合表面及轴肩皆需磨削；F型相配件为锐角的轴的配合表面及轴肩皆需磨削															

公称直径相同具有不同配合的退刀槽（图e）

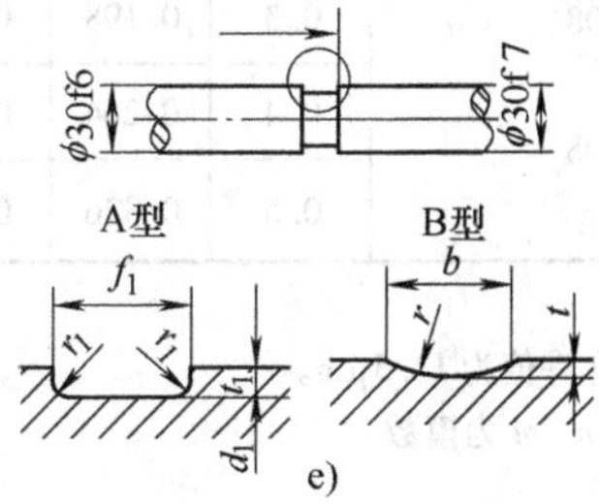

e)

r	t	$b\approx$	r	t	$b\approx$
2.5	0.25	2.2	10	0.6	6.8
4	0.4	3.5	16	0.6	8.7
6	0.4	4.3	25	1.0	14.0

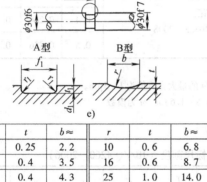

A型退刀槽各部分尺寸根据直径 d_1 的大小按a表取。B型退刀槽各部分尺寸见e表

带槽孔退刀槽（图f）

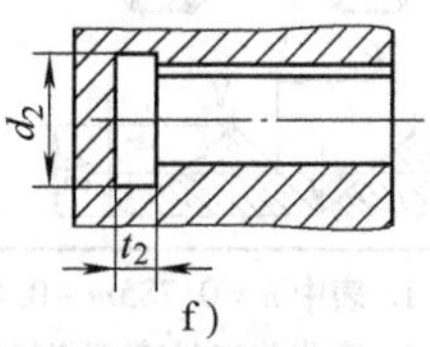

f）

带槽孔退刀槽直径 d_2 可按选用的平键或楔键而定。退刀槽的深度 t_2 一般为20mm，如因结构上的原因 t_2 的最小值不得小于10mm

6.2.14　插齿、滚齿退刀槽（见表4.4-125～表4.4-127）

表4.4-125　插齿空刀槽（摘自JB/ZQ 4238—2006）　（mm）

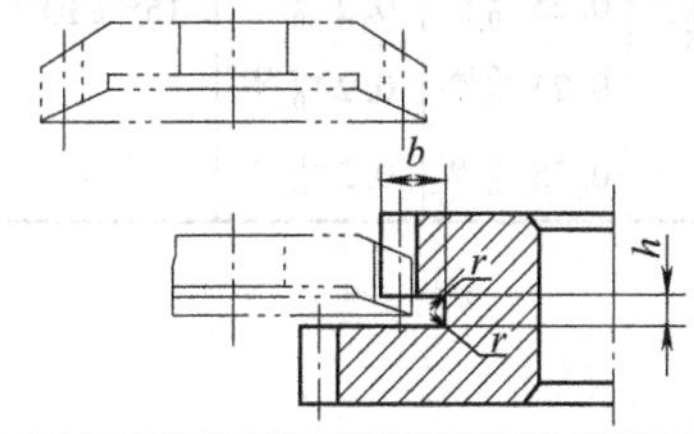

模数	2	2.5	3	4	5	6	7	8	9	10	12	14	16	18	20	22	25
h_{min}	5	6	6	6	7	7	7	8	8	8	9	9	9	10	10	10	12
b_{min}	5	6	7.5	10.5	13	15	16	19	22	24	28	33	38	42	46	51	58
r	0.5		1.0														

表4.4-126　滚人字齿轮退刀槽（摘自JB/ZQ 4238—2006）　（mm）

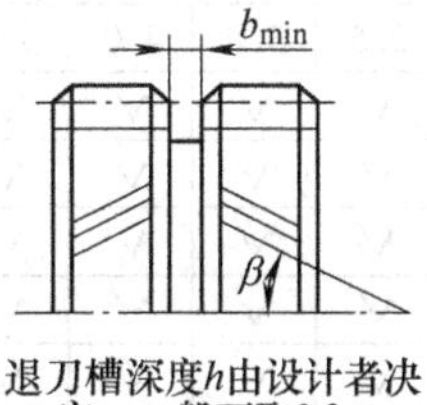

退刀槽深度h由设计者决定，一般可取$0.3m_n$

法向模数 m_n	螺旋角β 25°	30°	35°	40°	法向模数 m_n	螺旋角β 25°	30°	35°	40°
	退刀槽最小宽度 b_{min}					退刀槽最小宽度 b_{min}			
4	46	50	52	54	18	164	175	184	192
5	58	58	62	64	20	185	198	208	218
6	64	66	72	74	22	200	212	224	234
7	70	74	78	82	25	215	230	240	250
8	78	82	86	90	28	238	252	266	278
9	84	90	94	98	30	246	260	276	290
10	94	100	104	108	32	264	270	300	312
12	118	124	130	136	36	284	304	322	335
14	130	138	146	152	40	320	330	350	370
16	148	158	165	174					

表 4.4-127　滑移齿轮的齿端圆齿和倒角尺寸　(mm)

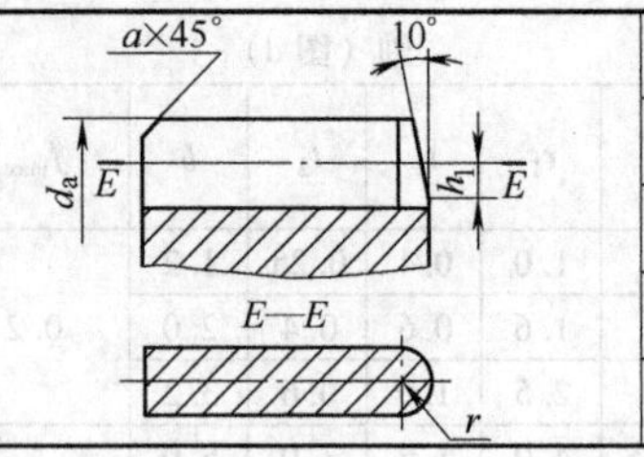

模数 m	1.5	1.75	2	2.25	2.5	3	3.5	4	5	6	8	10
r	1.2	1.4	1.6	1.8	2	2.4	2.8	3.1	3.9	4.7	6.3	7.9
h_1	1.7	2	2.2	2.5	2.8	3.5	4	4.5	5.6	6.7	8.8	11
d_n	≤50		50~80		80~120		120~180		180~260		>260	
a_{max}	2.5		3		4		5		6		8	

6.2.15　滚花（见表 4.4-128）

表 4.4-128　滚花（摘自 GB/T 6403.3—2008）　(mm)

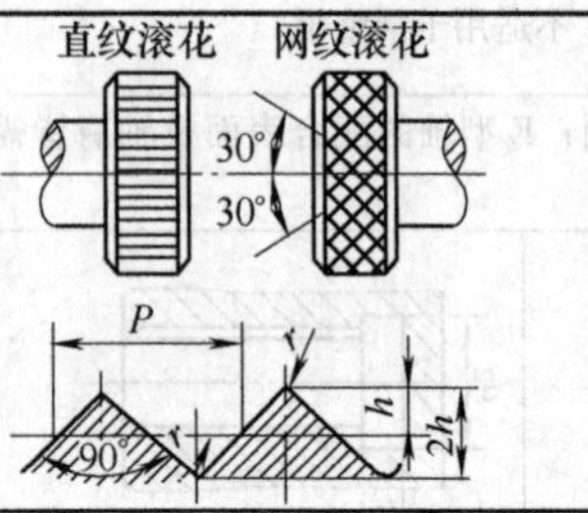

标记

模数 m=0.3 直纹滚花：

直纹 m0.3　GB/T 6403.3—2008

模数 m=0.4 网纹滚花：

网纹 m0.4　GB/T 6403.3—2008

模数 m	h	r	节距 P
0.2	0.132	0.06	0.628
0.3	0.198	0.09	0.942
0.4	0.264	0.12	1.257
0.5	0.326	0.16	1.571

注：1. 表中 $h=0.785m-0.414r$。

2. 滚花前工件表面粗糙度的轮廓算术平均偏差 Ra 的最大允许值为 12.5μm。

3. 滚花后工件直径大于滚花前直径，其值 $\Delta\approx(0.8\sim1.6)m$，$m$ 为模数。

6.2.16　分度盘和标尺刻度（见表 4.4-129）

表 4.4-129　分度盘和标尺刻度（JB/ZQ 4260—2006）　(mm)

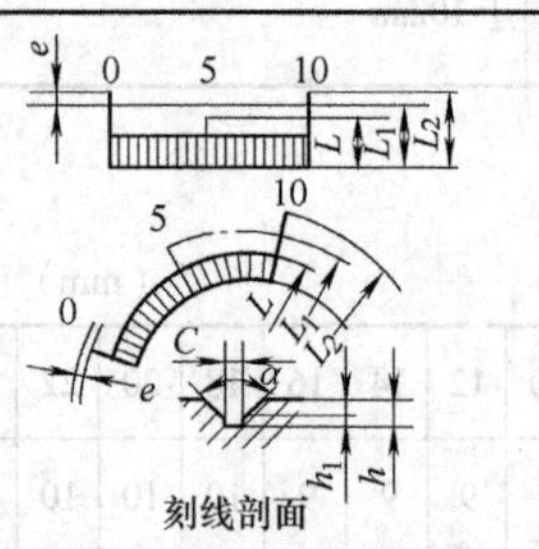

刻线类型	L	L_1	L_2	C	e	h	h_1	α
Ⅰ	$2^{+0.2}_{0}$	$3^{+0.2}_{0}$	$4^{+0.3}_{0}$	$0.1^{+0.03}_{0}$	0.15~1.5	$0.2^{+0.08}_{0}$	$0.15^{+0.03}_{0}$	15°±10′
Ⅱ	$4^{+0.3}_{0}$	$5^{+0.3}_{0}$	$6^{+0.5}_{0}$	$0.1^{+0.03}_{0}$		$0.2^{+0.08}_{0}$	$0.15^{+0.03}_{0}$	
Ⅲ	$6^{+0.5}_{0}$	$7^{+0.5}_{0}$	$8^{+0.5}_{0}$	$0.2^{+0.03}_{0}$		$0.25^{+0.08}_{0}$	$0.2^{+0.03}_{0}$	
Ⅳ	$8^{+0.5}_{0}$	$9^{+0.5}_{0}$	$10^{+0.5}_{0}$	$0.2^{+0.03}_{0}$		$0.25^{+0.08}_{0}$	$0.2^{+0.03}_{0}$	
Ⅴ	$10^{+0.5}_{0}$	$11^{+0.5}_{0}$	$12^{+0.5}_{0}$	$0.2^{+0.03}_{0}$		$0.25^{+0.08}_{0}$	$0.2^{+0.03}_{0}$	

注：1. 数字可按打印字头型号选用。

2. 尺寸 h_1 在工作图上不必注出。

6.2.17　锯缝尺寸（见表 4.4-130）

表 4.4-130　锯缝尺寸（摘自 JB/ZQ 4246—2006）　(mm)

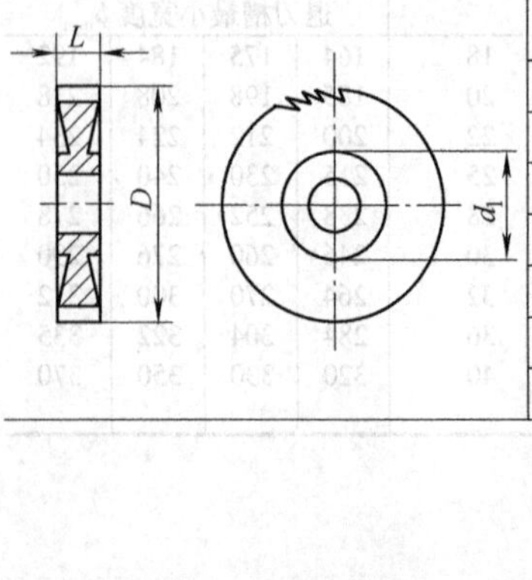

D	d_{1min}	L 0.6	0.8	1.0	1.2	1.6	2.0	2.5	3.0	4.0	5.0	6.0
80	34 (40)	√	√	√	√	√	√	√	√	√	√	√
100			√	√	√	√	√	√	√	√	√	√
125				√	√	√	√	√	√	√	√	√
160	47				√	√	√	√	√	√	√	√
200	63					√	√	√	√	√	√	√
250							√	√	√	√	√	√
315	80							√	√	√	√	√

（续）

	锯缝在图样上的标记方法	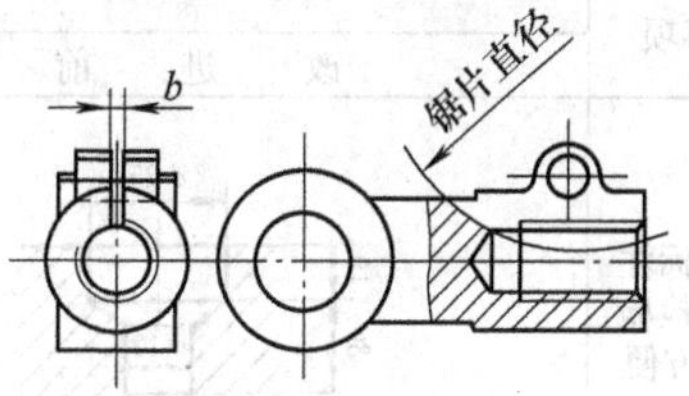

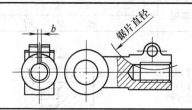

6.3　切削加工件的结构设计工艺性

6.3.1　零件工作图的尺寸标注应适应加工工艺要求（见表 4.4-131）

表 4.4-131　零件工作图的尺寸标注

序号	注意事项	图例 改进前	图例 改进后	说明
1	加工面与毛坯面的关联尺寸原则上在一个坐标方向，只应当标注一个（当多于一个时，应注明哪一个是划线基准）	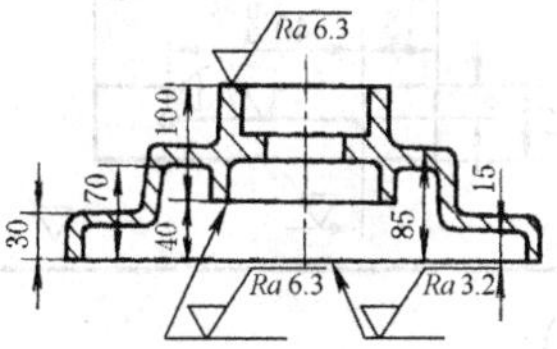	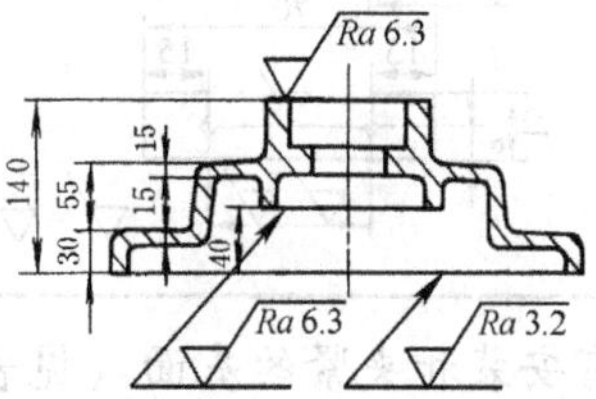	毛坯面本身的尺寸误差大，一个加工面难以同时满足几个毛坯面的尺寸关系
2	零件图上的尺寸、公差、表面粗糙度、技术要求等，尽可能集中标注	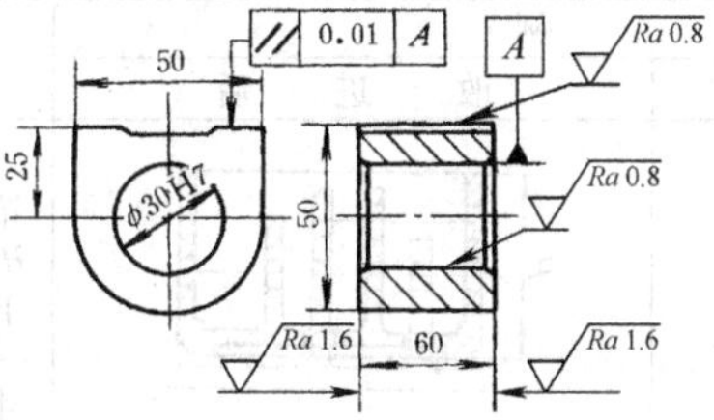	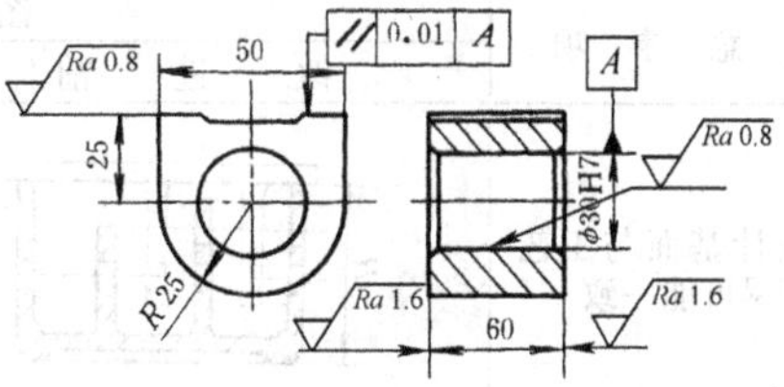	看图方便、清楚、避免加工时出差错
3	尺寸标注应考虑到加工顺序	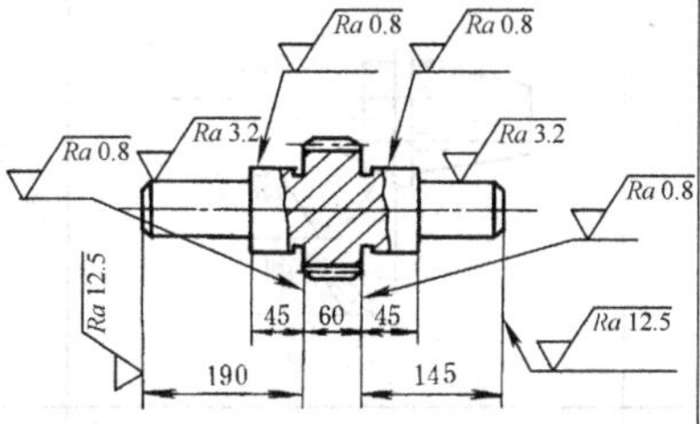	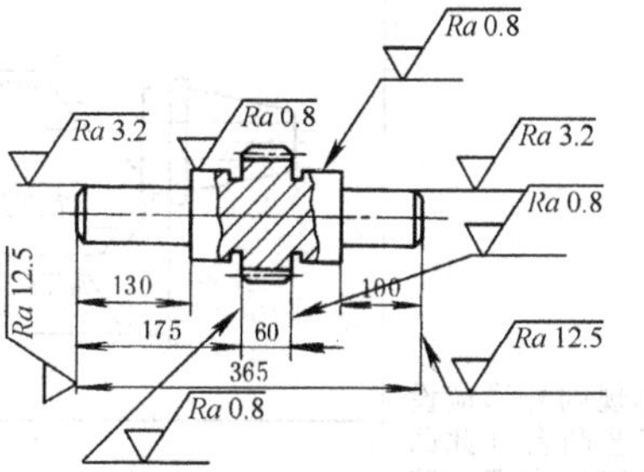	左图是从精磨的齿轮端面起注尺寸，而此面是最后加工的，应按右图从车削端面起标注为好（有特殊要求者例外）
4	尺寸标注应满足加工时的实际要求	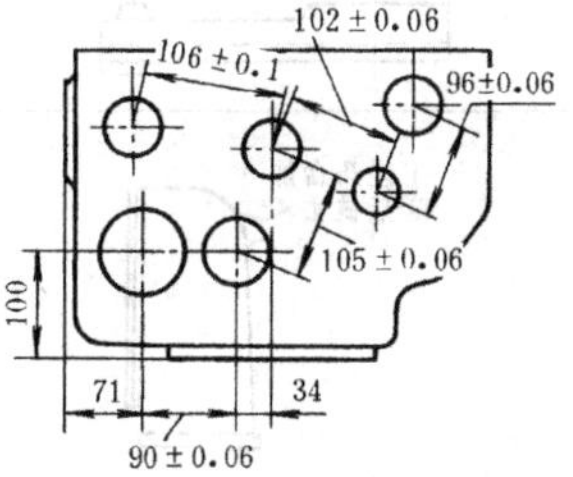	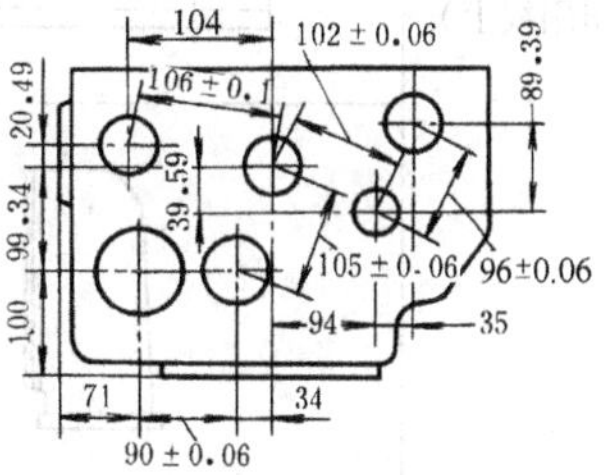	箱体孔不仅要注出孔距测量尺寸，而且要注出加工时所需的坐标尺寸

（续）

序号	注意事项	图例：改进前	图例：改进后	说明
5	尺寸标注应考虑检验和测量方便	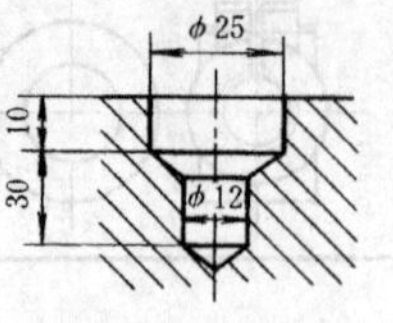	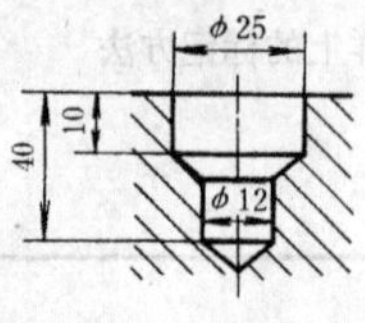	分别注出不同直径的钻削深度，便于测量
6	选择合理的尺寸封闭环	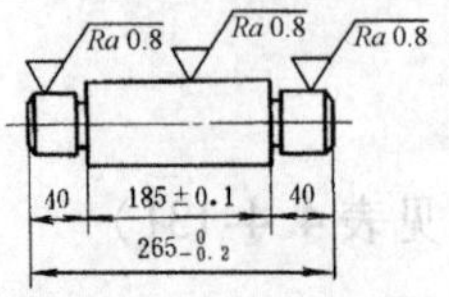	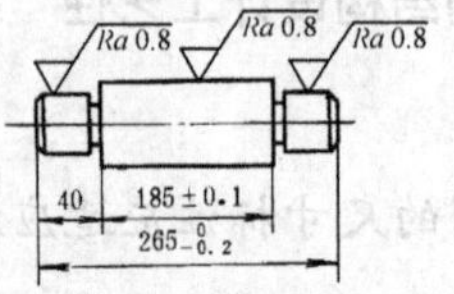	左图未留尺寸封闭环
		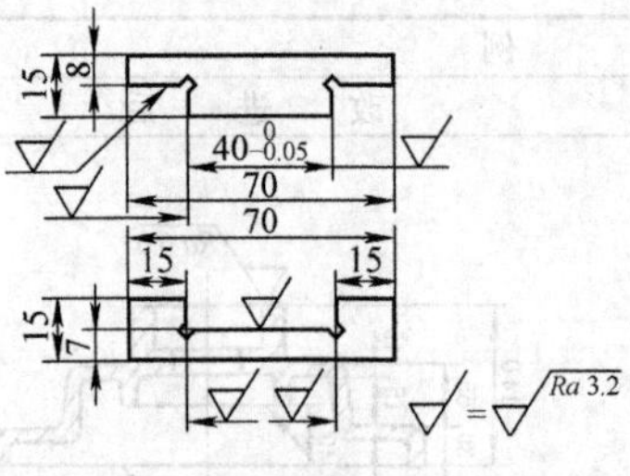	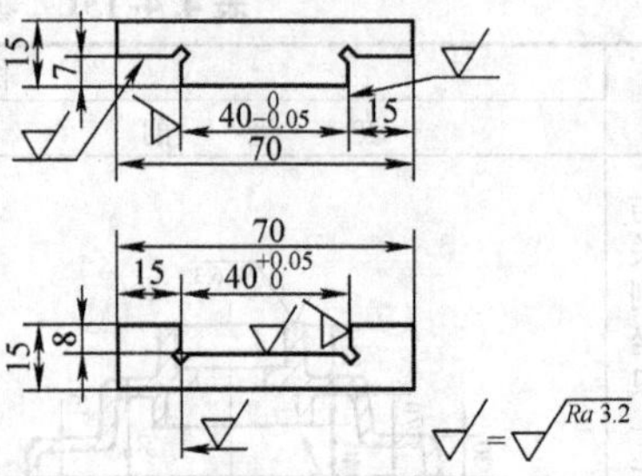	封闭环应留在非主要尺寸上

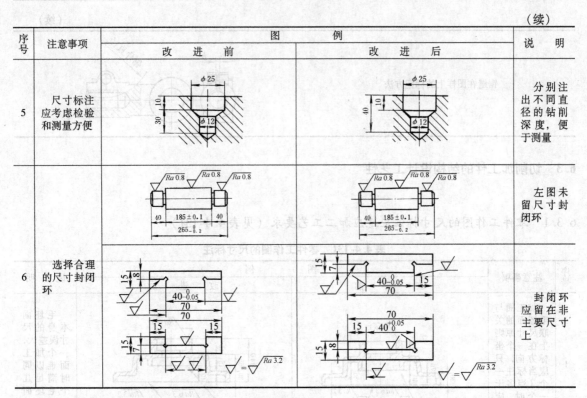

6.3.2　零件应有安装和夹紧的基面（见表4.4-132）

表4.4-132　零件安装和夹紧的基面

序号	注意事项	图例：改进前	图例：改进后	说明
1	设计基面与工艺基面尽可能一致	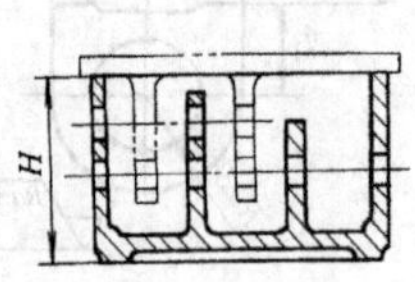	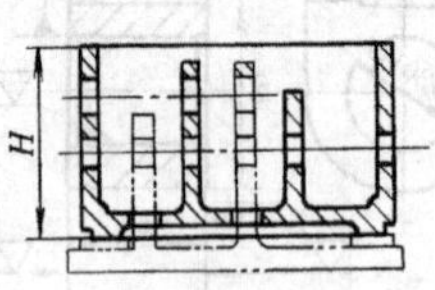	镗杆支承吊架装在箱体上平面时，尺寸H要求严格，若改到下平面，与安装基面一致，H可为自由尺寸
2	不规则外形应设置工艺凸台（此凸台尽可能布置在装夹压力的作用线上）	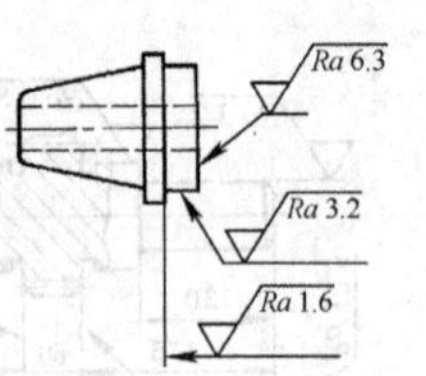	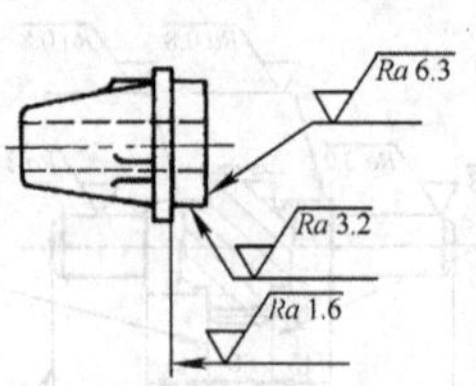	锥形零件应做出装夹工艺面
		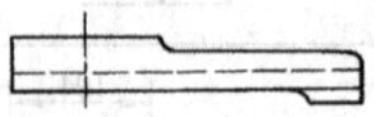	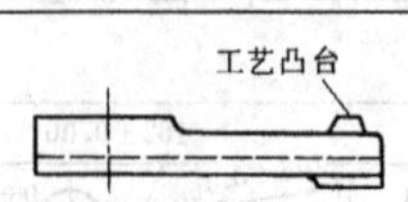	车床小刀架做出工艺凸台，以便加工下部燕尾导轨面
		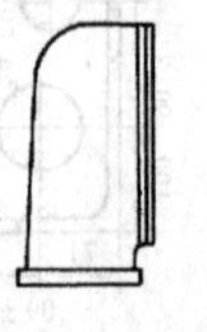		为加工立柱导轨面，在斜面上设置工艺凸台

（续）

序号	注 意 事 项	图例 改 进 前	图例 改 进 后	说 明
3	大件、沉重刮研件和长轴，应考虑工艺吊装位置	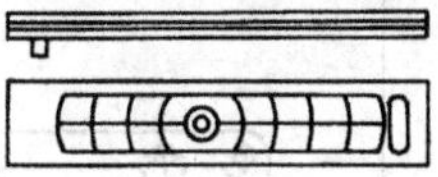	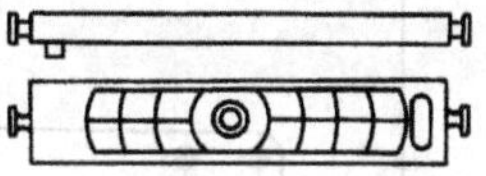	大件、沉重刮研件设置吊装凸耳（或专设吊装孔、吊装螺孔等），以便于加工、刮研、吊运、装配和维修
		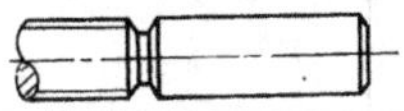	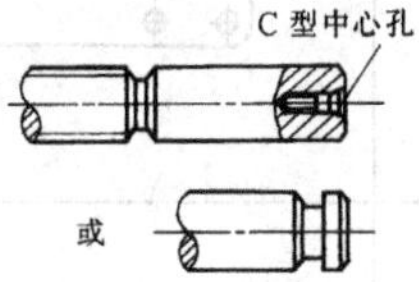	长轴一端设置吊挂螺孔或吊挂环，以便于吊运、热处理和保管

6.3.3 减少装夹和进给次数（见表 4.4-133）

表 4.4-133　减少装夹和走刀次数

序号	注 意 事 项	图例 改 进 前	图例 改 进 后	说 明
1	力求加工面布置在同一平面上	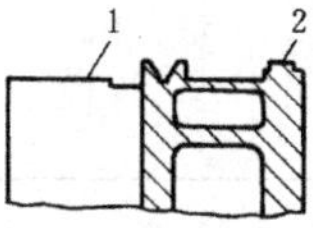	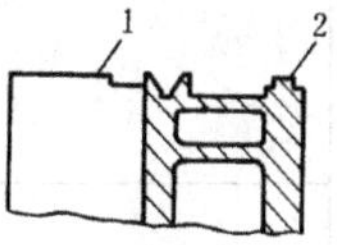	将 1 和 2 面布置在同一平面上，可以一次走刀加工，缩减加工时间，保证加工面的相对位置精度
2	尽可能避免倾斜的加工面	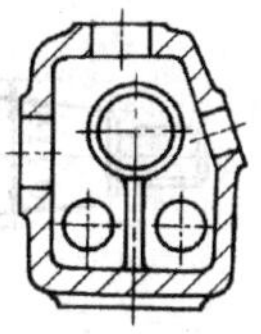	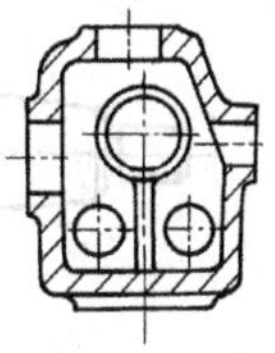	减少装夹和机床调整时间
3	尽可能避免大件的端面加工	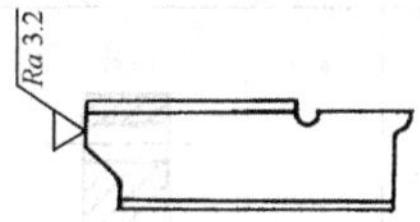	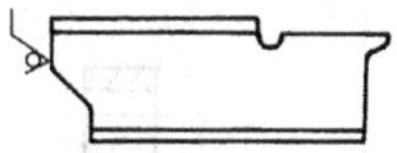	当大件长度超过龙门刨加工宽度时，需落地镗或专用设备，而且装夹费时

6.3.4 减少加工面积，简化零件形状（见表 4.4-134）

表 4.4-134　减少加工面积简化零件形状

序号	注 意 事 项	图例 改 进 前	图例 改 进 后	说 明
1	减少大面积的加工面	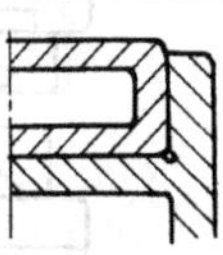	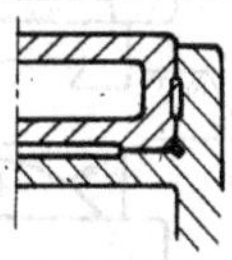	把相配的接触面改成环形带
		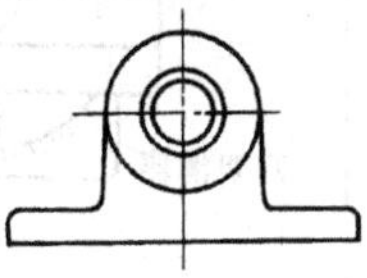	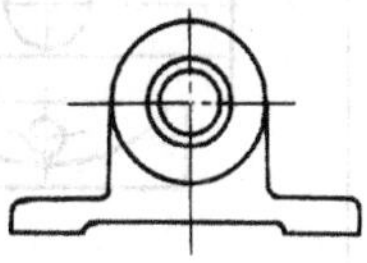	整个支承面改成部分支承面

（续）

序号	注意事项	图例 改进前	图例 改进后	说明
1	减少大面积的加工面	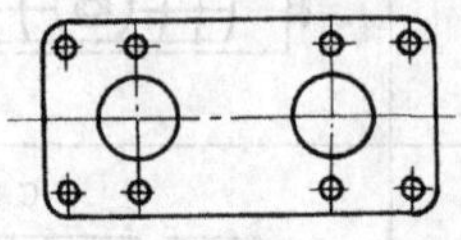	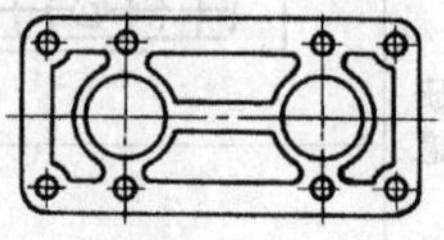	减少大面积的磨削加工面
2	减少轴类零件的阶梯差	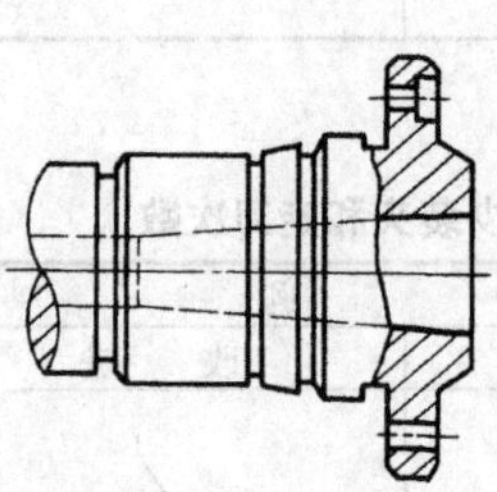	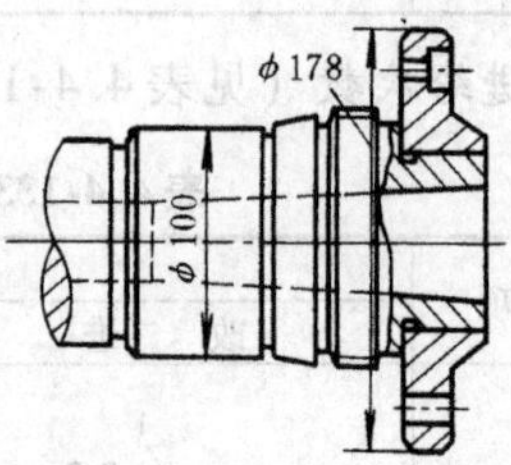	某些车床主轴以热压组合零件代替大台阶整体零件（在成批生产中可采用模锻）
		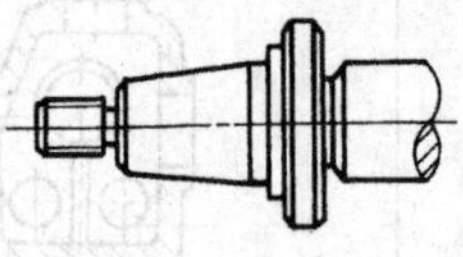	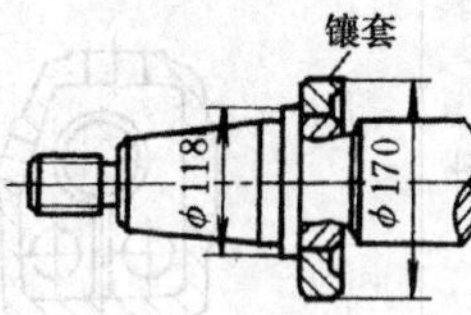	某些磨床主轴以镶套零件代替凸台
3	采用无切削加工	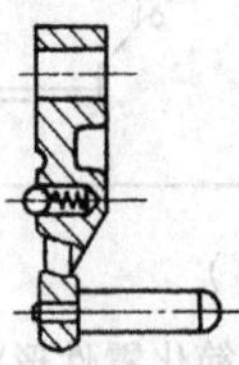	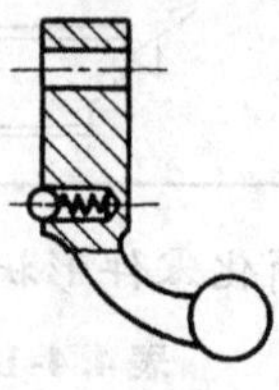	以精铸手柄代替加工件手柄，无须加工，且外形美观
4	简化工艺复杂的结构	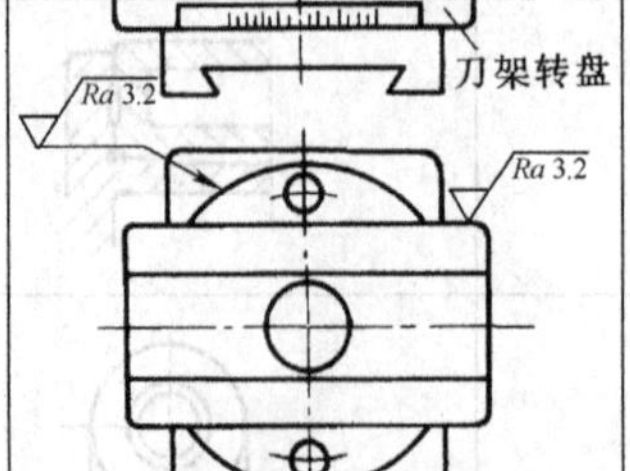	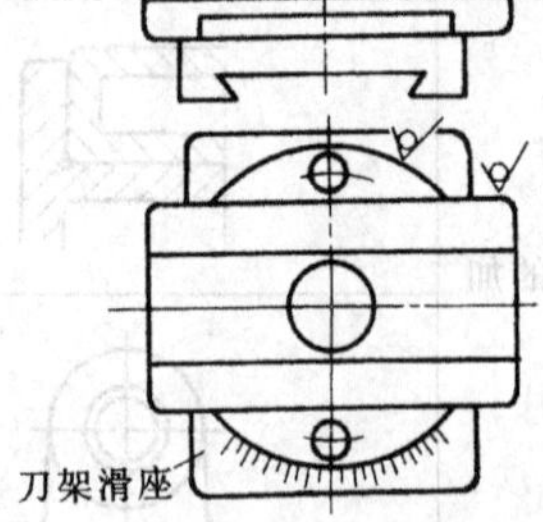	在刀架转盘圆柱面上刻度，四周要进行复杂加工，改在刀架滑座水平面上刻度后，工艺性得到改善

6.3.5　尽可能避免内凹表面及内表面的加工（见表4.4-135）

表4.4-135　避免内凹表面及内表面的加工

序号	注意事项	图例：改进前	图例：改进后	说明
1	避免把加工平面布置在低凹处	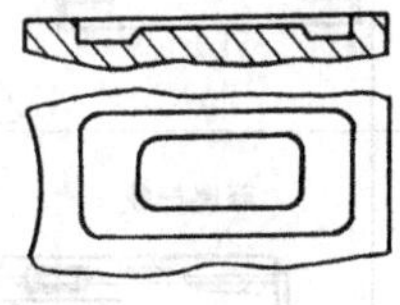	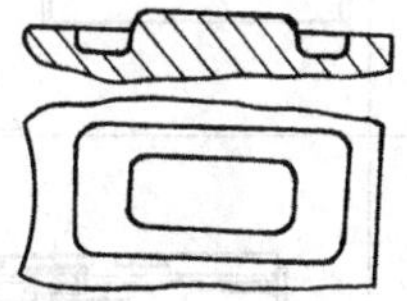	改进后可采用高效率加工方法（结构有特殊要求者例外）
2	避免在加工平面中间设置凸台	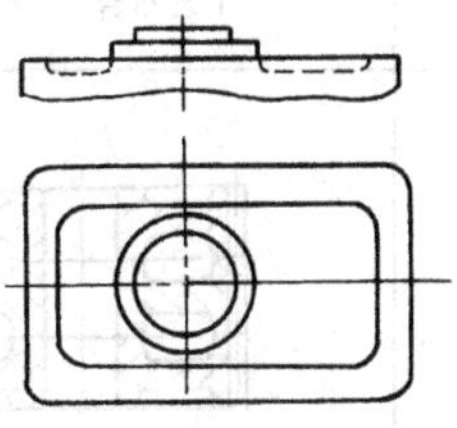	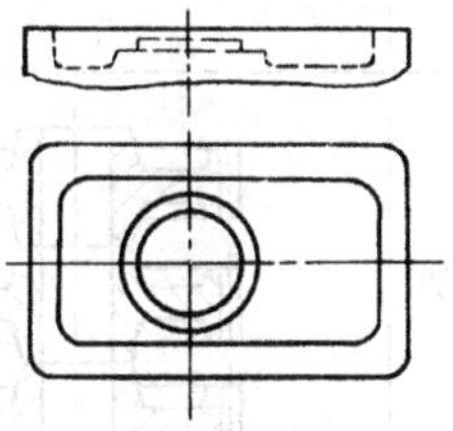	改进后可采用高效率加工方法（结构有特殊要求者例外）
3	避免箱体孔的内端面加工	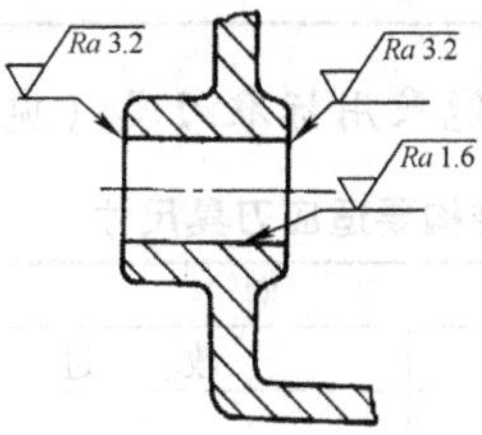	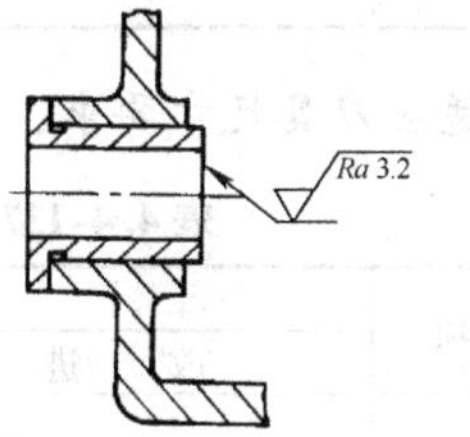	箱体孔的内端面加工比较困难，可用镶套零件代替
4	精加工孔尽可能做成通孔	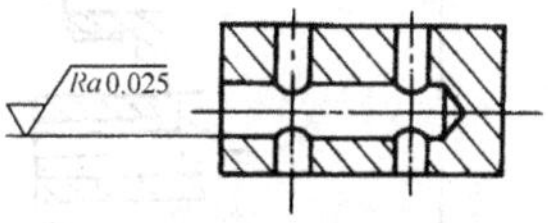	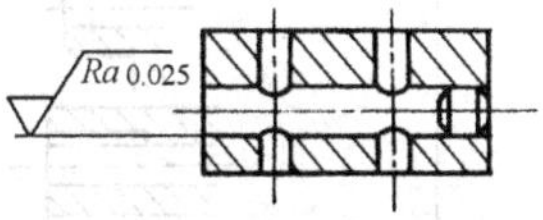	研磨孔做成通孔，改善了加工条件，较易保证加工精度，也便于测量
5	以外表面加工代替内表面加工	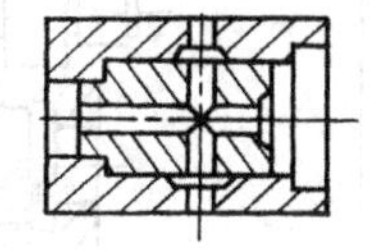	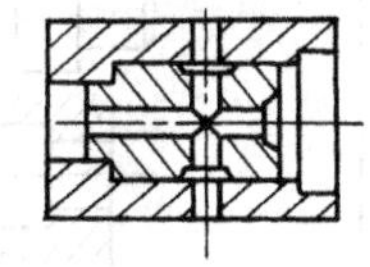	将配合孔内的内沟槽改为轴上的外沟槽，加工方便
6	设置必要的工艺孔	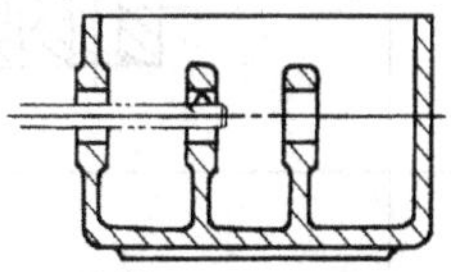	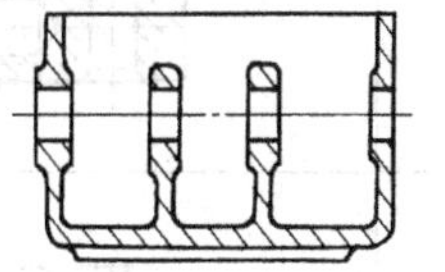	左图右壁未设工艺孔，镗内孔时要配作镗杆支承套，不便加工；设工艺孔后，可在箱体外支承镗杆，改善了加工条件
7	进行合适的组合，减少内凹面的加工	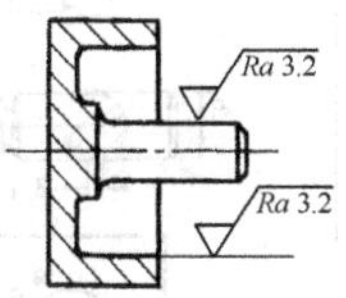	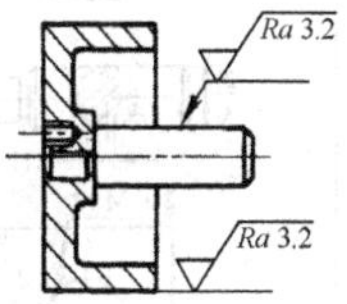	将难加工的内表面改在单独零件上，改善了加工条件，并可提高加工质量

6.3.6　保证零件加工时的必要的刚性（见表4.4-136）

表 4.4-136　保证零件加工时必要的刚性

序号	注意事项	图例 改进前	图例 改进后	说明
1	增设必要的加强肋	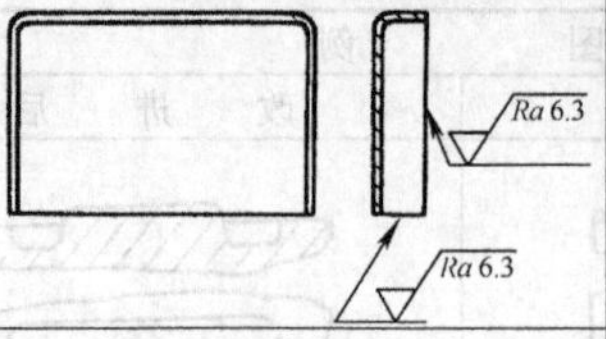	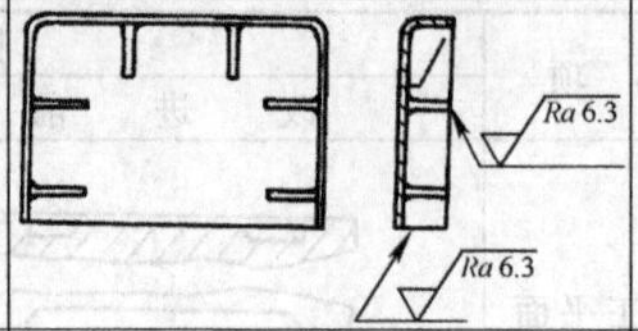	较大面积的薄壁零件，刚性不好，应增设必要的加强肋
2	设置支承用工艺凸台	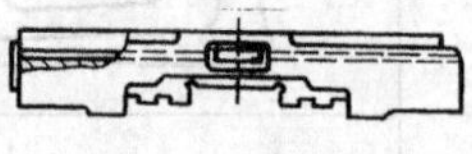	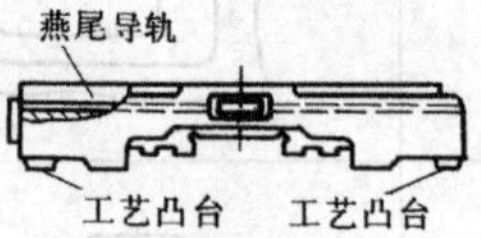	铣床工作台底座支承面积小，加工小平面及燕尾导轨时，振动大，增设工艺凸台后，提高了刚性，并使装夹容易
3	零件形状适应加工方法	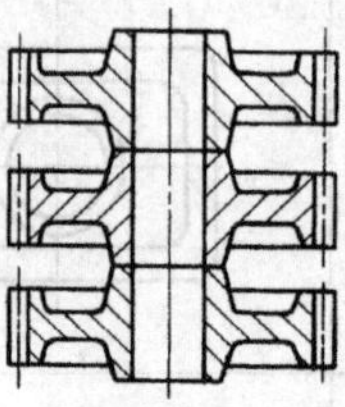	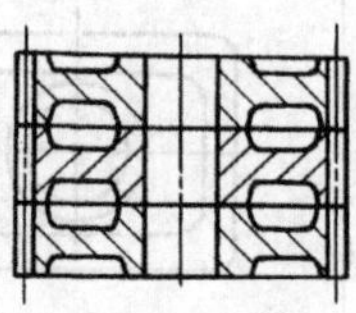	在可能情况下，改为右图，可提高加工时的刚性

6.3.7　零件结构要适应刀具尺寸要求，并尽可能采用标准刀具（见表 4.4-137）

表 4.4-137　零件结构要适应刀具尺寸

序号	注意事项	图例 改进前	图例 改进后	说明
1	应考虑刀具退出时所需的退刀槽	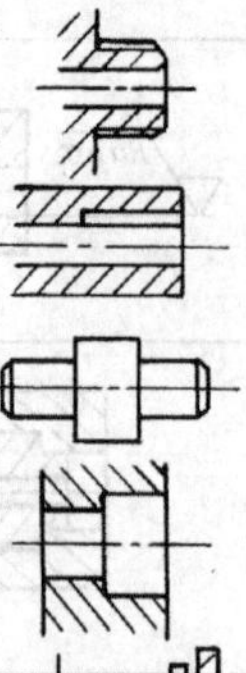	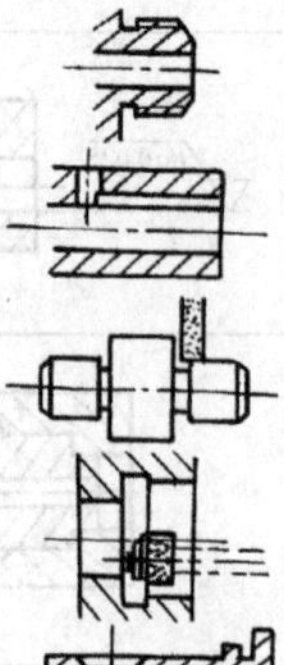	1. 保证刀具能自由退刀 2. 避免刀具损坏和过早磨损 3. 提高加工质量 4. 避免设备事故
2	当尺寸差别不大时，零件各结构要素，如沟、槽、孔、窝等，应尽可能一致	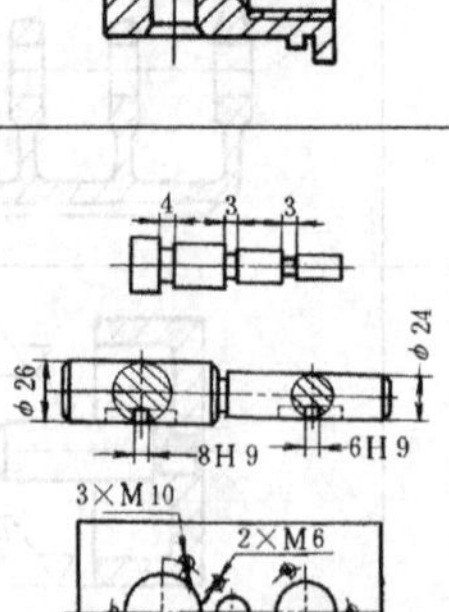	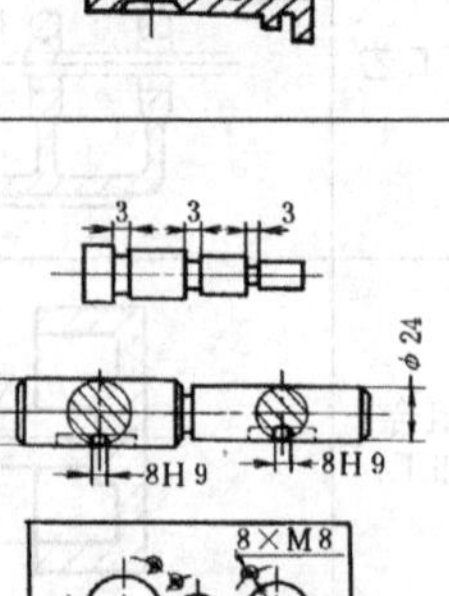	1. 减少刀具种类 2. 减少更换刀具等辅助时间

（续）

序号	注意事项	图例 改进前	图例 改进后	说明
3	应考虑刀具能正常地进刀和退刀	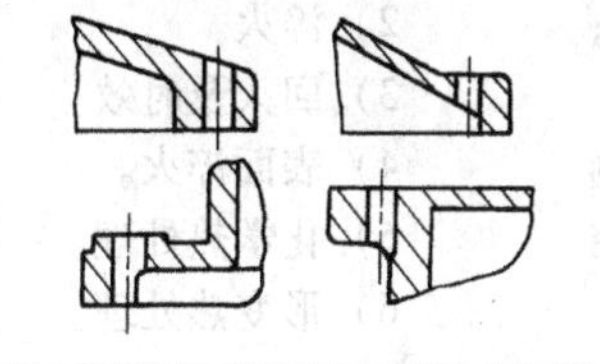	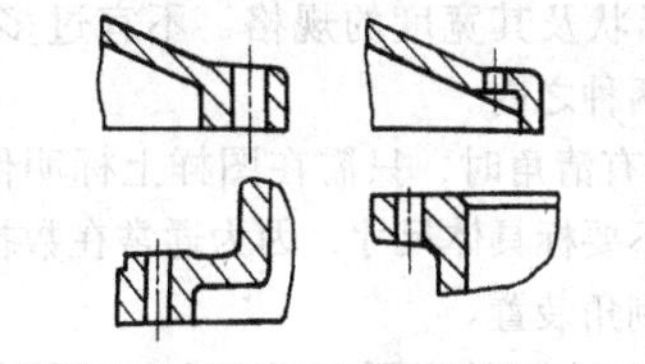	尽可能避免在斜面上钻孔和钻不完整孔，以防止刀具损坏和提高加工精度及切削用量
		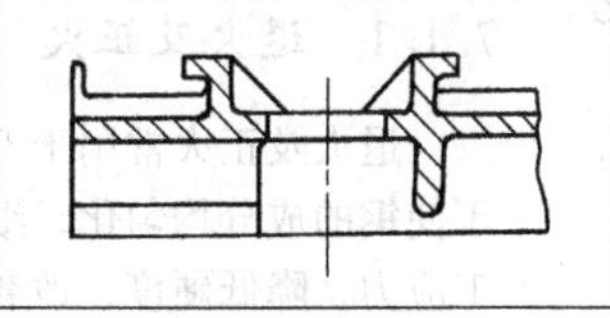	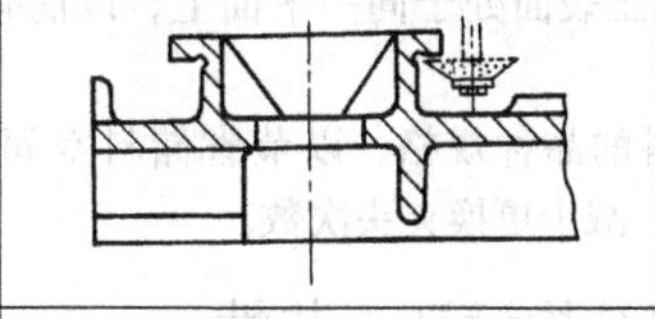	应保证砂轮自由退出和加工的空间
4	尽可能采用标准刀具	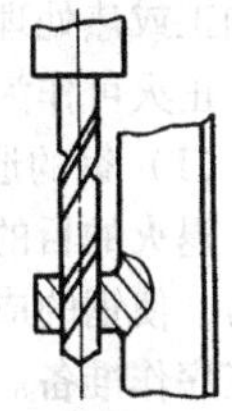	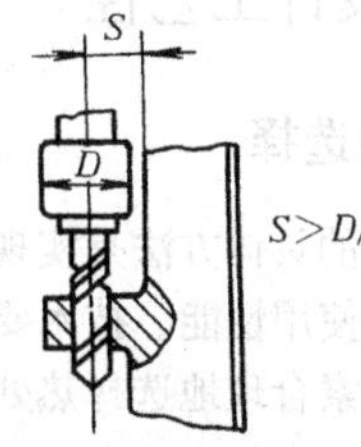	尽量不采用接长钻头等非标准刀具

6.4 自动化生产对零件结构设计工艺性的要求（见表 4.4-138）

表 4.4-138　自动化生产对零件结构工艺性要求

序号	注意事项	图例 改进前	图例 改进后	说明
1	薄壁平构件的结构要满足输送要求，构件应能互相接触而不阻碍移送	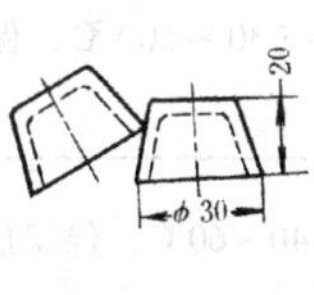	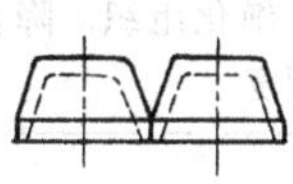	左图锥部极易相互重叠而发生堵塞；改进后把构件下部设计成圆柱形，可以防止构件重叠及堵塞
2	平薄小，不规则等构件必须以固定位置输送给下道工序	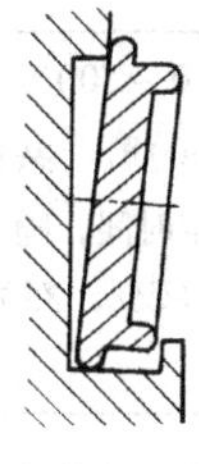	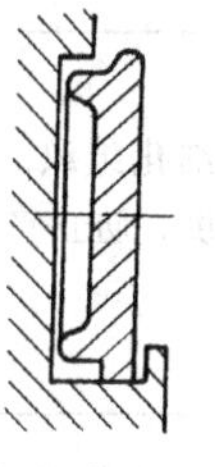	左图输送位置不正确，右图构件处于正确输送位置
3	零件形状应便于装卸运输	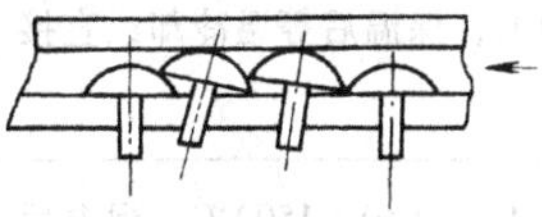	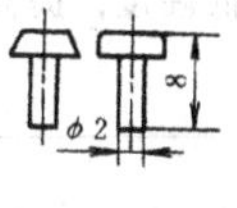	圆柱头铆钉比圆头铆钉易于装卸、装配
4	加工表面应设计在一个水平面上	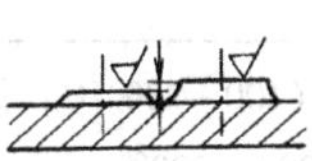	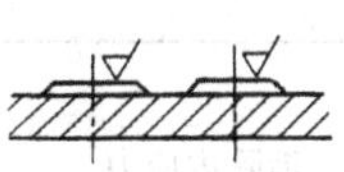	右图加工可一次完成，左图则需两次完成

在数控机床上加工零件时对结构的要求：

1）零件上的孔径和螺纹规格不宜过多，尽量减少刀具更换次数。

2）沉割槽的形状及其宽度的规格，不宜过多；最好限制在一种或两种之内。

3）零件不允许有清角时，只需在图样上标明倒角或倒圆即可，而不要标具体尺寸，因为通常在数控机床上，装有自动倒角装置。

4）应尽量使加工表面处于同一平面上，以简化编制程序工作。

5）减少原材料的品种规格，以节省储料空间，简化材料控制手续，减少更换夹头次数。

7　热处理零件结构设计工艺性

7.1　零件热处理方法的选择

正确地选择零件热处理的具体方法是实现零件热处理的前提，应根据零件的使用性能、技术要求、材料的成分、形状和尺寸等因素合理地选择热处理工艺方法。

按照金属材料组织变化的特征，可将现有主要的热处理工艺方法归纳为如下6类：

1）退火及正火。

2）淬火。

3）回火及时效。

4）表面淬火。

5）化学热处理。

6）形变热处理。

7.1.1　退火及正火

退火及正火常用于毛坯的预备热处理，其目的在于使钢的成分均匀化，细化晶粒，改善组织，消除加工应力，降低硬度，改善可加工性等，为下一步冷、热加工或热处理工序作准备。对于性能要求不高的钢件，正火可作为最终热处理工序。

（1）钢的退火

退火的目的在于：降低钢件的硬度，消除钢中内应力，使钢的成分均匀化，细化钢的组织，并为下一步工序作准备。

钢的常用退火工艺的分类及应用见表4.4-139。

表4.4-139　钢的常用退火工艺的分类及应用

类　　别	主要目的	工艺特点	应用范围
扩散退火	成分均匀化	加热至 Ac_3 +（150～200）℃，长时间保温后缓慢冷却	铸钢件及具有成分偏析的锻轧件等
完全退火	细化组织，降低硬度	加热至 Ac_3 +（30～50）℃，保温后缓慢冷却	铸、焊件及中碳钢和中碳合金钢锻轧件等
不完全退火	细化组织，降低硬度	加热至 Ac_1 +40～60℃，保温后缓慢冷却	中、高碳钢和低合金钢锻轧件等（组织细化程度低于完全退火）
等温退火	细化组织，降低硬度，防止产生白点	加热至 Ac_3 +（30～50）℃（亚共析钢）或 Ac_1 +（20～40）℃（共析钢和过共析钢），保持一定时间，随炉冷至稍低于 Ar_1 进行等温转变，然后空气冷却（简称空冷）	中碳合金钢和某些高合金钢的重型铸锻件及冲压件等（组织与硬度比完全退火更为均匀）
球化退火	碳化物球状化，降低硬度，提高塑性	加热至 Ac_1 +（20～40）℃或 Ac_1 −（20～30）℃，保温后等温冷却或直接缓慢冷却	工模具及轴承钢件，结构钢冷挤压件等
再结晶退火或中间退火	消除加工硬化	加热至 Ac_1 −（50～150）℃，保温后空冷	冷变形钢材和钢件
去应力退火	消除内应力	加热至 Ac_1 −（100～200）℃，保温后空冷或炉冷至200～300℃，再出炉空冷	铸钢件、焊接件及锻轧件

（2）钢的正火

正火的目的在于：调整钢件的硬度，细化晶粒及消除网状碳化物，为淬火做好组织准备或作为最终热处理。

钢正火工艺的特点及应用范围见表 4.4-140，40Cr 钢退火和正火后力学性能比较见表 4.4-141。

表 4.4-140　钢正火工艺的特点及应用范围

工艺特点	应用范围
将工件加热到 Ac_3 或 A_{cm} 以上 40～60℃，保温一定时间，然后以稍大于退火的冷却速度冷却下来，如空冷、风冷、喷雾等，得到片层间距较小的珠光体组织（有的叫正火索氏体）	1. 改善切削性能。含碳量（质量分数）低于 0.25% 的低碳钢和低合金钢，高温正火后硬度可提高到 140～190HBW，有利于切削加工 2. 消除共析钢中的网状碳化物，为球化退火作准备 3. 作为中碳钢、合金钢淬火前的预备热处理，以减少淬火缺陷 4. 用于淬火返修件消除内应力和细化组织，以防重新淬火时产生变形与裂纹 5. 对于大型、重型及形状复杂零件或性能要求不高的普通结构零件作为最终热处理，以提高力学性能

表 4.4-141　40Cr 钢退火和正火后力学性能比较

热处理状态	性能				
	R_m /MPa	$R_{p0.2}$ /MPa	A (%)	Z (%)	a_K /J·cm^{-2}
退　火	656	364	21	53.5	56
正　火	754	45	21	56.9	78

7.1.2　淬火及回火

（1）钢的淬火

淬火的目的在于：使钢获得较高的强度和硬度。淬火后的零件再经中、高温回火，可获得良好的综合力学性能。淬火还可防止某些沉淀相在过饱和固溶体自高温冷却时析出，为下一步冷变形加工或时效强化作好准备，淬火是热处理强化中最重要的工序。

如果工件只需局部提高硬度，则可进行局部淬火或表面淬火，以避免工件其他部分产生变形和开裂。

应根据淬火零件的材料、形状、尺寸和所要求的力学性能的不同，选用不同的淬火方法。

淬火的分类及特点见表 4.4-142。

表 4.4-142　淬火的分类及特点

类别	工艺过程	特点	应用范围
单液淬火	工件加热到淬火温度后，浸入一种淬火介质中，直到工件冷至室温为止	优点是操作简便，缺点是易使工件产生较大内应力，发生变形，甚至开裂	适用于形状简单的工件，对于碳钢工件，直径大于 5mm 的在水中冷却，直径小于 5mm 的可以在油中冷却；对于合金钢工件，大都在油中冷却
双液淬火	加热后的工件先放入水中淬火，冷却至接近 Ms 点（300～200℃）时，从水中取出立即转到油中（或放在空气中）冷却	利用冷却速度不同的两种介质，先快冷躲过奥氏体最不稳定的温度区间（650～550℃），至接近发生马氏体转变（钢在发生体积变化）时再缓冷，以减小内应力和变形开裂倾向	主要适用于碳钢制成的中型零件和由合金钢制成的大型零件
分级淬火	工件加热到淬火温度，保温后，取出置于温度略高（也可稍低）于 Ms 点的淬火冷却剂（盐浴或碱浴）中停留一定时间，待表里温度基本一致时，再取出置于空气中冷却	1. 减小了表里温差，降低了热应力 2. 马氏体转变主要是在空气中进行，降低了组织应力，所以工件的变形与开裂倾向小 3. 便于热校直 4. 比双液淬火容易操作	此法多用于形状复杂、小尺寸的碳钢和合金钢工件，如各种刀具。对于淬透性较低的碳钢工件，其直径或厚度应小于 10mm
等温淬火	工件加热到淬火温度后，浸入一种温度稍高于 Ms 点的盐浴或碱浴中，保温足够的时间，使其发生下贝氏体转变后在空气中冷却	与其他淬火比较，特点如下： 1. 淬火后得到下贝氏体组织，在相同硬度情况下强度和冲击韧度高	1. 由于变形很小，因而很适合于处理一些精密的结构零件，如冲模、轴承、精密齿轮等

（续）

类别	工艺过程	特点	应用范围
等温淬火		2. 一般工件淬火后可以不经回火直接使用，所以也无回火脆性问题，对于要求性能较高的工件，仍需回火 3. 下贝氏体质量体积比马氏体小，减小了内应力与变形、开裂	2. 由于组织结构均匀，内应力很小，显微和超显微裂纹产生的可能性小，因而用于处理各种弹簧，可以大大提高其疲劳抗力 3. 特别对于有显著的第一类回火脆性的钢，等温淬火优越性更大 4. 受等温槽冷却速度限制，工件尺寸不能过大 5. 球墨铸铁件也常用等温淬火以获得高的综合力学性能，一般合金球铁零件等温淬火有效厚度可达100mm或更高
喷雾淬火	工件加热到淬火温度后，将压缩空气通过喷嘴使冷却水雾化后喷到工件上进行冷却	可通过调节水及空气的流量来任意调节冷却速度，在高温区实现快冷，在低温区实现缓冷。可用喷嘴数量、水量实现工件均匀冷却	对于大型复杂工件或重要轴类零件（如汽轮发电机的轴），可使其旋转以实现均匀性冷却

（2）钢的回火

淬火钢在回火过程中硬度和强度不断下降，而塑性和韧性逐渐提高，同时降低和消除了工件中的残余应力，避免淬火钢的开裂，并能保持在使用过程中的尺寸稳定性。

回火工艺由于温度、热源、介质等的差异可以分为多种。其中，淬火与高温回火合称为调质处理，时效处理。冷处理也是淬火后工件的一种热处理方法，其目的与回火相似。回火、调质、时效与冷处理工艺见表4.4-143。

表4.4-143　回火、调质、时效与冷处理工艺

类别		工艺过程	特点	应用范围
回火	低温回火	回火温度为150～250℃	回火后获得回火马氏体组织，但内应力消除不彻底，故应适当延长保温时间	目的是降低内应力和脆性，而保持钢在淬火后的高硬度和耐磨性。主要用于各种工具、模具、滚动轴承和渗碳或表面淬火的零件等
回火	中温回火	回火温度为350～450℃	回火后获得托氏体组织，在这一温度范围内回火，必须快冷，以避免第二类回火脆性	目的在于保持一定韧度的条件下提高弹性和屈服点，故主要用于各种弹簧、锻模、冲击工具及某些要求强度的零件，如刀杆等
回火	高温回火	回火温度为500～680℃，回火后获得索氏体组织。淬火+高温回火称为调质处理，可获得强度、塑性、韧性都较好的综合力学性能，并可使某些具有二次硬化作用的高合金钢（如高速钢）二次硬化，其缺点是工艺较复杂，在提高塑性、韧性同时，强度、硬度有所降低		广泛地应用于各种较为重要的结构零件，特别是在交变负荷下工作的连杆、螺栓、齿轮及轴等。不但可作为这些重要零件的最终热处理，而且还常可作为某些精密零件如丝杠等的预备热处理，以减小最终热处理中的变形，并为获得较好的最终性能提供组织基础
调质		（同上）		（同上）
时效处理	高温时效	加热略低于高温回火的温度，保温后缓冷到300℃以下出炉	时效与回火有类似的作用，这种方法操作简便，效果也很好，但是耗费时间太长	时效的目的是使淬火后的工件进一步消除内应力，稳定工件尺寸 常用来处理要求形状不再发生变形的精密工件，例如精密轴承、精密丝杠、床身、箱体等
时效处理	低温时效	将工件加热到100～150℃，保温较长时间（约5～20h）		低温时效实际就是低温补充回火
冷处理		将淬火后的工件，在0℃以下的低温介质中继续冷却到-80℃，待工件截面冷到温度均匀一致后，取出空冷	可使残留奥氏体全部或大部分转变为马氏体。因此，不仅提高了工件硬度、抗拉强度，还可以稳定工件尺寸	主要适用于合金钢制成的精密刀具、量具和精密零件，如量块、量规、铰刀、样板、高精度的丝杠、齿轮等，还可以使磁钢更好地保持磁性

7.1.3 表面淬火

表面淬火可使工件表层具有较高的耐磨性和抗疲劳强度，而心部却有良好的塑性和韧度。表面淬火的方法很多，见表4.4-144。

表4.4-144 表面淬火的种类和特点

类别	工艺过程	特点	应用范围
感应加热表面淬火	将工件放入感应器中，使工件表层产生感应电流，在极短的时间内加热到淬火温度后，立即喷水冷却，使工件表层淬火，从而获得非常细小的针状马氏体组织 根据电流频率不同，感应加热表面淬火，可以分为： 1. 高频淬火：100～1000kHz 2. 中频淬火：1～10kHz 3. 工频淬火：50Hz	1. 表层硬度比普通淬火高2～3HRC，并具有较低的脆性 2. 疲劳强度、冲击韧度都有所提高，一般工件可提高20%～30% 3. 变形小 4. 淬火层深度易于控制 5. 淬火时不易氧化和脱碳 6. 可采用较便宜的低淬透性钢 7. 操作易于实现机械化和自动化，生产率高 8. 电流频率愈高，淬透层愈薄。例如高频淬火一般1～2mm，中频淬火一般3～5mm，工频淬火能到10～15mm 缺点：处理复杂零件比渗碳困难	常用中碳钢［w（C）＝0.4%～0.5%］和中碳合金结构钢，也可用高碳工具钢和低合金工具钢，以及铸铁 一般零件淬透层深度为半径的1/10左右时，可得到强度、耐疲劳性和韧性的最好配合。对于小直径（10～20mm）的零件，建议用较深的淬透层深度，即可达半径的1/5；对于截面较大的零件可取较浅的淬透层深度，即小于半径1/10以下
火焰表面淬火	用乙炔-氧或煤气-氧的混合气体燃烧的火焰，喷射到零件表面上，快速加热，当达到淬火温度后，立即喷水或用乳化液进行冷却	淬透层深度一般为2～6mm，过深往往引起零件表面严重过热，易产生淬火裂纹。表面硬度钢可达65HRC，灰铸铁为40～48HRC，合金铸铁为43～52HRC。这种方法简便，无需特殊设备，但易过热，淬火效果不稳定，因而限制了它的应用	适用于单件或小批生产的大型零件和需要局部淬火的工具或零件，如大型轴类、大模数齿轮等 常用钢材为中碳钢，如35、45钢及中碳合金钢（合金元素＜3%），如40Cr、65Mn等，还可用于灰铸铁件、合金铸铁件。含碳量过低，淬火后硬度低，而碳和合金元素含量过高，则易碎裂，因此，以含碳量（质量分数）在0.35%～0.5%之间的碳素钢最适宜
电接触加热表面淬火	采用两电极（铜滚轮或碳棒）向工件表面通低电压大电流，在电极与工件表面接触处产生接触电阻，产生的热使工件表面温度达到临界点以上，电极移去后冷却淬火	1. 设备简单，操作方便 2. 工件变形极小，不需回火 3. 淬硬层薄，仅为0.15～0.35mm 4. 工件淬硬层金相组织，硬度不均匀	适用于机床铸铁导轨表面淬火与维修，气缸套、曲轴、工具等也可应用
脉冲淬火	用脉冲能量加热可使工件表面以极快速度（1/1000s）加热到临界点以上，然后冷却淬火	1. 由于加热冷却迅速，工件组织极细，晶粒极小 2. 淬火后不需回火 3. 淬火层硬度高（950～1250HV） 4. 工件无淬火变形，无氧化膜	适于热导率高的钢种，高合金钢难于进行这种淬火。用于小型零件、金属切削工具、照相机、钟表等机器易磨损件

7.1.4 钢的化学热处理

经化学热处理后，工件表层的化学成分及组织状态与心部有很大不同，再经适当的热处理方法，能显著提高工件的耐磨性、抗蚀性、疲劳强度或接触疲劳强度等性能指标。根据渗入元素的不同，化学热处理可分为渗碳、渗氮、碳氮共渗、渗硫、渗硼等，见表4.4-145。

表4.4-145　化学热处理常用渗入元素及其作用

渗入元素	工艺方法	常用钢材	渗层组成	渗层深度/mm	表面硬度	作用与特点	应用举例
C	渗　碳	低碳钢、低碳合金钢、热作模具钢	淬火后为碳化物+马氏体+残余奥氏体	0.3~1.6	57~63HRC	渗碳淬火后可提高表面硬度、耐磨性、疲劳强度、能承受重载荷。处理温度较高，工件变形较大	齿轮、轴、活塞销、链条、万向联轴器
N	渗　氮（氮化）	含铝低合金钢，中碳含铬低合金钢，含5% Cr的热作模具钢，铁素体、马氏体、奥氏体不锈钢，沉淀硬化不锈钢	合金氮化物+含氮固溶体	0.1~0.6	700~900HV	提高表面硬度、耐磨性、抗咬合性、疲劳强度、抗蚀性（不锈钢例外）以及抗回火软化能力。硬度、耐磨性比渗碳者高。渗氮温度低，工件变形小。处理时间长，渗层脆性大	镗杆、轴、量具、模具、齿轮
C、N	碳氮共渗	低中碳钢，低中碳合金钢	淬火后为碳氮化合物+含氮马氏体+残余奥氏体	0.25~0.6	58~63HRC	提高表面硬度、耐磨性、疲劳强度。共渗温度比渗碳低，工件变形小，厚层共渗较难	齿轮、轴、链条
C、N	软氮化（低温碳氮共渗）	碳钢、合金钢、高速钢、铸铁、不锈钢	碳氮化合物+含氮固溶体	0.007~0.020 0.3~0.5	50~68HRC	提高表面硬度、耐磨性、疲劳强度。温度低、工件变形小。硬度较一般渗氮低	齿轮、轴、工模具、液压件
S	渗硫	碳钢、合金钢、高速钢	硫化铁	0.006~0.08	70HV	渗层具有良好的减摩性，可提高零件的抗咬合能力。可在200℃以下低温进行	工模具、齿轮、缸套、滑动轴承等
S、N	硫氮共渗	碳钢、合金钢、高速钢	硫化物、氮化物	硫化物<0.01 氮化物 0.01~0.03	300~1200HV	提高抗咬合能力、耐磨性及疲劳强度。提高高速钢刀具的红硬性和切削能力。渗层抗蚀性差	工模具、缸套
S、C、N	硫碳氮共渗	碳钢、合金钢、高速钢	硫化物、碳氮化合物	硫化物<0.01 碳氮化合物 0.01~0.03	600~1200HV	作用同上。在熔盐介质中一般含有剧毒的氰盐	工模具、缸套
B	渗　硼	中高碳钢、中高碳合金钢	硼化物	0.1~0.3	1200~1800HV	渗层硬度高，抗磨料磨损能力强，减摩性好，红硬性高，抗蚀性有改善。脆性大，盐浴渗硼时，熔盐流动性差，易分层，渗后的工件难清洗	冷作模具、阀门

7.2　影响热处理零件结构设计工艺性的因素

在产品设计过程中，设计人员有时只注意如何使零件的结构形状适合部件机构的需要，而往往忽视了零件材料、结构不合理给热处理工艺带来的不便，甚至造成热处理后零件产生各种缺陷，而使零件变成废品。因此，要注意影响热处理零件设计工艺性的因素。

7.2.1　零件材料的热处理性能

在选择零件材料时，应注意材料的力学性能、工艺性能和经济性，与此同时也要注意材料的热处理性能，以保证零件较容易达到预定的热处理要求，而且成本低廉、生产周期短。

（1）淬硬性　淬硬性与钢的含碳量有关，含碳量愈高，淬火后硬度愈高，而对合金元素无显著影响，淬火硬度还受到工件截面尺寸的影响（见表 4.4-146）。一般来说，钢的强度与耐磨性与钢的硬度相一致，由于硬度检验方法简单快速而又无损，有时用以代替全面的性能检验。

（2）淬透性　淬透性主要取决于钢的合金成分，还受冷却速度、冷却剂以及工件尺寸大小的影响。不同的钢，淬火后得到的淬透层深度、金相组织以及力学性能都不同。

（3）变形开裂倾向性　工件产生变形开裂的倾向（见表 4.4-147）。一般含碳量较高的碳素结构钢、高碳工具钢，变形开裂倾向大。另外，加热或冷却速度太快，加热和冷却不均匀也会增加工件淬火变形开裂倾向性。

（4）回火脆性　某些钢（如锰钢、硅锰钢、铬硅钢等），淬火后在某一温度范围回火时，发生冲击韧性降低、脆性转变温度提高的现象。

表 4.4-146　几种常用钢材、不同截面尺寸的淬火硬度（HRC）

材　料	截面尺寸/mm						
	≤3	>3~10	>10~20	>20~30	>30~50	>50~80	>80~120
15 钢渗碳淬水	58~65	58~65	58~65	58~65	58~62	50~60	
15 钢渗碳淬油	58~62	40~60					
35 钢淬水	45~50	45~50	45~50	45~50	35~45	30~40	
45 钢淬水	54~59	50~58	50~55	48~52	45~50	40~50	25~35
45 钢淬油	40~45	30~35					
T8 淬水	60~65	60~65	60~65	60~65	56~62	50~55	40~45
T8 淬油	55~62	≤41					
20Cr 渗碳淬油	60~65	50~55	60~65	60~65	56~62	45~55	
40Cr 淬油	50~60	48~53	50~55	45~50	40~45	35~40	
35SiMn 淬油	48~53	48~53	48~53	45~50	40~45	35~40	
65SiMn 淬油	58~64	58~64	50~60	48~55	45~50	40~45	35~40
GCr15 淬油	60~64	60~64	60~64	58~63	52~62	48~50	
CrWMn 淬油	60~65	60~65	60~65	60~64	58~63	56~62	56~60

表 4.4-147　热处理变形的一般倾向

	轴　类	盘　状　体	正　方　体	圆　筒　体	环　状　体
原始状态	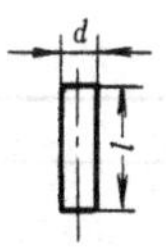	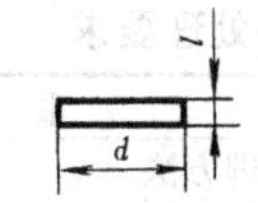	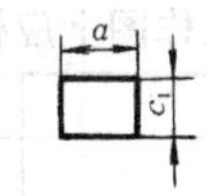	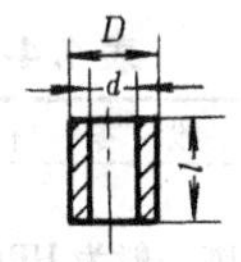	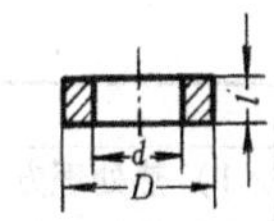
热应力作用	d^+、l^- 	d^-、l^+ 	趋向球状 	d^-、D^+、l^- 	D^+、l^- 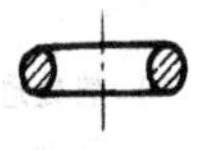
组织应力作用	d^-、l^+ 	d^+、l^- 	平面内凹 棱角突出 	d^-、D^-、l^+ 	D^-、d^+ 
组织转变作用	d^+、l^+或 d^-、l^- 	d^+、l^+或 d^-、l^- 	a^+、c^+或 a^-、c^- 	d^+、D^-、l^- 或d^-、D^+、l^+ 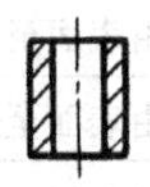	D^-、d^+、l^-或 D^+、d^-、l^+ 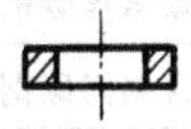

注：当圆筒的内径 d 很小时，则其变形规律如圆棒或正方体类；当圆环的内径 d 很小时，则其变形规律如圆饼。

7.2.2 零件的几何形状和刚度

为避免产生变形、开裂等热处理缺陷，零件几何形状除考虑力求简单、对称，减少应力集中因素外，还应考虑在热处理过程中零件形状便于运输、吊挂和装夹。

零件刚度差，有时需要采用专门的夹具以防止热处理变形。

7.2.3 零件的尺寸大小

钢材标准中所列的热处理后的力学性能，除有明显说明外，都是小尺寸试样（一般 < ϕ25mm）的试验数据。工件尺寸变大，热处理性能下降。例如碳钢，截面稍大就不能淬透；经调质的碳钢，力学性能随深度的增加而迅速降低，当截面较大时，其心部可能仍处于正火状态。这种由于工件截面尺寸变大而使热处理性能恶化的现象称为钢的热处理尺寸效应，见表4.4-148。

表4.4-148 几种常用结构钢的尺寸效应范围
（能达到规定力学性能的最大直径）（mm）

钢　号	水冷	油冷	钢　号	水冷	油冷
30	30		20Cr	45	35
35	32		40Cr	65	40
40	35		12CrNi3	60	40
45	37		20CrMo	60	45
50	40		35CrMo	80	60
55	42		30CrMnSi		60

7.2.4 零件的表面质量

零件的表面质量对热处理过程有一定的影响，工件表面裂纹等缺陷和残余应力将加大热处理后工件的变形和裂纹。

零件在热处理时，应具有一定的表面粗糙度 *Ra* 值。*Ra* 值过小，淬火气膜不易附着，冷却均匀，变形减小，所以淬火零件（包括表面淬火）的表面粗糙度应使 $Ra \leq 3.2\mu m$。渗氮零件表面粗糙度 *Ra* 值过大，则脆性增加，硬度不准确，所以一般要求 $Ra = 0.8 \sim 0.1\mu m$，渗碳零件表面粗糙度 $Ra \leq 6.3\mu m$。

7.3 对零件的热处理要求

7.3.1 在工作图上应标明的热处理要求（见表4.4-149）

7.3.2 金属热处理工艺分类及代号的表示方法（摘自 GB/T 12603—2005）（见表4.4-150）

表4.4-149 在工作图上应标明的热处理要求

<table>
<tr><th>方法</th><th colspan="2">一　般　零　件</th><th colspan="4">重　要　零　件</th></tr>
<tr><td>普通热处理</td><td colspan="2">1）热处理方法
2）硬度：标注波动范围一般为 HRC 在 5 个单位左右；HBW 在 30 ~ 40 个单位左右</td><td colspan="4">1）热处理方法
2）零件不同部位的硬度
3）必要时提出零件不同部位的金相组织要求</td></tr>
<tr><td>表面淬火</td><td colspan="2">1）热处理方法
2）硬度
3）淬火区域</td><td colspan="4">1）热处理方法，必要时提出预先热处理要求；
2）表面淬火硬度、心部硬度；
3）淬硬层深度；
4）表面淬火区域；
5）必要时提出变形要求</td></tr>
<tr><td rowspan="6">渗碳</td><td colspan="2">1）热处理方法
2）硬度
3）渗层深度：目前工厂多用下述方法确定</td><td colspan="4">1）热处理方法；
2）淬火、回火后表面硬度、心部硬度；
3）渗碳层深度；
4）渗碳区域；
5）必要时提出渗碳层含碳量，一般在下述范围</td></tr>
<tr><td rowspan="2">使用场合</td><td rowspan="2">深　度</td><td rowspan="2">状态</td><td colspan="3">含碳量（质量分数,%）</td></tr>
<tr><td>表面过共析区</td><td>共析区</td><td>亚共析（过渡）区</td></tr>
<tr><td>碳素渗碳钢</td><td>由表面至过渡层 1/2 处</td><td rowspan="2">炉冷</td><td rowspan="2">0. 9 ~ 1. 2</td><td rowspan="2">0. 7 ~ 0. 7</td><td rowspan="2"><0. 7</td></tr>
<tr><td>含铬渗碳钢</td><td>由表面至过渡层 2/3 处</td></tr>
<tr><td>合金渗碳钢汽车齿轮</td><td>过共析、共析、过渡区总和</td><td>空冷</td><td>1. 0 ~ 1. 2</td><td>0. 6 ~ 1. 0</td><td><0. 6</td></tr>
<tr><td></td><td colspan="2">4）渗碳区域</td><td colspan="4">6）必要时提出心部金相组织要求</td></tr>
</table>

（续）

方法	一　般　零　件	重　要　零　件
渗氮	1）热处理方法 2）表面和心部硬度（表面硬度用 HV 或 HRA 测定） 3）渗氮层深度（一般应≤0.6mm） 4）渗氮区域	1）热处理方法 2）除一般零件几项要求外，还需提出心部力学性能 3）必要时，还要提出金相组织及对渗氮层脆性要求（直接用维氏硬度计压头的压痕形状来评定）
碳氮共渗	1）中温碳氮共渗与渗碳同 2）低温碳氮共渗与渗氮同	1）中温碳氮共渗与渗碳同 2）低温碳氮共渗与渗氮同

表 4.4-150　金属热处理工艺分类及代号的表示方法（摘自 GB/T 12603—2005）

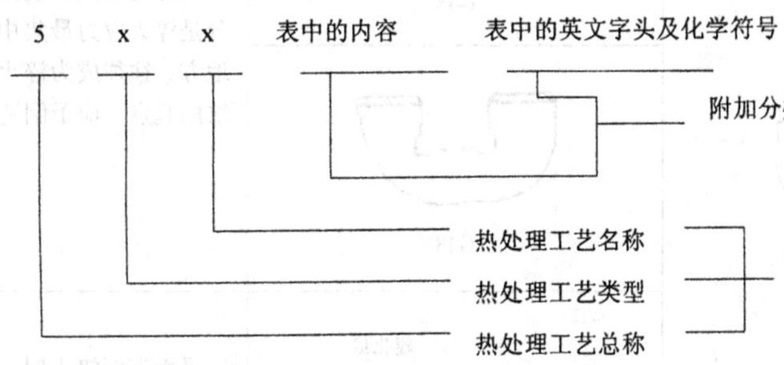

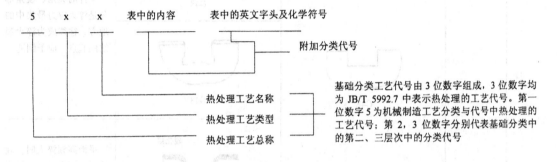

基础分类工艺代号由 3 位数字组成，3 位数字均为 JB/T 5992.7 中表示热处理的工艺代号。第一位数字 5 为机械制造工艺分类与代号中热处理的工艺代号；第 2，3 位数字分别代表基础分类中的第二、三层次中的分类代号

基础分类

工艺总称	代号	工艺类型	代号	工艺名称	代号
热处理	5	整体热处理	1	退火	1
				正火	2
				淬火	3
				淬火和回火	4
				调质	5
				稳定化处理	6
				固溶处理；水韧处理	7
				固溶处理＋时效	8
		表面热处理	2	表面淬火和回火	1
				物理气相沉积	2
				化学气相沉积	3
				等离子增强化学气相沉积	4
				离子注入	5
		化学热处理	3	渗碳	1
				碳氮共渗	2
				渗氮	3
				氮碳共渗	4
				渗其他非金属	5
				渗金属	6
				多元共渗	7

附加分类

加热方式	代号
可控气氛（气体）	01
真空	02
盐浴（液体）	03
感应	04
火焰	05
激光	06
电子束	07
等离子体	08
固体装箱	09
流态床	10
电接触	11

退火工艺	代号
去应力退火	St
均匀化退火	H
再结晶退火	R
石墨化退火	G
脱氢处理	D
球化退火	Sp
等温退火	I
完全退火	F
不完全退火	P

淬火冷却介质方法	代号
空气	A
油	O
水	W
盐水	B
有机聚合物溶液	Po
热浴	H
加压淬火	Pr
双介质淬火	I
分级淬火	M
等温淬火	At
变形淬火	Af
冷气淬火	G
冷处理	C

说明

1. 当对基础工艺中的某些具体实施条件有明确要求时，使用附加分类代号

2. 附加分类工艺代号，按加热，退火，淬火冷却顺序标注。当工艺在某个层次不需进行分类时，该层次用阿拉伯数字“0”代替

3. 当对冷却介质及冷却方法需要用两个以上字母表示时，用加号将两个或几个字母连接起来，如 H＋M 代表盐浴分级淬火

4. 化学处理中，没有表明渗入元素的各种工艺，如多共元渗，渗金属，渗其他非金属，可以在其代号后用括号表示出渗入元素的化学符号表示

5. 多工序处理工艺代号用破折号将各工艺代号连接组成，但除第一个工艺外，后面的工艺均省略第一位数字“5”，如 515-33-01 表示调质和气体渗氮

7.4　热处理零件结构设计的注意事项

为防止零件在热处理过程中出现开裂、变形、硬度不均等缺陷，在机械零件结构设计时必须遵守如下基本要求。

7.4.1　防止热处理零件开裂的注意事项

防止热处理开裂的注意事项见表4.4-151。

表4.4-151　防止热处理零件开裂的注意事项

序　号	注意事项	图例：改　进　前	图例：改　进　后	说　明
1	避免尖角、棱角	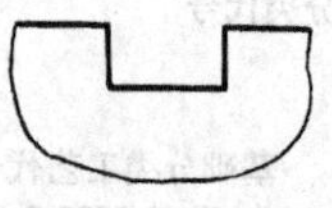 G48	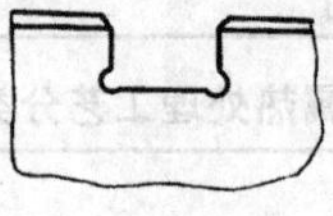 G48 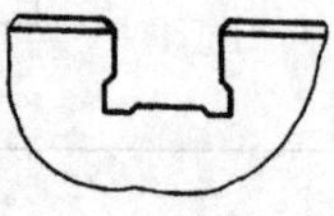 G48	零件的尖角、棱角部分是淬火应力最集中的地方，往往成为淬火裂纹的起点，应予倒钝
			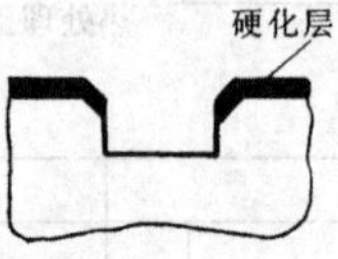 G48	平面高频淬火时，硬化层达不到槽底，槽底虽有尖角，但不致于开裂
		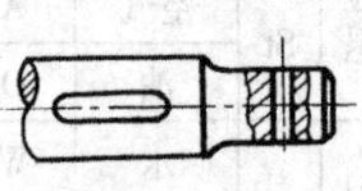	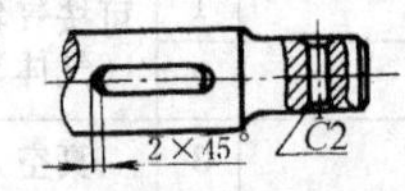 	为了避免锐边尖角熔化或过热，在槽或孔的边上应有2～3mm的倒角（与轴线平行的键槽边可不倒角），直径过渡应为圆角
		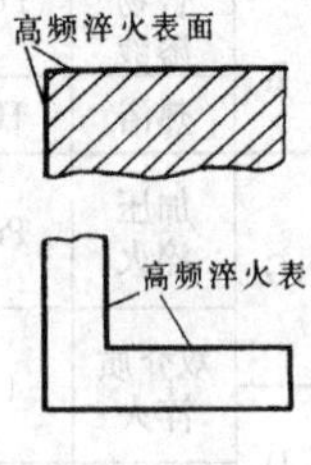 	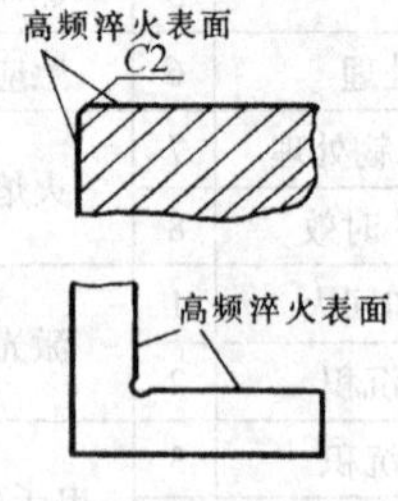 	二平面交角处应有较大的圆角或倒角，并有5～8mm不能淬硬
2	避免断面突变	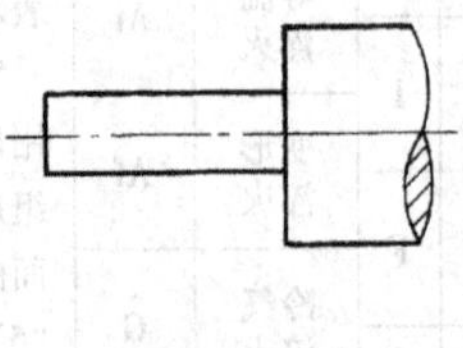	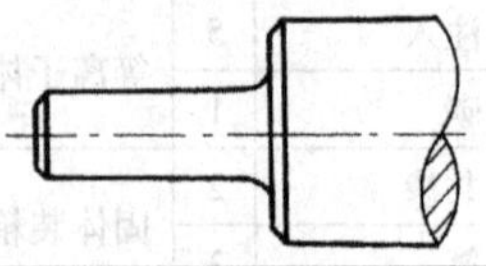	断面过渡处应有较大的圆角半径，以避免冷却速度不一致而开裂
			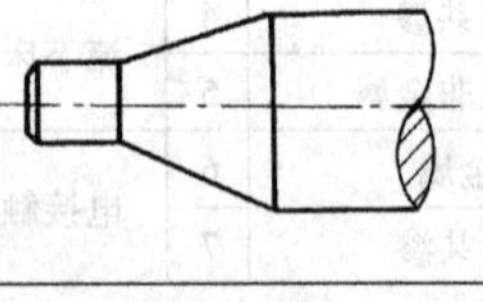	结构允许时，可设计成过渡圆锥

（续）

序　号	注意事项	图　例		说　明
		改　进　前	改　进　后	
3	避免结构尺寸厚薄相差悬殊	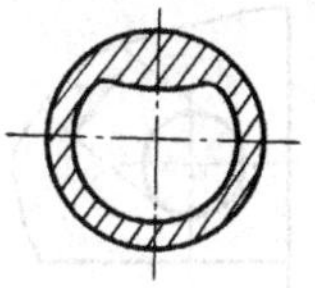	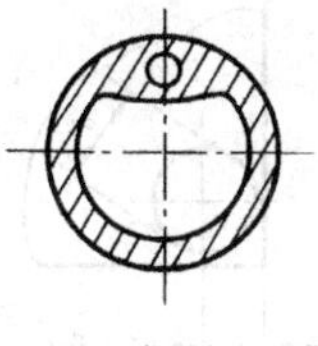	加开工艺孔，使零件截面较均匀
		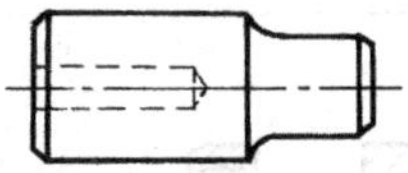	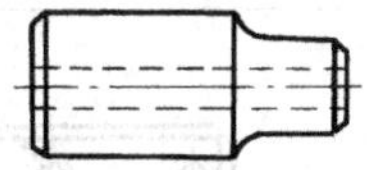	变不通孔为通孔
		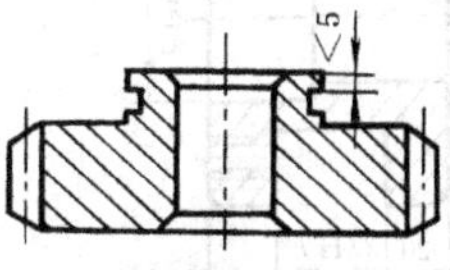 齿部槽部 G42	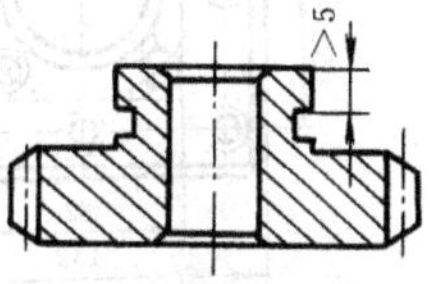 齿部槽部 G42	拨叉槽部的一侧厚度不得小于 5mm
			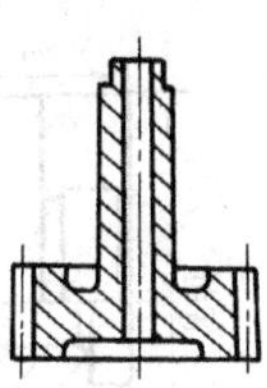 G42	不通孔改为通孔，以使厚薄均匀
		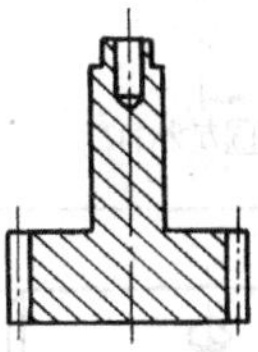	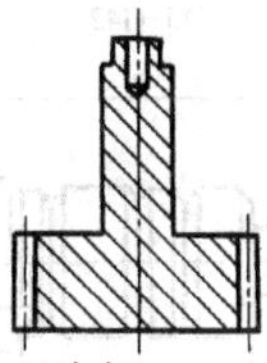 齿部 G42	形状不改变，仅由全部淬火改为齿部高频淬火
4	避免孔距离边缘太近	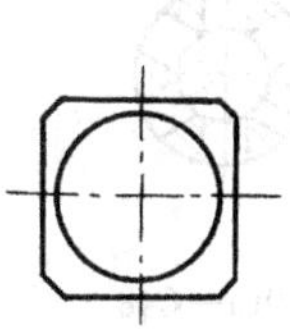	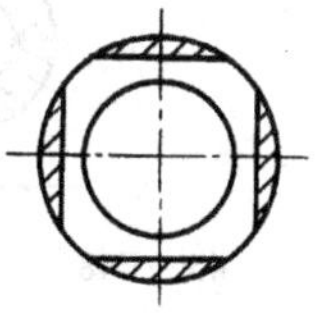	避免危险尺寸或太薄的边缘。当零件要求必须是薄边时，应在热处理后成形（加工去多余部分）
		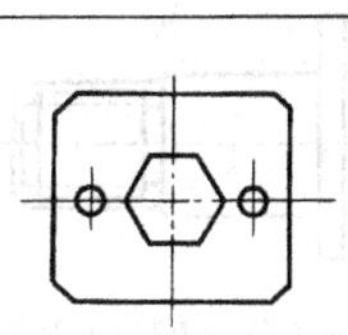	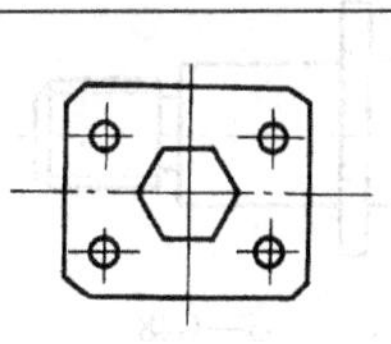	改变冲模螺纹孔的数量和位置，减少淬裂倾向

（续）

序　号	注意事项	图例 改　进　前	图例 改　进　后	说　　明
		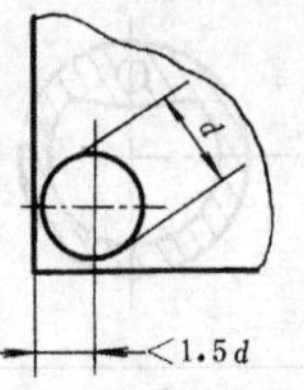	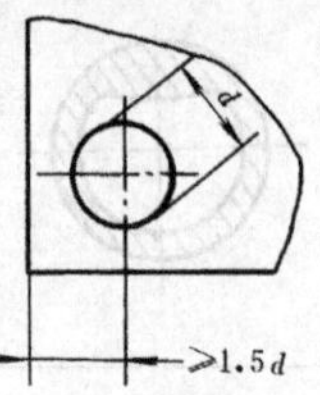	结构允许时，孔距离边缘应不小于1.5d
4	避免孔距离边缘太近	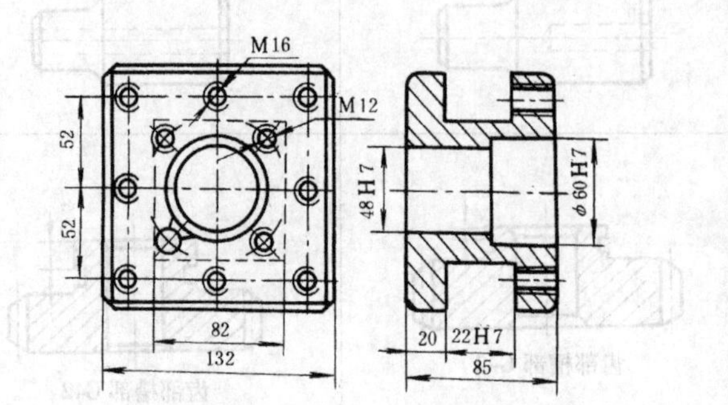		结构不允许时（如车床刀架），可采用降温预冷淬火方法，以避免开裂
		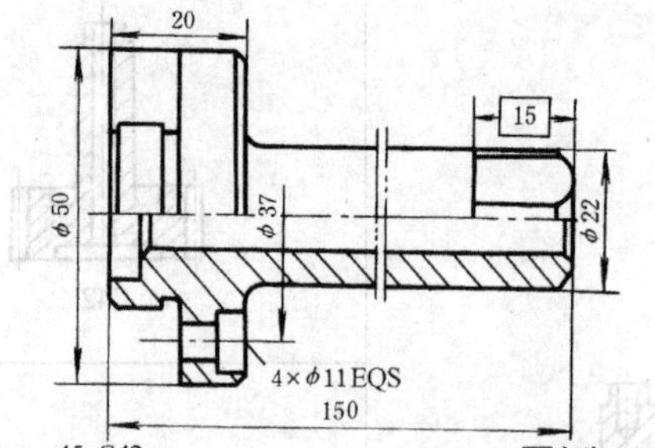 45－G42	45－[15]方头G42	全部淬火时，4孔ϕ11边缘易开裂；若局部淬火能满足要求，就不必全部淬火
5	形状复杂的零件，避免选用要求水淬的钢	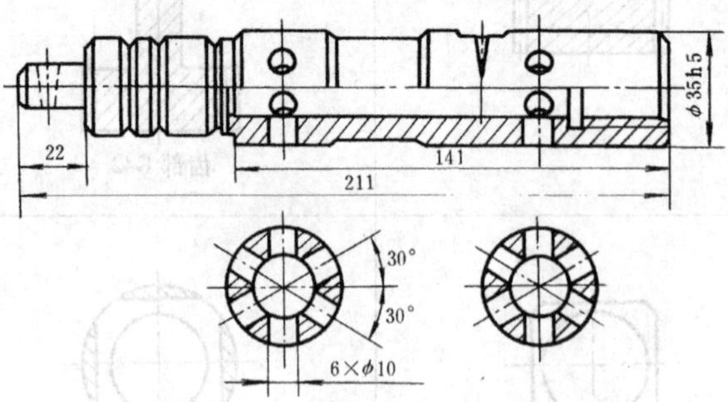 45—G48	40Cr—G48	改进前，用45钢水淬，6×ϕ10孔处易开裂，整个工件易发生弯曲变形，且不易校直；改用40Cr钢油淬，减少了开裂倾向
6	防止螺纹脆裂	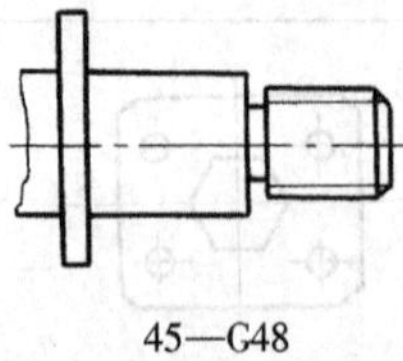 45—G48	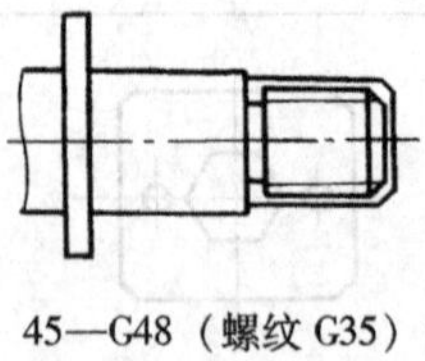 45—G48（螺纹G35）	螺纹在淬火前已车好，则在淬火时用石棉泥、铁丝包扎防护，或用耐火泥调水玻璃防护

（续）

序　号	注意事项	图例：改　进　前	图例：改　进　后	说　　明
6	防止螺纹脆裂	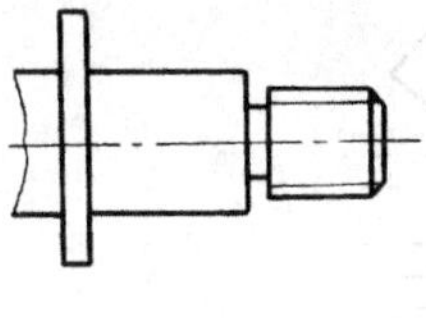 20Cr—S—G59	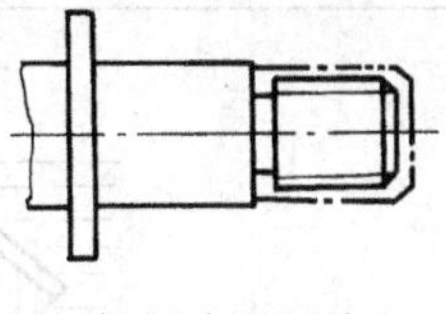 渗碳后车螺纹再淬火 20Cr—S—G59（螺纹 G35）	渗碳件螺纹部位采用留加工余量的方法，或螺纹先车出，采用直接防护方法（镀铜、涂膏剂等）
		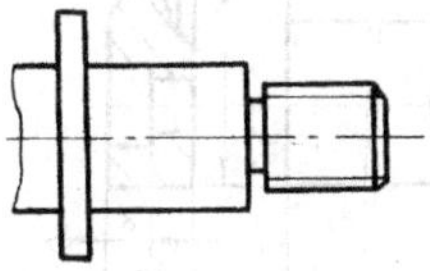 38CrMoAlA—D900	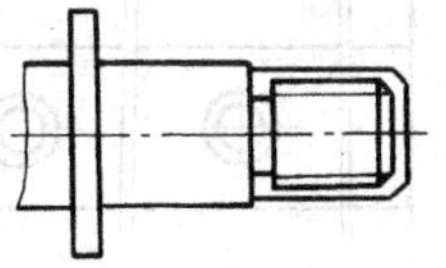 38CrMoAlA—D900 （螺纹部分≤42HRC）	渗氮件螺纹部位采用留加工余量方法，或螺纹先车出，采用直接涂料或电镀防护

7.4.2　防止热处理零件变形的注意事项（见表 4.4-152）

表 4.4-152　防止热处理零件变形的基本要求

序　号	注意事项	图例：改　进　前	图例：改　进　后	说　　明
1	采用封闭对称结构	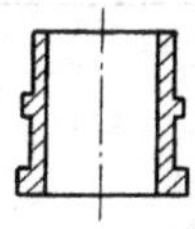	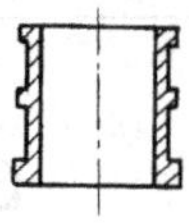	一端有凸缘的薄壁套类零件渗氮后变形成喇叭口，在另一端增加凸缘后，变形大大减小
		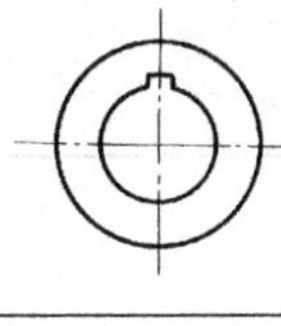	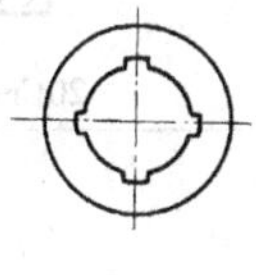	几何形状力求对称，使变形减小或变形有规律；如图例T611A机床渗氮摩擦片、坐标镗床精密刻线尺退火
		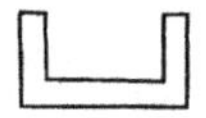	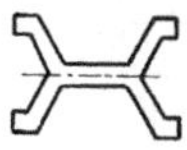	
		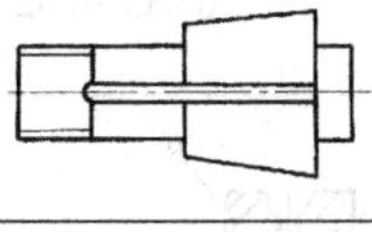	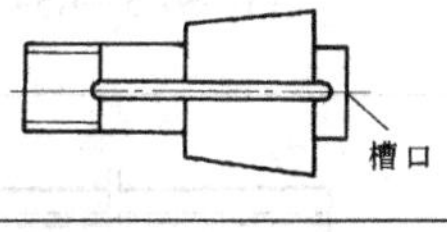	弹簧夹头都采用封闭结构，淬火、回火后再切开槽口
		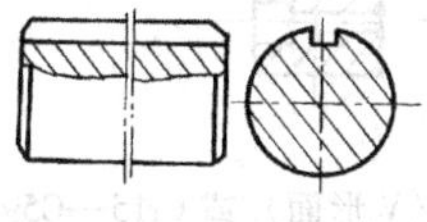	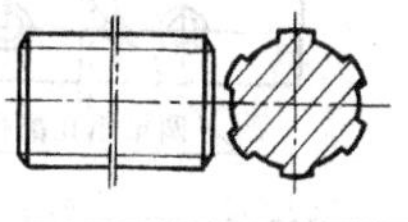	单键槽的细长轴，淬火后一定弯曲；宜改用花键轴
		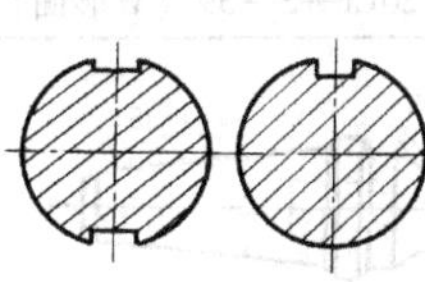	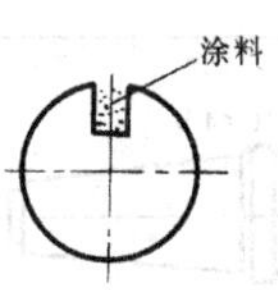	将淬火时冷却快的部位涂上涂料（耐火泥或石棉与水玻璃的混合物），以降低冷却速度，使冷却均匀

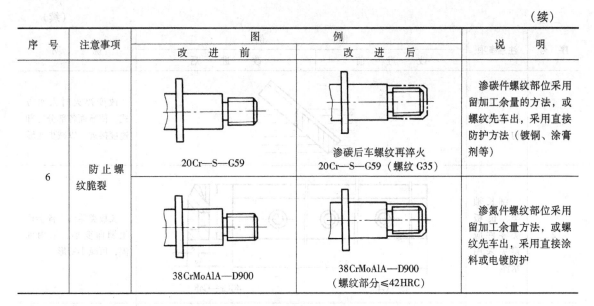

（续）

序　号	注意事项	图例 改　进　前	图例 改　进　后	说　　明
1	采用封闭对称结构	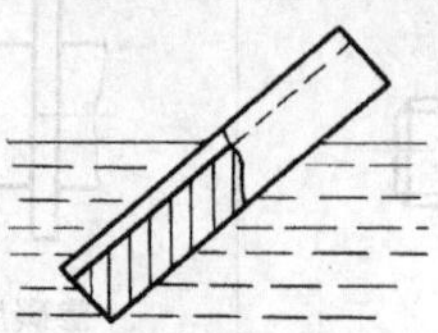		改变淬火时入水方式，使断面各部分冷却速度接近，以减少变形
2	细长轴类、长板类零件应避免采用水淬	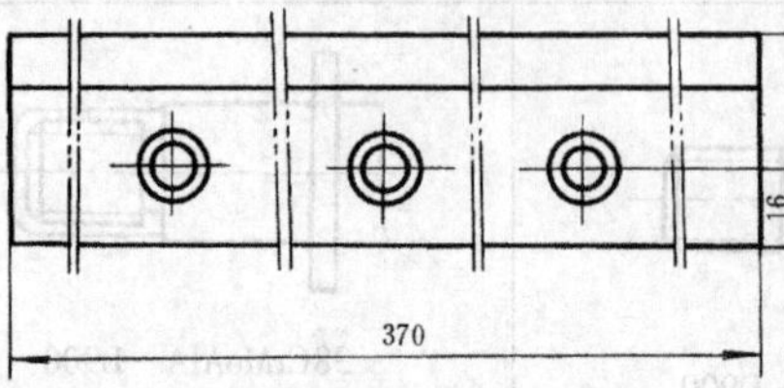 45—G48	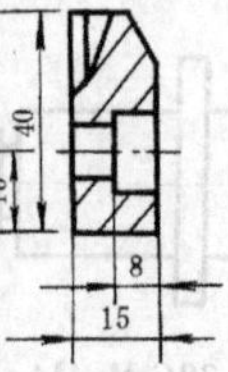 40Cr—G48	长板类零件水淬会产生翘曲变形，采用油淬，可减小变形
3	选择适当的材料和热处理方法	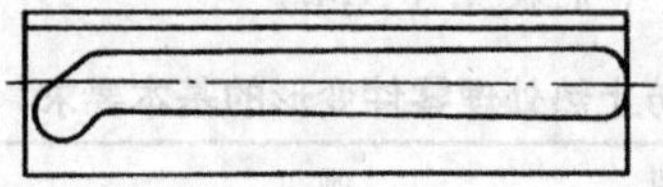 40Cr—G52（槽部）	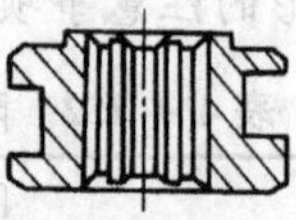 20Cr—S—G59（花键孔防护）	改进前，槽部直接淬火比较困难，改用渗碳淬火（花键孔防护）
		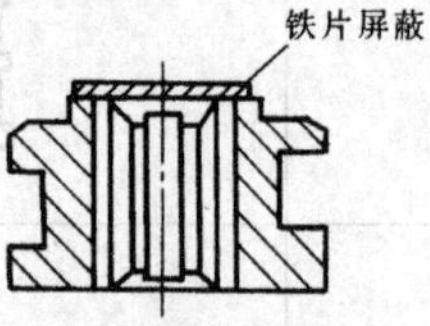 20Cr—D600 或 40Cr—D500		最好改用离子渗氮（花键孔用铁片屏蔽）
		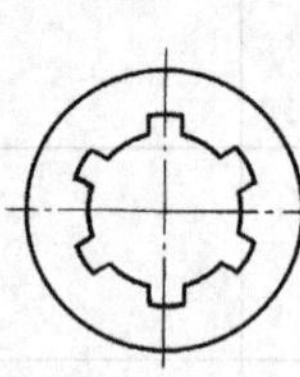 15—S0.5—G59	65Mn—G52	摩擦片用15钢，渗碳淬火时须有专用淬火夹具和回火夹具，合格率较低；改用65Mn钢油淬，夹紧回火即可
		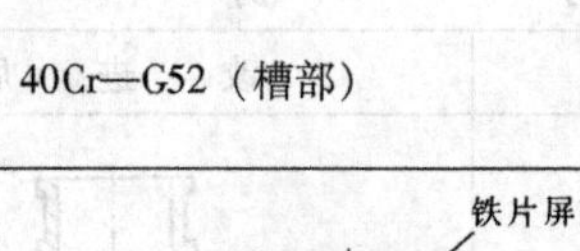 20Cr—S—G59（V形面）	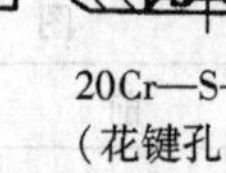 T10A—G59（V形面）或 Cr15—G59（V形面）或 20Cr—S—59（V形面）	改进前，由于考虑销孔配作，选用20Cr钢渗碳，渗碳后去掉A、B面碳层，然后淬火，工艺复杂；改用高频淬火较为简单
		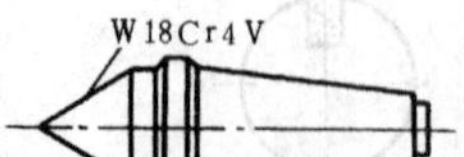		此件两部分工作条件不相同，设计成组合结构，不同部位用不同材料，既提高工艺性，又节约高合金钢材料

（续）

序号	注意事项	图例：改进前	图例：改进后	说明
4	机械加工与热处理工艺互相配合	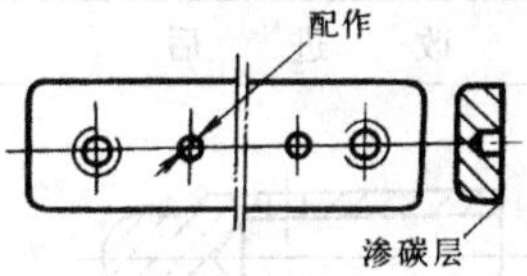 20Cr—S—G59	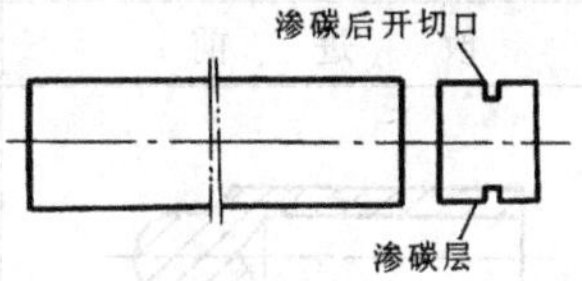 两件一起下料	改进前，有配作孔的一面去掉渗碳层，形成碳层不对称，淬火后必然翘曲；改为两件一起下料，渗碳后开切口，淬火后再切成单件
		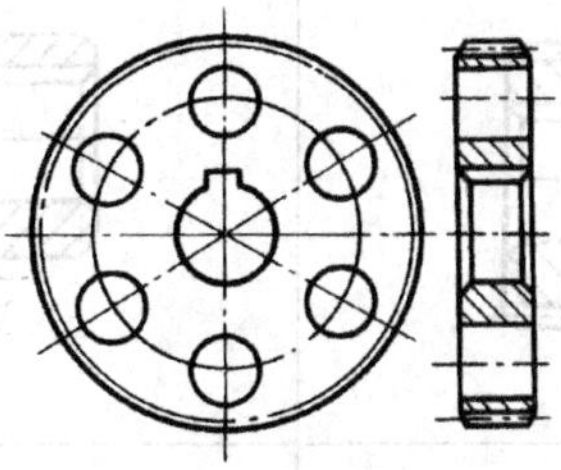 齿部 G52		改进前，齿部淬火后 6 个孔处的齿圈将下凹；应在齿部淬火后再钻 6 个孔
		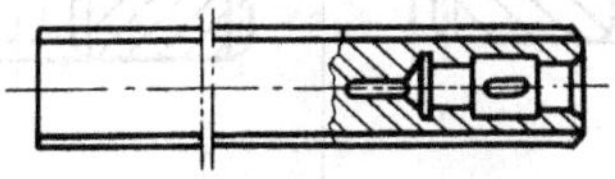 38CrMoAlA—D900 直接渗氮	在整个加工过程中安排正火、调质、高温时效、低温时效等工序	使渗氮前获得均匀理想的金相组织，并消除切削加工应力，以保证渗氮件变形微小
		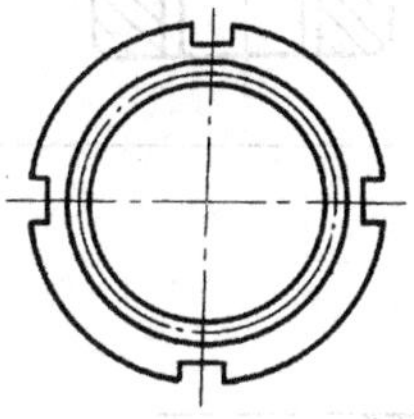 槽部 G42	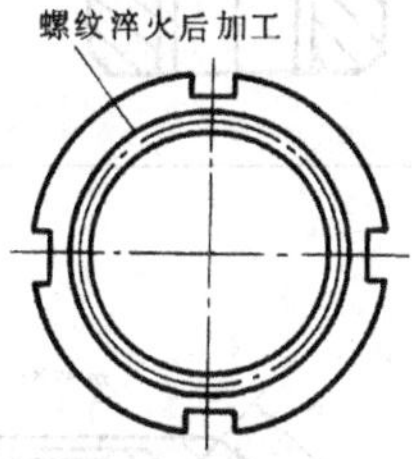 槽部 G42	全部加工后淬火则内螺纹会产生变形；最好在槽口局部淬火后再车内螺纹
5	增加零件刚性	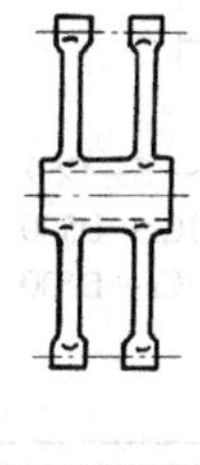	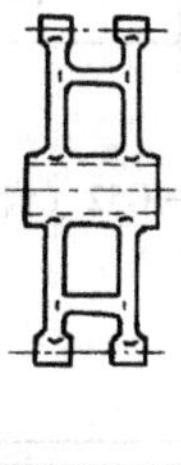	杠杆为铸件，其杆臂较长，铸造时及热处理时均易变形。加横梁后，使变形减少

7.4.3　防止热处理零件硬度不均的注意事项（见表 4.4-153）

表 4.4-153　防止热处理零件硬度不均的注意事项

序　号	注意事项	图例：改　进　前	图例：改　进　后	说　　明
1	避免不通孔和死角	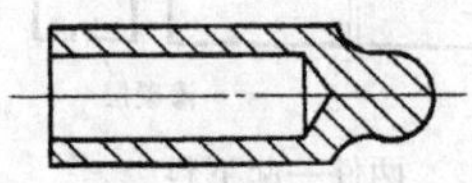	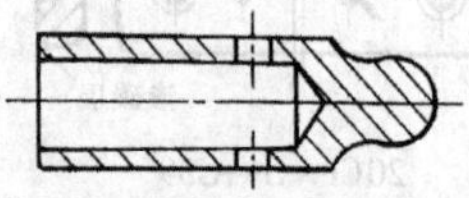	不通孔和死角使淬火时的气泡无法逸出，造成硬度不均；应设计工艺排气孔
2	两个高频淬火部位不应相距太近，以免互相影响	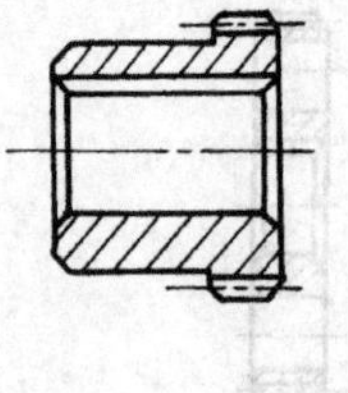	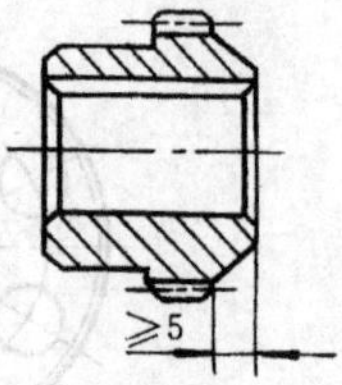	齿部和端面均要求淬火时，端面与齿部距离应不小于 5mm
		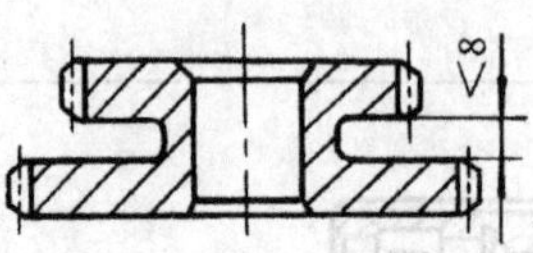	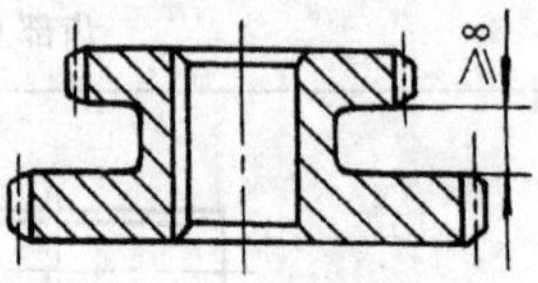	二联或二联以上的齿轮，若齿部均需高频淬火，则齿部两端面间的距离应不小于 8mm
		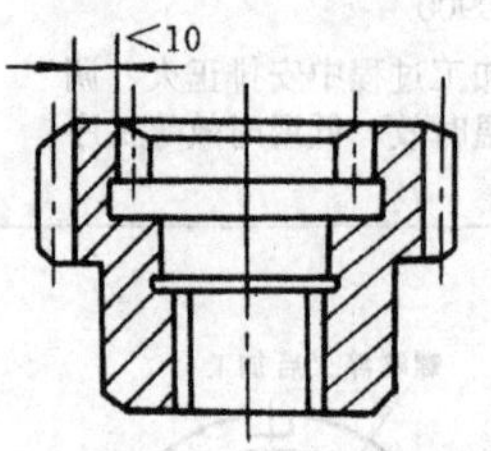	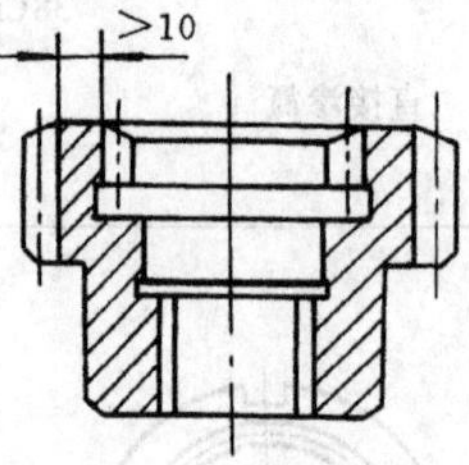	内外齿均需高频淬火时，两齿根圆间的距离应不小于 10mm
3	选择适当的材料和热处理方法	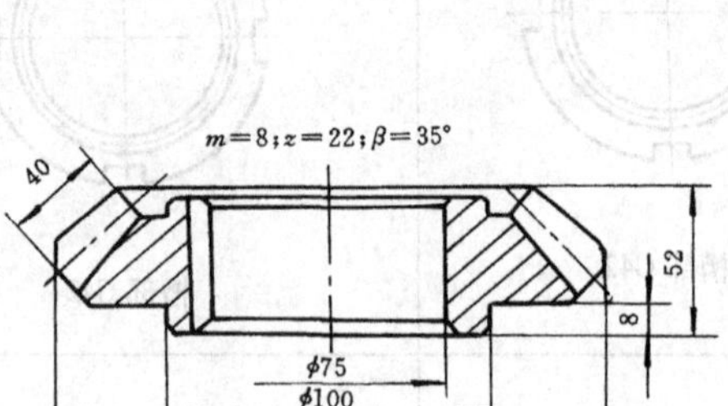 40Cr—G52（齿部）	20Cr—S—G59 或 40Cr—D500 或 20Cr—D600	改进前，弧齿锥齿轮凹凸齿面硬度不一致，特别是模数较大时，硬度差亦较大；应采用渗碳或渗氮，用离子渗氮更好

（续）

<table>
<tr><th rowspan="2">序　号</th><th rowspan="2">注意事项</th><th colspan="2">图　　例</th><th rowspan="2">说　　明</th></tr>
<tr><th>改　进　前</th><th>改　进　后</th></tr>
<tr><td rowspan="3">4</td><td rowspan="3">齿条避免采用高频淬火</td><td>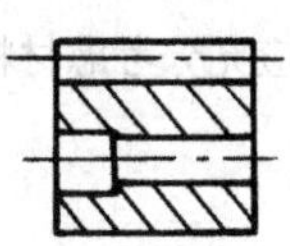
45—G48</td><td>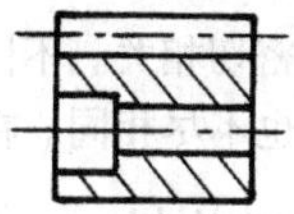
20Cr—S—G59
或40Cr—D500</td><td>平齿条高频淬火只能淬到齿顶，如果加热过久，会使齿顶熔化，而齿根淬不上火；应采用渗碳或渗氮</td></tr>
<tr><td rowspan="2">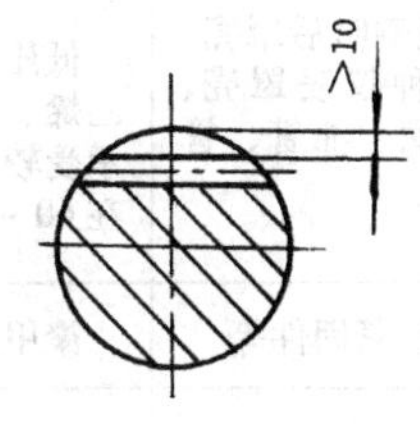
G48</td><td>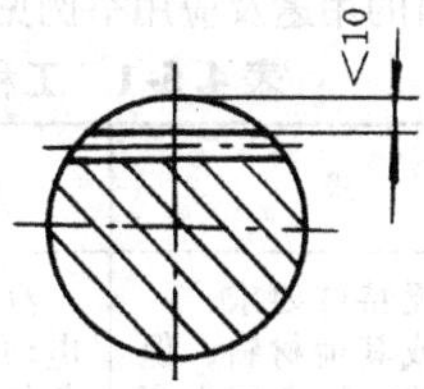
G48</td><td>圆断面的齿条，当齿顶平面到圆柱表面的距离小于10mm时，可采用高频淬火</td></tr>
<tr><td>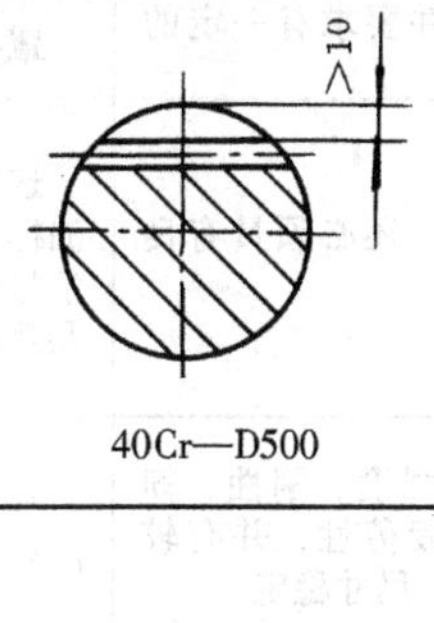
40Cr—D500</td><td>最好采用渗氮处理，用离子渗氮更好</td></tr>
</table>

第5章　满足材料要求的结构设计

零件的结构型式与材料性能密切相关。不同的材料，其性能特点各异，加工工艺也不尽相同。在零件设计中应充分考虑材料对加工工艺的要求。

1　工程塑料件结构设计工艺性

1.1　工程塑料的选用

在机械工业中，工程塑料的用途及应用举例见表4.5-1。

表4.5-1　工程塑料的用途及应用举例

用　途	要　　　求	应　用　举　例	材　料
一　般 结构零件	强度和耐热性无特殊要求，一般用来代替钢材或其他材料，但由于批量大，要求有较高的生产率，成本低，有时对外观有一定要求	汽车调节器盖及喇叭后罩壳、电动机罩壳、各种仪表罩壳、盖板、手轮、手柄、油管、管接头、紧固件等	低压聚乙烯、聚氯乙烯、改性聚苯乙烯、ABS、聚丙烯等。这些材料只承受较低的载荷，当受力小时，大约在60~80℃范围内使用
	同上述要求，并要求有一定的强度	罩壳、支架、盖板、紧固件等	聚甲醛、尼龙1010
透　明 结构零件	除上述要求外，还必须具有良好的透明度	透明罩壳、汽车用各类灯罩、油标、油杯、视镜、光学镜片、信号灯、防爆灯、防护玻璃以及透明管道等	改性有机玻璃、改性聚苯乙烯、聚碳酸酯
耐磨受力 传动零件	要求有较高的强度、刚性、韧性、耐磨性、耐疲劳性，并有较高的热变形温度，尺寸稳定	轴承、齿轮、齿条、蜗轮、凸轮、辊子、联轴器等	尼龙、MC尼龙、聚甲醛、聚碳酸酯、聚酚氧、氯化聚醚、线型聚酯等。这类塑料的拉伸强度都在60MPa以上，使用温度可达80~120℃
减摩自 润滑零件	对力学性能要求不高，但由于零件的运动速度较高，故要求具有低的摩擦因数、优异的耐磨性和自润滑性	活塞环、机械动密封圈、填料、轴承等	聚四氟乙烯、填充的聚四氟乙烯、聚四氟乙烯填充的聚甲醛、聚全氟乙丙烯（F-46）等；在小载荷、低速时可采用低压聚乙烯
耐高温 结构零件	除满足耐磨受力传动零件和减摩自润滑零件要求外，还必须具有较高的热变形温度及高温抗蠕变性	高温工作的结构传动零件，如汽车分速器盖、轴承、齿轮、活塞环、密封圈、阀门、阀杆、螺母等	聚砜、聚苯醚、氟塑料（F-4，F-46）、聚酰亚胺、聚苯硫醚，以及各种玻璃纤维增强塑料等。这些材料都可在150℃以上使用
耐腐蚀 设备与 零　件	有较高的化学稳定性	化工容器、管道、阀门、泵、风机、叶轮、搅拌器以及它们的涂层或衬里等	聚四氟乙烯、聚全氟乙丙烯、聚三氟氯乙烯、氯化聚醚、聚氯乙烯、低压聚乙烯、聚丙烯、酚醛塑料等

1.2　工程塑料零件的制造方法

1.2.1　工程塑料的成型方法

热塑性塑料可用注射、挤出、吹塑等成型工艺，制成各种规格的管、棒、板、薄膜、泡沫塑料、增强塑料，以及各种形状的零件，见表4.5-2。

表4.5-2　工程塑料的主要成型方法、特点及应用

成型 方法	特　　点	应　　用
压制 成型	将塑料粉或经增强、耐磨、耐热等材料改性的材料置于模具中，用加压加热方法制得一定形状的塑料制品	一般用于热固性塑料的成型，也适于热塑性塑料的成型

（续）

成型方法	特　　点	应　　用
注射成型	将颗粒状或粉状塑料置于注射机机筒内加热，使其软化后用旋转螺杆施加压力，使机筒内的物料自机筒末端的喷嘴注射到模具中，然后冷却脱模，即得所需的制品，该法适于加工形状复杂而批量又大的制件，成本低，速度快	用于聚乙烯、ABS、聚酰胺、聚丙烯、聚苯乙烯等热塑性塑料的成型。可制作形状复杂的零件
挤出成型	将颗粒状或粉状塑料由加料斗连续地加入带有加热装置的机筒中，受热软化后，用旋转的螺杆连续从口模挤出（口模的形状即为所需制品的断面形状，其长度视需要而定），冷却后即为所需之制品	用于加工连续的管材、棒材或片状制品
浇注成型	将加有填料或未加填料的流动状态树脂倒入具有一定形状的模具中，在常压或低压下置于一定温度的烘箱中保温使其固化，即得所需形状之制品	用于酚醛、环氧树脂等热固性塑料的成型。可制作大型复杂的零件
吹塑成型	先将已制成的片材、管材塑料加热软化或直接把挤出、注射成型出来的熔融状态的管状物，置于模具内，吹入压缩空气，使塑料处于高于弹性变形温度而又低于其流动温度下，吹成所需的空心制品	用于聚乙烯、软聚氯乙烯、聚丙烯、聚苯乙烯等热塑性塑料中空制品的成型。可制作瓶子和薄壁空心制品
真空成型	将已制成的塑料片加热到软化温度，借真空的作用使之紧贴在模具上，经过一定时间的冷却使其保持模具的形状，即得所需之制品	用于聚碳酸酯、聚砜、聚氯乙烯、聚苯乙烯、ABS等热塑性塑料的成型。可制作薄壁的杯、盘、罩、盖、壳、盒等敞口制品

热固性塑料可通过模压、层压、浇注等工艺制成层压板、管、棒以及各种形状的零件。

1.2.2　工程塑料的机械加工

一般工程塑料可采用普通切削工具和设备进行机械加工。由于塑料散热性差，有弹性，加工时易变形，以及易产生分层、开裂、崩落等现象，故应采取如下工艺措施，见表4.5-3。

表4.5-3　普通塑料机械加工条件

加工方法	切　削　刀　具	切　削　用　量
车　削	前角10°～25°，后角15°	$v=30\text{m/min}$ $f=0.05\sim0.1\text{mm/r}$ $a_p=0.10\sim0.50\text{mm}$
铣　削	最好用镶片铣刀、高速钢刀，前角大、刀齿少	同加工黄铜，足够切削液
钻　孔	孔径$D<\phi15\text{mm}$，顶角60°～90°，$D\geqslant\phi15\text{mm}$，顶角118°	$D<\phi15\text{mm}$时 $n=500\sim1500\text{r/min}$ $f=0.1\sim0.5\text{mm/r}$ 足够切削液，常退屑
扩（铰）孔	螺旋槽扩孔钻、铰刀	同加工黄铜
攻螺纹	直接用二锥加工	
刨　削	后角6°～8°	a_p与v都要小
锯　割	弓形锯、电动木工圆锯、手锯、钢锉	
说　明	v—切削速度；a_p—背吃刀量；f—进给量	

1）刀具刃口要锋利，前角和后角要比加工金属时大。

2）充分冷却，多采用风冷或水冷。

3）工件不能夹持过紧。

4）切削速度高，进给量小，以获得较光滑的表面。

在机械加工泡沫塑料时，可采用木工工具和普通机械加工设备，但需用特殊刀具及操作方法，同时还可用电阻丝通电发热熔割（一般可用5～12V电压和直径为0.5～1mm的电阻丝），并可采用粘结剂（如沥青胶、聚醋酸乙烯乳液、环氧胶、聚氨酯胶等）进行胶接成型。

1.3　工程塑料零件设计的基本参数（见表4.5-4～表4.5-17）

表4.5-4　几种塑料轴承的配合间隙　（mm）

轴　径	尼龙6和66	聚四氟乙烯	酚醛布层压塑料
6	0.050～0.075	0.050～0.100	0.030～0.075
12	0.075～0.100	0.100～0.200	0.040～0.085
20	0.100～0.125	0.150～0.300	0.060～0.120
25	0.125～0.150	0.200～0.375	0.080～0.150
38	0.150～0.200	0.250～0.450	0.100～0.180
50	0.200～0.250	0.300～0.525	0.130～0.240

表4.5-5　聚甲醛轴承的配合间隙　（mm）

轴　径	室温～60℃	室温～120℃	−45～120℃
6	0.076	0.100	0.150
13	0.100	0.200	0.250
19	0.150	0.310	0.380
25	0.200	0.380	0.510
31	0.250	0.460	0.640
38	0.310	0.530	0.710

表 4.5-6　塑料零件的厚度　（mm）

材料		外形尺寸				
		<20	20~50	50~80	80~150	150~250
压塑粉	酚醛塑料	—	1.0~1.5	2.0~2.5	5.0~6.0	—
	聚酰胺	0.8	1.0	1.3~1.5	3.0~3.5	4.0~6.0
纤维塑料		—	1.5	2.5~3.5	4.0~6.0	6.0~8.0
耐热塑料		0.5	0.5~1.0	1.0~1.5	1.5~2.0	2.0~3.0

表 4.5-7　壁厚、高度和最小壁厚　（mm）

壁厚（建议尺寸）				
塑料类型	最低限值	小型制件	一般制件	大型制件
聚苯乙烯	0.75	1.25	1.6	3.2~5.4
有机玻璃（372）	0.8	1.5	2.2	4~6.5
聚乙烯	0.8	1.25	1.6	2.4~3.2
聚氯乙烯（硬）	1.15	1.6	1.8	3.2~5.8
聚氯乙烯（软）	0.85	1.25	1.5	2.4~3.2
聚丙烯	0.85	1.45	1.75	2.4~3.2
聚甲醛	0.8	1.4	1.6	3.2~5.4
聚碳酸酯	0.95	1.8	2.3	3~4.5
尼龙	0.45	0.75	1.6	2.4~3.2
聚苯醚	1.2	1.75	2.5	3.5~6.4
氯化聚醚	0.85	1.35	1.8	2.5~3.4

高度和最小壁厚			
制件高度	≤50	>50~100	>100~200
最小壁厚	1.5	1.5~2	2~2.5

表 4.5-8　加强肋

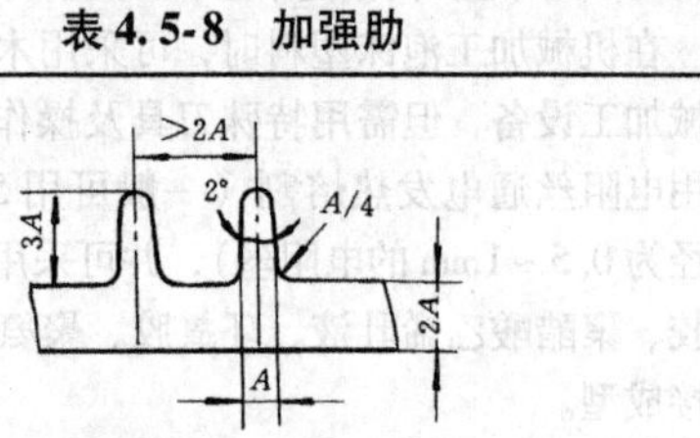

加强肋底部宽度为壁厚的一半

加强肋高度不超过 3A

加强肋间中心距离不应小于 2A

表 4.5-9　不同表面的推荐脱模斜度

表面部位	斜度	
	连接零件与薄壁零件	其他零件
外表面	15′	30′~1°
内表面	30′	≈1°
孔（深度<1.5d）	15′	30′~45′
加强肋、凸缘	2°、3°、5°	10°

表 4.5-10　不同塑料的推荐脱模斜度

塑料名称	脱模斜度
聚乙烯、聚丙烯、聚氯乙烯（软）	30′~1°
ABS、聚酰胺、聚甲醛、氟化聚醚、聚苯醚	40′~1°30′
聚氯乙烯（硬）、聚碳酸酯、聚砜	50′~2°
聚苯乙烯、有机玻璃	50′~2°
热固性塑料	20′~1°

表 4.5-11　孔深 $h \leqslant 2d$ 情况下的孔最小直径　（mm）

材料	d_{min}
聚酰胺	0.5
玻璃纤维	1.0
压塑料	1.5
纤维塑料	2.5
酚醛塑料	4.0
其他	0.8

表 4.5-12　塑料制件上不通孔的尺寸关系

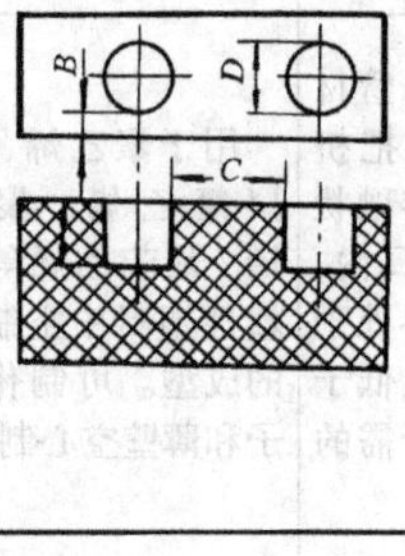

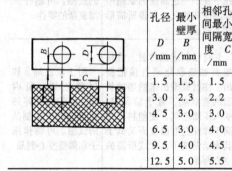

孔径 D /mm	最小壁厚 B /mm	相邻孔间最小间隔宽度 C /mm	最大孔深与孔径之比 H∶D
1.5	1.5	1.5	从 2∶1 到 15∶1
3.0	2.3	2.2	
4.5	3.0	3.0	
6.5	3.0	4.0	
9.5	4.0	4.5	
12.5	5.0	5.5	

表 4.5-13　孔的尺寸关系（最小值）

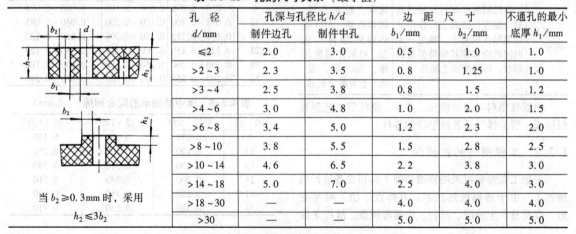

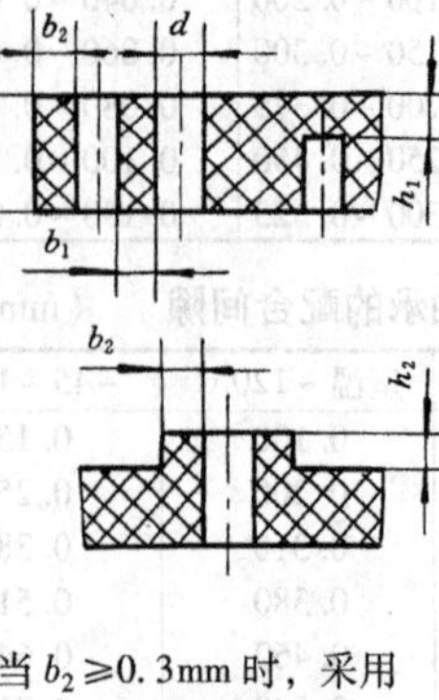

当 $b_2 \geqslant 0.3$mm 时，采用 $h_2 \leqslant 3b_2$

孔径 d/mm	孔深与孔径比 h/d		边距尺寸		不通孔的最小底厚 h_1/mm
	制件边孔	制件中孔	b_1/mm	b_2/mm	
≤2	2.0	3.0	0.5	1.0	1.0
>2~3	2.3	3.5	0.8	1.25	1.0
>3~4	2.5	3.8	0.8	1.5	1.2
>4~6	3.0	4.8	1.0	2.0	1.5
>6~8	3.4	5.0	1.2	2.3	2.0
>8~10	3.8	5.5	1.5	2.8	2.5
>10~14	4.6	6.5	2.2	3.8	3.0
>14~18	5.0	7.0	2.5	4.0	3.0
>18~30	—	—	4.0	4.0	4.0
>30	—	—	5.0	5.0	5.0

表 4.5-14　用型芯制出通孔的孔深和孔径

凸模形式	圆锥形阶段	圆柱形阶段	圆柱圆锥形阶段
单边凸模	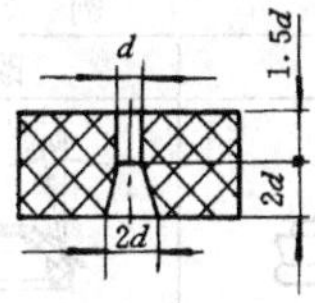	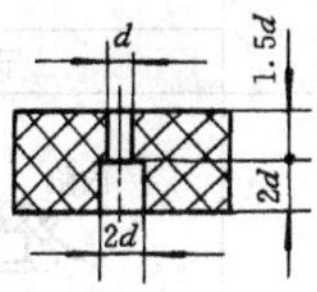	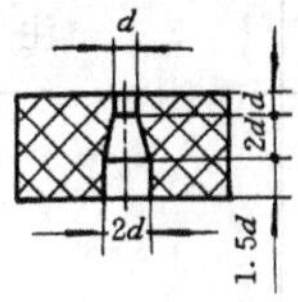
双边凸模	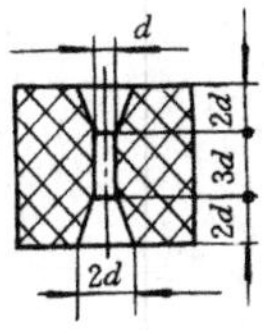	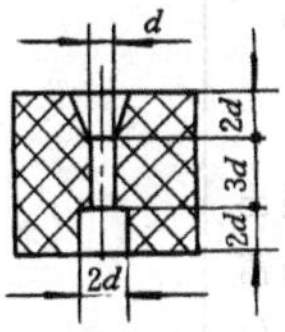	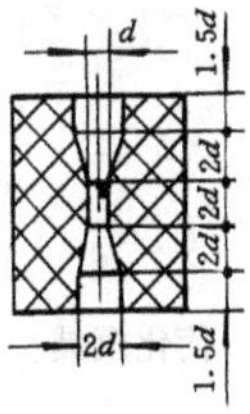

表 4.5-15　螺孔的尺寸关系（最小值）　　（mm）

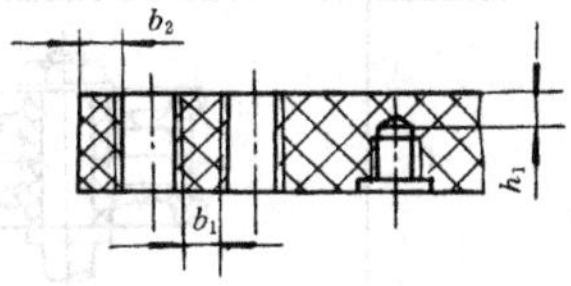

螺纹直径	边距尺寸 b_1	边距尺寸 b_2	不通螺纹孔最小底厚 h_1
≤3	1.3	2.0	2.0
>3～6	2.0	2.5	3.0
>6～10	2.5	3.0	3.8
>10	3.8	4.3	5.0

表 4.5-16　螺纹成型部分的退刀尺寸　　（mm）

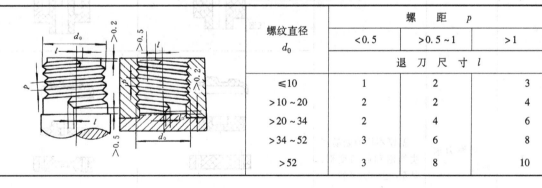

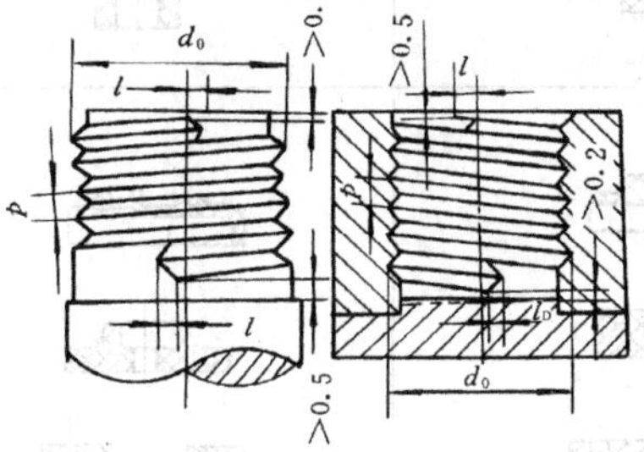

螺纹直径 d_0	螺距 p <0.5	螺距 p >0.5～1	螺距 p >1
	退刀尺寸 l		
≤10	1	2	3
>10～20	2	2	4
>20～34	2	4	6
>34～52	3	6	8
>52	3	8	10

表 4.5-17　滚花的推荐尺寸

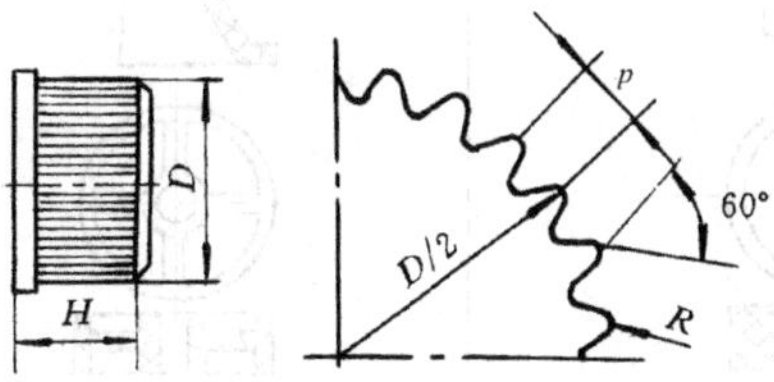

制件直径 D/mm	滚花的距离/mm 齿距 p	滚花的距离/mm 半径 R	$\frac{D}{H}$
≤8	1.2～1.5	0.2～0.3	1
>18～50	1.5～2.5	0.3～0.5	1.2
>50～80	2.5～3.5	0.5～0.7	1.5
>80～120	3.5～4.5	0.7～1	1.5

1.4　工程塑料零件结构设计的注意事项（见表4.5-18）

表4.5-18　工程塑料零件结构设计的注意事项

序号	注意事项		图例：改进前	图例：改进后
1	简化模具	避免凹陷，方便出模。改进前的结构需用可拆分的模具，生产率较低，成本较高	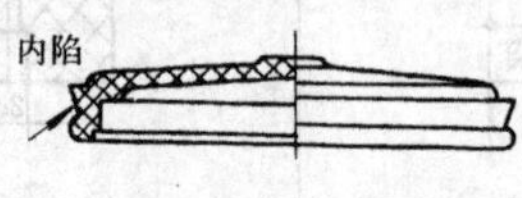	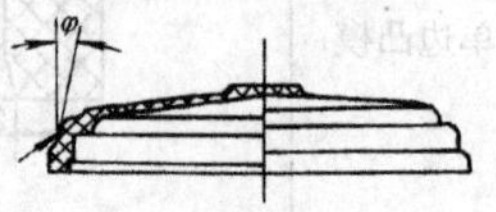
			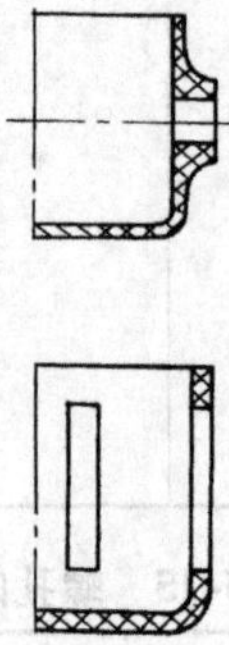	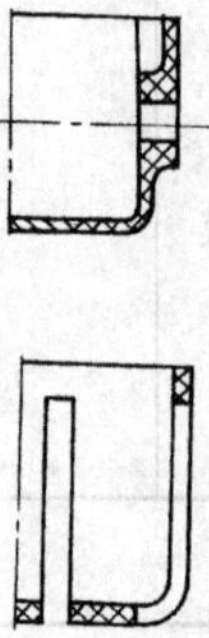
				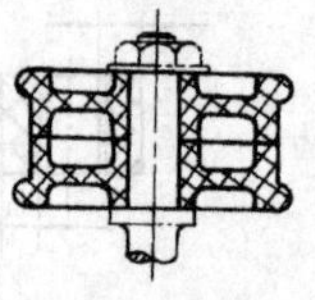
2	壁厚力求均匀	壁厚不均匀处易产生气泡和收缩变形，甚至产生应力开裂	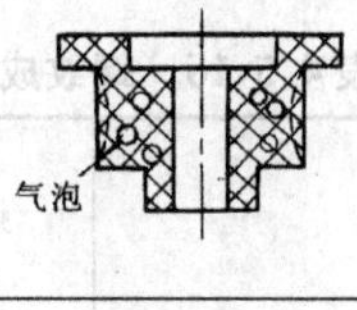	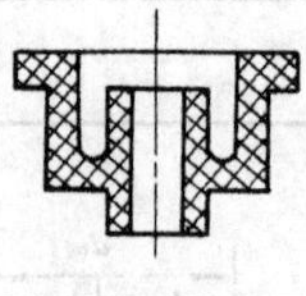
			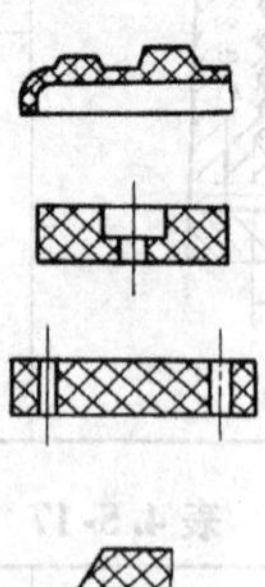	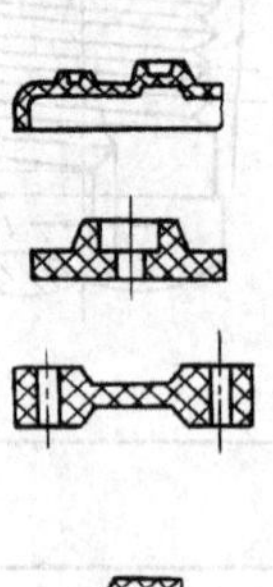

（续）

序号	注意事项		图例 改进前	图例 改进后
3	足够的脱模斜度	斜度大小与塑料性质、收缩率、厚度、形状有关，一般为 15′~1°		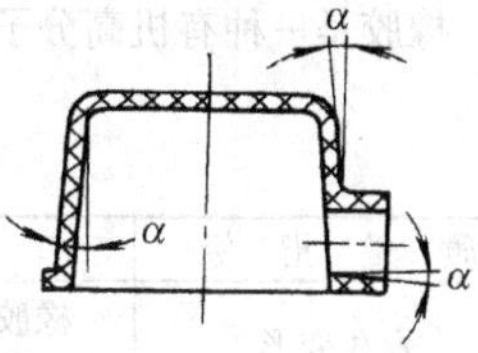
4	避免锐角与直角过渡	尖角处应力集中易产生裂纹，影响工件强度	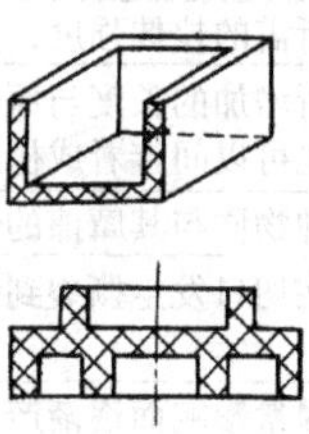	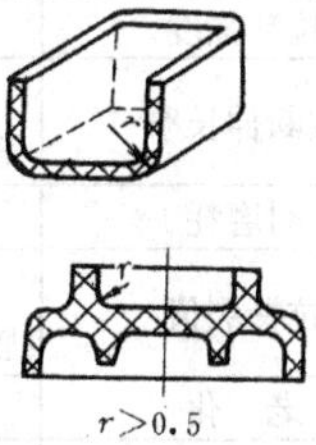
			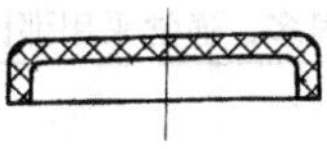	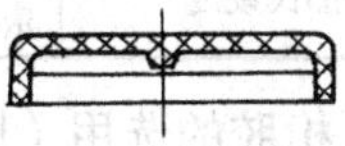
5	合理设计肋板	采用加强肋可节省材料，提高工件刚度、强度，防止翘曲	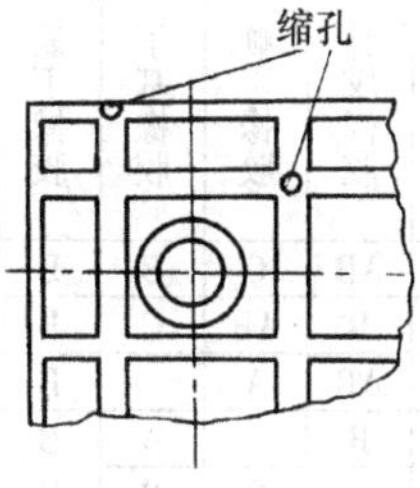	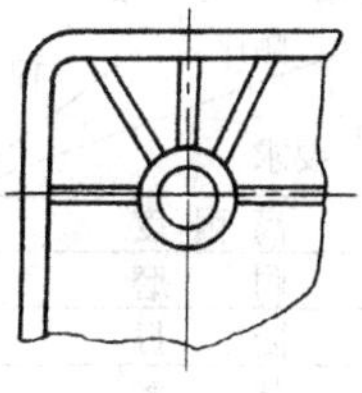
6	合理设计凸台	凸台尽量位于转角处 凸台高度应不大于其直径的两倍 凸台不能超过 3 个，如超过 3 个则应进行机械加工	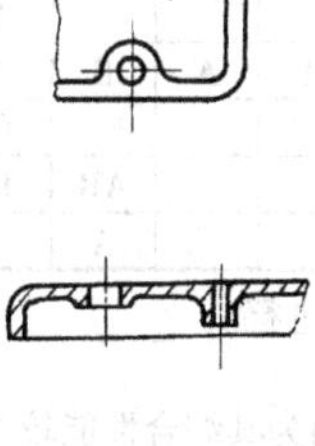	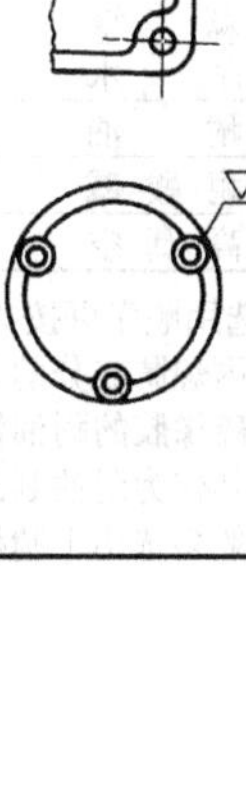

2　橡胶件结构设计工艺性

2.1　橡胶制品质量指标的含义

橡胶是一种有机高分子化合物，是工业上用途广泛的工程材料。橡胶制品质量指标的含义见表4.5-19。

表4.5-19　橡胶制品质量指标的含义

质量指标	含义	单位
永久变形	橡胶试件扯断后经过一定时间（一般为3min）停放，其单位长度所增长的长度与原长度的比值。其值越小，橡胶的弹性越好。又称扯断变形	%
拉伸强度	硫化胶伸长到100%、200%、300%或是500%时，单位面积上所需的力。又叫拉伸强度，或定伸强力	N/m^2
拉断强度	橡胶试件拉断时所需的拉伸强度，又叫扯断强力	N/m^2
拉断伸长率	橡胶试件拉断时所增加的长度与原长度的比值。拉断伸长率大，表示橡胶质地软，塑性好，同时也可以间接看成橡胶弹性变形的能力大	%
耐磨耗	橡胶试件抵抗各种物质与其摩擦的性能	$cm^3/(kW \cdot h)$
抗撕裂值	单位厚度的橡胶在切口发生撕裂到断开时所受的力。抗撕裂值大时，说明此橡胶质量好	N/cm
老化	橡胶由于受大气因素影响而逐渐产生物理、力学性能变坏的现象	
老化系数	橡胶老化后与老化前扯断力及伸长率乘积的比值。老化系数大，说明这种橡胶老化的性能较好	
邵氏硬度	硬度是指橡胶抵抗外来压力侵入的能力，用以表示橡胶的坚硬程度。测定和表示橡胶硬度的方法很多，通常采用邵氏硬度，又叫邵尔硬度	

2.2　橡胶的选用（见表4.5-20）

表4.5-20　橡胶的选用

使用要求 \ 选用顺序 \ 品种	天然橡胶	丁苯橡胶	异戊橡胶	顺丁橡胶	丁基橡胶	氯丁橡胶	丁腈橡胶	乙丙橡胶	聚氨酯橡胶	丙烯酸酯橡胶	氯醇橡胶	聚硫橡胶	硅橡胶	氟橡胶	氯磺化聚乙烯橡胶	氯化聚乙烯橡胶
高强度	A	C	AB	C	B	B	C	C	A					B	B	
耐磨	B	AB	B	AB	C	B	B	B	A	C			C	B	AB	B
防振	A	B	AB	A		B		B	AB				B			
气密	B	B	B		A	B	B	B	B	B	B	AB	C	AB	B	
耐热		C		C	B	B	B	B		AB	B		A	A	B	C
耐寒	B	C	B	AB	C	C		B	C				A		C	
耐燃						AB							C	A	B	B
耐臭氧					A	AB		A	AB	A	A	A	A	A	A	A
电绝缘	A	AB			A	C		A					A	B	C	C
磁性	A					A										
耐水	A	B	A	A	B	A	A	A	C		A	C	B	A	B	B
耐油						C	B		B	AB	B	A②		A②	C	C
耐酸碱					AB	B	C	AB		C	B	BC		A	C	B
高真空					A		B①							B		

注：选用顺序可按A→AB→B→BC→C进行。

① 高丙烯腈成分的丁腈橡胶。

② 聚硫橡胶的耐油性虽很突出，但是因为其综合性能较差，而且易燃烧，还有催泪性气味等严重缺点，故工业上很少选用其作为耐油制品。氟橡胶的耐油性是橡胶中最好的，但价格昂贵，故用作耐油制品的也较少。目前的耐油制品中，一般多选用丁腈橡胶。

2.3　橡胶件结构设计的工艺性

2.3.1　脱模斜度

在硫化中的化学作用和起模后温度降低的物理作用共同影响下，为了橡胶零件脱模方便，应当考虑脱模斜度这一要素。

橡胶模具脱模斜度的设计，可参考表 4.5-21 所示。

表 4.5-21　橡胶模具的脱模斜度

L/mm	<50	50 ~ 150	150 ~ 250	>250
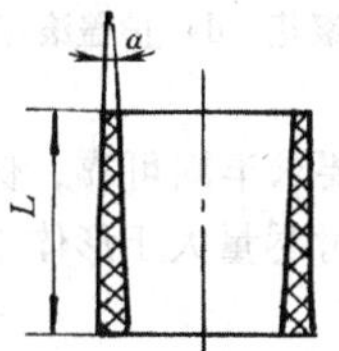	0	30′	20′	15′
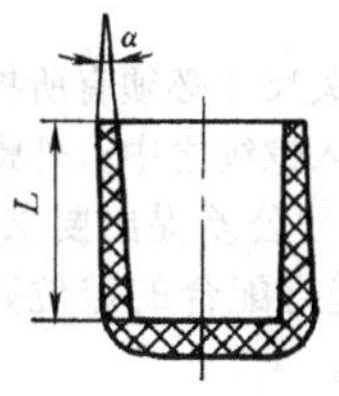	10′	40′	30′	20′

2.3.2　断面厚度与圆角

橡胶零件断面的各个部分，除了厚度在设计时力求均匀一致外，还希望各部分在相互交接处，尽量设计成圆角，见表 4.5-22。

表 4.5-22　橡胶件的断面厚度与圆角

图例	
改　进　前	改　进　后
	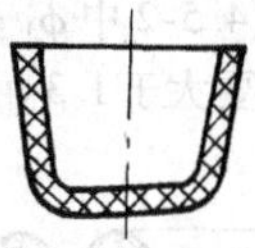
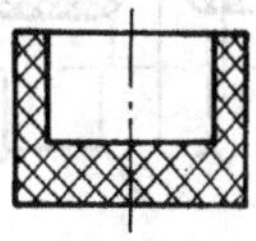	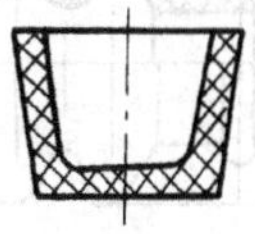
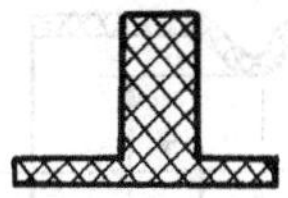	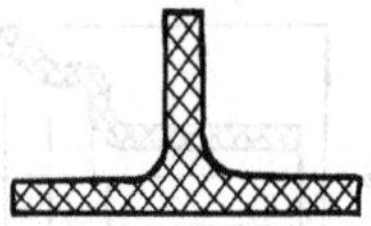
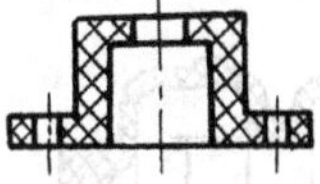	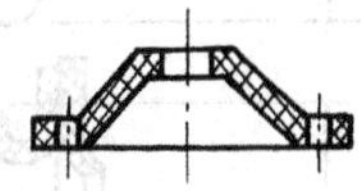

2.3.3　囊类零件的口径腹径比

囊类零件如图 4.5-1 所示。

一般，对这类零件，约取 $d/D=\frac{1}{2}\sim\frac{1}{3}$。对颈长 L 尺寸大、颈壁较厚及颈部形状结构复杂的橡胶制品，其口径腹径比应取得大一些。另外，对于硬度低、弹性高的橡胶制品，其口径腹径比可取得小一些。

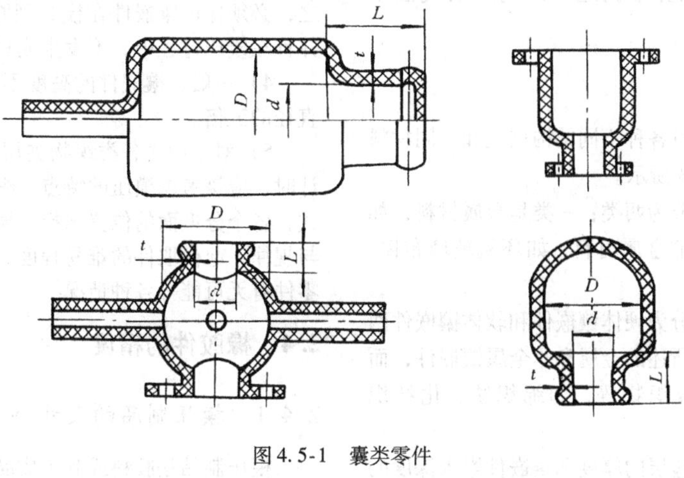

图 4.5-1　囊类零件

2.3.4　波纹管制品的峰谷直径比

橡胶波纹管制品如图 4.5-2 所示。

图 4.5-2 中 ϕ_1 是峰径，ϕ_2 是谷径。一般峰谷直径比不要大于 1.3。

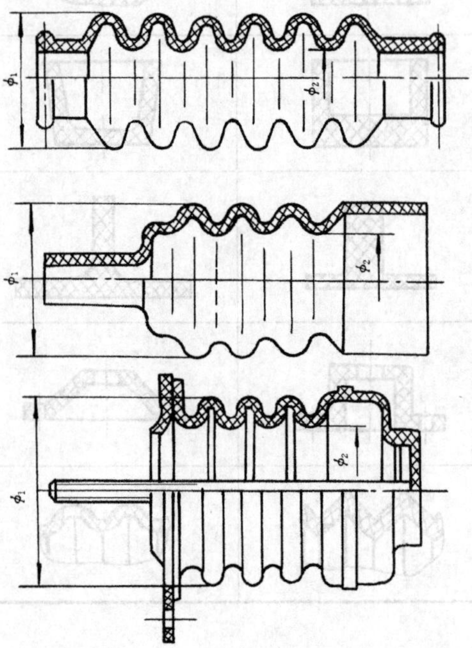

图 4.5-2　橡胶波纹管制品

2.3.5　孔

对于橡胶制品上的各种孔，包括方孔、六边孔等异形孔在内，都应当注意脱模斜度的方向和大小。

对于台阶孔，可采用双向拼合抽芯制造。

对于一部分环状异形孔还可以利用吹气法来完成。

2.3.6　镶嵌件

橡胶模制品中常有各种不同结构型式和不同材料的镶嵌件，如图 4.5-3 所示。

镶嵌件的材料可分为两类：一类是金属材料，如钢、铜等，另一类是非金属材料，如环氧玻璃布棒、酚醛玻璃布棒等。

镶嵌件的强度可分为硬体镶嵌件和软体镶嵌件两类。硬体镶嵌件如上所述的金属和非金属镶嵌件，而软体镶嵌件则是各类织物等，如绵织物、化纤织物等。

镶嵌件周围橡胶包层的厚度和镶嵌件嵌入深度的确定，取决于零件在该部位所需的弹性，所用橡胶材料的收缩率，以及零件的使用环境、条件和要求等各种因素。

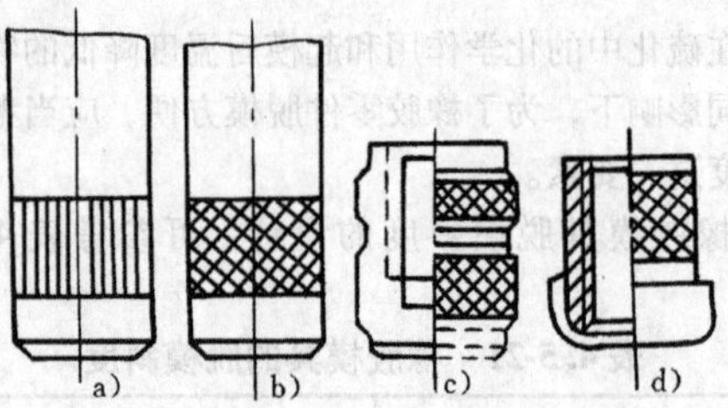

图 4.5-3　镶嵌件

a）直纹滚花　b）网纹滚花　c）环槽滚花　d）护盖滚花

镶嵌件的设计原则如下：

1）镶嵌件在橡胶模制品内，要求牢固可靠，保证使用，因此应当使嵌入部分的尺寸尽量大于形体外边裸露部分尺寸。

2）镶嵌件具有内螺纹或外螺纹时，各有关部分的尺寸高度，应该略低于模具各相应部分的分型面 0.05～0.10mm。

内螺纹镶嵌件在设计时，对有关尺寸必须有所控制，以防止胶料在模压过程中被挤入螺纹之中。外螺纹设计时，应该对无螺纹部分的尺寸公差提出要求，用以作为模具设计时与有关部位进行配合的定位基准，同时还可以用来防止胶料溢出。

3）镶嵌件在模具各相应部位的定位，通常采用 $\frac{H8}{h7}$、$\frac{H8}{f8}$、$\frac{H9}{h9}$等配合。对于镶嵌件为孔配合的，则采用相同精度或者近似精度的基轴制配合，即选用$\frac{H8}{h8}$、$\frac{H9}{h8}$、$\frac{F9}{h9}$等配合。另外，镶嵌件在模具型腔中的固定还可以设计成卡式结构、螺纹连接结构等形式，总之，必须保证镶嵌件在模具型腔中的定位准确可靠，并且在模压过程中，不发生或只发生少许溢胶现象。

4）一般，镶嵌件的高度不要超过其直径或平均直径的五倍。

5）对于内含各类织物夹层的橡胶模制品，在设计时，应该考虑模压的特点，织物夹层的填装操作方式，各个分型面的位置选择，模压时胶料流动的特点与规律，起模取件的难易程度，抽取型芯和取下制品零件有无可能等各种情况。

2.4　橡胶件的精度

2.4.1　模压制品的尺寸公差

模压制品是胶料或其半成品在一定的模具中经硫

化制得的合格成品。

模压制品的尺寸分为固定尺寸和合模尺寸两种。

固定尺寸，就是不受溢料厚度或上下模、模芯之间错位的形变影响由模具型腔尺寸及胶料收缩率所决定的尺寸，如图4.5-4中尺寸 W、X 和 Y。

合模尺寸，就是随着胶边厚度或上下模、模芯之间错位的形变影响而变的尺寸，如图4.5-4中尺寸 s、t、u 和 z。

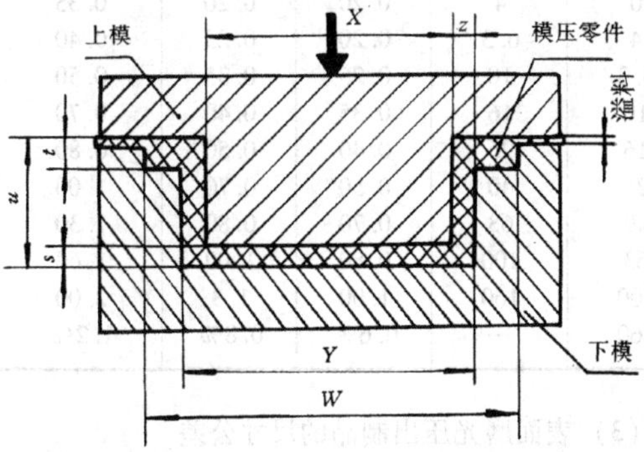

图4.5-4 压模和模压零件（示意图）

对于移模和注压及无边模型的模压制品，可以把所有尺寸看作是固定的。对固定尺寸和合模尺寸，只有当它们彼此独立时，才能给以公差。

公差等级分为4级：

M1级：适用于精密模压制品要求的尺寸公差。这类模压制品要求精密的模具，在模压硫化后往往还需要进行某种机械加工。这类制品的尺寸要求使用精密光学仪器或其他精密的测量装置进行测量。因此，成本很高。

M2级：适用于高质量模压制品要求的尺寸公差。其中要用到许多上述精〔密〕级所要求的严格的生产控制条件。

M3级：适用于一般质量的模压制品要求的尺寸公差。

M4级：适用于尺寸控制要求不严格的模压制品未注尺寸公差。

模压制品尺寸公差列于表4.5-23。F 是固定尺寸公差，C 是封模尺寸公差。

一般模压制品的尺寸公差应根据制品的使用要求从表4.5-23中所规定的4个公差等级中选取。

表4.5-23 模压制品尺寸公差（摘自GB/T3672.1—2002） （mm）

公称尺寸		M1级		M2级		M3级		M4级
大于	直到并包括	F ±	C ±	F ±	C ±	F ±	C ±	F 和 C ±
0	4.0	0.08	0.10	0.10	0.15	0.25	0.40	0.50
4.0	6.3	0.10	0.12	0.15	0.20	0.25	0.40	0.50
6.3	10	0.10	0.15	0.20	0.20	0.30	0.50	0.70
10	16	0.15	0.20	0.20	0.25	0.40	0.60	0.80
16	25	0.20	0.20	0.25	0.35	0.50	0.80	1.00
25	40	0.20	0.25	0.35	0.40	0.60	1.00	1.30
40	63	0.25	0.35	0.40	0.50	0.80	1.30	1.60
63	100	0.35	0.40	0.50	0.70	1.00	1.60	2.00
100	160	0.40	0.50	0.70	0.80	1.30	2.00	2.50
160	—	0.3%①	0.4%①	0.5%①	0.7%①	0.8%①	1.3%①	1.5%①

① 为与公称尺寸的比值。

所有胶料硫化后都有不同程度的收缩，在设计模具时要考虑到收缩率。收缩率取决于生胶和胶料配方及生产工艺。某些合成橡胶的制品收缩率大，如硅橡胶、氟橡胶、聚丙烯酸酯橡胶，橡胶与非橡胶材料粘接的复合制品收缩率不一致，形状复杂或截面变化很大的制品尺寸较难控制，对此都可适当放宽尺寸公差要求。

一般模压橡胶制品应采用M3级公差。当尺寸精度要求更高时，可采用M2级，甚至M1级。

对于某一制品的尺寸可能不是全部要求同样的公差等级。在同一图样上的不同尺寸，可以采用不同的公差等级。图样上未标明所要求的公差等级，则采用M4级公差。

公差可以为对称分布。若因设计需要，经有关单位之间商定后，也可改为不对称分布。如：±0.35的公差也可表示为 $^{+0.2}_{-0.5}$ 或 $^{+0.7}_{0}$ 或 $^{0}_{-0.7}$ 等。

2.4.2 压出制品的尺寸公差

胶料通过压出成型经硫化制得的合格成品，称之为压出制品。压出制品分无支撑压出制品和型芯支撑压出制品两种。

GB/T 3672.1—2002对密实橡胶的压出制品按尺寸的特定范围规定了11个公差级别，即：

① 无支撑的压出制品公称截面尺寸的三个公差级别：

E1 高质量级；

E2 良好质量级；

E3 尺寸控制不严格级。

② 芯型支撑的压出制品公称截面尺寸的三个公差级别：

EN1 精密级；

EN2 高质量级；

EN3 良好质量级。

③ 表面磨光的压出制品（纯胶管）外尺寸（公称外径）的两个公差级别（EG）以及这种压出制品壁厚的两个公差级别（EW）：

EG1 和 EW1 精密级；

EG2 和 EW2 良好质量级。

④ 压出制品切割长度的三个公差级别和压出制品切割零件厚度的三个公差级别：

L1 和 EC1 精密级；

L2 和 EC2 良好质量级；

L3 和 EC3 尺寸控制不严格级。

（1）无支撑压出制品的横截面尺寸公差

无支撑压出制品的横截面尺寸公差见表4.5-24。

表4.5-24　无支撑压出制品的横截面尺寸公差

（摘自GB/T 3672.1—2002）　（mm）

公称尺寸		E1级	E2级	E3级
大于	直到并包括	±	±	±
0	1.5	0.15	0.25	0.40
1.5	2.5	0.20	0.35	0.50
2.5	4.0	0.25	0.40	0.70
4.0	6.3	0.35	0.50	0.80
6.3	10.0	0.40	0.70	1.00
10	16	0.50	0.80	1.30
16	25	0.70	1.00	1.60
25	40	0.80	1.30	2.00
40	63	1.00	1.60	2.50
63	100	1.30	2.00	3.20

（2）芯型支撑压出制品的尺寸公差

作为切割成环或垫圈的中空压出制品（通常是胶管），其内径尺寸要求比无芯硫化制品更为严格的公差，则可采用内芯支撑硫化。制品从芯棒上取下时常常发生收缩，故制品的最终尺寸比其芯棒外径尺寸要小些。收缩量取决于所用胶料的性质及工艺条件。

如果供需双方同意，制品内径尺寸正公差就是相应的芯棒外径尺寸公差。

芯型支撑压出制品的内径尺寸公差见表4.5-25。其他尺寸公差见表4.5-24。

表4.5-25　芯型支撑的压出制品内尺寸公差

（摘自GB/T 3672.1—2002）　（mm）

公称尺寸		EN1级	EN2级	EN3级
大于	直到并包括	±	±	±
0	4	0.20	0.20	0.35
4	6.3	0.20	0.25	0.40
6.3	10	0.25	0.35	0.50
10	16	0.35	0.40	0.70
16	25	0.40	0.50	0.80
25	40	0.50	0.70	1.00
40	63	0.70	0.80	1.30
63	100	0.80	1.00	1.60
100	160	1.00	1.3	2.00
160	—	0.6%	0.8%	1.2%

（3）表面磨光压出制品的尺寸公差

表面磨光的压出制品（通常是胶管）的外缘尺寸（一般为直径）公差见表4.5-26。

表4.5-26　表面磨光压出制品尺寸公差

（摘自GB/T 3672.1—2002）　（mm）

公称尺寸		EG1级	EG2级
大于	直到并包括	±	±
0	10	0.15	0.25
10	16	0.20	0.35
16	25	0.20	0.40
25	40	0.25	0.50
40	63	0.35	0.70
63	100	0.40	0.80
100	160	0.50	1.00
160	—	0.3%	0.5%

表面磨光压出制品（通常是胶管）的壁厚公差见表4.5-27。

表4.5-27　表面磨光压出制品的壁厚公差

（摘自GB/T 3672.1—2002）　（mm）

公称厚度		EW1级	EW2级
大于	直到并包括	±	±
0	4	0.10	0.20
4	6.3	0.15	0.20
6.3	10	0.20	0.25
10	16	0.20	0.35
16	25	0.25	0.40

（4）压出制品的切割长度公差

压出制品的切割长度公差见表4.5-28，并综合应用表4.5-25～表4.5-27。

表4.5-28 压出制品的切割段长度公差

（摘自 GB/T 3672.1—2002） （mm）

公称长度		L1级	L2级	L3级
大于	直到并包括	±	±	±
0	40	0.7	1.0	1.6
40	63	0.8	1.3	2.0
63	100	1.0	1.6	2.5
100	160	1.3	2.0	3.2
160	250	1.6	2.5	4.0
250	400	2.0	3.2	5.0
400	630	2.5	4.0	6.3
630	1000	3.2	5.0	10.0
1000	1600	4.0	6.3	12.5
1600	2500	5.0	10.0	16.0
2500	4000	6.3	12.5	20.0
4000	—	0.16%	0.32%	0.50%

（5）压出制品的切割截面厚度公差

压出制品切割截面（如环、垫圈、圆片等）的厚度公差见表4.5-29。

对于低硬度高扯断强度的硫化胶（如天然橡胶的未填充硫化胶），须另行规定其公差。

表4.5-29 压出制品的切割零件厚度公差

（摘自 GB/T 3672.1—2002） （mm）

公称厚度		EC1级	EC2级	EC3级
大于	至	±	±	±
0.63	1.00	0.10	0.15	0.20
1.00	1.60	0.10	0.20	0.25
1.60	2.50	0.15	0.20	0.35
2.50	4.00	0.20	0.25	0.40
4.00	6.30	0.20	0.35	0.50
6.30	10	0.25	0.40	0.70
10	16	0.35	0.50	0.80
16	25	0.40	0.70	1.00

注：EC1和EC2级公差，用车床切割才能达到。

压出制品的有关尺寸公差应从表4.5-24～表4.5-29所规定的相应公差级别中分别选取。

压出制品在生产中所需的公差比模压制品的要大些，因为胶料在强行通过型腔出口后要发生膨胀，并在随后的硫化过程中发生收缩和变形。这些变化取决于所用生胶与胶料的性质，以及工艺的影响。

当制品要求特殊的物理性能时，又要要求精密级的公差，不一定总是可行的。软的硫化胶比硬度大的硫化胶需要更大的公差。

任何压出制品的横截面，其内径、外径和壁厚这3个尺寸中，只需限定两个公差即可。

压出制品的尺寸公差要求，应随其具体使用技术条件而定。对于某一制品的关键部位应要求严格一些，其他部位酌情宽一些。一般制品的非工作部位或图样上未标明所要求的公差级别者，则采用有关表中最低那一级公差。

标准中的公差带均为对称分布。若因设计需要，可改成不对称分布。

2.4.3 胶辊尺寸公差

（1）胶辊尺寸公差的等级

标准 HG/T 3079—1999 胶辊尺寸公差规定了6个等级。

XXP 极高精密级

XP 高精密级

P 精密级

H 高标准级

Q 标准级

N 非标准级

它们是根据胶辊的类型和使用要求规定的。对于一种特定的胶辊，可以分别选用不同等级的尺寸公差。

通常低硬度胶料比高硬度胶料的公差大，故最高精密级公差等级不是所有硬度的胶辊都能适用的。如果没有注明所要求的尺寸公差级别时，通常选N级公差。

（2）胶辊的直径公差

胶辊的直径公差由胶辊的长度、刚度和包覆胶硬度决定。

当包覆胶厚度确定后，直径公差应为辊芯直径与两倍包覆胶厚度之和的公差。

胶辊具有足够的刚度，且胶辊的包覆胶长度为辊芯直径的15倍以内时，胶辊的直径公差由表4.5-30规定。

胶辊具有足够的刚度，且胶辊的包覆胶长度为辊芯直径的15～25倍时，胶辊的直径公差由表4.5-31规定。

表 4.5-30　包覆胶长度为 15 倍辊芯直径时胶辊的直径公差

硬度		级别					
国际硬度 邵尔 A 硬度	PJ 硬度						
<50	>120	—	—	—	H	Q	N
50～70	120～70	—	—	P	H	Q	N
>70～<100	<70～10	—	XP	P	H	Q	N
≈100	9～0	XXP	XP	P	H	Q	N
胶辊公称直径 /mm		直径偏差 /mm					
≤40		±0.04	±0.06	±0.10	±0.15	±0.2	±0.5
>40～63		±0.05	±0.07	±0.15	±0.20	±0.3	±0.6
>63～100		±0.06	±0.09	±0.15	±0.25	±0.4	±0.7
>100～160		±0.07	±0.11	±0.20	±0.30	±0.5	±0.9
>160～250		±0.08	±0.14	±0.25	±0.40	±0.6	±1.1
>250～400		±0.11	±0.18	±0.30	±0.50	±0.8	±1.4
>400～630		±0.14	±0.23	±0.40	±0.65	±1.1	±1.8
>630		—	±0.50	±0.75	±1.25	±2.0	±3.0

表 4.5-31　包覆胶长度为 15～25 倍辊芯直径时胶辊的直径公差

硬度		级别					
国际硬度 邵尔 A 硬度	PJ 硬度						
<50	>120	—	—	—	H	Q	N
50～70	120～70	—	—	P	H	Q	N
>70～<100	<70～10	—	XP	P	H	Q	N
≈100	9～0	XXP	XP	P	H	Q	N
胶辊公称直径 /mm		直径公差 /mm					
≤40		±0.06	±0.10	±0.15	±0.3	±0.5	±0.8
>40～63		±0.07	±0.15	±0.20	±0.3	±0.6	±1.0
>63～100		±0.09	±0.15	±0.25	±0.4	±0.7	±1.2
>100～160		±0.11	±0.20	±0.30	±0.5	±0.9	±1.5
>160～250		±0.14	±0.25	±0.40	±0.6	±1.1	±1.8
>250～400		±0.18	±0.30	±0.50	±0.8	±1.4	±2.3
>400～630		±0.23	±0.40	±0.65	±1.1	±1.8	±3
>630		±0.50	±0.75	±1.25	±2.0	±3.0	±5

胶辊的刚度不足或包覆胶长度为辊芯直径的 25 倍以上时，胶辊直径的公差由供需双方商定。

胶辊的直径公差允许向正负两个方向调整。例如：允许公差为 ±0.4mm，则可调整为 $^{+0.2}_{-0.6}$mm 或 $^{+0.8}_{0}$mm 或 $^{0}_{-0.8}$mm 等。

（3）胶辊包覆胶长度公差

胶辊包覆胶长度公差由表 4.5-32 规定。

包覆胶长度公差允许向正负两个方向调整。

XP 级（高精密级）只适用于胶辊两个端面无包覆胶，且要求包覆胶端面与辊芯端面在同一平面内的胶辊，则包覆胶长度公差应由辊芯的实际长度代替包覆胶公称长度来决定。

（4）胶辊的径向圆跳动公差

胶辊的径向圆跳动公差取决于包覆胶的硬度和胶辊直径。当包覆胶厚度一定时，径向圆跳动公差决定于辊芯直径与两倍包覆胶厚度之和。

表 4.5-32　胶辊包覆胶长度公差　（mm）

包覆胶辊公称长度	等级		
	XP	Q	N
	长度公差		
≤250	±0.2	±0.5	±1.0
>250～400	±0.2	±0.8	±1.5
>400～630	±0.2	±1.0	±2.0
>630～1000	±0.2	±1.0	±2.5
>1000～1600	±0.2	±1.5	±3.0
>1600～2500	±0.2	±1.8	±3.5
>2500	±0.2	±0.08%	±0.15%

测量径向圆跳动公差时，其线速度不超过 30m/min。

当胶辊具有足够的刚度时，径向圆跳动公差由表

表 4.5-33　胶辊的径向圆跳动公差

硬度		级别				
国际硬度 邵尔 A 硬度	PJ 硬度					
<50	>120	—	—	H	Q	N
50 ~ 70	120 ~ 70	—	P	H	Q	N
>70 ~ <100	<70 ~ 10	—	P	H	Q	N
≈100	9 ~ 0	XP	P	H	Q	N
胶辊的公称直径 /mm		径向圆跳动公差 /mm				
≤40		0.01	0.02	0.04	0.08	0.15
>40 ~ 63		0.02	0.03	0.06	0.10	0.18
>63 ~ 100		0.03	0.04	0.08	0.13	0.20
>100 ~ 160		0.03	0.05	0.10	0.17	0.25
>160 ~ 250		0.03	0.06	0.12	0.20	0.30
>250 ~ 400		0.04	0.07	0.14	0.23	0.35
>400 ~ 630		0.04	0.08	0.18	0.30	0.45
>630		0.05	0.10	0.25	0.35	0.55

4.5-33 规定。当胶辊刚度不足时公差按实际情况决定。

(5) 胶辊的圆柱度公差

胶辊的圆柱度公差，取决于胶辊的直径与包覆胶硬度。当包覆胶硬度确定后，其公差与辊心直径和两倍包覆胶厚度有关。

当胶辊具有一定刚度时，其公差按表 4.5-34 规定。

当胶辊刚度不足时，其公差值按实际情况决定。

(6) 胶辊的中高度公差

胶辊的中高度公差（图 4.5-5）应按表 4.5-35 规定执行。

表 4.5-34　胶辊的圆柱度公差

硬度		级别				
国际硬度 邵尔 A 硬度	PJ 硬度					
<50	>120	—	—	—	H	Q
50 ~ 70	120 ~ 70	—	—	P	H	Q
>70 ~ <100	<70 ~ 10	—	XP	P	H	Q
≈100	9 ~ 0	XXP	XP	P	H	Q
胶辊的公称直径 /mm		圆柱度公差 t /mm				
≤40		0.01	0.02	0.04	0.08	0.15
>40 ~ 63		0.02	0.03	0.06	0.10	0.19
>63 ~ 100		0.03	0.04	0.08	0.13	0.20
>100 ~ 160		0.03	0.05	0.10	0.17	0.25
>160 ~ 250		0.03	0.06	0.12	0.20	0.30
>250 ~ 400		0.04	0.07	0.14	0.23	0.35
>400 ~ 630		0.04	0.08	0.18	0.30	0.45
>630		0.05	0.10	0.25	0.35	0.55

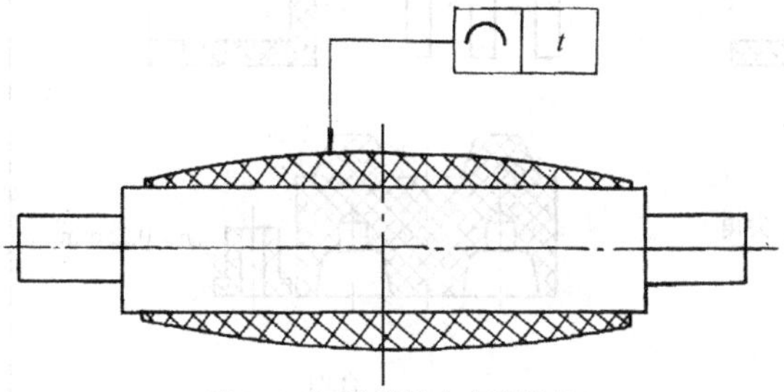

图 4.5-5　胶辊的中高度公差

表4.5-35　胶辊的中高度公差

公称中高度/mm	等级 XP	等级 P
	中高度公差 t/mm	
≤0.10	0.04	0.06
>0.10～0.16	0.05	0.08
>0.16～0.25	0.06	0.10
>0.25～0.40	0.08	0.12
>0.40～0.63	0.10	0.16
>0.63～1.00	0.12	0.20
>1.00～1.60	0.16	0.30
>1.60～2.50	0.25	0.40
>2.50～4.00	0.40	0.60
>4.00	10%	—①

① 此项公差数值可由供需双方协定。

2.4.4　橡胶制品的尺寸测量

硫化后的橡胶制品至少应停放16h后才能测量尺寸，也可酌情延长至72h后测量。测量前制品应在试验室（23±2）℃下至少停放3h方可进行测量。

制品应从硫化之日起3个月内或从收货之日起2个月内完成测量，见GB/T 2941—2006中橡胶试样停放和试验的标准温度、湿度及时间的规定。

注意确保制品不在有害的环境条件下贮存，见GB/T 5721—1993《橡胶密封制品标志、包装、运输、贮存一般规定》。

3　陶瓷件结构设计工艺性

陶瓷也称为无机非金属材料。陶瓷具有硬度大，抗压强度高，耐高温，耐腐蚀，不溶于水，经久耐用等优点，广泛应用于各行业。陶瓷在受到冲击载荷时，易发生脆裂，并在不发生明显变形的情况下即产生破坏。它的抗拉、抗弯、抗剪的能力较差。陶瓷的脆性限制了它的使用范围。

陶瓷的加工工艺大致可分为四部分：坯料制作、坯料成型、窑炉烧结、后续加工。坯料的成型通常采用模具方法，具体可分为：将配料制成可塑性的泥团，然后施加外力，在模具上成型的可塑成型法；将坯料制成泥浆，注入模腔内成型的注浆成型法；将干粉坯料放在模腔内加压成型的干压成型法。选择成型方法，与陶瓷件的材质、形状、用途和要求有关。

陶瓷件的结构设计不但要考虑陶瓷材料所特有的特性，而且还要考虑加工工艺对结构的影响。

不论采用何种加工方法，塑料件的成型都要采用模具方法。因此塑料件的结构要有利于简化模具结构和便于脱模。有关结构可参见金属铸造件和塑料件。

烧制定型是陶瓷件的重要成型手段，为防止在高温下产生变形和其他烧制缺陷，陶瓷件坯料的壁厚要均匀，在较大的平面和刚度减弱的地方要考虑设置加强肋。

陶瓷件的结构受载状态，要充分考虑陶瓷材料抗压优于抗拉的特性，结构优先受压。另外结构中应避免尺寸形状过渡突然，为避免产生严重的应力集中现象，尺寸形状过渡要尽量的平缓。

压制成型工艺陶瓷件结构设计示例见表4.5-36所示。

表4.5-36　陶瓷件结构设计示例

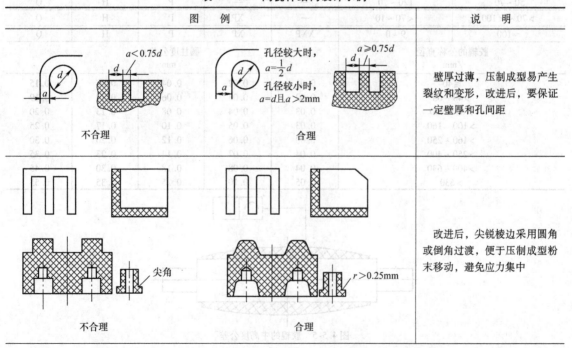

图例	说明
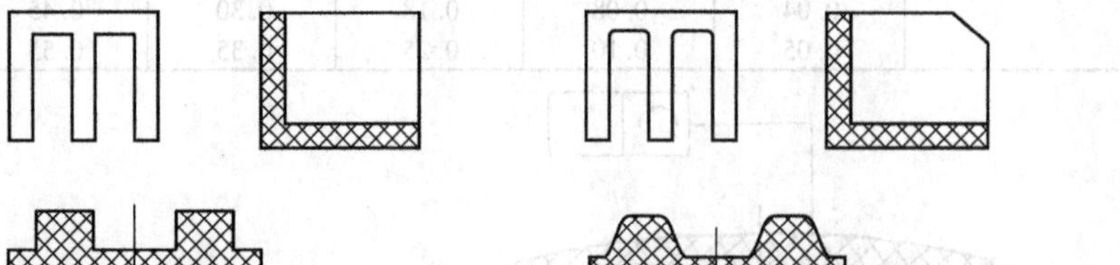	壁厚过薄，压制成型易产生裂纹和变形，改进后，要保证一定壁厚和孔间距
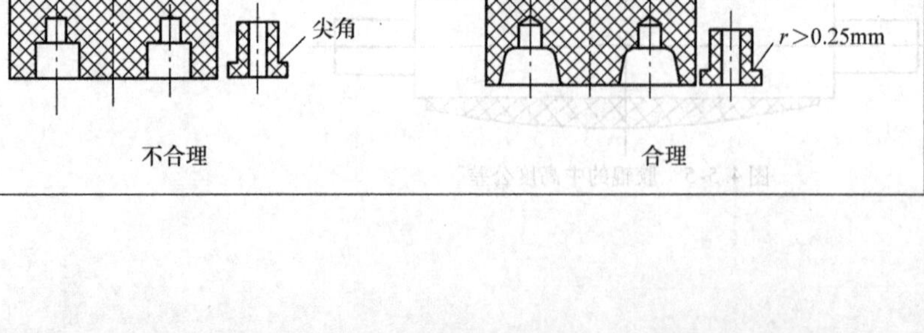	改进后，尖锐棱边采用圆角或倒角过渡，便于压制成型粉末移动，避免应力集中

（续）

图例		说明
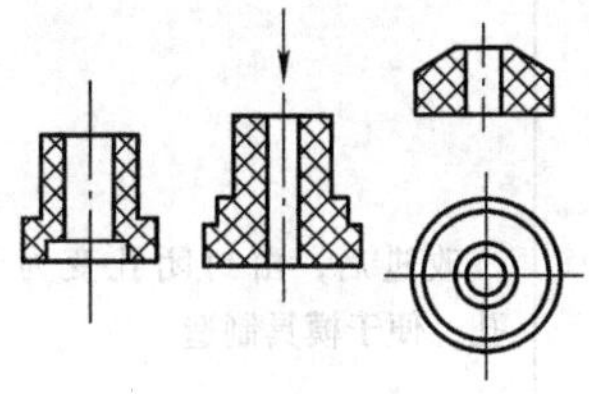 不合理	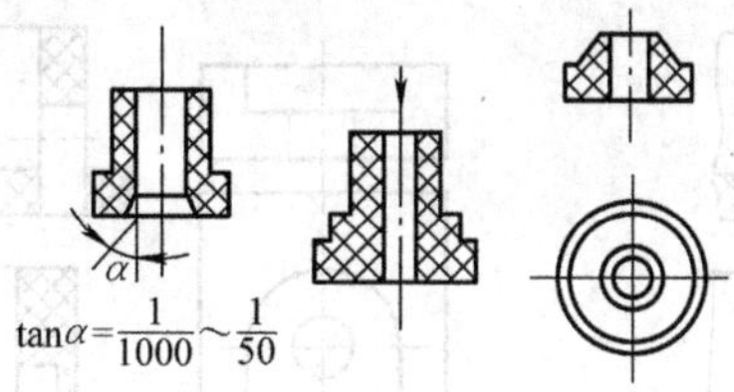 合理	改进后，内孔设置一定锥度便于脱模；台阶厚度增加，可提高其强度和耐用性；倒角末端设计平台，可消除冲模的尖锐末端
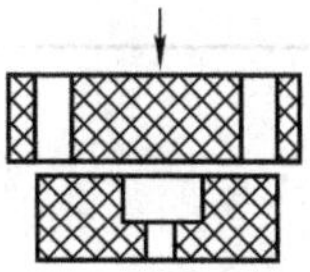 不合理	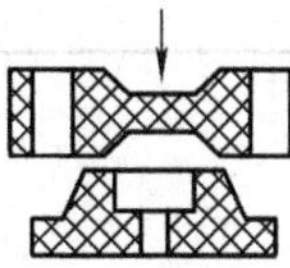 合理	改进后，各部分壁厚均匀，避免烧制变形和裂纹
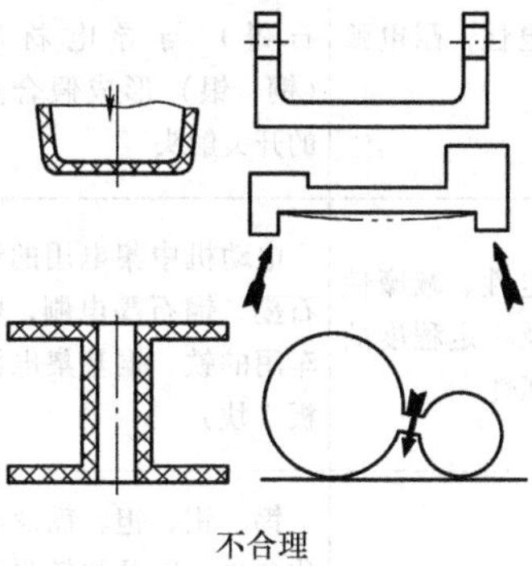 不合理	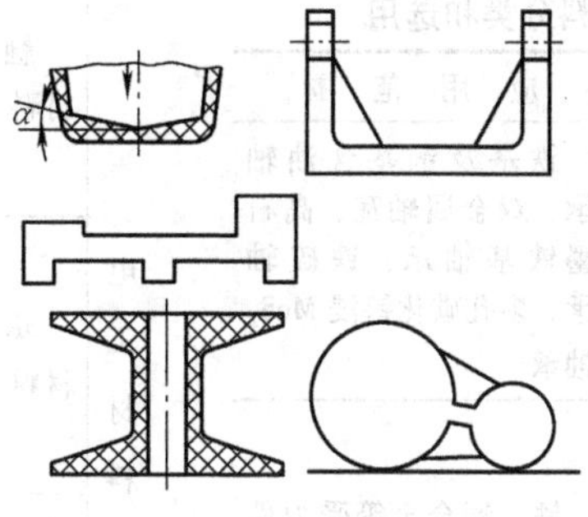 合理	改进后，大平面作成一定锥度或增设加强肋，避免底部塌陷
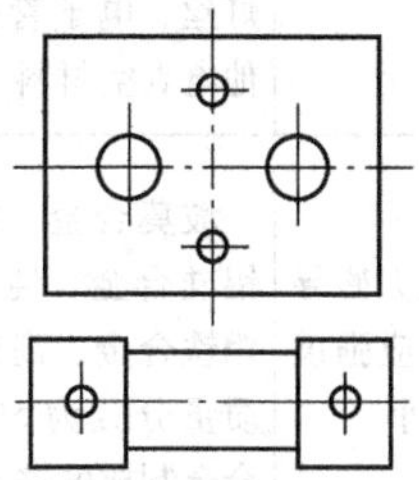 不合理	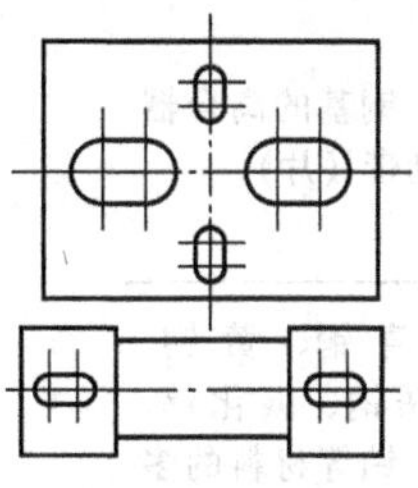 合理	陶瓷件弹性变形很小，改进后，采用长圆孔结构，便于装配
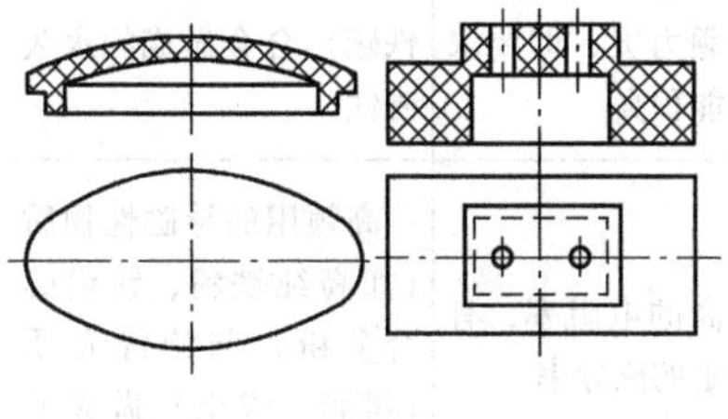 不合理	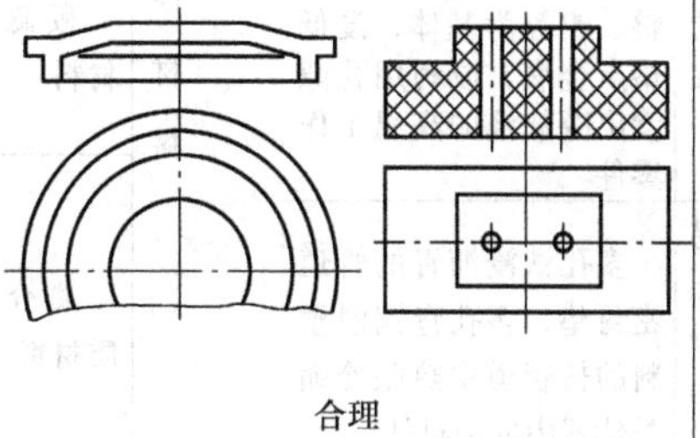 合理	改进后，简化了结构型式，便于模具加工

（续）

图　例	说　明
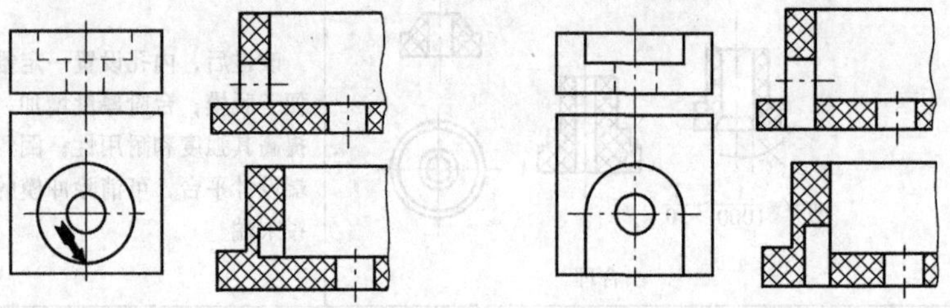 不合理　　　　合理	改进后，由封闭孔变为开孔，便于模具制造

4　粉末冶金件结构设计工艺性

4.1　粉末冶金材料的分类和选用

粉末冶金材料的分类和选用见表4.5-37。

表4.5-37　粉末冶金材料分类和选用

类别		主要性能要求	应用范围
机械零件材料	减摩材料	自润滑性好，承载能力（*pv* 值）高，摩擦因数小，耐磨且不伤对偶件	铁基及铜基含油轴承、双金属轴瓦、高石墨铁基轴承、铁硫轴承、多孔碳化钨浸 MoS_2 轴承
	结构材料	较高的硬度、强度及韧性等力学性能，有时要兼顾耐磨性、耐腐蚀性、导磁性	铁、铜合金等受力件（各种齿轮及异形件）
	摩擦材料	摩擦因数高且稳定，能承受短时高温，导热性良好，耐磨且不伤对偶件	铁基、铜基的离合器片及制动带（片）
	过滤材料	透过性、过滤精度高，有时要兼顾耐腐蚀性、耐热性及导电性	铁、青铜、黄铜、镍、不锈钢、碳化钨、银、钛、铂等材料的多孔过滤元件及带材
	热交换材料	孔隙度、基体的高温强度及耐腐蚀性好	镍、镍铬、不锈钢、钨、钼等为基体，浸低熔点金属，或利用孔隙渗出冷却液的高温工作零件
	密封材料	质软，使用时易因变形而贴紧，本身致密，有时要兼顾耐磨性及耐腐蚀性	多孔铁浸沥青的管道密封垫，多孔青铜浸塑料的长管道中热胀冷缩补偿器中的密封件

（续）

类别		主要性能要求	应用范围
电工材料	触头材料	导电性，耐电弧性好	难熔材料（钨、钼、石墨）与导电材料（铜、银）形成假合金的开关触头
	集电材料	导电性、减摩性好，及一定程度的耐电弧性	电动机中集电用的银石墨、铜石墨电刷，电车用的铁、铜基集电滑板（块）
	电热材料	耐高温性好，电阻率较高	钨、钼、钽、铌及其化合物，以及弥散强化材料做成的发热元件、灯丝、电子管极板及其他电真空材料
磁性材料	软磁材料	起始及最大磁导率高，磁感应强度大，矫顽力小	坡莫合金、铁铝及铁铝硅合金、纯铁、铜磷钼铁合金、高硅（硅的质量分数为5%～7%）合金制成的铁心
	硬磁材料	磁感应强度大及矫顽力大，即要求磁能积高	铝镍钴、钴稀土（钕铁硼）合金做成的永久磁铁
	磁介质材料	高的电阻率，有一定的磁导率	高频用的导磁性物质（如高纯铁粉、铁铝硅合金粉）与绝缘介质（树脂、陶土）做成的铁心

（续）

类别		主要性能要求	应用范围
工具材料	刀具材料	硬度、热硬性、强度、韧性及耐磨性	含钴小于15%（质量分数）的硬质合金及钢结构硬质合金做成的刀具、粉末高速钢刀具及陶瓷刀具
	模具、凿岩及耐磨材料	硬度、强度及耐磨性	含钴15%~25%（质量分数）的硬质合金及钢结构硬质合金
	金刚石-金属工具材料	胎体（金属）的硬度、强度及与金刚石的粘结强度	金刚石地质钻头、研磨工具、修正砂轮工具
高温材料	非金属难熔化合物基合金材料	硬度、耐磨性、热强性及抗氧化性	碳化硅、碳化硼、氮化硅、氮化硼基的高温零件及磨具
	难熔金属及其化合物基合金材料	热强性、冲击韧性及硬度	钨、钼、钽、铌、钛及其碳化物、硼化物、氮化物基的高温零件
	弥散强化材料	热强性、抗蠕变能力	铝、铜、银、镍、铬、铁与氧化铝、氧化锆做成的高温下阻碍晶粒长大的材料和零件

4.1.1 粉末冶金减摩材料

采用粉末冶金工艺可制成多种用途的减摩材料，其用途与青铜、铸造轴承合金、减摩铸铁及某些工程塑料相同，可作为滑动轴承的材料。常用的粉末冶金含油轴承的形状如图4.5-6所示。

粉末冶金减摩材料的特点为：

1）在混料时可渗入各种固体润滑剂，如石墨、铅、氧化铅、硫及硫化物等，以改变材料的减摩性能。

2）利用材料的多孔性，可浸渍多种润滑组元，如润滑油、硫黄、聚四氟乙烯、二硫化钼等，使材料具有更好的自润滑性能。

3）较易制得无偏析的铜铅—钢背双金属材料。

4.1.2 粉末冶金摩擦材料

粉末冶金摩擦材料通常是以金属（铜和铁）为基体，添加一种或多种金属和非金属组元，通过压制和加压烧结而制成。粉末冶金摩擦材料主要用于制造轮船、汽车、机床等的离合器、制动器的摩擦元件，它具有如下特性：

1）摩擦因数大，热稳定性好，即在较宽的温度范围内仍保持较高的摩擦因数。

2）导热性好。

3）强度高，可承受较高的工作压力。

4）改变组元成分后，可提高和改善材料的磨合性、抗咬合性及耐磨性。

4.1.3 粉末冶金过滤材料

粉末冶金多孔材料的孔隙度和孔径尺寸，可以在相当宽的范围内调整。它们被作为过滤元件，广泛应用于石油化工、机械工业、冶金工业之中。

粉末冶金过滤材料与毡质、棉布、纸等过滤材料相比，具有质地坚固，能在较高温度下工作，过滤精度高，过滤介质不易被沾污的优点。与金属丝网和线隙式过滤材料相比，过滤精度高，易于成批生产。此外，粉末冶金过滤材料还具有强度高，可进行机械加工和可焊接的特点。

4.1.4 粉末冶金铁基结构材料

粉末冶金铁基结构材料是以铁粉或合金钢粉为主要原料，经过粉末冶金方法制造零件的材料。它能达到力学性能或耐磨性能要求、较好的工艺性能，以及耐热、耐腐蚀等。

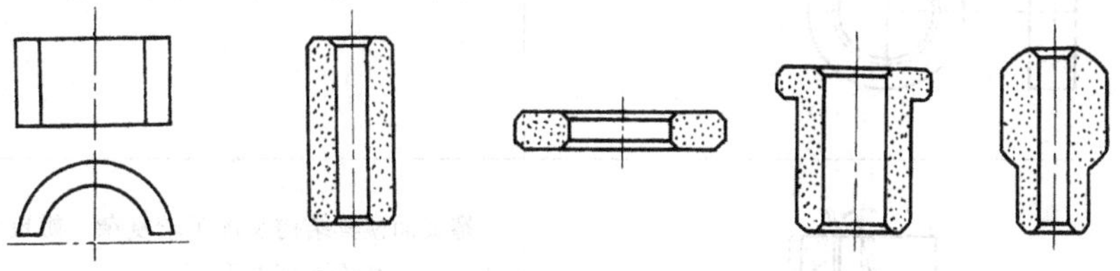

图4.5-6 粉末冶金含油轴承的形状

4.2 粉末冶金零件结构设计的基本参数

结构设计的基本参数见表4.5-38~表4.5-46。

表 4.5-38　可以压制成形的零件结构

名　称	举　　例	简　要　说　明
无台柱体类	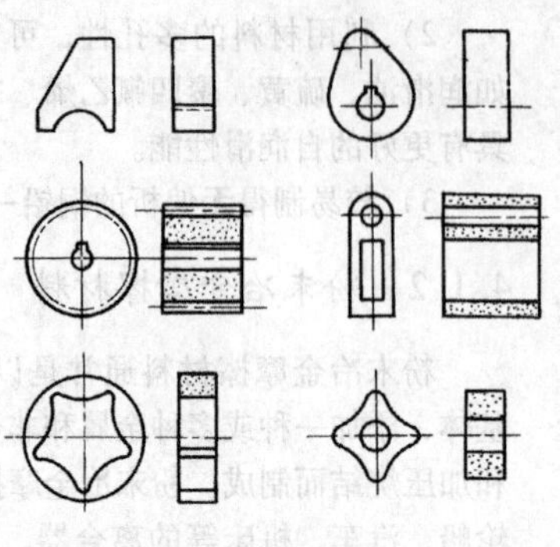	沿压制方向的横截面无变化，压制时，粉末无需横向流动，各处压缩比相等，密度最易均匀 任何异形的横截面，对压制并不增加特殊困难，但长（高）度方向尺寸，受上下密度允许差的限制，过于薄壁（<1mm）和尖角应避免
带台柱体类	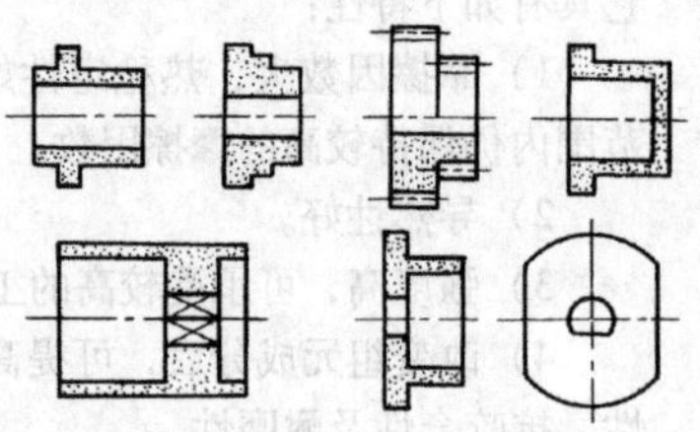	沿压制方向的横截面有突变，模具结构稍复杂，外台较内台、多台较少台以及外台在中间较在一端难度大，密度均匀性较无台类差
带锥面类	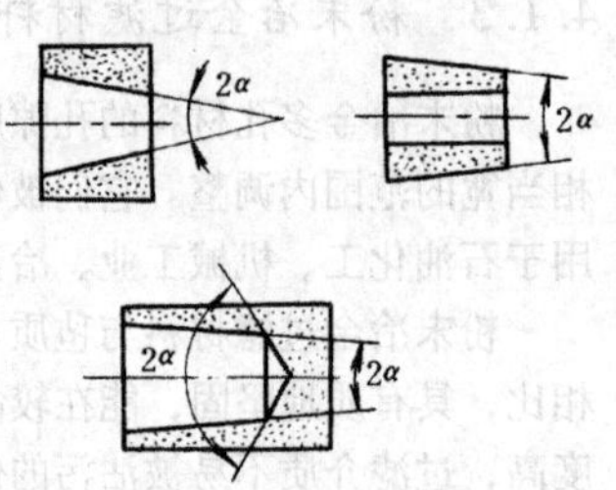	横截面渐变，锥角 2α 越小（接近0°）或越大（接近80°）压制困难越少，2α 在90°左右应尽量避免锥台大小端尺寸不宜相差太大
带球面类	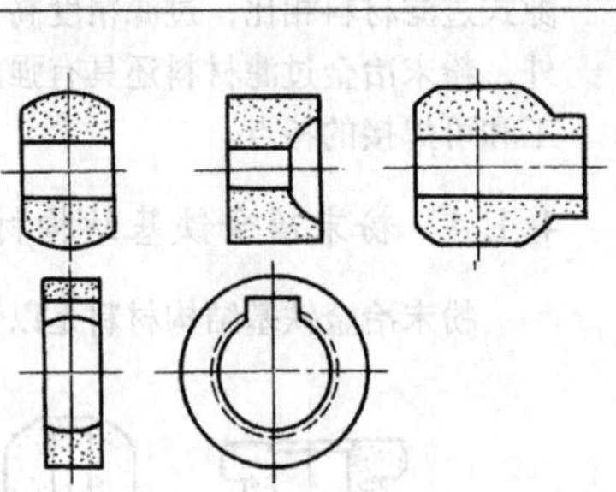	球台表面压制时易出现皱纹，可在烧结后滚压消除，脱模较复杂 小于球径的局部球面，成形无特殊困难
带螺旋面类	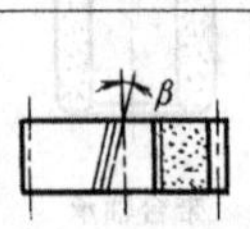	螺旋面模具结构及加工较复杂，螺旋角 β 小易成形，最大 β 角不宜大于45°
带凸脐及凹槽类	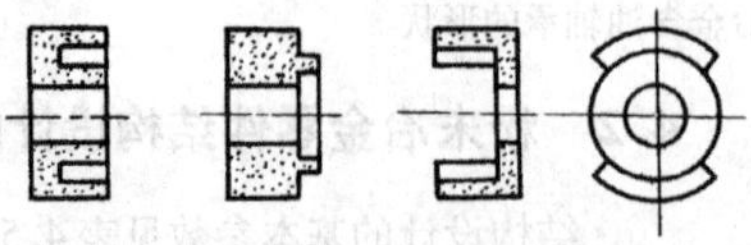	模具结构较复杂，槽深度或凸脐高度小，密度易均匀

表 4.5-39　需要辅助机械加工举例

成品	坯件	简要说明	成品	坯件	简要说明
	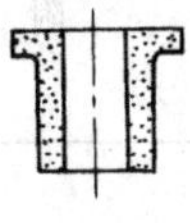	横槽难以压制	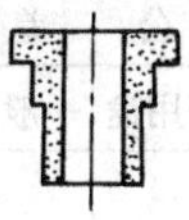		多外台模具结构复杂
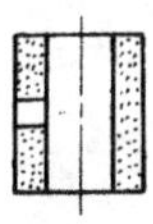	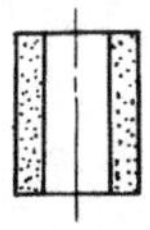	横孔难以压制			螺纹难以压制
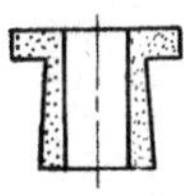		倒锥难以压制	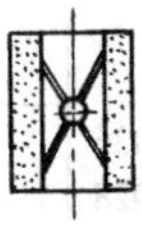	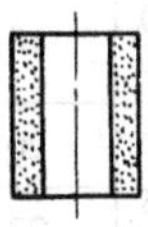	油槽难以压制
	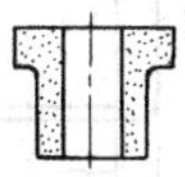	外台在中间，模具结构复杂			

表 4.5-40　最小壁厚　(mm)

最大外径	最小壁厚	最大外径	最小壁厚
10	0.80	40	1.75
20	1.00	50	2.15
30	1.50	60	2.50

表 4.5-41　一般烧结机械零件的尺寸范围

材料	最大横断面面积 /cm^2	宽度 /mm		高度 /mm	
		最大	最小	最大	最小
铁基	40	120	5	40	3
铜基	50	120	5	50	3

表 4.5-42　粉末冶金过滤材料粉末分级及元件壁厚推荐值

编号	1	2	3	4	5	6	7	8	9	10	11	12	13	14
筛号 目	–18 +30	–30 +40	–40 +55	–55 +75	–75 +100	–100 +120	–120 +150	–150 +200	–200 +250	–250 +300	–300	–300	–300	–300
粒级/μm	1000 ~ 630	630 ~ 450	450 ~ 315	315 ~ 200	200 ~ 154	154 ~ 125	125 ~ 100	100 ~ 76	76 ~ 61	61 ~ 45	45 ~ 25	25 ~ 18	18 ~ 12	12 ~ 6
平均粒级/μm	815	540	382	258	177	140	113	88	69	53	35	22	15	9
元件推荐厚度/mm	5	4	3.5	3	2.5	2.5	2	2	1.5 ~ 2	1.5 ~ 2	1 ~ 1.5	1 ~ 1.5	1 ~ 1.5	1 ~ 1.5

表 4.5-43　含油轴承推荐的尺寸精度　(mm)

部位 / 尺寸精度	内径		外径		长度					
	经济的	可达到的	经济的	可达到的	经济的			可达到的		
等级或偏差	3 ~ 5	1 ~ 2	3 ~ 5	1 ~ 2	≤30	>30 ~ 80	>80 ~ 120	≤30	>30 ~ 80	>80 ~ 120
					±0.25	±0.40	±0.60	±0.15	±0.25	±0.40

表 4.5-44　推荐的含油轴承径向尺寸表　　(mm)

<table>
<tr><th colspan="3">内　径 d</th><th colspan="3">外　径 D</th><th colspan="2">内外圆同轴度允差</th><th rowspan="2">倒角</th><th rowspan="3">附　　注</th></tr>
<tr><th rowspan="2">基本尺寸</th><th colspan="2">公　　差</th><th rowspan="2">基本尺寸</th><th colspan="2">公　　差</th><th rowspan="2">精密用途</th><th rowspan="2">一般用途</th></tr>
<tr><th>精密用途</th><th>一般用途</th><th>精密用途</th><th>一般用途</th><th>c</th></tr>
<tr><td>4</td><td rowspan="5">+0.016
+0.000</td><td rowspan="3">+0.045
+0.020</td><td>8</td><td rowspan="5">+0.029
+0.023</td><td rowspan="3">+0.065
+0.035</td><td rowspan="5">+0.010</td><td rowspan="3">0.025</td><td rowspan="3">0.3</td><td rowspan="22">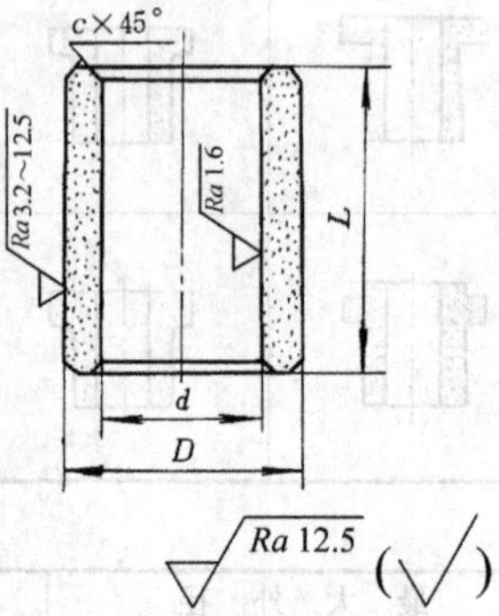内孔允许有轻微的轴向划痕，外径允许有不影响公差的轴向划痕，同轴度要求很高时，可经辅助机械加工解决</td></tr>
<tr><td>5</td><td>9</td></tr>
<tr><td>6</td><td>10</td></tr>
<tr><td>8</td><td rowspan="2">+0.055
+0.025</td><td>12</td><td rowspan="3">+0.075
+0.040</td><td rowspan="2">0.030</td><td rowspan="3">0.4</td></tr>
<tr><td>10</td><td>16</td></tr>
<tr><td>12</td><td rowspan="4">+0.019
+0.000</td><td>+0.060
+0.025</td><td>18</td><td rowspan="4">+0.036
+0.028</td><td rowspan="4">0.015</td><td rowspan="4">0.040</td></tr>
<tr><td>14</td><td rowspan="3">+0.065
+0.030</td><td>20</td><td rowspan="5">+0.095
+0.050</td><td rowspan="5">0.5</td></tr>
<tr><td>16</td><td>22</td></tr>
<tr><td>18</td><td>25</td></tr>
<tr><td>20</td><td rowspan="5">+0.023
+0.000</td><td rowspan="2">+0.075
+0.030</td><td>28</td><td rowspan="5">+0.062
+0.039</td><td rowspan="5">0.018</td><td rowspan="5">0.050</td></tr>
<tr><td>22</td><td>30</td></tr>
<tr><td>25</td><td rowspan="3">+0.080
+0.035</td><td>32</td><td rowspan="9">+0.110
+0.060</td><td rowspan="7">0.8</td></tr>
<tr><td>28</td><td>35</td></tr>
<tr><td>30</td><td>38</td></tr>
<tr><td>32</td><td rowspan="6">+0.039
+0.000</td><td rowspan="4">+0.085
+0.035</td><td>40</td><td rowspan="6">+0.087
+0.060</td><td rowspan="6">0.020</td><td rowspan="6">0.060</td></tr>
<tr><td>35</td><td>45</td></tr>
<tr><td>38</td><td>48</td></tr>
<tr><td>40</td><td>50</td></tr>
<tr><td>45</td><td rowspan="2">+0.095
+0.045</td><td>55</td><td rowspan="4">1.0</td></tr>
<tr><td>50</td><td>60</td></tr>
<tr><td>55</td><td rowspan="2">+0.046
+0.000</td><td rowspan="2">+0.105
+0.045</td><td>65</td><td rowspan="2">+0.105
+0.075</td><td rowspan="2">+0.135
+0.075</td><td rowspan="2">0.025</td><td rowspan="2">0.070</td></tr>
<tr><td>60</td><td>70</td></tr>
</table>

表 4.5-45　烧结机械零件尺寸容许公差　　(mm)

基本尺寸	宽度 精级	宽度 中级	宽度 粗级	高度 精级	高度 中级	高度 粗级
	尺寸容许公差					
<10	±0.05	±0.10	±0.30	±0.15	±0.30	±0.70
>10~25	±0.07	±0.20	±0.50	±0.20	±0.50	±1.20
>25~63	±0.10	±0.30	±0.70	±0.40	±0.70	±1.80
>63~160	±0.15	±0.50	±1.20			

注：宽度尺寸为垂直压制方向的尺寸，高度为平行压制方向的尺寸。

表 4.5-46　精压机械零件尺寸精度　　(mm)

公称尺寸	尺寸公差	公称尺寸	尺寸公差
≤40	+0.00 -0.025	≤40	+0.125
>40~65	+0.00 -0.04	>40~75	+0.19
>65	+0.00 -0.05	>75	±0.25

4.3　粉末冶金零件结构设计的注意事项

粉末冶金件结构设计注意事项见表 4.5-47。

表 4.5-47　粉末冶金零件结构设计的注意事项

序号	注意事项		图例 改进前	图例 改进后
1	简化模具	改进后易实现自动压制		
2	避免尖角、深窄凹槽	冲模、工件尖角处应力集中，易产生裂纹	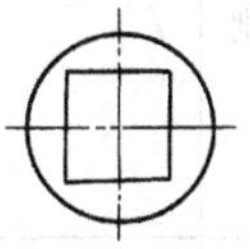	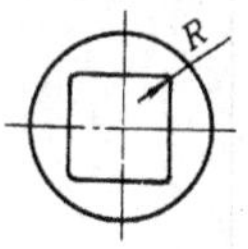
		深窄凹槽、易产生裂纹，装粉、成形困难	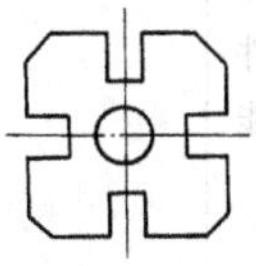	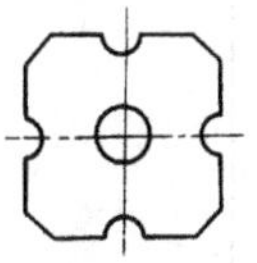
		$R>0.5$mm 幅宽在 1mm 以上	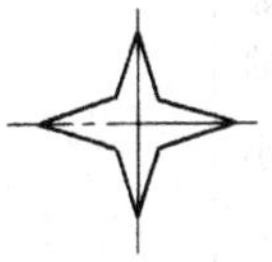	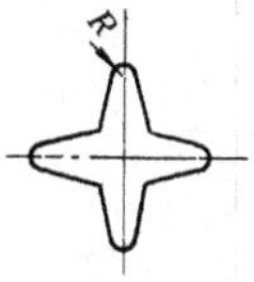
3	避免突然过渡	金属粉难于充满压制困难	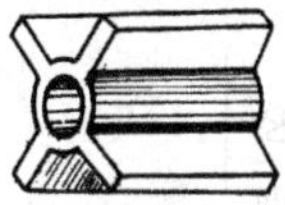	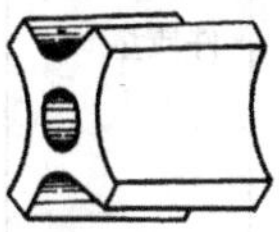
		圆角过渡利于压制工件，可避免产生裂纹，便于脱模	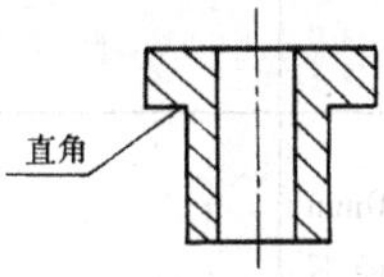	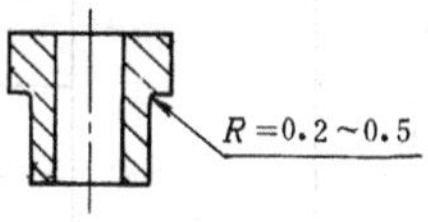
4	合理的斜度	改进后易压制成形		
5	保证压件质量	凸起或凹槽的深度不能过大，且应有一定斜度，以保证压制成形与脱模方便	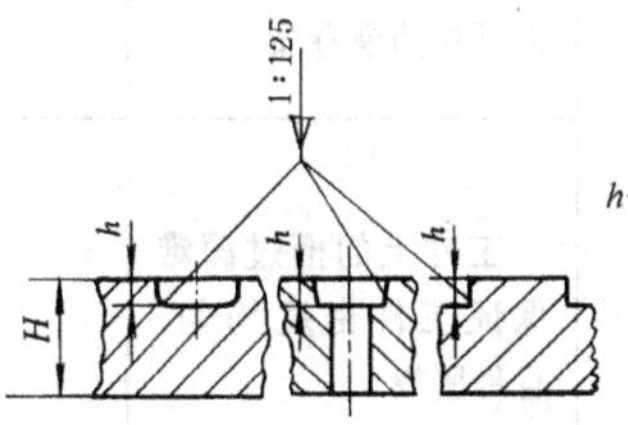	$h<H/5$

（续）

序号	注意事项		图例 改进前	图例 改进后
5	保证压件质量	为保证较长工件两端粉末密实度差别不大，工件不能过长	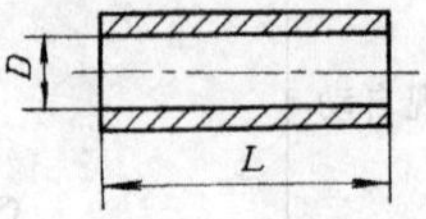	$L \leqslant (2.5 \sim 3.5)D$
		避免工件壁厚急剧改变或壁厚相差过大	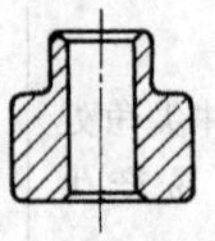	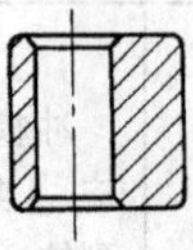
		为保证模具强度和压坯强度足够，工件窄条部分尺寸不能过小	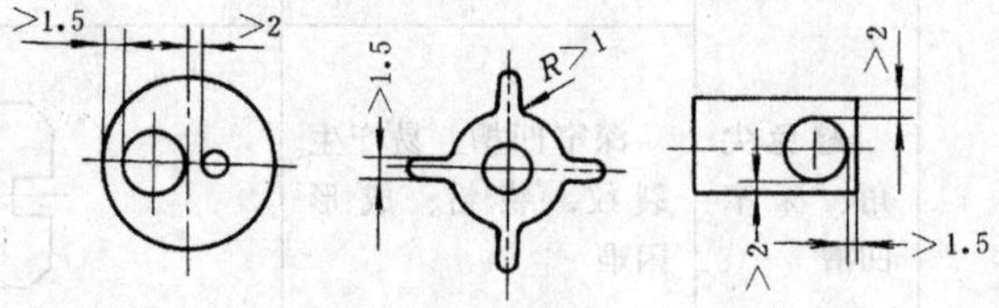	
		阶梯形制件的相邻阶差不应小于直径的$\frac{1}{16}$，其尺寸不应小于0.9mm	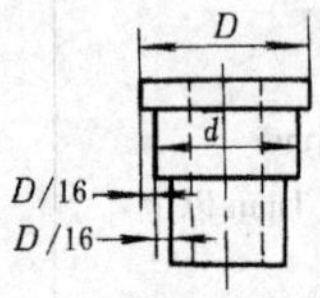	$\frac{D-d}{2} \geqslant \frac{1}{16}D$
		齿轮的齿根圆直径应大于轮毂直径3mm以上	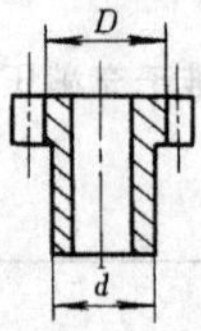	$D>d+3$
		长度大于18～20mm的工件，法兰直径不应超过轴套直径的1.5倍，法兰根部应有圆角	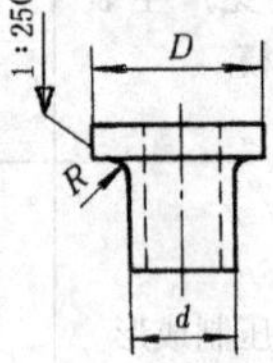	$D<1.5d$ $R=0.8 \sim 2.5$
		端面倒角后，应留出0.1mm的小平面，以延长凸模寿命	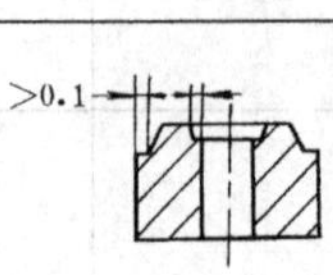	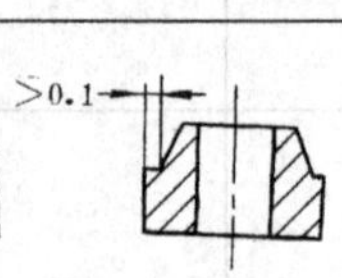
		工件上的槽过深难保证工件密度均匀，且易脱模	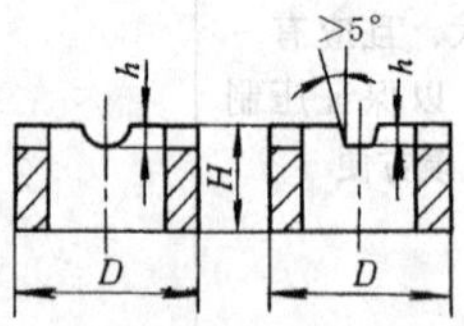	当$\frac{H}{D} \leqslant 1$时 圆槽深$h \leqslant \frac{1}{3}H$ 梯形槽深$h \leqslant \frac{1}{5}H$

（续）

<table>
<tr><th rowspan="2">序号</th><th rowspan="2" colspan="2">注意事项</th><th colspan="2">图例</th></tr>
<tr><th>改进前</th><th>改进后</th></tr>
<tr><td>5</td><td>保证压件质量</td><td>工件上花纹的方向应与压制方向平行，菱形花纹不能压制</td><td colspan="2">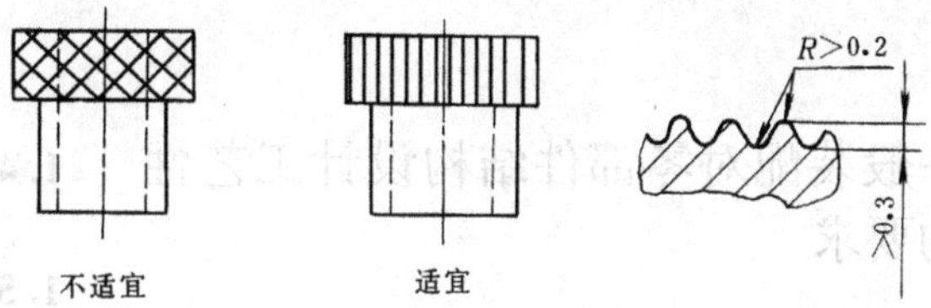</td></tr>
<tr><td rowspan="2">6</td><td rowspan="2">铸、锻件改为粉末冶金零件时应便于压制</td><td>把凸出部分移到与其配合的零件上，以简化粉末冶金零件结构和减少压制的困难</td><td colspan="2">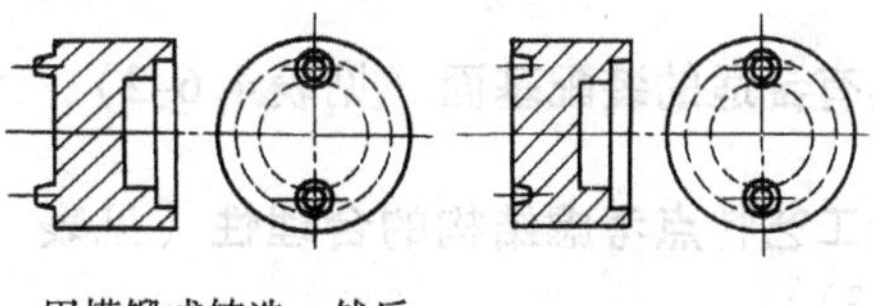
用模锻或铸造，然后用机械加工法制造　　用粉末冶金法制造</td></tr>
<tr><td>以粉末冶金整体零件代替需要装配的部件</td><td colspan="2">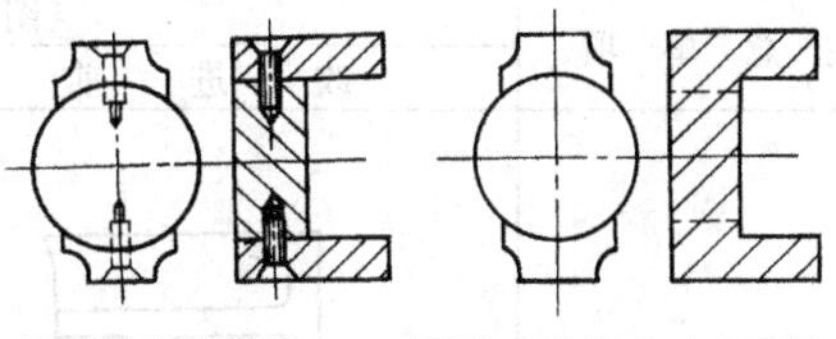
需要装配的零件　　不需装配的粉末冶金零件</td></tr>
</table>

第 6 章　零部件的装配和维修工艺性

1　一般装配对零部件结构设计工艺性的要求

1.1　组成单独的部件或装配单元（见表 4.6-1）

1.2　应具有合适的装配基面（见表 4.6-2）

1.3　结合工艺特点考虑结构的合理性（见表 4.6-3）

1.4　考虑装配的方便性（见表 4.6-4）

1.5　考虑拆卸的方便性（见表 4.6-5）

1.6　考虑修配的方便性（见表 4.6-6）

1.7　选择合理的调整补偿环（见表 4.6-7）

1.8　减少修整外观的工作量（见表 4.6-8）

表 4.6-1　组成单独的部件或装配单元

<table>
<tr><th rowspan="2">序号</th><th rowspan="2">注 意 事 项</th><th colspan="2">图　　例</th><th rowspan="2">说　　明</th></tr>
<tr><th>改　进　前</th><th>改　进　后</th></tr>
<tr><td>1</td><td>尽可能组成单独的箱体或部件</td><td>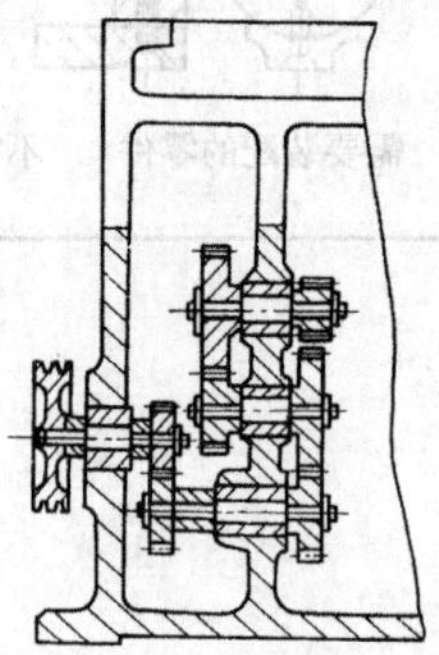</td><td>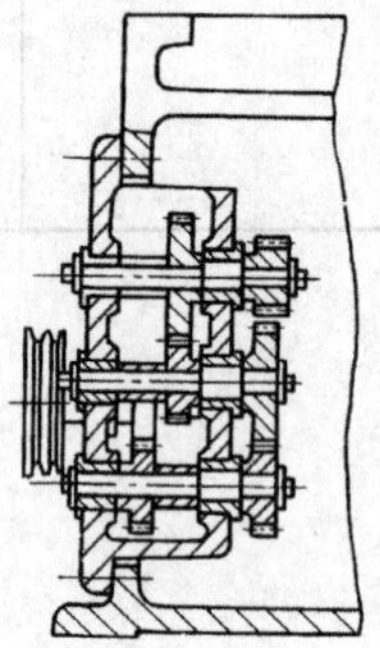</td><td>将传动齿轮组成单独的齿轮箱，以便分别装配，提高工效，便于维修</td></tr>
<tr><td>2</td><td>将部件分成若干装配单元，以便组装</td><td colspan="2">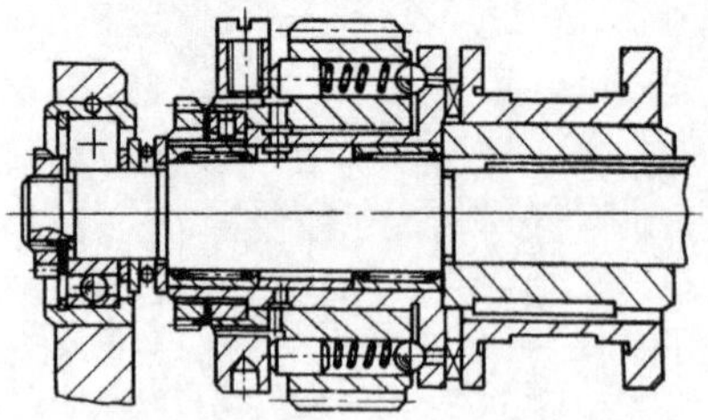</td><td>轴上的安全离合器等件可以分别单独装配，然后组装</td></tr>
<tr><td>3</td><td>同一轴上的零件，尽可能考虑能从箱体一端成套装卸</td><td>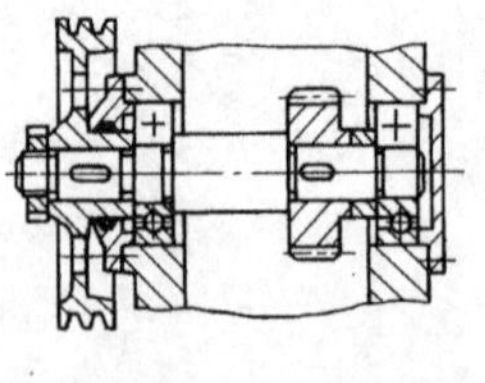</td><td>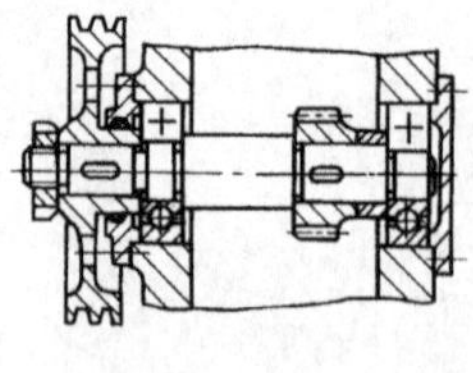</td><td>左图轴上齿轮大于轴承孔，需在箱内装配；改进后，轴上零件可在组装后一次装入箱体内</td></tr>
</table>

表 4.6-2　应具有合适的装配基面

序号	注意事项	图例		说　明
		改　进　前	改　进　后	
1	零件装配位置不应是游动的，而应有定位基面	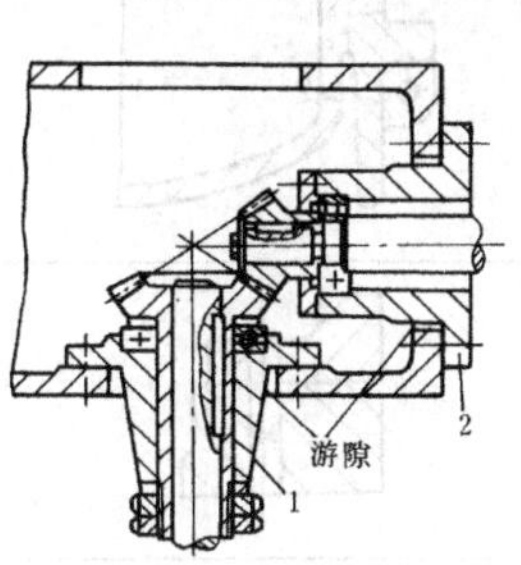	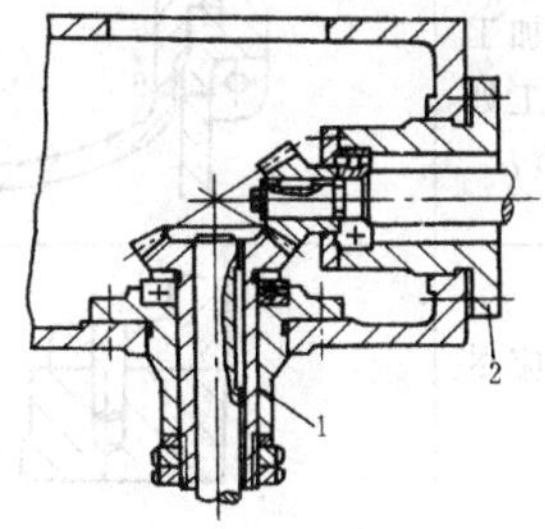	左图中，支架 1 和 2 都是套在无定位面的箱体孔内，调整装配锥齿轮，需用专用夹具、改用右图，作出支架定位基面后，可使装配调整简化
2	避免用螺纹定位	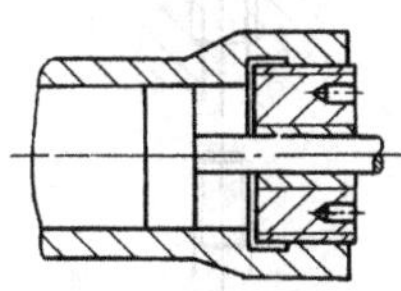	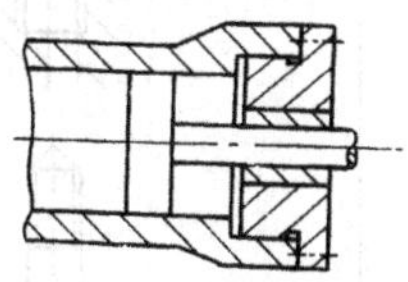	左图由于有螺纹间隙，不能保证端盖孔与液压缸的同轴度，必须改用圆柱配合面定位
3	互相有定位要求的零件，应按同一基准来定位	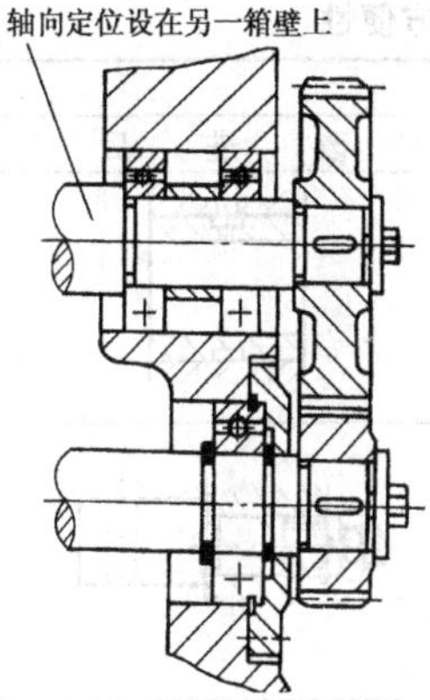	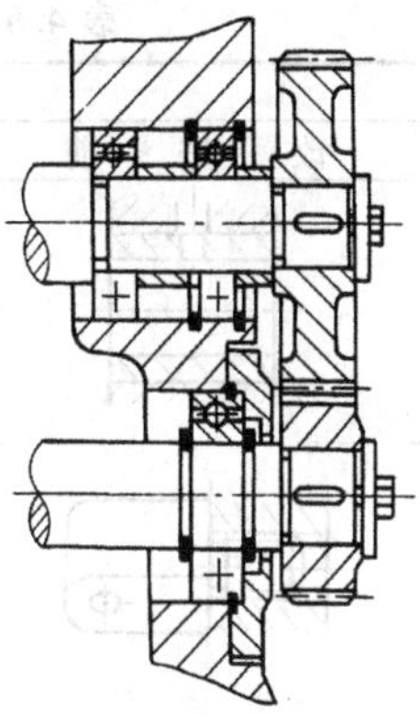	交换齿轮两根轴不在同一箱体壁上作轴向定位，当孔和轴加工误差较大时，齿轮装配相对偏差加大，应改在同一壁上，作轴向固定
4	挠性连接的部件，可以用不加工面作基面	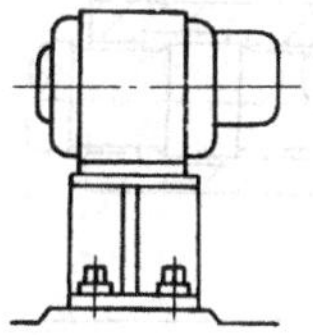	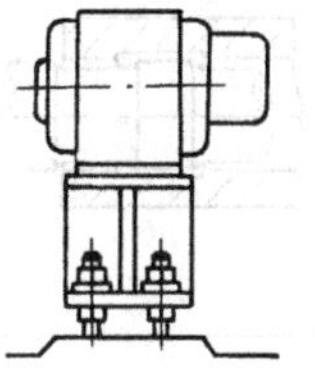	电动机和液压泵组装件，两端是以电线和油管连结，无配合要求，可用不加工面定位

表 4.6-3　结合工艺特点考虑结构的合理性

序号	注　意　事　项	图例		说　明
		改　进　前	改　进　后	
1	轴和毂的配合在锥形轴头上必须留有一充分伸出部分 a，不许在锥形部分之外加轴肩	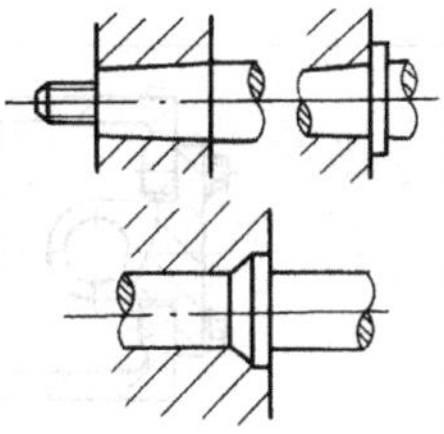	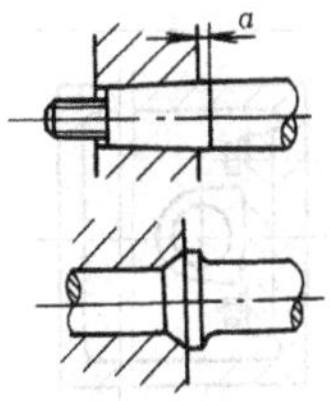	使轴和轴毂能保证紧密配合

（续）

序号	注意事项	图例		说明
		改进前	改进后	
2	圆形的铸件加工面必须与不加工处留有充分的间隙 a	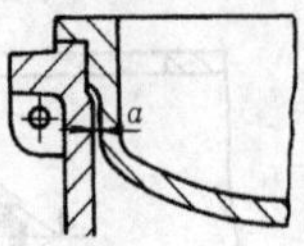	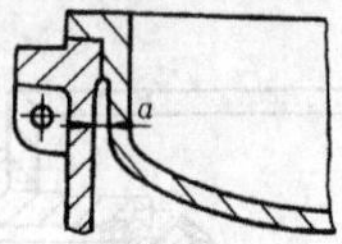	防止铸件圆度有误差，两件相互干涉
3	定位销的孔应尽可能钻通	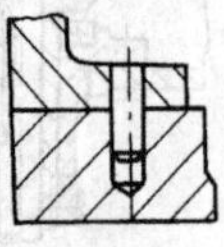	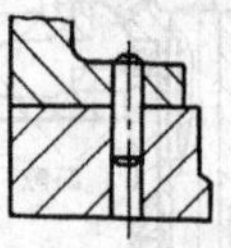	销子容易取出
4	螺纹端部应倒角	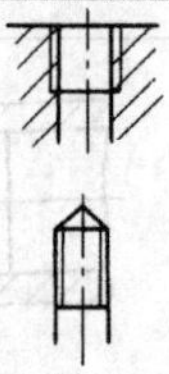		避免装配时将螺纹端部损坏

表4.6-4　考虑装配的方便性

序号	注意事项	图例		说明
		改进前	改进后	
1	考虑装配时能方便地找正和定位	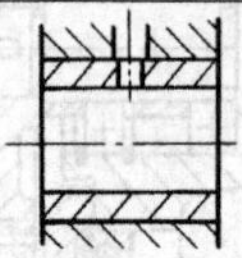	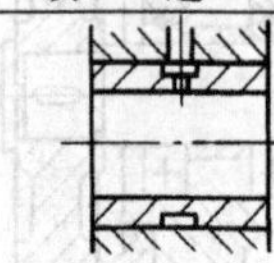	为便于装配时找正油孔，作出环形槽
		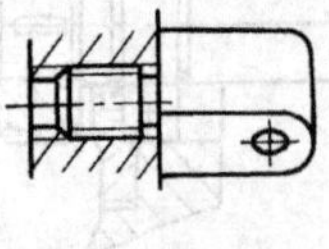	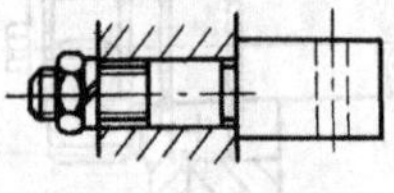	有方向性的零件应采用适应方向要求的结构，改进后的图例可调整孔的位置
2	轴上几个有配合的台阶表面，避免同时入孔装配	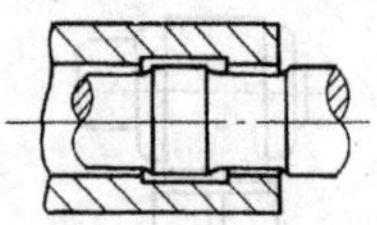	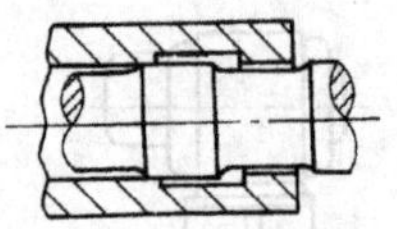	轴上几个台阶同时装配，找正不方便，且易损坏配合面。右图可改善工艺性
3	轴与套相配部分较长时，应作退刀槽	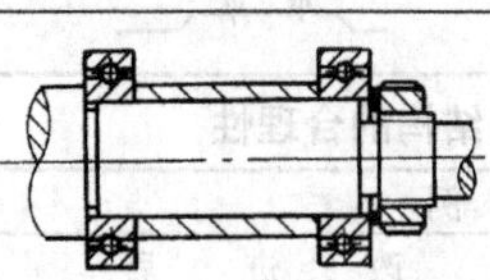	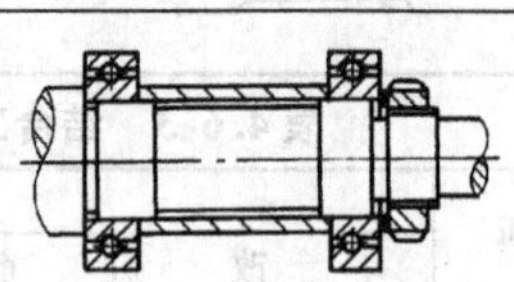	避免装配接触面过长
4	尽可能把紧固件布置在易于装拆的部位	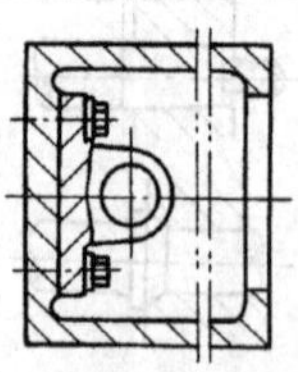	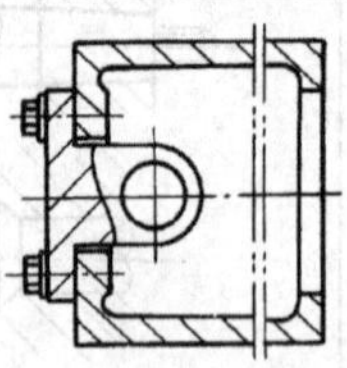	左图轴承架需专用工具装拆，改进后，比较简便

（续）

序号	注意事项	图例		说明
		改进前	改进后	
5	留出足够的位置	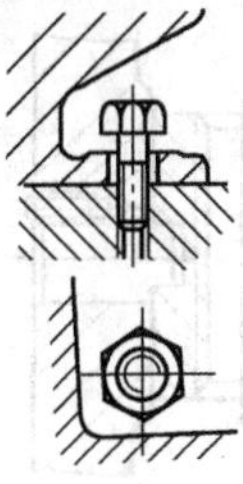	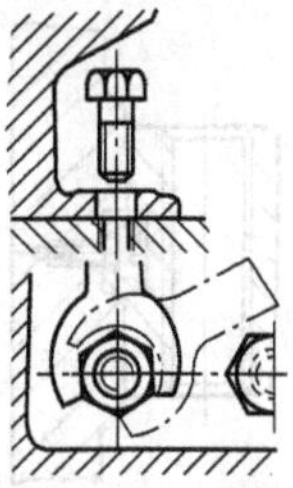	应留出放螺钉的高度空间和扳手的活动空间

表4.6-5　考虑拆卸的方便性

序号	注意事项	图例		说明
		改进前	改进后	
1	在轴、法兰、压盖、堵头及其他零件的端面，应有必要的工艺螺孔	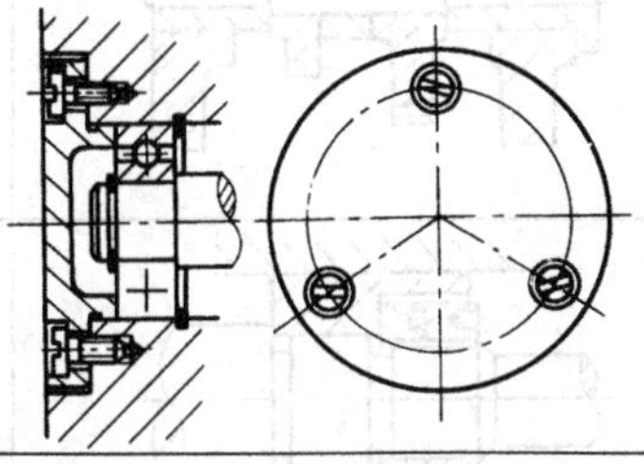	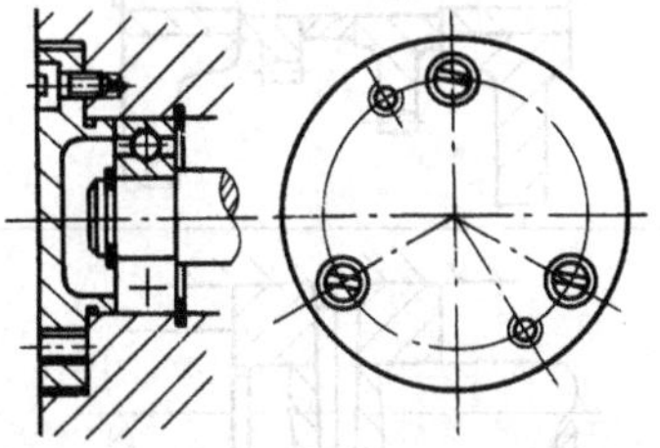	避免使用非正常拆卸方法，易损坏零件
2	作出适当的拆卸窗口、孔槽	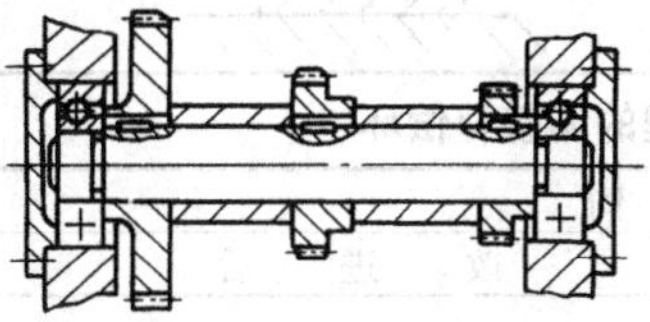	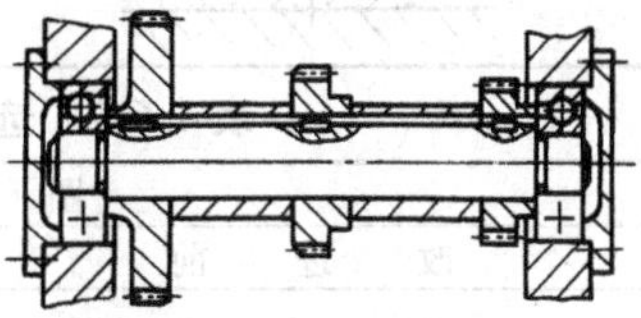	在隔套上作出键槽，便于安装，拆时不需将键拆下
3	当调整维修个别零件时，避免拆卸全部零件	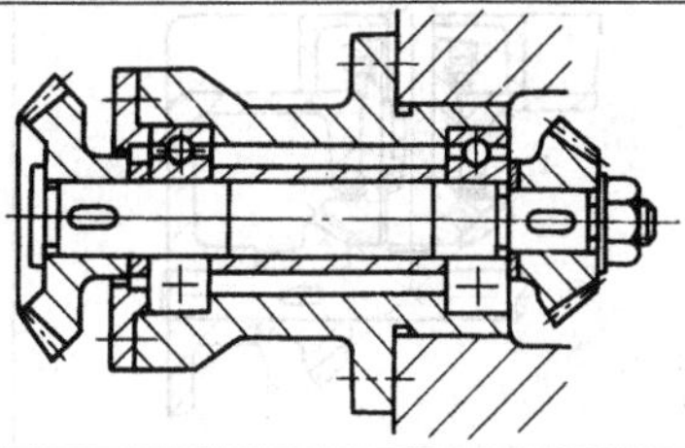	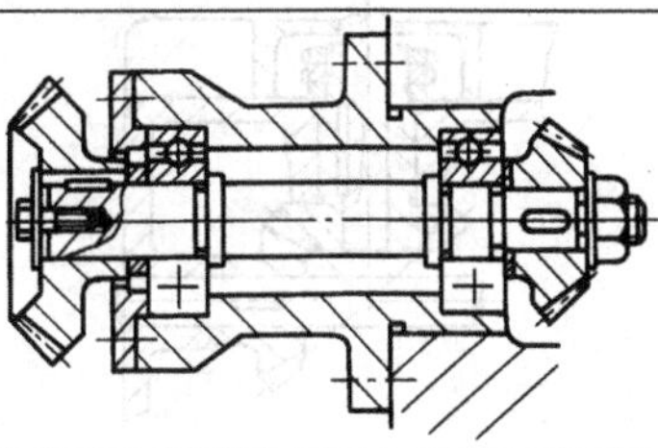	左图在拆卸左边调整垫圈时，几乎需拆下轴上全部零件

表4.6-6　考虑修配的方便性

序号	注意事项	图例		说明
		改进前	改进后	
1	尽量减少不必要的配合面	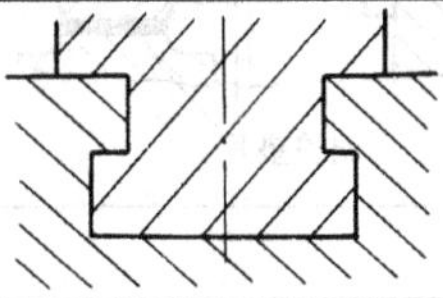	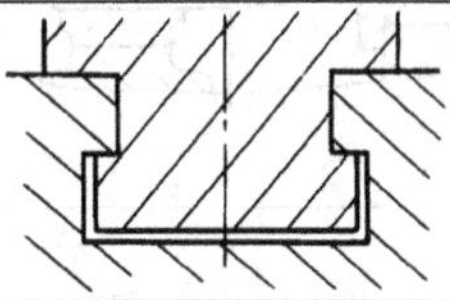	配合面过多，零件尺寸公差要求严格，不易制造，并增加装配时修配工作量
2	应避免配作的切屑带入难以清理的内部	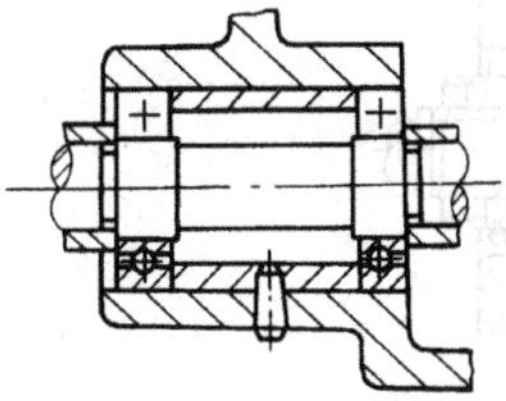	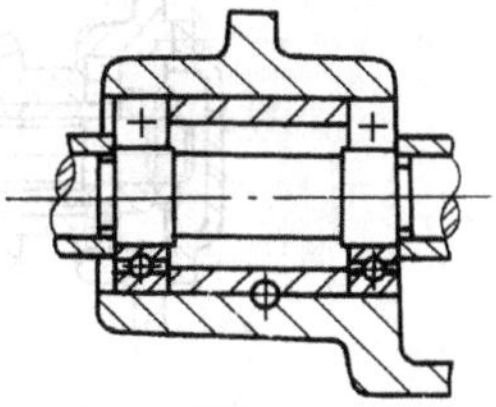	在便于钻孔部位，将径向销改为切向销，避免切屑带入轴承内部

（续）

序号	注意事项	图例 改进前	图例 改进后	说明
3	减少装配时的刮研和手工修配工作量	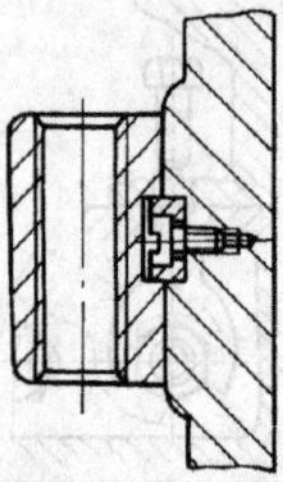	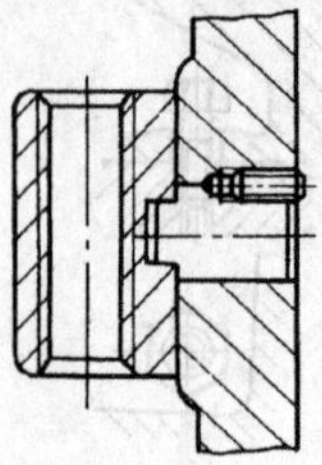	用键定位的丝杠螺母，为保证螺母轴线与刀架导轨的平行度，通常要进行修配；如用两侧削平的圆柱销来代替键，就可转动圆柱销来对导轨调整定位，最后固定圆柱销，不用修配
4	减少装配时的机加工配作	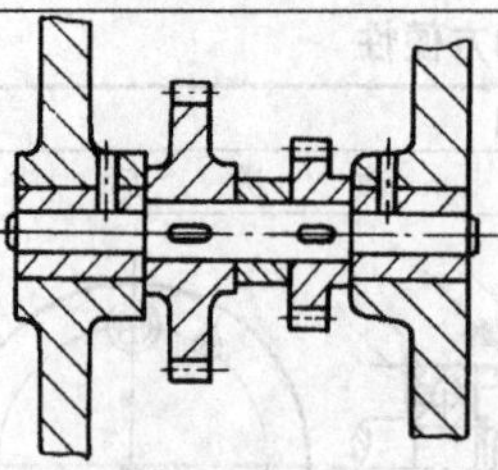	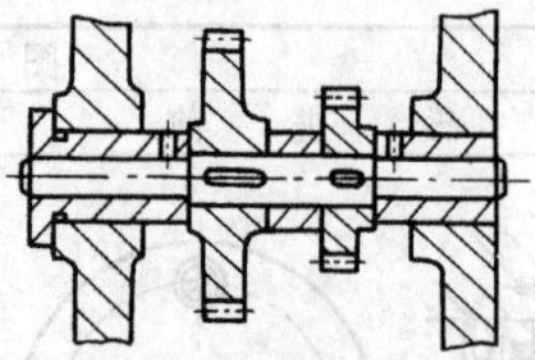	将箱体上配钻的油孔，改在轴套上，预先钻出
		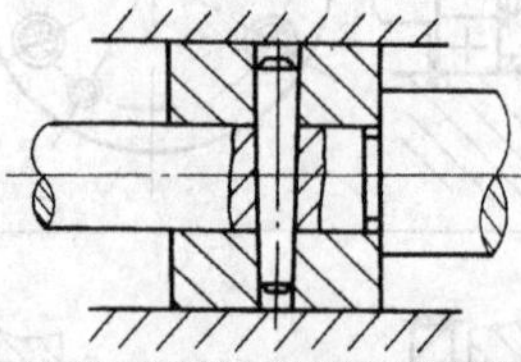	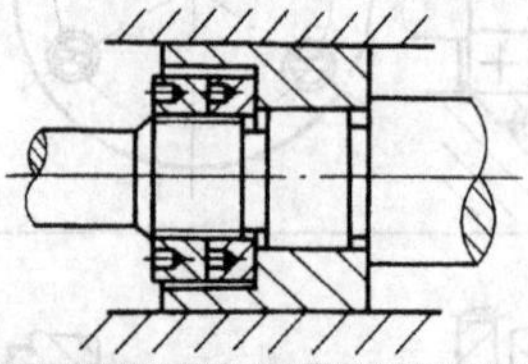	将活塞上配钻销孔的销钉连接改为螺纹连接

表 4.6-7　选择合理的调整补偿环

序号	注意事项	图例 改进前	图例 改进后	说明
1	在零件的相对位置需要调整的部位，应设置调整补偿环，以补偿尺寸链误差，简化装配工作	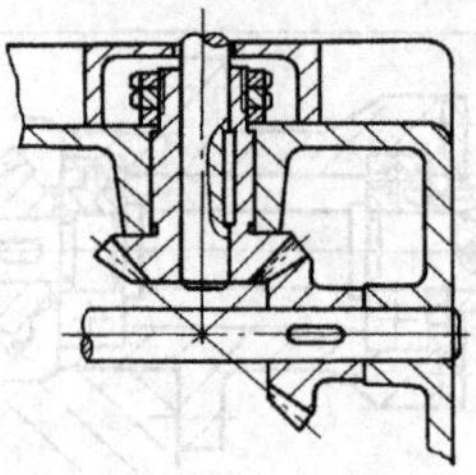	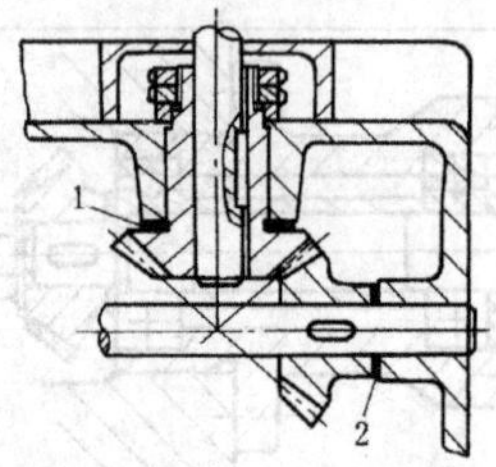	左图锥齿轮的啮合要靠反复修配支承面来调整；右图可靠修磨调整垫1和2的厚度来调整
		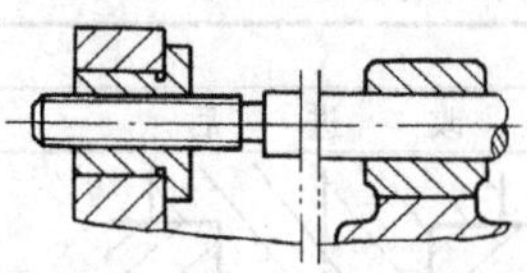	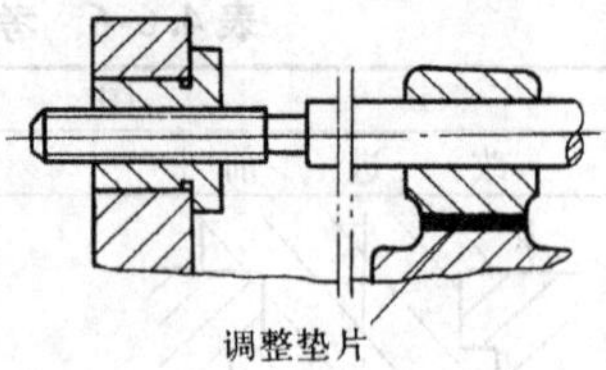	用调整垫片来调整丝杠支承与螺母的同轴度
2	调整补偿环应考虑测量方便	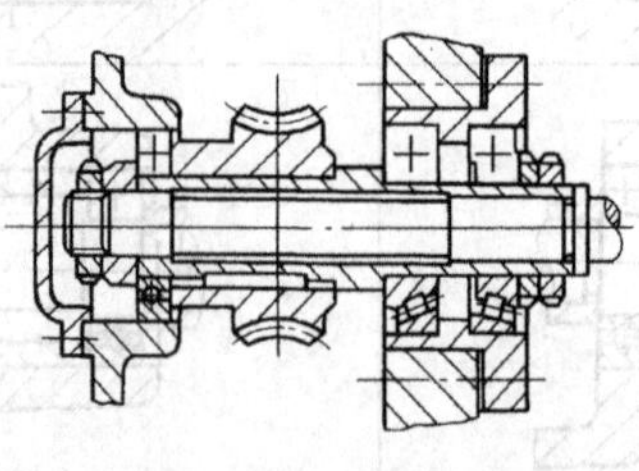		调整垫尽可能布置在易于拆卸的部位

（续）

序号	注意事项	图例 改进前	图例 改进后	说明
3	调整补偿环应考虑调整方便	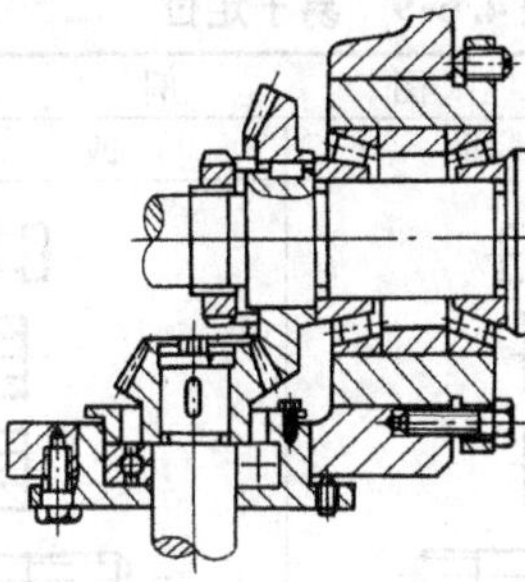		精度要求不太高的部位，采用调整螺钉代替调整垫，可省去修磨垫片，并避免孔的端面加工

表 4.6-8　减少修整外观的工作量

序号	注意事项	图例 改进前	图例 改进后	说明
1	零件的轮廓表面，尽可能具有简单的外形和圆滑地过渡	—	—	床身、箱体、外罩、盖、小门等零件，尽可能具有简单外形，便于制造装配，并可使外形很好地吻合
2	部件接合处，可适当采用装饰性凸边	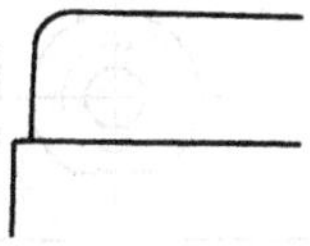	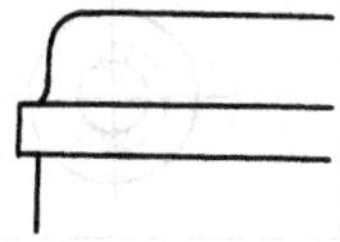	装饰性凸边可掩盖外形不吻合误差、减少加工和整修外形的工作量
3	铸件外形结合面的圆滑过渡处，应避免作为分型面	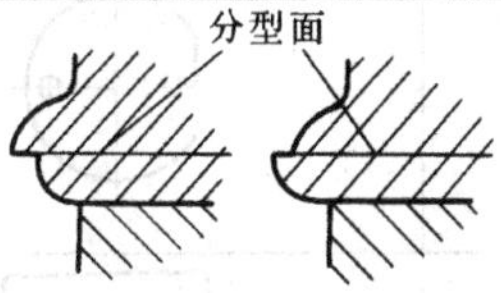	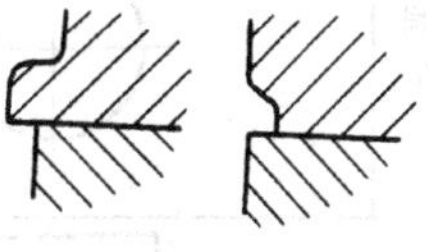	在圆滑过渡处作分型面，当砂箱偏移时，就需要修整外观
4	零件上的装饰性肋条应避免直接对缝联接	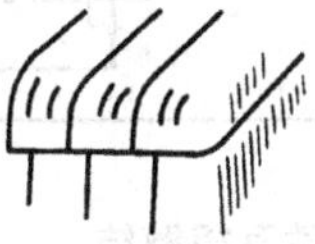	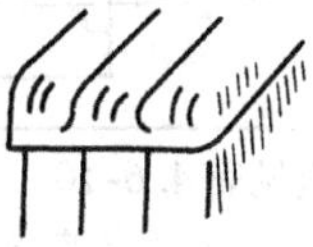	装饰性肋条直接对缝很难对准，反而影响外观整齐
5	不允许一个罩（或盖）同时与两个箱体或部件相连	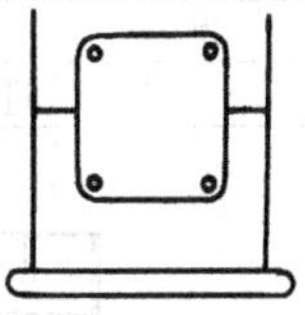	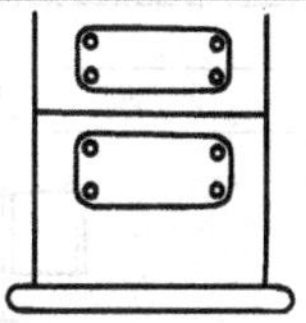	同时与两件相连时，需要加工两个平面，装配时也不易找正对准，外观不整齐
6	在冲压的罩、盖、门上适当布置凸条			在冲压的零件上适当布置凸条，可增加零件刚性，并具有较好的外观

2　自动装配对零件结构设计工艺性的要求

1）结构简单并确保容易组合。

2）能划分成完全互换的装配单元和连接，以保证装配夹具简单又便于引进、抓取、移动、安装和调节。

3）有选择工艺基准定位面的依据。

4）装配单元能互换，从而完全取消修配工作。

5）有选择基准面和配合面的表面粗糙度和装配尺寸公差依据。

6）装配单元高度的通用化和标准化。

7）装配单元中包含的零件数目应最少。

8）装配时不要用机械加工。

进行自动装配的零、部件结构，应有助于减少装配线的设备，便于识别、储存和输送

便于定位的一些措施见表4.6-9。

表4.6-9　易于定位

序号	注意事项	图例 改进前	图例 改进后	说明
1	零件形状尽可能设计成对称的	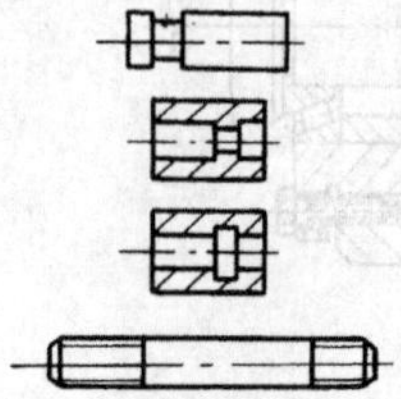	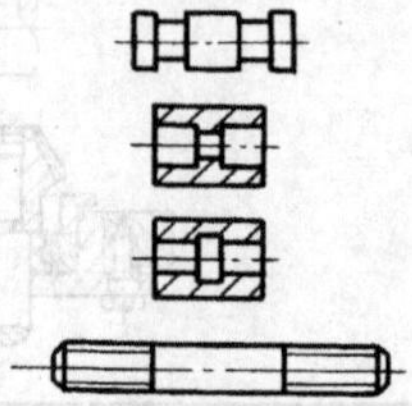	改为对称，便于确定正确位置，避免错装
2	为保证装配正确宜在零件上做出记号	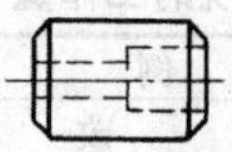	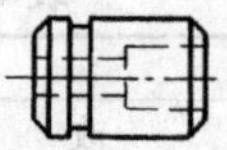	孔径不同，宜在相对于小孔径处切槽或倒角，以便识别
3	为保证自动装配有时需增加加工面	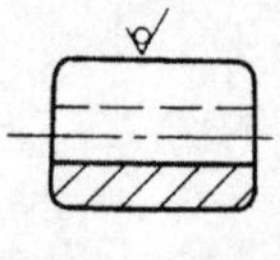	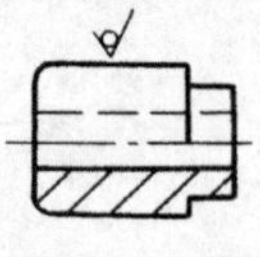	自动装配时，宜将夹紧处车削为圆柱面，使与内孔同轴
4	为保证孔的位置可在零件上加工一小平面	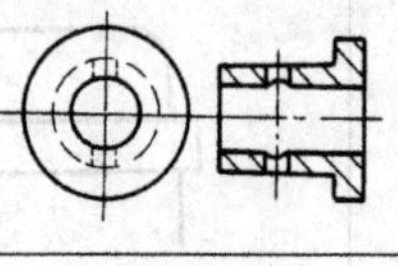	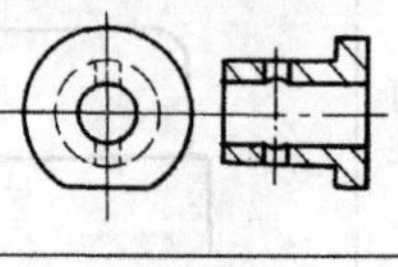	孔的方向要求一定，若不影响零件性能，可铣一小平面，其位置与孔成一定关系，平面较孔易于定位
5	为保证垫片上偏心位置可加工一小平面			为保证偏心孔正确位置，可再加一小平面
6	为便于输送可把零件底部设计成弧面	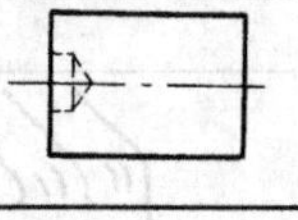	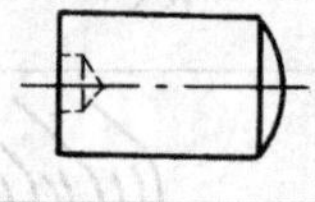	工件底端为弧面时，便于导向，有利于自动装配的输送

避免零件互相缠结的措施见表4.6-10。

表4.6-10　避免零件互相缠结

序号	注意事项	图例 改进前	图例 改进后	说明
1	薄壁有通槽的零件容易缠结	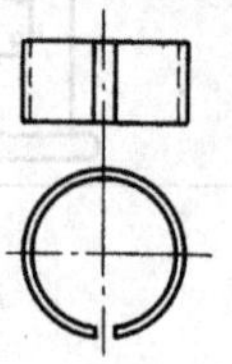	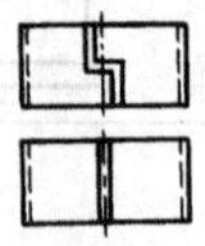	零件具有通槽时，为避免工件相互套住，可将槽位置错开，或使槽宽度小于工件壁厚
2	零件具有相同的内外锥度表面时，容易互相“卡死”	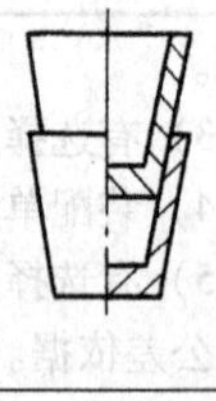	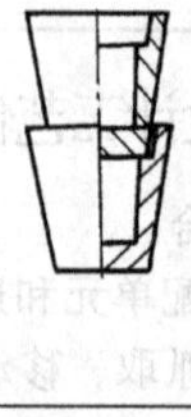	可使内外锥度不等

（续）

序号	注意事项	图例		说明
		改进前	改进后	
3	零件的凸出部分易于进入另外同类零件的孔中造成装配困难	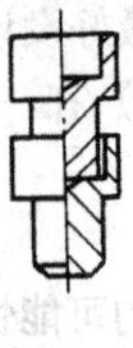	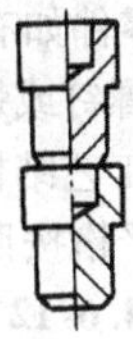	宜使凸出部分直径大于孔径

表 4.6-11　简化装配线设备

序号	注意事项	图例		说明
		改进前	改进后	
1	有可能做成一体的两个零件尽可能做成一体	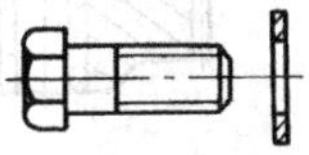	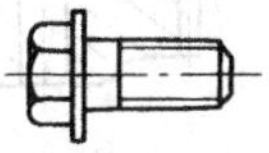	螺钉与垫圈一体时，可节省送料机构
2	定位面要便于安装和调整	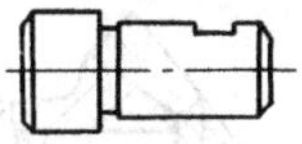	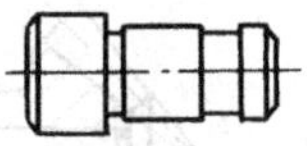	改为环形槽，装配时省去按径向调整机构
3	改变互相配合零件的表面可简化装配	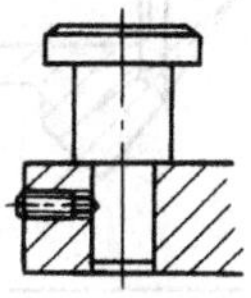	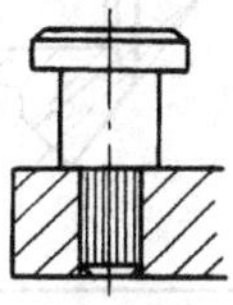	轴一端滚花，与其配合件为过盈配合效果好

有些零件在输送时易相互错位（图4.6-1a、c），可将接触面积加大（图4.6-1b、d）或增大接触处的角度（图4.6-1e）。

简化装配线设备（见表4.6-11）。

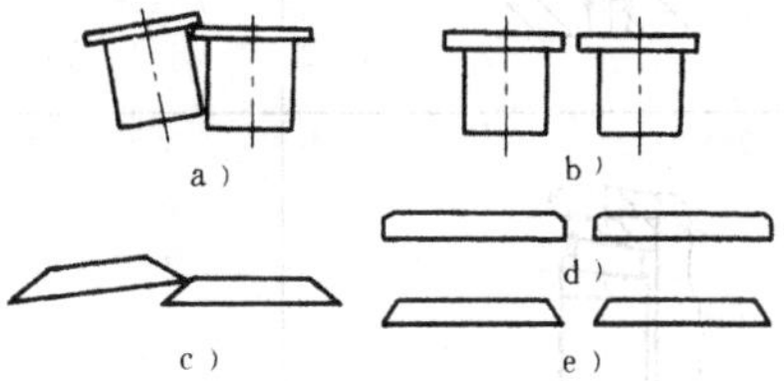

图4.6-1　避免零件相互错位

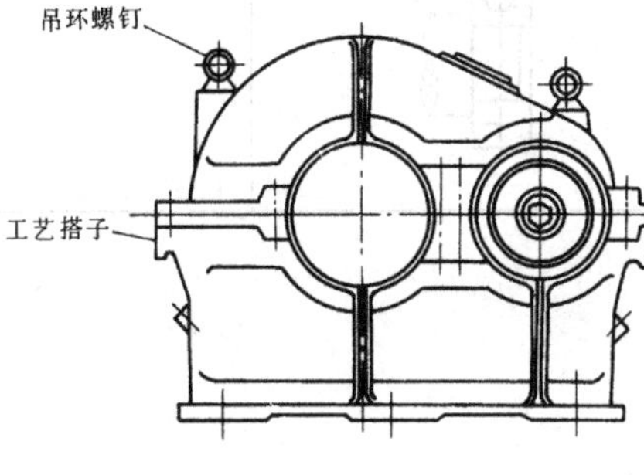

图4.6-2　用吊环螺钉及工艺搭子起吊

3　吊运对零件结构设计工艺性的要求

设计中型以上零件时必须考虑起吊问题。

1）用吊环螺钉起吊，如图4.6-2所示。

2）用预先铸出的洞孔起吊，如图4.6-3所示。

3）用预先铸出的工艺搭子起吊，如图4.6-2所示。

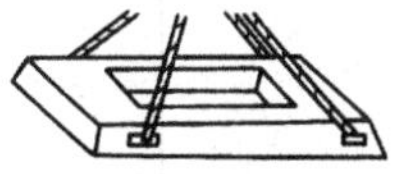

图4.6-3　用铸出洞孔起吊

4　零部件的维修工艺性

一个好的设计不仅应考虑其制造阶段所要求的结构工艺性，同时也要考虑机器在使用过程中各个零部件可能出现的问题。如有的机器上某个零件，由于局部工作条件等原因，其使用寿命只有整台机器规定使用寿命的15%～20%，甚至更少，就是说，在机器的使用期中，那些易损零件需要多次更新。因此，机器零部件具有良好的维修工艺性，对于方便修理，延长机器使用期和降低生产成本是很重要的。

（1）考虑零件磨损后修复的可能性和方便性

考虑零件磨损后修复的可能性和方便性见表4.6-12。

（2）保证拆卸的方便性（见表 4.6-13）

1）轴套、环和销等零件，应有自由通路或其他结构措施，使其有拆卸的可能性。

2）轴、法兰、压盖和其他零件如有外露的螺孔或外螺纹时，可以利用带耳环的螺钉或螺母拆下这些零件。也可考虑设置拆卸螺孔等工艺结构。

3）滚动轴承与轴颈配合应严格按照标准所定的配合配用，在设计时，必须考虑在装入或拆卸轴承时，最好不用锤子而靠压力或带螺纹的拆装工具。

4）轴头设计装有带轮、大齿轮等类似零件时，轴头最好设计成带有锥度，以便于拆装。

5）在一根轴上的全部零件，最好能从轴的一端套入。

表 4.6-12　考虑零件磨损后修复的可能性和方便性

序号	注意事项	图例 改进前	图例 改进后	说明
1	大尺寸齿轮应考虑磨损修复的可能性	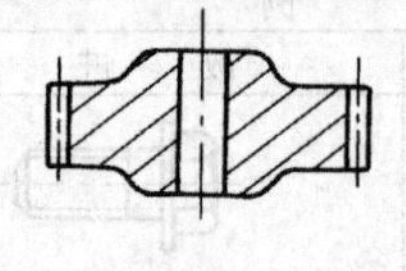	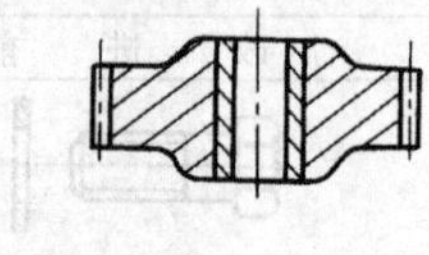	右图加套易于修复
2	设计应考虑修配的方式	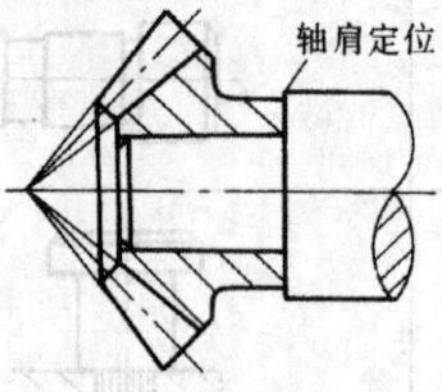	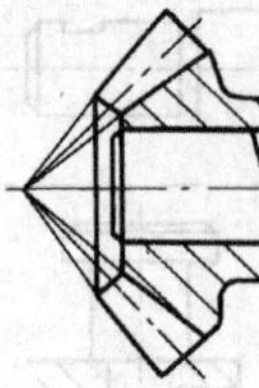	右图修刮圆销面积小，修配方便

表 4.6-13　保证拆卸的可能性

序号	注意事项	图例 改进前	图例 改进后	说明
1	销孔结构钻成通孔便于拆卸	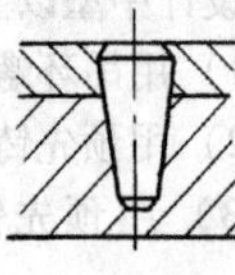	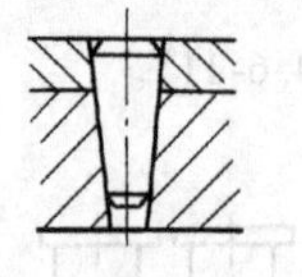	右图销子取出方便
2	轴肩及台肩应按规定尺寸设计	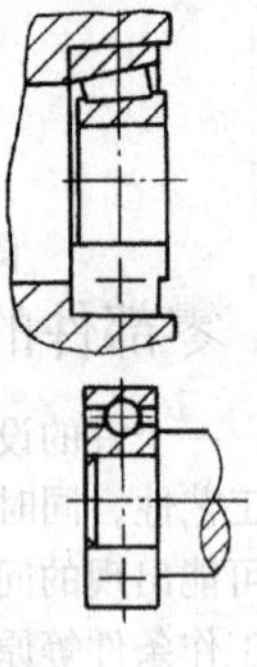	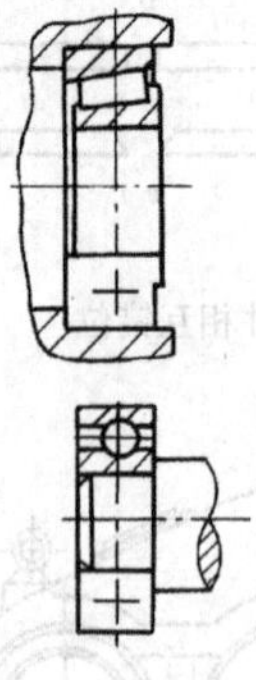	左图台肩及轴肩过高，轴承不易拆卸

参 考 文 献

[1] 机械工程手册电机工程手册编辑委员会. 机械工程手册：机械零部件设计卷［M］. 2版. 北京：机械工业出版社，1997.

[2] 闻邦椿. 机械设计手册：第1卷［M］. 5版. 北京：机械工业出版社，2010.

[3] 闻邦椿. 现代机械设计师手册：上册［M］. 北京：机械工业出版社，2012.

[4] 闻邦椿. 现代机械设计实用手册［M］. 北京：机械工业出版社，2015.

[5] 机械设计手册编辑委员会. 机械设计手册：第1卷［M］. 新版. 北京：机械工业出版社，2004.

[6] 成大先. 机械设计手册：第1卷［M］. 6版. 北京：化学工业出版社，2016.

[7] 王启义. 中国机械设计大典：第2卷［M］. 南昌：江西科学技术出版社，2002.

[8] 秦大同，谢里阳. 现代机械设计手册［M］. 北京：化学工业出版社，2011.

[9] 吴宗泽. 机械结构设计 准则与实例［M］. 北京：机械工业出版社，2006.

[10] 日本机械学会. 机械技术手册：第17篇［M］. 张志平，等译. 北京：机械工业出版社，1984.

[11] 邓文英. 金属工艺学［M］. 5版. 北京：高等教育出版社，2008.

[12] 机床设计手册编写组. 机床设计手册：第一册［M］. 北京：机械工业出版社，1978.

[13] 王绍俊. 机械制造工艺设计手册［M］. 北京：机械工业出版社，1985.

[14] 顾崇衔，等. 机械制造工艺学［M］. 3版. 西安：陕西科学技术出版社，1990.

[15] 日本铸物协会. 铸物便览［M］. 4版. 日本：丸善株式会社，1986.

[16] Parsley K J. Manufacturing Technology［M］. Leuel Ⅱ Hollen Street Press，1983.

[17] 董杰. 机械设计工艺性手册［M］. 上海：上海交通大学出版社，1991.